LECTRICAL CIRCUITS LEARNED
Y SIMULATION AND EXPERIMENT

시뮬레이션과 실험으로 배우는

전기회로

이희진 지음

도서출판 홍릉

저자소개

이희진

연세대학교 전자공학박사

현) 한경국립대학교 ICT로봇기계공학부 교수

시뮬레이션과 실험으로 배우는

전기회로

인　쇄: 2025년 4월 2일 초판 1쇄
발　행: 2025년 4월 7일 초판 1쇄

저　자: 이희진
발행인: 송 준
발행처: 도서출판 홍릉
주　소: 01093 서울시 강북구 인수봉로 50길 10
등　록: 1976년 10월 21일 제5-66호

전　화: 02-999-2274~5, 903-7037
팩　스: 02-905-6729
e-mail: hongpub@hongpub.co.kr
http://www.hongpub.co.kr
ISBN: 979-11-5600-279-6(93560)

정　가: 21,000원

본 연구는 한경대학교 2024년도 학술연구조성비의 지원에 의한 것임
(영문: This work was supported by a research grant from Hankyong National University in the year of 2024.)

PREFACE

전기전자제어 시스템은 다양한 이론을 기반으로 해석할 수 있는 전기회로를 기반으로 구성되어 있으며, 전기, 전자, 제어, 통신 분야 등을 전공하는 학생들은 전기회로를 기본적으로 실험/실습하게 된다. 대부분의 전기회로 실험/실습 교재에서는 회로이론에서 학습한 이론들을 PSPICE나 MULTISIM (멀티심) 등의 시뮬레이션 툴을 이용하여 회로를 구성하고 시뮬레이션하는 방법과 실제로 저항, 커패시터, 인덕터 등을 브레드보드를 이용하여 회로를 구성하고 연결한 후 전원공급장치, 디지털 멀티미터, 함수발생기, 오실로스코프를 이용하여 동작시키고 측정하는 실험 방법으로 이루어져 있다.

본 교재는 전기회로의 구성과 동작을 보다 쉽게 이해할 수 있도록 각 장마다 기본적인 회로이론을 학습하고 시뮬레이션과 실험을 순차적으로 하게 하며, 실험의 결과가 이론 및 시뮬레이션과 비교하여 올바르게 이루어졌는지를 고찰하게 하고 전기회로의 숙달이 보다 필요한 장에서는 난이도 높인 연습문제를 시뮬레이션과 실험하게 한다. 본 교재는 각 장마다 아래와 같은 특징으로 이루어져 있다.

첫째, 전기회로에 필요한 회로이론을 설명한다.

둘째, 시뮬레이션 툴인 멀티심의 시뮬레이션 단계를 그림을 이용하여 제시하며, 회로이론과 연관된 부분에서는 부가적인 이론적 해석이 이루어져 있다.

셋째, 실험 단계의 이해도 향상을 위하여 그림을 이용하여 실험 단계를 제시한다.

넷째, 시뮬레이션과 실험에서 얻어진 결과값들을 제시하고, 이론과 시뮬레이션과 실험 사이의 차이점에 대하여 고찰하게 한다.

다섯째, 일부 영역에서 추가적인 연습문제를 제시하여 전기회로 능력을 향상시킨다.

본 교재는 2개의 단원과 부록으로 구성되어 있으며, Ⅰ 단원은 9개의 장(전압과 전류 측정, 저항 측정과 옴의 법칙, 키르히호프의 전류 법칙과 전압 법칙, 직렬 회로와 전압 분배, 병렬 회로와 전류 분배, 직병렬 회로, 메시 전류와 마디 전압, 테브냉과 노튼 정리, 중첩의 원리와 최대 전력 전달)으로, Ⅱ 단원은 5개의 장(함수발생기와 오실로스코프를 이용한 전압 측정, 커패시터와 RC 회로, 인덕터와 RL 회로, RLC 직렬 회로, RLC 병렬 회로)으로 이루어져 있다.

이 책을 만드는 데 힘이 되어주신 하나님께 감사드리며, 교재 개발을 위하여 지원해주신 한경국립대학교 및 출간에 도움 주신 도서출판 홍릉에게 고마움을 표하는 바이다.

2025년 저자

CONTENTS

PART I 직류 회로

PART II 교류 회로

I 직류 회로

직류 전원들과 저항들로 구성된 전기회로에 키르히호프의 전압과 전류 법칙, 전압 분배, 전류 분배, 메시 전류 해석법, 마디 전압 해석법, 테브냉과 노튼 정리, 중첩의 원리와 최대 전력 전달 이론을 적용하여 각 저항에 흐르는 전류와 저항 양단에 나타나는 전압을 구하고 시뮬레이션 툴인 멀티심과 브레드보드에 회로를 구성하여 디지털 멀티미터를 이용하여 전류와 전압을 각각 측정한다.

1

전압과 전류 측정

1.1 실험 목적

직류 전원 공급장치로 전압값을 조정하는 방법과 전기회로 소자에 에너지를 공급하는 전압/전류를 디지털 멀티미터로 측정하는 방법을 시뮬레이션과 실험으로 이해한다.

1.2 실험에 적용된 이론

전기회로를 실험하는 데 필요한 장비로는 직류 전압원을 공급하는 직류 전원 공급장치(DC power supply)와 전압과 전류 등을 측정할 수 있는 디지털 멀티미터(DMM, Digital MultiMeter)가 필요하다. 또한 전기회로의 각 전기소자(저항 등)에 흐르는 전류와 전기회로를 구성하고 있는 전기소자들에 공급되는 전압은 디지털 멀티미터로 측정할 수 있다.

1) 직류 전원공급장치

직류 전원공급장치는(DC power supply)는 직류(DC)의 전압을 발생시키는 장치로서, 전압을 조정하여 구성한 회로에 전압을 인가하게 되며 공급하는 전류를 제한하여 과전류 발생을 억제할 수 있다.

본 교재에서 사용하는 직류 전원공급장치는 0 V ~ 30 V의 범위를 조정할 수 있는 2개의 전압 공급 단자인 CH1과 CH2가 있고 0 V ~ 5 V의 범위를 조정할 수 있는 전압 공급 단자인 CH3가 있다. 3개의 전압 공급 단자들은 각각 최대 3 A까지 전류를 공급할 수 있으며, 전기회로를 구성한 후 회로의 과전류 방지를 위하여 회로가 소비하는 전류를 고려하여 전류 공급 제한을 설정할 필요가 있다.

직류 전원공급장치의 전면 패널과 전면 패널의 조정에 대한 설명은 아래와 같다.

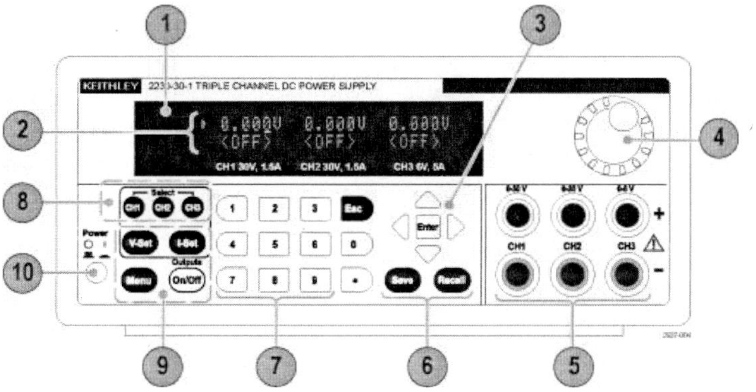

① 디스플레이를 보여준다.

② 상단 행은 각 채널의 전압 판독 값 또는 설정 상태이고, 하단 행은 각 채널의 전류 판독 값 또는 설정 상태를 나타낸다.

③ 위쪽, 아래쪽, 오른쪽 및 왼쪽 이동을 위한 화살표 키와 입력을 위한 Enter 버튼이다.

④ 범용 노브(knob)로서, 노브를 돌려서 숫자를 증감하거나 메뉴 항목을 선택할 수 있다.

⑤ 전압 공급용 출력 커넥터이다.

⑥ 지정한 설정 메모리 위치(1 ~ 30)에 현재 설정을 저장하는 Save( ) 버튼과 지정한 설정 메모리 위치(1 ~ 30)에서 저장한 설정을 호출하는 Recall( ) 버튼이다.

⑦ 직접 숫자를 입력할 수 있는 숫자 키(0 ~ 9)와 소숫점 키(·) 및 선택한 기능에서 벗어나기 위한 Esc( ) 버튼이다.

⑧ 전압값 또는 전류 제한값을 설정하기 위하여 각 채널 CH1, CH2, CH3를 선택하기 위한 버튼 ( )이다.

⑨ 전압값 설정을 위한 V-Set( ) 버튼, 전류 제한값 설정을 위한 I-Set( ) 버튼, 설정 메뉴에 접속하기 위한 Menu( ) 버튼 및 활성화된 출력 채널들을 모두 켜거나 끄기 위하여(설정된 전압값들을 출력하기 위하여) OUTPUT On/Off( ) 버튼이 있다.

⑩ 직류 전원공급장치의 전원을 켜거나 끄기 위한 POWER O I( ) 버튼이다.

2) 디지털 멀티미터(DMM)

디지털 멀티미터(DMM, Digital MultiMeter)는 교류(AC, Altenating Current)와 직류(DC, Direct Current)의 전압을 측정하는 전압계와 전류를 측정하는 전류계 및 저항값을 측정하는 기능이 있으며, 이외에도 커패시터의 정전용량, 다이오드의 순방향 전압, 주파수 등을 측정할 수 있다.

본 교재에서 사용하는 디지털 멀티미터는 고속 디지털화 및 5인치 대형 그래픽 컬러 터치스크린 디스플레이를 통해 표준 디지털 멀티미터 기능을 확장하는 스캐닝 기능이 있는 6½의 벤치/시스템 디지털 멀티미터이다. 15개의 측정 기능을 포함한 광범위한 측정 기능을 제공하며, 최고의 DC 정확도 외에도 정전 용량, 10A 전류, 16비트 전류 및 전압 디지털화와 같은 기능이 포함되어 있다.

디지털 멀티미터의 전면 패널과 전면 패널의 조정에 대한 설명은 아래와 같다.

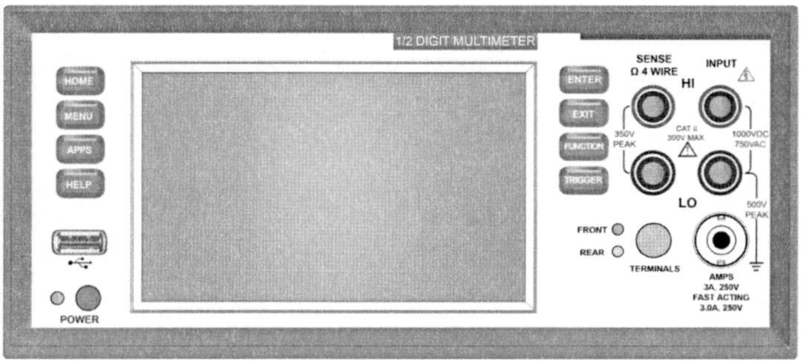

POWER 스위치	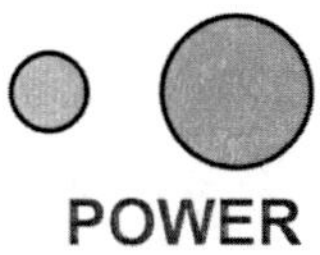	디지털 멀티미터(DMM)를 켜거나 끈다. DMM을 켜려면 전원 스위치를 누르고, 끄려면 전원 스위치를 길게 누른다. DMM이 켜지고 LED가 켜지면 LED가 녹색이며, 전원을 끄면 호박색이 된다.
HOME 버튼		디스플레이를 홈 화면으로 되돌린다
MENU 버튼		메인 메뉴를 연다. 메인 메뉴의 아이콘을 눌러 채널, 측정, 보기, 트리거, 스크립트 및 시스템 화면을 연다.
APPS 버튼		그래픽 사용자 인터페이스로 미리 구성된 TSP 스크립트의 메뉴를 연다.

HELP 버튼		디스플레이에서 선택한 영역 또는 항목에 대한 도움말을 연다. HELP 키를 누르면 선택 사항이 표시되지 않는다. 현재 보고 있는 화면의 개요 정보를 표시하려면 도움말, HELP 키를 누른 상태에서 화면 버튼을 누른다.
USB 포트	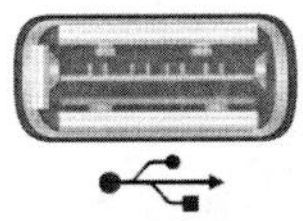	읽기 버퍼 데이터 및 화면 스냅샷을 USB 플래시 드라이브에 저장할 수 있다. 또한 USB에 스크립트를 저장하고 검색할 수도 있다. 플래시 드라이브는 FAT 또는 FAT32 드라이브로 포맷해야 한다.
터치스크린	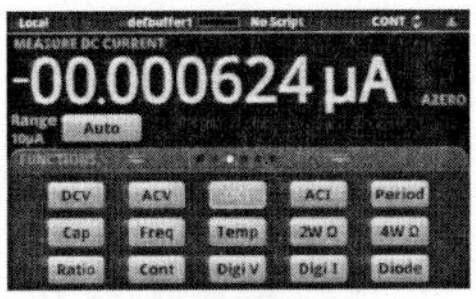	DMM6500에는 고해상도 5인치 컬러 터치스크린 디스플레이가 있다. 터치스크린은 스와이프 화면과 메뉴 옵션에 액세스한다. 전면 패널 MENU, APPS 및 FUNCTION 키를 눌러 추가 화면에 액세스할 수 있다.
ENTER 버튼		강조 표시된 선택 항목을 선택하거나 선택한 필드를 편집할 수 있다.
EXIT 버튼		이전 화면으로 돌아가거나 대화 상자를 닫는다. 예를 들어, 메인 메뉴가 표시될 때 EXIT 키를 눌러 홈 화면으로 돌아간다. 하위 화면을 볼 때 (예: 이벤트 로그 화면) EXIT 키를 눌러 메인 메뉴 화면으로 돌아간다.
TRIGGER 버튼		트리거 관련 설정 및 작업에 액세스한다. 트리거 키의 동작은 계측기 상태에 따라 달라진다.
SENSE 단자	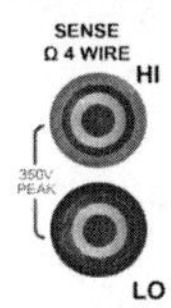	4-와이어 저항, 3-와이어 및 4-와이어 RTD 온도, DC 전압비 기능이 있는 SENSE HI 및 SENSE LO 단자와 INPUT 단자를 사용한다.
INPUT 단자	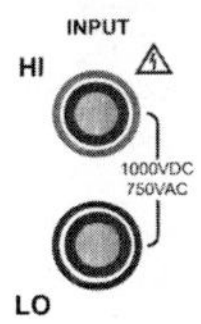	전류를 제외한 모든 측정에 INPUT HI 및 INPUT LO 단자를 사용한다.
AMPS		INPUT LO 단자와 AMPS 연결을 사용하여 3A DC 또는 AC_{RMS} 전류 이하를 측정한다.
TERMINALS 스위치	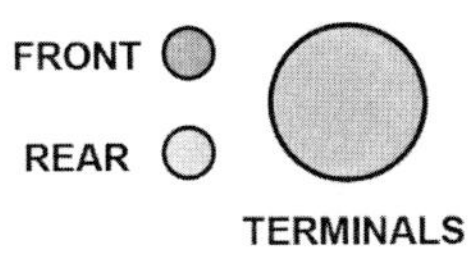	전면 또는 후면 패널에 있는 단자를 활성화한다. 후면 패널을 선택하면 삽입된 스캐너 카드에 대한 적절한 연결이 제공된다. 전면 패널 단자가 활성화되면 녹색 LED가 표시된다. 후면 패널 단자가 활성화되면 황색 LED가 표시된다.

3) 전류와 전압 측정

독립전원(독립 전압원 또는 독립 전류원)과 저항 등의 전기소자들이 서로 연결되어 구성된 폐회로를 전기회로(electric circuit)라고 하며, 구성된 전기회로에 에너지를 공급하는 독립전원 전압과 저항 등의 전기소자 양단에 나타나는 전압 및 전기소자에 흐르는 전류를 디지털 멀티미터로 측정할 수 있다.

독립전원의 전압이나 전기소자에 공급되는 전압의 측정은 그림 1-1과 같이 전압 측정을 하고자 하는 전기소자의 두 단자에 디지털 멀티미터의 전압계를 연결하면 된다. 전압계는 내부 저항이 ∞ Ω이므로 전류가 흐르지 않아 전압계에 의한 에너지 소비는 없게 된다. 따라서 전압계를 이용하여 전기소자의 전압을 측정할 때에는 전압계를 전기소자 두 단자에 병렬로 연결하게 된다. 전압계의 측정 단자를 서로 바꾸어서 연결하면 전압의 크기는 같고 부호가 반대로 나타나게 된다.

전기소자에 흐르는 전류의 측정은 그림 1-2와 같이 연결된 두 전기소자 사이에 디지털 멀티미터의 전류계를 연결하면 된다. 전류계는 내부 저항이 0 Ω이므로 전류가 흘러도 전압이 형성되지 않아 전류계에 의한 에너지 소비는 없게 된다. 따라서 전류계를 이용하여 전류를 측정할 때에는 전류가 흐르는 도선 사이에 전류계를 넣어서 직렬로 연결하게 된다. 전류계의 측정 단자를 서로 바꾸어서 연결하면 전류의 크기는 같고 부호가 반대로 나타나게 된다.

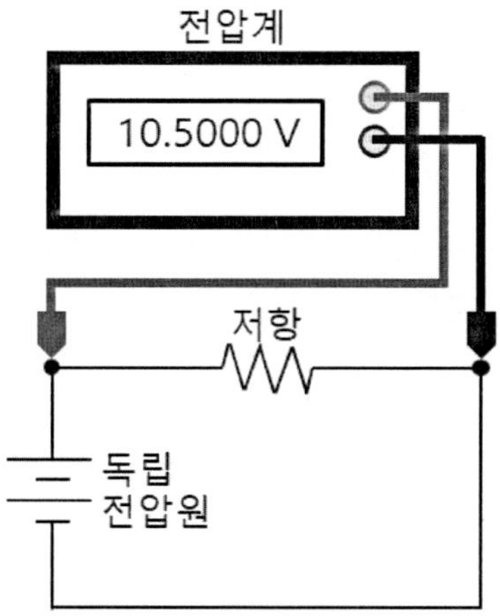

그림 1-1 전압계 연결

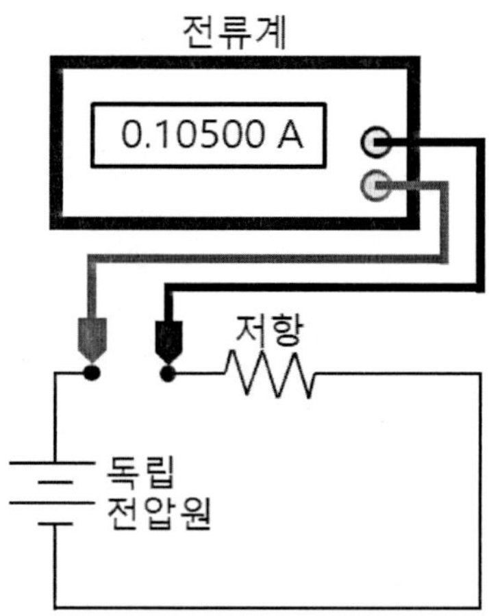

그림 1-2 전류계 연결

1.3 시뮬레이션 및 실험

1) 사용 장비 및 부품

멀티심(multisim) 시뮬레이터

직류 전원공급장치 : 1대

디지털 멀티미터 : 1대

저항 : 1 kΩ

2) 전원 전압 측정

(1) 시뮬레이션

① 멀티심 상단의 부품 도구 모음(Components Toolbar)에서 'Place Source( )'를 선택하거나, 상단 메뉴에서 'Place → Component'를 선택한다. 'Select a Component' 창 왼쪽에서 'Database:'는 'Master Database', 'Group:'은 ' Source', 'Family:'는 ' POWER_SOURCES'를 선택하고, 가운데에서 'Component:'은 'DC_POWER'를 선택한 후 오른쪽에서 'OK'를 클릭한다.

멀티심의 회로 설계 영역(멀티심 화면의 가운데)에 12 V 전압원(V1 12 V)이 나타나면 임의의 위치에 가지고 가서 클릭한다. 다시 'Select a Component' 창이 나타나면 '×'를 클릭하여 창을 닫는다.

12V 전압원(V1 12 V)을 클릭하면, 'DC_POWER' 창이 나타난다. 'Value'를 선택하고 'Voltage (V):'에서 '12'를 '10'으로 변경한다. 'OK'를 선택한다.

② 멀티심 오른쪽의 계측기 도구 모음(Instruments Toolbar)에서 'Agilent Multimeter( )'를 선택하거나, 상단 메뉴에서 'Simulate → Instruments → Agilent Multimeter'를 선택한다. 멀티심 회로 설계 영역에 Agilent Multimeter( )가 나타나면 임의의 위치로 가지고 가서 클릭한다.

③ 멀티심을 사용할 때는 반드시 접지(ground, GND)를 연결하여야 시뮬레이션이 동작하므로, 멀티심 상단의 부품 도구 모음(Components Toolbar)에서 'Place Source( )'를 선택하거나, 상단 메뉴에서 'place → Component'를 선택한다. 'Select a Component' 창 왼쪽에서 'Database:'는 'Master Database', 'Group:'은 ' Source', 'Family:'는 ' POWER_SOURCES'를 선택하고, 가운데에서 'Component:'은 'GROUND'를 선택한 후 오른쪽에서 'OK'를 클릭한다.

멀티심의 회로 설계 영역에 접지(⏚)가 나타나면 임의의 위치로 가지고 가서 클릭한다. 다시 'Select a Component' 창이 나타나면 '×'를 클릭하여 창을 닫는다.

④ 멀티심 회로 설계 영역에 아래와 같은 전압 측정 회로를 구성한다. 10 V 전압원과 Agilent Multimeter를 연결할 때, 10 V 전압원 양(+) 단자에 마우스를 갖다 놓고 마우스 왼쪽 버튼을 누른 후 Agilent Multimeter 단자(오른쪽 맨 위)에 가서 마우스 왼쪽 버튼을 누르면 연결된다. 동일한 방법으로 아래와 같이 연결한다.

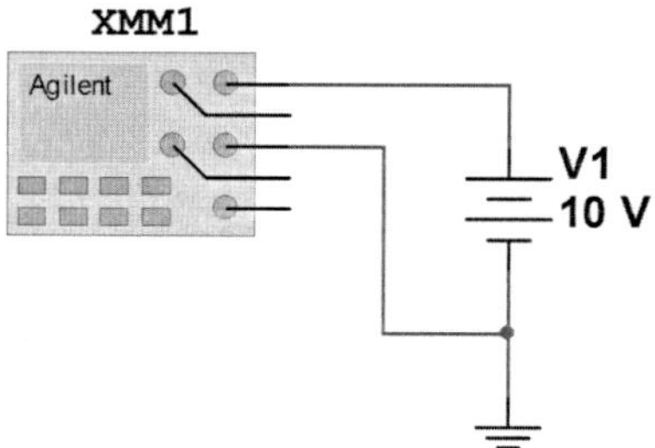

⑤ Agilent Multimeter( )를 더블 클릭하면 'Agilent Multimeter–XMM1' 창이 나타난다. 'Power' 버튼을 클릭하고 'DC V(DC V)' 버튼을 선택하면, LCD 화면에 'VDC'가 나타난다.

⑥ 멀티심 상단의 시뮬레이션 도구 모음(Simulation Toolbar)에서 'Run / resume simulation (F5) (▷)'를 선택하거나, 상단 메뉴에서 'Simulate → ▷ Run'을 선택한다. 아래와 같이 '10 VDC' 전압값이 나타나게 된다. 측정한 전압값을 표 1–1에 작성한다.

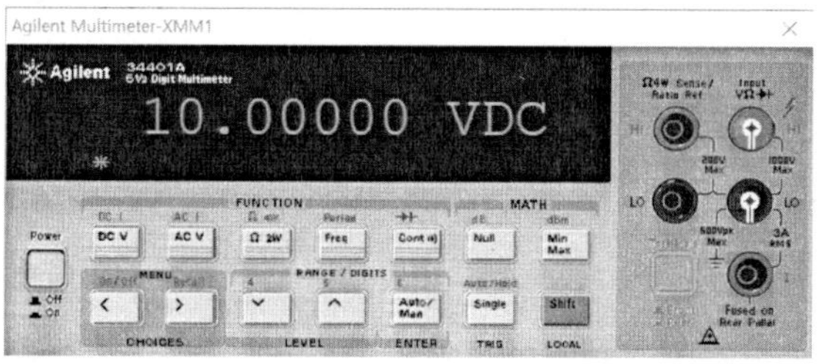

(2) 실험

① 아래 그림과 같이 직류 전원공급장치와 디지털 멀티미터를 서로 연결한다(직류 전원공급장치의 'CH1'의 '+'를 디지털 멀티미터의 'INPUT' 단자의 'HI'에, 직류 전원공급장치의 'CH1'의 '−'를 디지털 멀티미터의 'INPUT' 단자의 'LO'에 각각 연결한다).

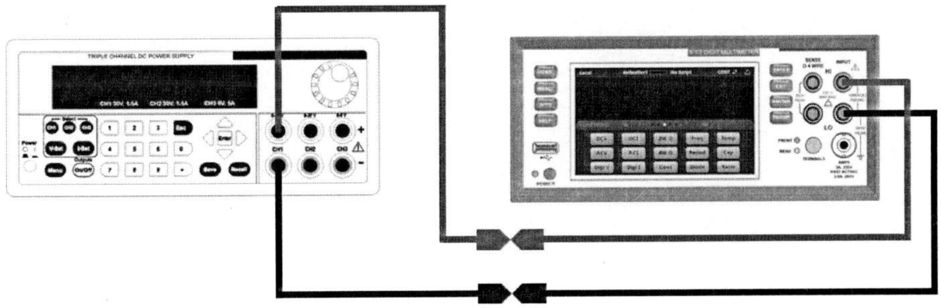

② 디지털 멀티미터의 'POWER' 버튼을 누르면 LCD 화면이 켜진다. LCD 화면 아래의 'FUNCTIONS'에서 'DCV DCV '를, 선택한 후, LCD 화면에서 'Range'를 'Auto'로 놓는다.

③ 직류 전원공급장치의 'POWER' 버튼을 'I' 상태에 놓으면 전원이 켜져서 LCD 화면이 나타난다. 'SELECT'에서 CH1(전원으로 CH2를 사용할 경우에는 CH2)과 'V-Set'을 선택하고 '1 ~ 9'의 숫자 버튼이나 로터리 노브(knob)를 이용하여 전압을 10 V가 되게 한다.

④ 직류 전원공급장치의 'OUTPUT'의 'O I' 버튼을 누른 후, 디지털 멀티미터 LCD에 나타나는 전압값을 표 1-1에 작성한다.

⑤ 직류 전원공급장치의 'OUTPUT'의 'O I' 버튼을 다시 눌러 출력을 차단한다.

3) 저항에 인가된 전압 측정

(1) 시뮬레이션

① '2) 전원 전압 측정'의 '(1) 시뮬레이션'의 '① ~ ③'을 실행한다.

② 컴퓨터에서 멀티심을 동작시킨다. 멀티심 상단의 부품 도구 모음(Components Toolbar)에서 'Place Basic( )'를 선택하거나, 상단 메뉴에서 'Place → Component'를 선택한다. 'Select a Component' 창 왼쪽에서 'Database:'는 'Master Database', 'Group:'은 ' Basic', 'Family:'는 ' RESISTOR'를 선택하고, 가운데에서 'Component:'은 '1k'를 선택한 후 오른쪽에서 'OK'를 클릭한다.

멀티심 회로 설계 영역에 1 kΩ 저항(R1 1kΩ)이 나타나면 임의의 위치로 가지고 가서 클릭한다. 다시 'Select a Component' 창이 나타나면 '×'를 클릭하여 창을 닫는다.

③ 멀티심 회로 설계 영역에 아래 그림과 같은 저항 전압 측정 회로를 구성한다.

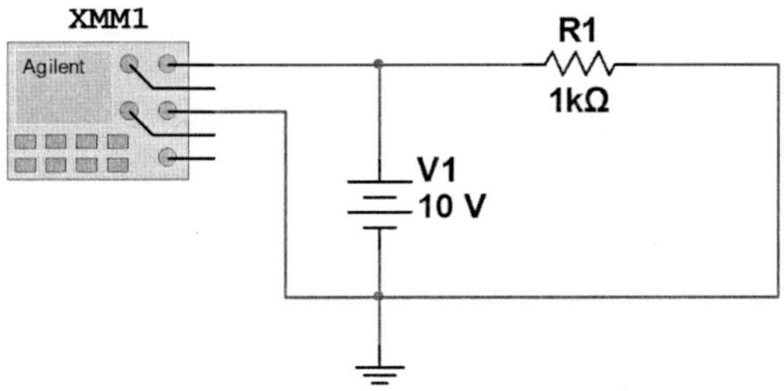

④ Agilent Multimeter( )를 더블 클릭하면 'Agilent Multimeter–XMM1' 창이 나타난다. 'Power' 버튼을 클릭하고 'DC V(DC V)' 버튼을 선택하면, LCD 화면에 'VDC'가 나타난다.

⑤ 멀티심 상단의 시뮬레이션 도구 모음(Simulation Toolbar)에서 'Run / resume simulation (F5) (▶)'를 선택하거나, 상단 메뉴에서 'Simulate → ▶ Run'을 선택한다. 아래와 같이 '10 VDC' 전압값이 나타나게 된다. 측정한 전압값을 표 1–2에 작성한다.

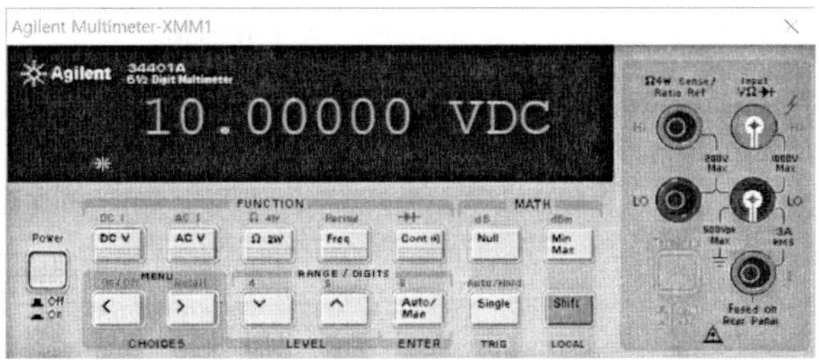

(2) 실험

① 아래 그림과 같이 직류 전원공급장치와 디지털 멀티미터를 1 kΩ 저항에 연결한다(직류 전원공급장치의 'CH1'의 '+'와 디지털 멀티미터의 'INPUT' 단자의 'HI'를 1 kΩ 저항 한쪽 단자에, 직류 전원공급장치의 'CH1'의 '–'와 디지털 멀티미터의 'INPUT' 단자의 'LO'를 1 kΩ 저항 반대쪽 단자에 각각 연결한다).

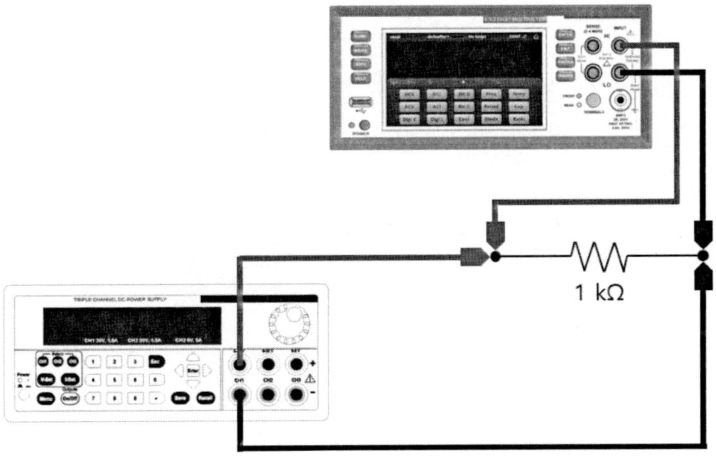

② '2) 전원 전압 측정'의 '(2) 실험'의 '②와 ③'을 실행한다.

③ 직류 전원공급장치의 'OUTPUT'의 'O I' 버튼을 누른 후, 디지털 멀티미터 LCD에 나타나는 전압값을 표 1-2에 작성한다.

④ 직류 전원공급장치의 'OUTPUT'의 'O I' 버튼을 다시 눌러 출력을 차단한다.

4) 저항에 흐르는 전류 측정

(1) 시뮬레이션

① '3) 저항에 인가된 전압 측정'의 '(1) 시뮬레이션' '①과 ②'를 실행한다.

② 멀티심 회로 설계 영역에 아래 그림과 같은 저항에 흐르는 전류 측정 회로를 구성한다.

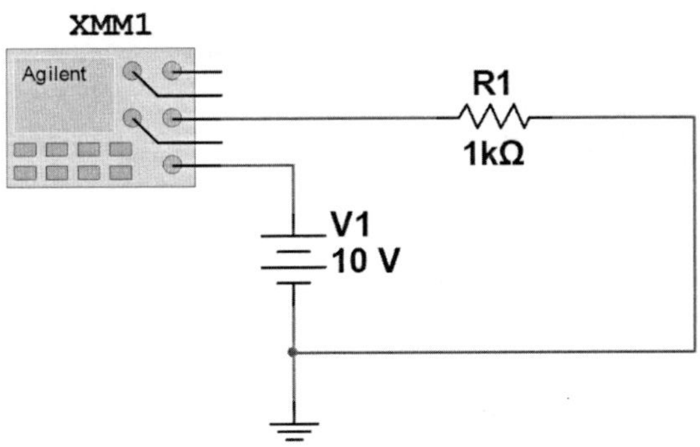

③ Agilent Multimeter( )를 더블 클릭하면 'Agilent Multimeter-XMM1' 창이 나타난다. 'Power' 버튼을 클릭한다. 전류를 측정하기 위하여 'Shift(Shift)' 버튼을 누른 후, 'DC V (DC V)' 버튼을 클릭하면 'DC I'가 선택되어 LCD 화면에 'ADC'가 나타난다.

④ 멀티심 상단의 시뮬레이션 도구 모음(Simulation Toolbar)에서 'Run / resume simulation (F5) (▷)'를 선택하거나, 상단 메뉴에서 'Simulate → ▷ Run'을 선택한다. 아래와 같이 '10 mADC' 전류값이 나타나게 된다. 측정한 전압값을 표 1-3에 작성한다.

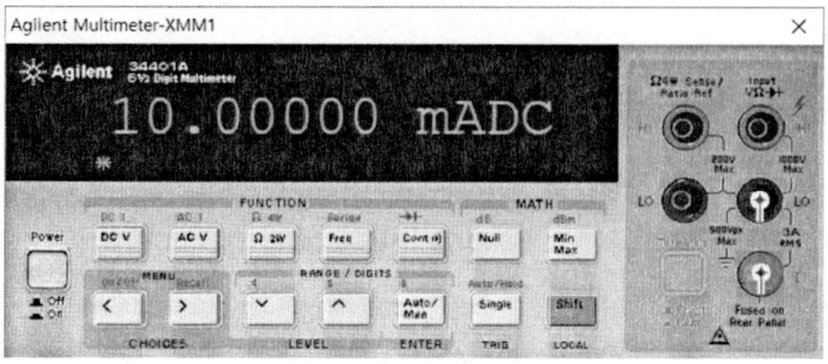

(2) 실험

① 아래 그림과 같이 직류 전원공급장치와 디지털 멀티미터를 1 kΩ 저항에 연결한다(직류 전원공급장치의 'CH1'의 '+'와 디지털 멀티미터의 'INPUT' 단자의 'AMPS'를 연결한다. 디지털 멀티미터의 'INPUT' 단자의 'LO'를 1 kΩ 저항 한쪽 단자에 연결한다. 1 kΩ 저항 반대쪽 단자를 직류 전원공급장치의 'CH1'의 '–'에 연결한다).

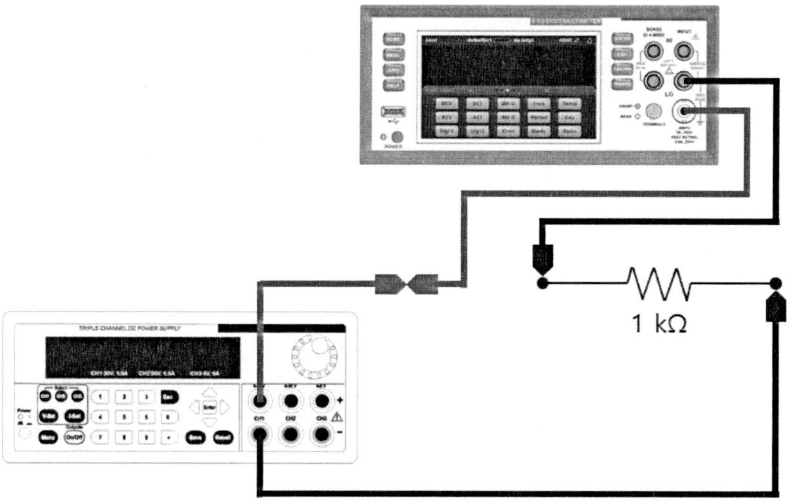

② 디지털 멀티미터의 'POWER' 버튼을 누르면 LCD 화면이 켜진다. 'FUNCTIONS'에서 'DCI [DCI]'를, Range는 'Auto'를 선택한다.

③ 직류 전원공급장치의 'POWER' 버튼을 'I' 상태에 놓으면 전원이 켜져서 LCD 화면이 나타난다. 'SELECT'에서 CH1(전원으로 CH2를 사용할 경우에는 CH2)과 'V-Set'을 선택하고 1 ~ 9의 숫자 버튼이나 로터리 노브를 이용하여 전압을 10 V가 되게 한다.

④ 직류 전원공급장치의 'OUTPUT'의 'O I' 버튼을 누른 후, 디지털 멀티미터 LCD에 나타나는 전류값을 표 1-3에 작성한다.

⑤ 직류 전원공급장치의 'OUTPUT'의 'O I' 버튼을 다시 눌러 출력을 차단한다.

5) 실험 결과 및 고찰

학과	학번	학년	이름

(1) 전원 전압 측정

① 표 1-1에 시뮬레이션값과 실험 측정값을 작성한다.

표 1-1

전압값	10 V
시뮬레이션값	V
실험 측정값	V

② 표 1-1에서, 이론값 10V가 시뮬레이션값과 실험값에서 다르게 나타난다면 이유는 무엇인가요?

(2) 저항에 인가된 전압 측정

① 표 1-2에 시뮬레이션값과 실험 측정값을 작성한다.

표 1-2

저항값	1 kΩ
시뮬레이션값	Ω
실험 측정값	Ω

② 표 1–2에서, 이론값이 시뮬레이션값과 실험값에서 다르게 나타난다면 이유는 무엇인가요?

(3) 저항에 흐르는 전류 측정

① 표 1–3에 시뮬레이션값과 실험 측정값을 작성한다.

표 1–3

저항값	1 kΩ
시뮬레이션값	A
실험 측정값	A

② 표 1–3에서, 이론값을 기준으로 시뮬레이션값과 실험값에서 오차가 발생한다면 이유는 무엇인가요?

③ 전압값, 전류값을 측정할 때, 디지털 멀티미터 연결하는 방법의 차이점에 대하여 설명하세요.

2

저항 측정과 옴의 법칙

2.1 실험 목적

전기회로 소자인 저항과 저항에 흐르는 전류 및 저항 양단 사이의 전압을 시뮬레이션과 실험에서 디지털 멀티미터로 측정하여 옴의 법칙을 이해한다.

2.2 실험에 적용된 이론

1) 저항 측정

전류의 흐름을 방해하는 물리적 성질을 가진 소자를 저항이라 하며, 기호는 R을 사용하고 단위는 옴(Ω)이다. 저항은 면적에 반비례하고 저항률(전하의 흐름을 방해하는 물질의 능력, resistivity, ρ)과 길이에 비례하는 특성, $R = \dfrac{\rho L}{A}$을 가진다(A:면적, L: 길이).

저항은 저항값이 고정되어 있는 고정 저항기와 일정한 저항값 범위에서 다양한 저항값을 가질 수 있는 가변 저항기(variable resistor), 동일한 고정 저항기를 여러 개 묶어서 하나의 형태로 만든 어레이 저항 등이 있다. 고정 저항기의 기호는 그림 2-1과 같이 나타낼 수 있고, 가변 저항기의 기호는 그림 2-2와 같이 표현할 수 있다.

그림 2-1 고정 저항기 기호

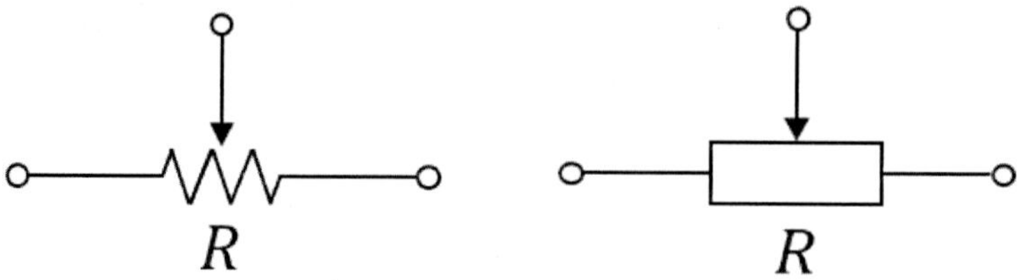

(a) 3단자 가변 저항기 기호

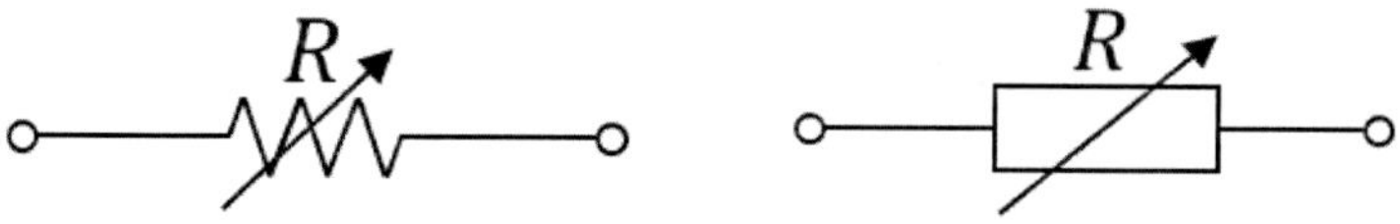

(b) 2단자 가변 저항기 기호

그림 2-2 가변 저항기 기호

고정 저항기는 탄소피막 저항기, 금속필름 저항기, 권선형 저항기, 칩 저항기 등이 있으며 일반적으로 사용되는 탄소피막 저항기나 금속필름 저항기는 저항기 몸체에 색코드로 저항값과 저항값 허용오차를 나타내고 있으며, 추가적으로 온도 변화에 따른 저항값 변화 계수 등을 표기하기도 한다. 색코드형 고정 저항기의 정격 전력은 일반적으로 1/8 W, 1/4 W, 1/2 W, 1 W, 2W, 3W 등이 있다. 4색 또는 5색 색코드 저항기는 그림 2-3과 같으며 색코드의 구성은 표 2-1과 표 2-2와 같다.

$R = AB \times 10^{C} \pm D$　　　$R = ABC \times 10^{D} \pm E$

그림 2-3 고정저항기 색코드

표 2-1 고정 저항기 4색코드 값

색	첫째 띠(A) 십의 숫자	둘째 띠(B) 일의숫자	셋째 띠(C) 10의 지수	넷째 띠(D) 허용오차
흑(Black)	0	0	1(10^0)	
갈(Brown)	1	1	10(10^1)	
적(Red)	2	2	100(10^2)	
주(Orange)	3	3	1,000(10^3)	
노(Yellow)	4	4	10,000(10^4)	
초(Green)	5	5	100,000(10^5)	
파(Blue)	6	6	1,000,000(10^6)	
보(Violet)	7	7	10,000,000(10^7)	
회(Gray)	8	8	100,000,000(10^8)	
흰(White)	9	9	1,000,000,000(10^9)	
금(Gold)	-	-	0.1(10^{-1})	±5%
은(Silver)	-	-	0.01(10^{-2})	±10%
무(None)	-	-	-	±20%

표 2-2 고정 저항기 5색코드 값

색	첫째 띠(A) 백의 숫자	둘째 띠(B) 십의숫자	셋째 띠(C) 일의숫자	넷째 띠(D) 10의 지수	다섯째 띠(E) 허용오차
흑(Black)	0	0	0	1(10^0)	
갈(Brown)	1	1	1	10(10^1)	±1%
적(Red)	2	2	2	100(10^2)	±2%
주(Orange)	3	3	3	1,000(10^3)	
노(Yellow)	4	4	4	10,000(10^4)	
초(Green)	5	5	5	100,000(10^5)	±0.5%
파(Blue)	6	6	6	1,000,000(10^6)	±0.25%
보(Violet)	7	7	7	10,000,000(10^7)	±0.1%
회(Gray)	8	8	8	100,000,000(10^8)	±0.05%
흰(White)	9	9	9	1,000,000,000(10^9)	
금(Gold)	-	-	-	0.1(10^{-1})	±5%
은(Silver)	-	-	-	0.01(10^{-2})	±10%
무(None)	-	-	-	-	±20%

고정 저항기로 사용되는 칩 저항기는 후박 칩 저항기(thick film resistor)와 박막 칩 저항기(thin film resistor)가 있으며, 일반적으로 후막 칩 저항기를 사용한다. 칩 저항기는 그림 2-4와 같으며 칩 저항기의 일반적인 표기법는 그림 2-5와 같다. $223 = 22 \times 10^3 = 22000 = 22\,\mathrm{k}\Omega$, $8202 = 820 \times 10^2 = 82000 = 82\,\mathrm{k}\Omega$, $4\mathrm{R}7 = 4.7\,\Omega$, $0\mathrm{R}22 = 0.22\,\Omega$, $0 = 0\,\Omega$, $000 = 0\,\Omega$. 칩 저항기의 크기와 정격 전력은 표 2-3과 같다.

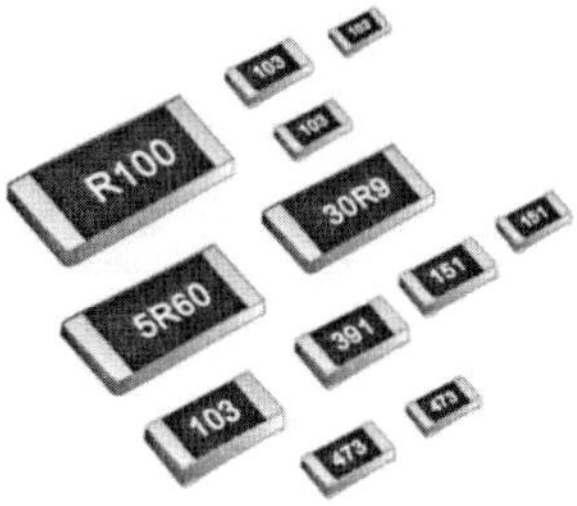

그림 2-4 칩 저항기

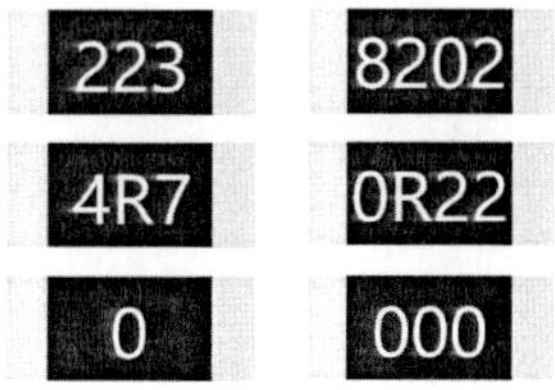

그림 2-5 칩 저항기 표기 방법

표 2-3 저항기 크기와 정격전력

크기			정격전력 W
Inch	mm	가로 × 세로	
01005	0402	0.4 × 0.2	1/32
0201	0603	0.6 × 0.3	1/20
0402	1005	1.0 × 0.5	1/16
0603	1608	1.6 × 0.8	1/10
0805	2012	2.0 × 1.2	1/8
1206	3216	3.2 × 1.6	1/4
1210	3225	3.2 × 2.5	1/3
2010	5025	5.0 × 2.5	2/3
2512	6432	6.4 × 3.2	1

가변 저항기는 3개의 단자를 갖는 저항기로서, 그림 2-6은 가변 저항기의 기호와 가변 저항기 중 한 종류를 나타낸 것이다. 단자 A와 단자 B 사이의 저항은 고정되어 있고 가운데 단자 C는 저항을 따라 미끄러지는 것으로 와이퍼(wiper)라고 한다. 가변 저항기의 최소 저항값은 0 Ω이고 최대 저항값은 고정 저항값이다. 가변 저항기의 저항값은 그림 2.6의 단자 C의 위치에 따라 0 Ω ~ 최대 저항값으로 나타나게 된다.

가변 저항기의 고정 저항값은 단자 A와 단자 C 사이의 저항값과 단자 B와 단자 C 사이의 저항값의 합과 같다. 따라서 가변 저항기의 와이퍼를 회전시킴에 따라 단자 C와 한쪽 단자 사이의 저항값은 증가하지만, 반대로 단자 C와 다른 한쪽 단자 사이의 저항값은 감소하게 된다. 일반적으로는 단자 B(또는 단자 A)와 단자 C를 전선으로 연결하여 2단자로 구성된 가변 저항기로 사용한다.

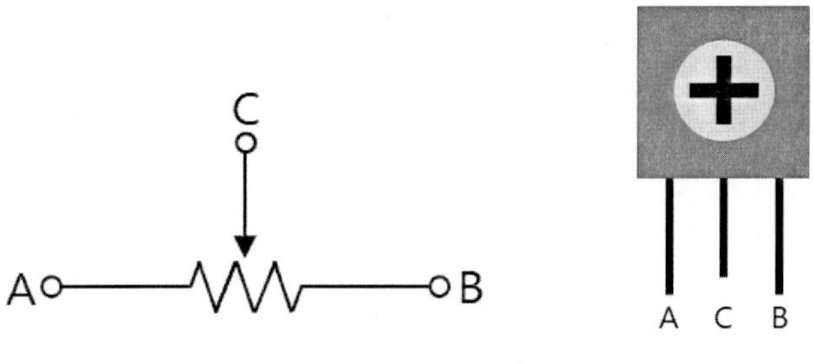

그림 2-6 가변 저항기

저항 소자의 저항값 측정은 그림 2-7과 같이 저항의 두 단자에 디지털 멀티미터의 저항계를 연결하면 된다. 저항을 측정할 때에는 저항을 회로에서 분리한 후, 저항계를 저항의 두 단자에 병렬로 연결하게 된다. 저항계의 측정 단자는 서로 바꾸어서 연결하여도 저항값은 동일하게 나타나게 된다.

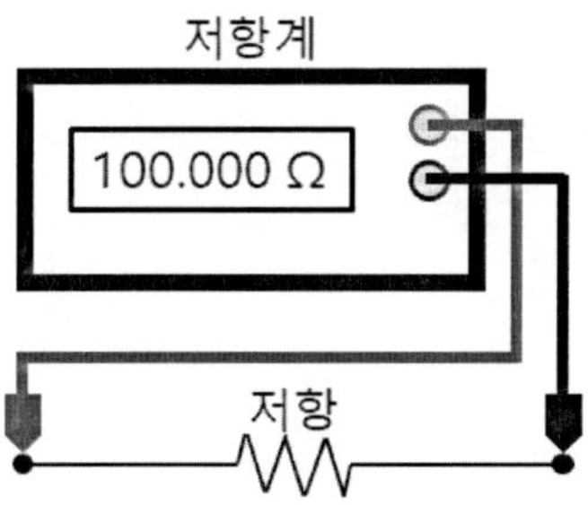

그림 2-7 저항계 연결

2) 옴의 법칙

선형 회로의 저항 양쪽 단자 사이의 전압에 의해 흐르는 전류가 일정한 법칙을 옴의 법칙(Ohm's law)이라 한다. 저항을 R, 저항의 양쪽 단자에 나타나는 전압을 v, 저항에 흐르는 전류를 i라고 하면, 옴의 법칙에 의하여 아래와 같은 수식으로 표현된다.

$$v = R \cdot i$$

위의 수식으로부터 저항 양단의 전압을 일정하게 유지하고 저항을 크게 하면 할수록 전류는 작아지고, 반대로 저항을 일정하게 유지하고 전압을 증가시킬수록 전류가 증가하게 된다. 즉, 저항 양단에 나타나는 전압은 저항을 통해 흐르는 전류에 비례한다. 위의 수식은 $i = \frac{v}{R}$ 또는 $R = \frac{v}{i}$로 표현될 수 있다.

전압원과 저항으로 이루어진 선형 회로에서 저항 양단에 나타나는 전압을 측정하기 위한 전압계와 저항에 흐르는 전류를 측정하기 위한 전류계를 연결하기 위한 연결도는 그림 2-8과 같다. 전압계는 저항의 양쪽 단자에 연결하고 전류계는 전압원의 양(+)의 단자와 이에 연결된 저항의 단자 사이에 연결하여, 저항에서의 전압과 전류를 측정할 수 있다.

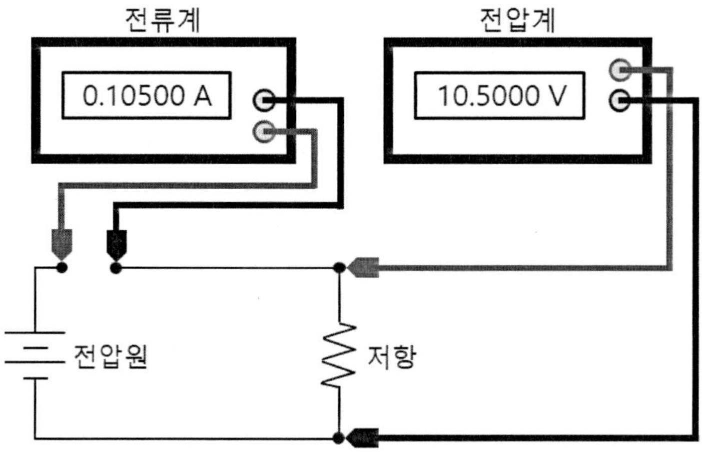

그림 2-8 옴의 법칙을 실험하기 위한 전류계, 전압계 연결도

2.3 시뮬레이션 및 실험

1) 사용 장비 및 부품

멀티심(multisim) 시뮬레이터

직류 전원공급장치 : 1대

디지털 멀티미터 : 1대

브레드 보드 : 1대

저항 : 200 Ω, 1 kΩ, 2.4 kΩ, 5.6 kΩ, 30 kΩ

가변 저항 : 10 kΩ

2) 고정 저항 측정

(1) 시뮬레이션

① 1장 1.3 시뮬레이션 및 실험 2)와 3)의 시뮬레이션의 회로 설계 방법을 참조하여, 멀티심 회로 설계 영역에 아래 그림과 같은 저항 측정을 위한 회로를 구성한다(저항 측정에서는 반대로 연결해도 된다).

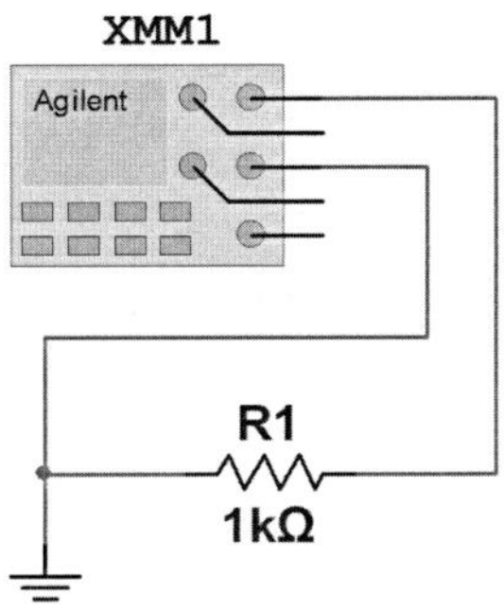

② Agilent Multimeter()를 더블 클릭하면 'Agilent Multimeter–XMM1' 창이 나타난다. 'Power' 버튼을 클릭하고 'Ω 2W()' 버튼을 선택하면, LCD화면에 'Ohm'이 나타난다.

③ 멀티심 상단의 시뮬레이션 도구 모음(Simulation Toolbar)에서 'Run / resume simulation (F5) (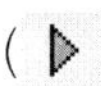)'를 선택하거나, 상단 메뉴에서 'Simulate →  Run'을 선택한다. 아래와 같이 '1 kOhm' 저항값이 나타나게 된다. 측정된 저항값을 표 2–1에 작성한다.

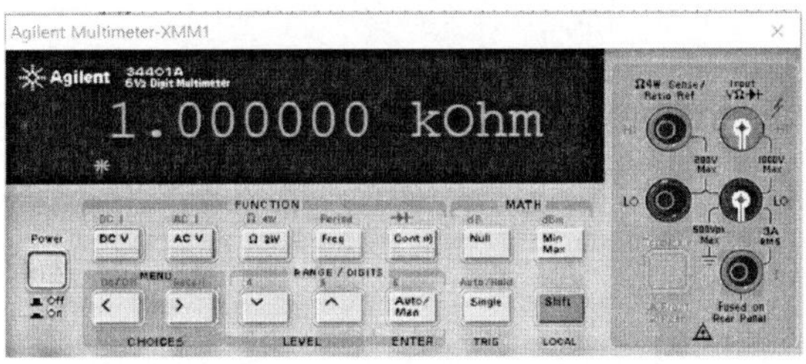

④ 저항 200 Ω, 2.4 kΩ, 5.6 kΩ, 30 kΩ에 대하여 실험하여 측정된 저항값을 표 2–1에 작성한다.

(2) 실험

① 아래 그림과 같이 1 kΩ 저항을 디지털 멀티미터에 연결한다('INPUT' 단자의 'HI' 부분은 +, 'LO' 부분은 – 이므로, 1 kΩ 한쪽에 'HI' 부분을 1 kΩ 반대쪽에 'LO' 부분을 각각 연결한다(저항 측정에서는 반대로 연결해도 된다).

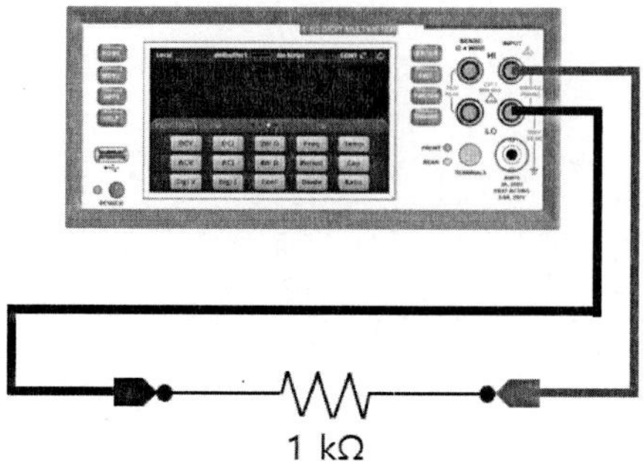

② 디지털 멀티미터의 'POWER' 버튼을 누르면 LCD 화면이 켜진다. 'FUNCTIONS'에서 '2W Ω 2W Ω'을, Range는 'Auto'를 선택한다(LCD 화면은 터치스크린이므로 직접 손으로 조정할 수 있다). LCD에 나타난 저항값을 표 2-1에 작성한다.

③ 저항 200 Ω, 2.4 kΩ, 5.6 kΩ, 30 kΩ에 대하여 실험하여 측정된 저항값을 표 2-1에 작성한다.

3) 가변 저항 측정

(1) 시뮬레이션

① 컴퓨터에서 멀티심을 동작시킨다. 멀티심 상단의 부품 도구 모음(Components Toolbar)에서 'Place Basic( )'를 선택하거나, 상단 메뉴에서 'Place → Component'를 선택한다. 'Select a Component' 창 왼쪽에서 'Database:'는 'Master Database', 'Group:'은 ' Basic', 'Family:'는 ' POTENTIOMETER'를 선택하고, 가운데에서 'Component:'은 '10k'를 선택한 후 오른쪽에서 'OK'를 클릭한다.

멀티심 회로 설계 영역에 10 kΩ 가변 저항(R1 10kΩ Key=A 50%)이 나타나면 임의의 위치로 가지고 가서 클릭한다. 다시 'Select a Component' 창이 나타나면 '×'를 클릭하여 창을 닫는다.

② 1장 1.3 시뮬레이션 및 실험 2)와 3)의 시뮬레이션의 회로 설계 방법을 참조하여, 멀티심 회로 설계 영역에 아래 그림과 같은 가변 저항 측정을 위한 회로를 구성한다.

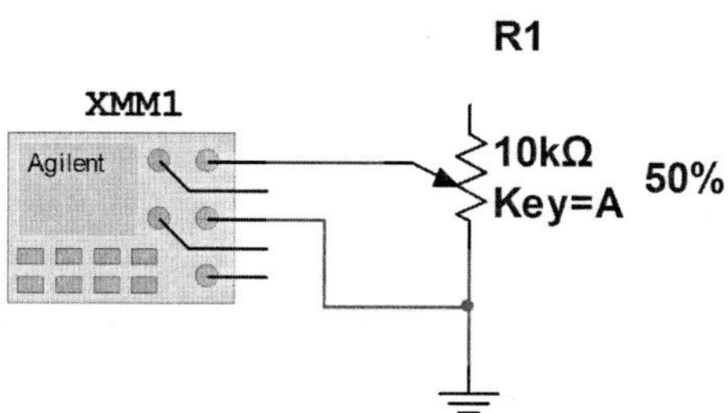

③ 위 그림의 회로에서 10 kΩ 가변 저항을 마우스 왼쪽 버튼으로 선택한 후, 컴퓨터 키보드의

'Shift + A'를 눌러 '50%'가 '0%'로 되게 한다. 이것은 화살표 모양의 중간 접점이 접지쪽으로 이동하여 접지와 연결된 것을 의미한다.

④ Agilent Multimeter( )를 더블 클릭하면 'Agilent Multimeter–XMM1' 창이 나타난다. 'Power' 버튼을 클릭하고 'Ω 2W( )' 버튼을 선택하면, LCD화면에 'Ohm'이 나타난다.

⑤ 멀티심 상단의 시뮬레이션 도구 모음에서 ' '를 선택한다(상단 메뉴에서 'Simulate → Run'을 선택해도 된다). 아래와 같이 '0 Ohm' 저항값(0.001 Ohm으로 표시되는 것은 멀티심 오차)이 나타나게 된다. 측정된 저항값을 표 2-2에 작성한다.

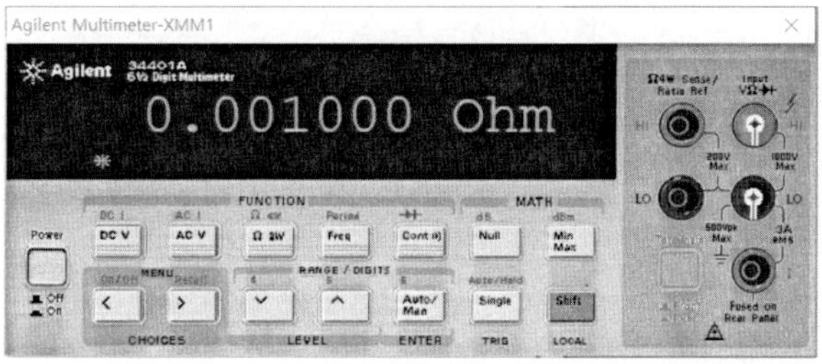

⑥ 컴퓨터 키보드의 'A'를 누를 때마다 '0%'에서 '100%'로 증가하게 된다. '20%', '50%', '70%' '100%'일 때의 저항값을 표 2-2에 작성한다.

⑦ 멀티심 회로 설계 영역에 아래 그림과 같은 가변 저항 측정을 위한 회로를 구성한다.

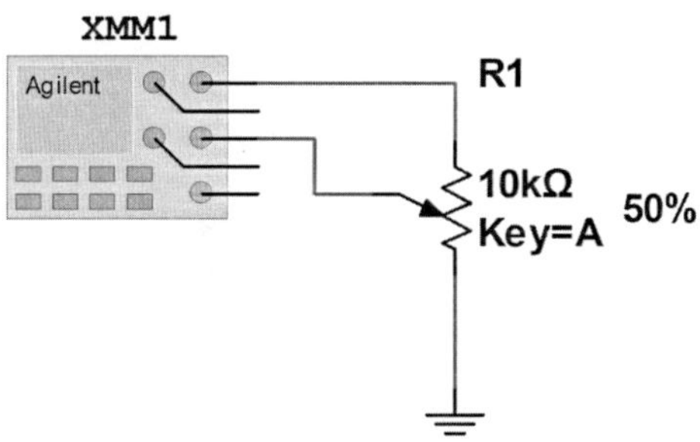

⑧ 위 그림의 회로에서 10 kΩ 가변 저항을 마우스 왼쪽 버튼으로 선택한 후, 컴퓨터 키보드의 'Shift + A'를 눌러 '50%'가 '0%'로 되게 한다. 이것은 화살표 모양의 중간 접점이 접지쪽으로 이동하여 접지와 연결된 것을 의미한다.

⑨ Agilent Multimeter( )를 더블 클릭하면 'Agilent Multimeter–XMM1' 창이 나타난다. 'Power' 버튼을 클릭하고 'Ω 2W( )' 버튼을 선택하면, LCD화면에 'Ohm'이 나타난다.

⑩ 멀티심 상단의 시뮬레이션 도구 모음에서 ' '를 선택한다(상단 메뉴에서 'Simulate → Run'을 선택해도 된다). 아래와 같이 '10 kOhm' 저항값이 나타나게 된다. 측정된 저항값을

표 2-3에 작성한다.

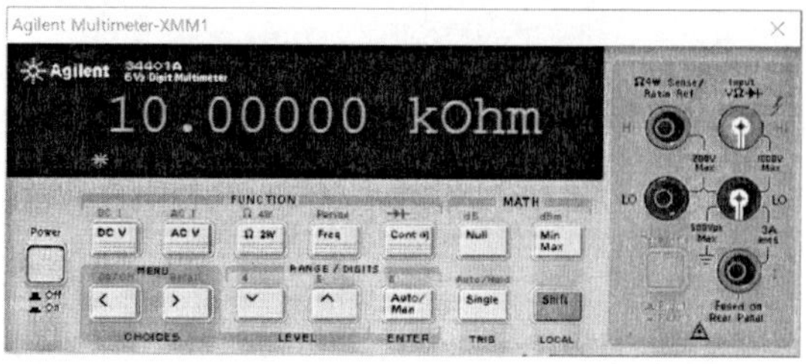

⑪ 컴퓨터 키보드의 'A'를 누를 때마다 '0%'에서 '100%'로 증가하게 된다. '20%', '50%', '70%' '100%'일 때의 저항값을 표 2-3에 작성한다.

(2) 실험

① 아래 그림과 같이 10 kΩ 가변 저항을 디지털 멀티미터에 연결한다('INPUT' 단자의 'HI' 부분은 +, 'LO' 부분은 − 이므로, 10 kΩ 위쪽 접점에 'HI' 부분을 중간 접점에 'LO' 부분을 각각 연결한다(저항 측정에서는 반대로 연결해도 된다)).

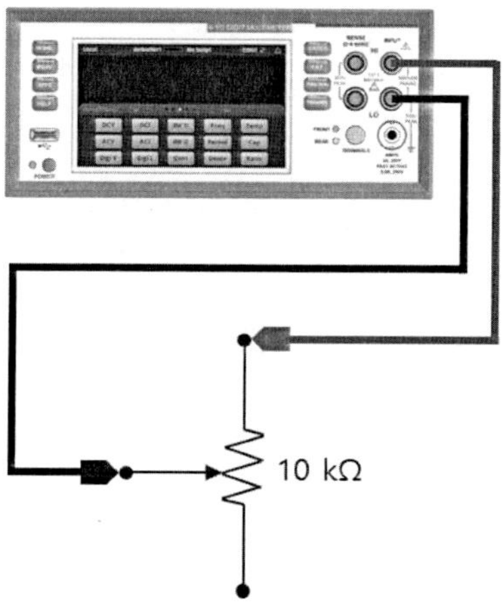

② 가변 저항을 조정하는 곳에 드라이버 등을 이용하여 시계 방향으로 회전시켜 회전이 멈출 때까지 이동시킨다.

③ 디지털 멀티미터의 'POWER' 버튼을 누르면 LCD 화면이 켜진다. 'FUNCTIONS'에서 '2W Ω 2W Ω'을, Range는 'Auto'를 선택한다. LCD에 나타난 저항값을 표 2-2에 작성한다.

④ 가변 저항을 조정하는 곳에 드라이버 등을 이용하여 반시계 방향으로 조금씩 이동시키면서 2 kΩ, 5 kΩ, 7 kΩ, 10 kΩ 위치에서 저항값을 측정하여 표 2-2에 작성한다.

⑤ 아래 그림과 같이 10 kΩ 가변 저항을 디지털 멀티미터에 연결한다('INPUT' 단자의 'HI' 부분은 +, 'LO' 부분은 − 이므로, 10 kΩ 아래쪽 접점에 'HI' 부분을 중간 접점에 'LO' 부분을 각각

연결한다(저항 측정에서는 반대로 연결해도 된다).

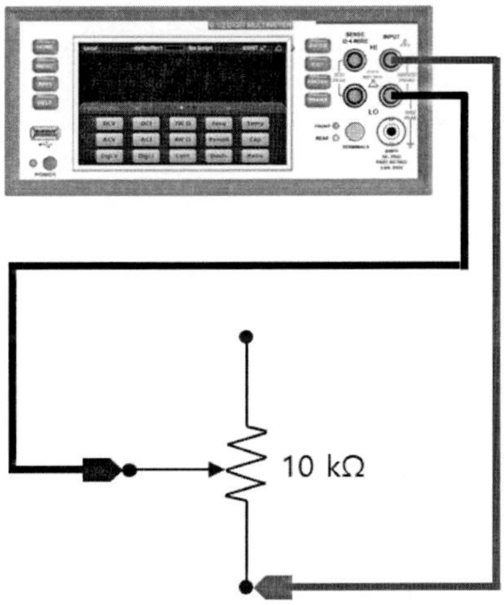

⑥ ② ~ ④와 같이 실험한다. 저항값을 측정하고 표 2-3에 작성한다.

4) 옴의 법칙

(1) 시뮬레이션

① 1장 1.3 시뮬레이션 및 실험 2)와 3)의 시뮬레이션의 회로 설계 방법을 참조하여, 멀티심의 회로 설계 영역에 아래 그림과 같은 회로를 구성한다.

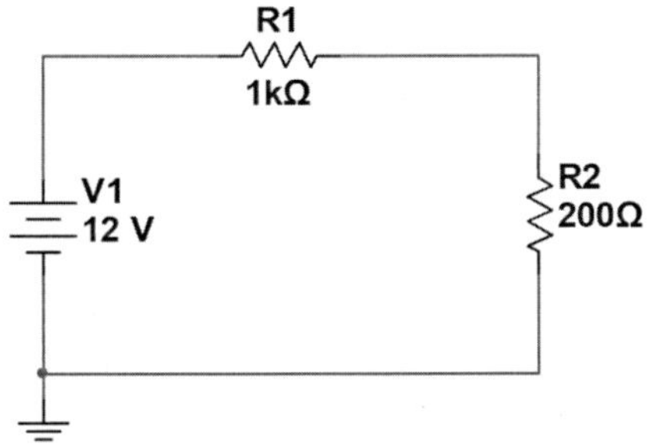

② 저항 1 kΩ 양단에 발생하는 전압을 측정하기 위하여 아래 그림과 같이 회로에 디지털 멀티미터를 연결한다.

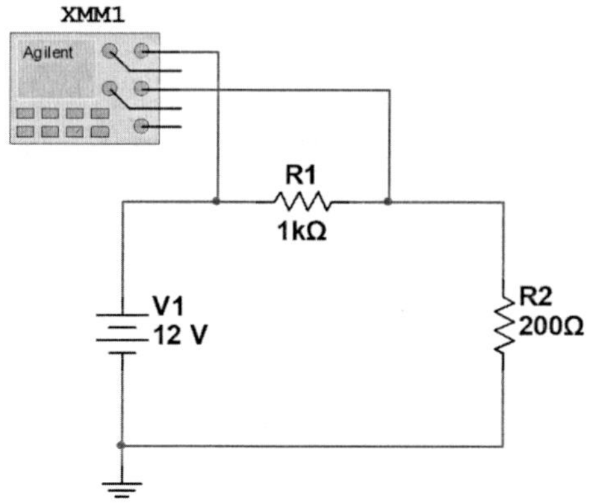

③ Agilent Multimeter( )를 더블 클릭하면 ‘Agilent Multimeter–XMM1’ 창이 나타난다. ‘Power’ 버튼을 클릭하고 ‘DC V(DC V)’ 버튼을 선택하면, LCD 화면에 ‘VDC’가 나타난다.

④ 멀티심 상단의 시뮬레이션 도구 모음에서 ‘ ▷ ’를 선택한다(상단 메뉴에서 ‘Simulate → ▷ Run’을 선택해도 된다). 아래와 같이 ‘10 VDC’ 전압값이 나타나게 된다. 측정된 전압값을 표 2–4에 작성한다.

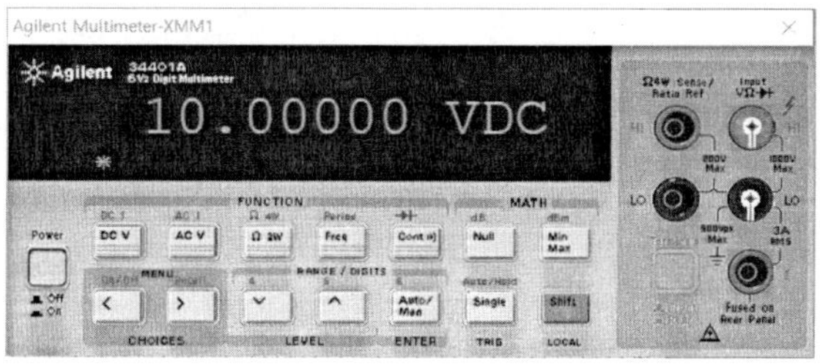

⑤ 저항 1 kΩ에 흐르는 전류를 측정하기 위하여 아래 그림과 같이 회로에 디지털 멀티미터를 연결한다.

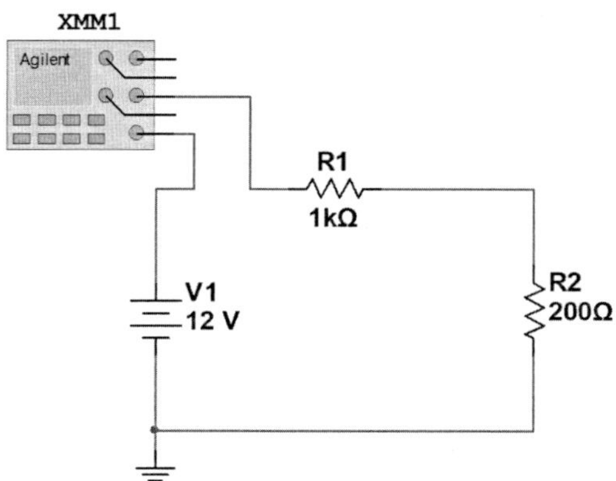

⑥ Agilent Multimeter( )를 더블 클릭하면 'Agilent Multimeter-XMM1' 창이 나타난다. 'Power' 버튼을 클릭한다. 전류를 측정하기 위하여 'Shift( )' 버튼을 누른 후, 'DC V ( )' 버튼을 클릭하면 'DC I'가 선택되어 LCD 화면에 'ADC'가 나타난다.

⑦ 멀티심 상단의 시뮬레이션 도구 모음에서 ' ▷ '를 선택한다(상단 메뉴에서 'Simulate → ▷ Run'을 선택해도 된다). 아래와 같이 '10 mADC' 전류값이 나타나게 된다. 측정된 전류값을 표 2-4에 작성한다.

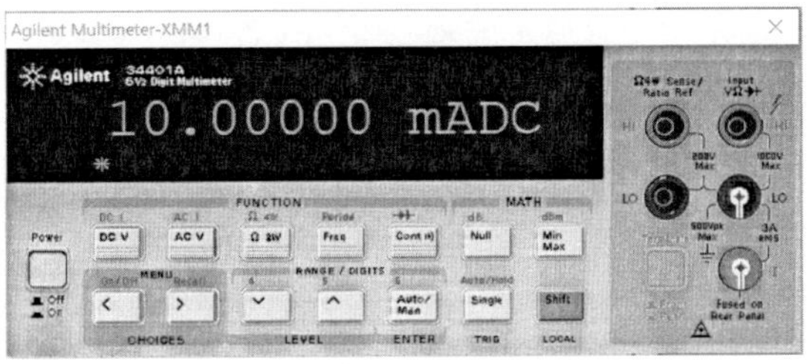

- 옴의 법칙에 의하여, 저항 1 kΩ의 저항값, 전압값, 전류값의 관계는 아래 수식과 같이 나타낼 수 있다.

$$R = \frac{v}{i} = \frac{10\,\mathrm{V}}{10\,\mathrm{mA}} = 1\,\mathrm{k}\Omega$$

⑧ ② ~ ⑦을 참조하여, 저항 200 Ω에 대한 전압값과 전류값을 측정하여 표 2-4에 작성한다. 저항 200 Ω 양단 전압 측정은 ②를 참조하며, 저항 200 Ω에 흐르는 전류는 아래 그림과 같이 연결하여 측정한다.

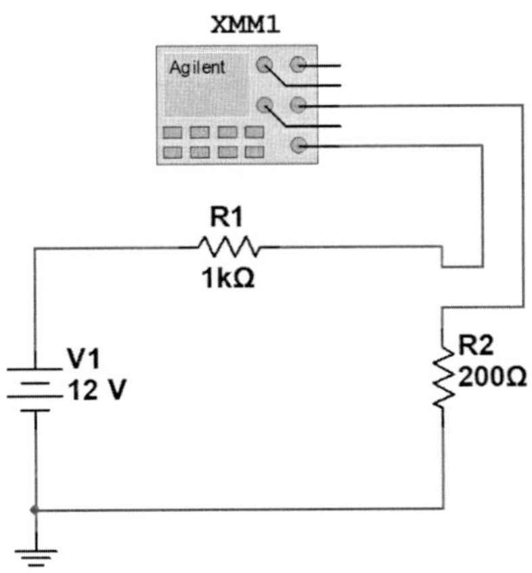

⑨ ①의 회로의 저항 1 kΩ과 200 Ω을 2.4 kΩ과 5.6 kΩ으로 교체하고, ② ~ ⑧을 참조하여 실험한 후 측정된 전압값과 전류값을 표 2-4에 작성한다.

(2) 실험

① 2)의 (2)를 참조하여, 저항 200 Ω, 1 kΩ을 디지털 멀티미터로 각각 측정하여 표 2-4에 저항값을 작성한다.

② 아래 그림과 같이 직류 전원공급장치와 디지털 멀티미터를 연결한다(직류 전원공급장치의 'CH1'의 '+'와 디지털 멀티미터의 'INPUT' 단자의 'HI'는 저항 1 kΩ에 연결하고, 직류 전원공급장치의 'CH1'의 '−'는 저항 200 Ω에 연결하며, 디지털 멀티미터의 'INPUT' 단자의 'LO'는 저항 1 kΩ과 저항 200 Ω이 서로 접속되어 있는 마디에 연결한다.).

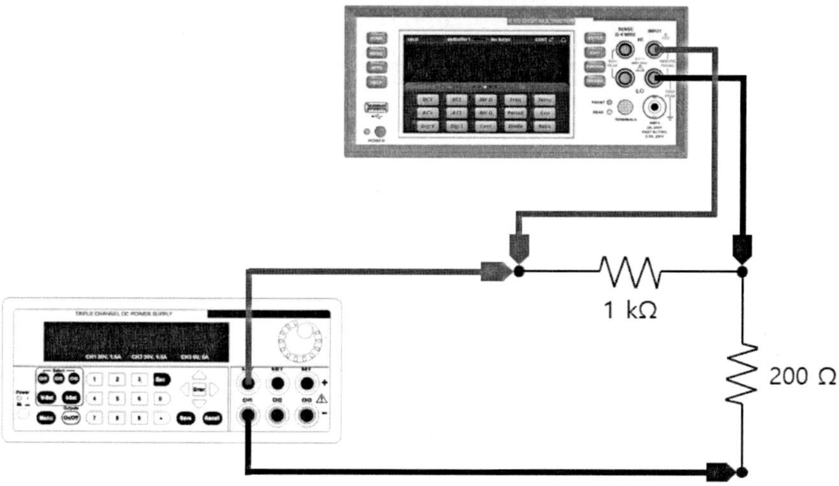

③ 디지털 멀티미터의 'POWER' 버튼을 누르면 LCD 화면이 켜진다. 'FUNCTIONS'에서 'DCV DCV'를, Range는 'Auto'를 선택한다.

④ 직류 전원공급장치의 'POWER' 버튼을 'I' 상태에 놓으면 전원이 켜져서 LCD 화면이 나타난다. 'SELECT'에서 CH1(전원으로 CH2를 사용할 경우에는 CH2)과 'V-Set'을 선택하고 1 ~ 9의 숫자 버튼이나 로터리 노브를 이용하여 전압을 12 V가 되게 한다.

⑤ 직류 전원공급장치의 'OUTPUT'의 'O I' 버튼을 누른 후, 디지털 멀티미터 LCD에 나타나는 전압값을 표 2-4에 작성한다.

⑥ 직류 전원공급장치의 'OUTPUT'의 'O I' 버튼을 다시 눌러 출력을 차단시킨다.

⑦ 아래 그림과 같이 직류 전원공급장치와 디지털 멀티미터를 연결한다(직류 전원공급장치의 'CH1'의 '+'와 디지털 멀티미터의 'INPUT' 단자의 'AMPS'를 연결한다. 디지털 멀티미터의 'INPUT' 단자의 'LO'를 1 kΩ 저항에 연결한다. 직류 전원공급장치의 'CH1'의 '−'는 200 Ω 저항에 연결한다).

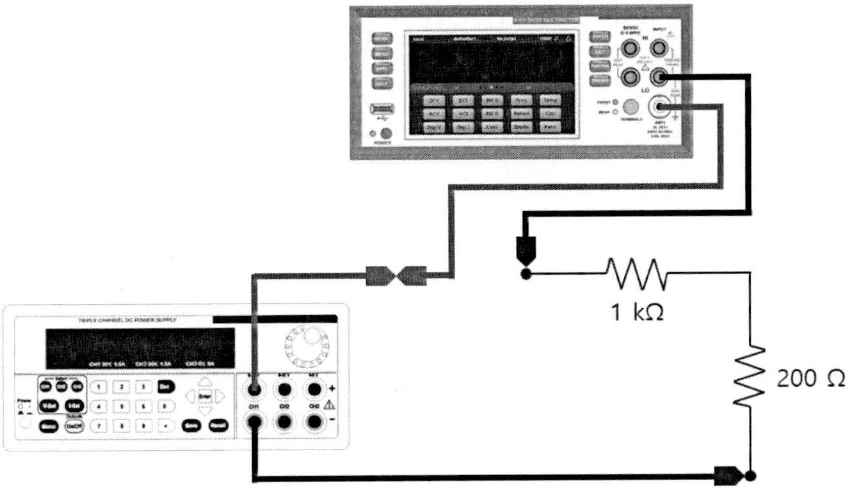

⑧ 디지털 멀티미터의 'FUNCTIONS'에서 'DCI [DCI]'를, Range는 'Auto'를 선택한다.

⑨ 직류 전원공급장치의 전압을 12 V가 되게 한다.

⑩ 직류 전원공급장치의 'OUTPUT'의 'O I' 버튼을 누른 후, 디지털 멀티미터 LCD에 나타나는 전류값을 표 2-4에 작성한다.

⑪ 직류 전원공급장치의 'OUTPUT'의 'On/Off' 버튼을 다시 눌러 출력을 차단한다.

⑫ ② ~ ⑪을 참조하여, 저항 200 Ω 양단 전압과 저항 200 Ω에 흐르는 전류를 측정하여 표 2-4에 작성한다. 직류 전원공급장치와 디지털 멀티미터 연결은 아래 그림을 참조한다.

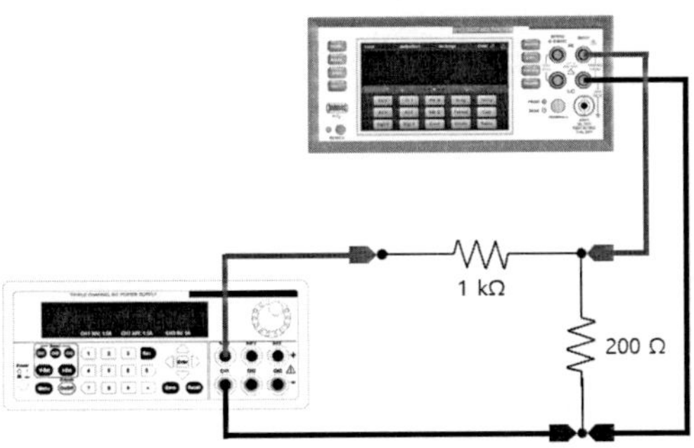

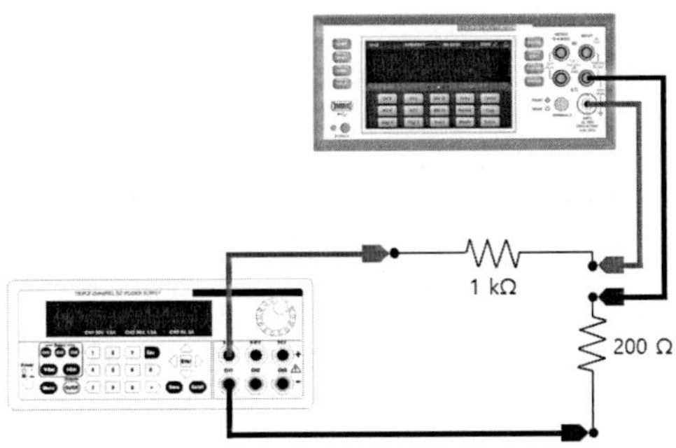

⑬ (1)의 ① 회로의 저항 1 kΩ과 200 Ω을 2.4 kΩ과 5.6 kΩ으로 교체한 후, ① ~ ⑫를 참조하여 실험한 저항값, 전압값과 전류값을 표 2-4에 작성한다.

5) 실험 결과 및 고찰

학과	학번	학년	이름

(1) 고정 저항 측정

① 표 2-1에 시뮬레이션값과 실험 측정값을 작성한다.

표 2-1

저항값	200 Ω	1 kΩ	2.4 kΩ	5.6 kΩ	30 kΩ
시뮬레이션값	Ω	Ω	Ω	Ω	Ω
실험 측정값	Ω	Ω	Ω	Ω	Ω

② 표 2-1에서, 각 저항의 이론값이 시뮬레이션값과 실험 측정값에서 오차가 발생한다면 이유는 무엇인가요?

(2) 가변 저항 측정

① 표 2-2에 시뮬레이션값과 실험 측정값을 작성한다.

표 2-2

저항값	0 % (0 Ω)	20 % (2 kΩ)	50 % (5 kΩ)	70% (7 kΩ)	100% (10 kΩ)
시뮬레이션값	Ω	Ω	Ω	Ω	Ω
실험 측정값	Ω	Ω	Ω	Ω	Ω

② 표 2-2에서, 시뮬레이션값들 위치에서 실험 측정값들을 올바르게 측정할 수 있는가요? 만일 올바르게 측정되지 않는다면 이유는 무엇인가요?

③ 표 2-3에 시뮬레이션값과 실험 측정값을 작성한다.

표 2-3

저항값	0 % (10 kΩ)	20 % (8 kΩ)	50 % (5 kΩ)	70% (3 kΩ)	100% (0 Ω)
시뮬레이션값	Ω	Ω	Ω	Ω	Ω
실험 측정값	Ω	Ω	Ω	Ω	Ω

④ 표 2-2와 표 2-3에서, 가변 저항을 2단자로 구성하여 저항값들을 측정하면 저항값들의 변화는 어떻게 되는지 설명하시오.

(3) 옴의 법칙

① 표 2-4에 시뮬레이션값과 실험 측정값을 작성한다.

표 2-4

저항값	200 Ω		1 kΩ		2.4 kΩ		5.6 kΩ	
	전압	전류	전압	전류	전압	전류	전압	전류
시뮬레이션값	V	A	V	A	V	A	V	A
실험 측정값	V	A	V	A	V	A	V	A
저항값 (실험 측정)	Ω		Ω		Ω		Ω	

② 표 2-4의 시뮬레이션값을 옴의 법칙 수식에 적용하여 옴의 법칙이 성립됨을 나타내시오.

③ 표 2-4의 실험 측정값을 옴의 법칙 수식에 적용하여 옴의 법칙이 성립됨을 나타내시오.

④ 표 2-4의 시뮬레이션값과 실험 측정값을 이용한 옴의 법칙 성립이 명확히 나타나지 않는다면 이유는 무엇인가요?

6) 연습문제

(1) 옴의 법칙

아래 그림의 회로에서, 저항 R2 값에 따른 저항 R2 양단 전압과 저항 R2에 흐르는 전류를 시뮬레이션과 실험하여 표에 기록하고 그래프를 그린다(저항값도 디지털 멀티미터로 측정하여 표에 작성한다). 저항이 고정값일 때 전압의 변화에 따라 전류가 비례해서 나타나는지를 확인한다(옴의 법칙을 확인한다).

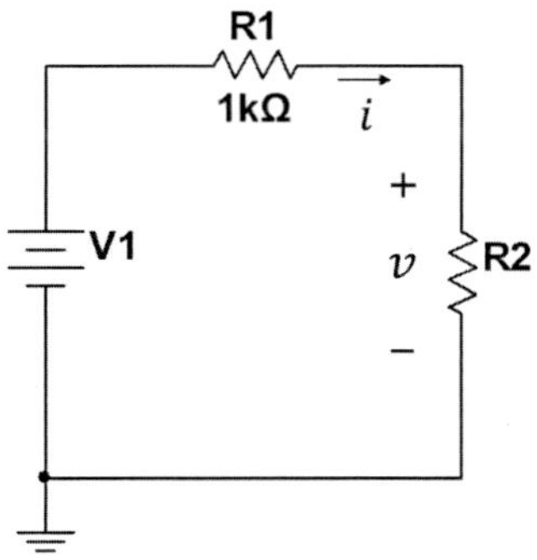

저항 R2 = 200 Ω일 때 : 저항값(실험 측정) Ω

V1 전압	3 V		5 V		8 V		10 V		12 V		15 V		18 V	
R2 전압/전류	전압	전류	전압	전류	전압	전류	전압	전류	전압	전류	전압	전류	전압	전류
시뮬레이션값														
실험 측정값														

저항 R2 = 2.4 kΩ일 때 : 저항값(실험 측정) Ω

V1 전압	3 V		5 V		8 V		10 V		12 V		15 V		18 V	
R2 전압/전류	전압	전류	전압	전류	전압	전류	전압	전류	전압	전류	전압	전류	전압	전류
시뮬레이션값														
실험 측정값														

저항 R2 = 5.6 kΩ일 때 : 저항값(실험 측정) Ω

V1 전압	3 V		5 V		8 V		10 V		12 V		15 V		18 V	
R2 전압/전류	전압	전류	전압	전류	전압	전류	전압	전류	전압	전류	전압	전류	전압	전류
시뮬레이션값														
실험 측정값														

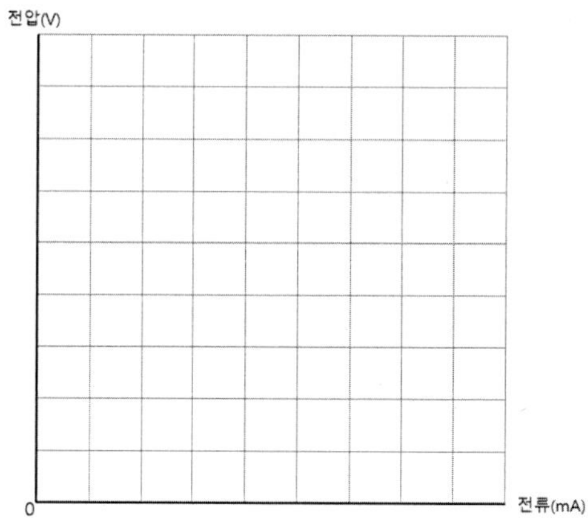

R2 : 200 Ω

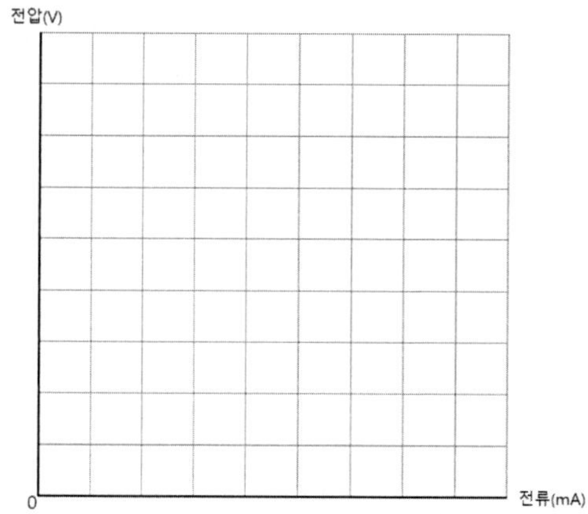

R2 : 2.4 kΩ

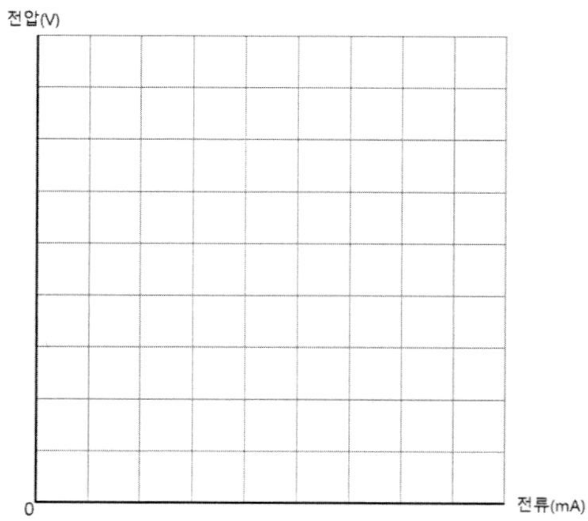

R2 : 5.6 kΩ

3

키르히호프의 전류 법칙과 전압 법칙

3.1 실험 목적

전기회로의 마디에 연결된 소자들에 흐르는 전류들의 합과 폐회로의 각 소자들의 전압의 합에 대한 키르히호프의 법칙을 시뮬레이션과 실험으로 이해한다.

3.2 실험에 적용된 이론

전기회로는 회로 소자들이 상호 연결되어 각 소자에 전류가 흘러 전압이 나타나게 된다. 전기회로 소자에 흐르는 전류와 소자에 나타나는 전압을 구할 수 있는 키르히호프의 전류 법칙(KCL, Kirchhoff's Current Law)과 키르히호프의 전압 법칙(KVL, Kirchhoff's Voltage Law)이 1847년 Gustav Robert Kirchhoff에 의하여 제안되었으며, 이들은 전하량 보존과 에너지 보존에 각각 관련이 있는 법칙이다.

1) 키르히호프의 전류 법칙(KCL, Kirchhoff's Current Law)

키르히호프 전류 법칙은 전기회로에서 어떤 순간에 어떤 마디(전기회로에서 2개 이상의 소자들이 연결되는 곳, node)로 유입되는 전류들의 대수적인 합은 영(0)이라는 법칙이다. 즉, 그림 3-1에서 마디로 들어가는 전류를 양(+), 나가는 전류는 음(-)이라 할 때, $i_1 - i_2 - i_3 + i_4 = 0$이 된다.

또한 나가는 전류를 기준으로 설명하면, 전기회로에서 어떤 순간에 어떤 마디로 유출되는 전류들의 대수적인 합은 영(0)이라고 표현할 수 있다. 이는 그림 3-1에서 마디에서 나가는 전류를 양(+), 들어오는 전류는 음(-)이라 할 때, $-i_1 + i_2 + i_3 - i_4 = 0$이 된다.

마찬가지로, 전기회로에서 어떤 순간에 어떤 마디로 유출되는 전류들의 대수적인 합과 유입되는 전류들의 합은 같다라고 표현할 수 있다. 이는 그림 3-1에서 마디에서 나가는 전류들과 들어오는 전류들을 각각 합산하여 표현하면, $i_1 + i_4 = i_2 + i_3$가 된다.

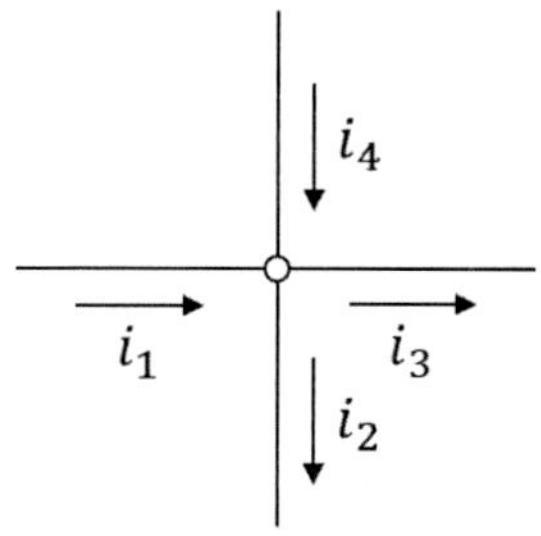

그림 3-1 키르히호프의 전류 법칙을 설명하기 위한 마디에서의 전류들

키르히호프의 전류 법칙을 표현하면 아래 수식과 같이 나타낼 수 있다. 예를 들어 마디로 모든 전류들이 유입되는 것으로 표현하면, $i_1 + i_2 + \cdots + i_N = 0$이 된다.

$$\sum_{n=1}^{N} i_n = 0$$

여기서, N은 마디(가지들이 만나는 곳)에서의 가지(소자를 포함하는 선) 수이다.

그림 3-2의 마디 a와 마디 b에서의 키르히호프의 전류 법칙을 살펴보면, 아래와 같은 식으로 표현된다.

$$\text{마디 a} : i_1 - i_2 - i_3 - i_4 = 0, \quad \text{마디 b} : i_3 + i_4 - i_5 = 0$$

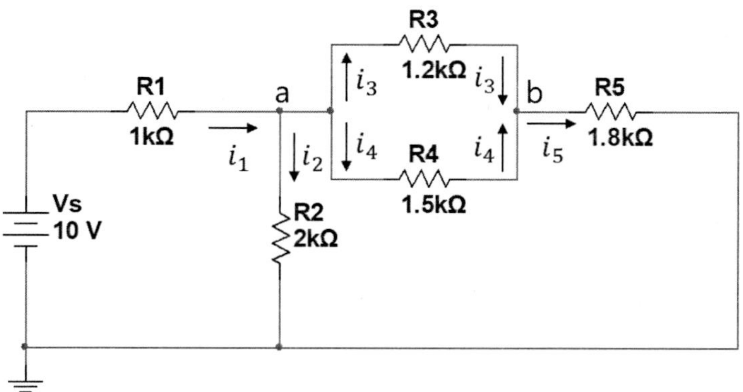

그림 3-2 키르히호프의 전류 법칙을 위한 전기회로의 예

2) 키르히호프의 전압 법칙(KVL, Kirchhoff's Voltage Law)

키르히호프 전압 법칙은 전기회로에서 임의의 루프(전기회로에서 어떠한 중간 마디도 두 번 이상 만나지 않는 폐경로)의 소자들에 나타나는 전압의 대수적 합은 항상 영(0)이라는 법칙이다. 즉, 그림 3-3에서 루프(폐경로)의 마디 c에서부터 시계 방향으로 이동하면서(마디 c → a → b → d → c) 나타나는 소자들의 전압의 대수적 합은 $-v_1 + v_2 + v_3 - v_4 = 0$이 된다.

또한 전기회로내의 임의의 루프(폐경로)에서 전압 상승의 합은 전압 강하의 합과 같다. 그림 3-3에서 상승 전압들의 합과 하강 전압들의 합으로 나누어서 표현하면, $v_1 + v_4 = v_2 + v_3$가 된다.

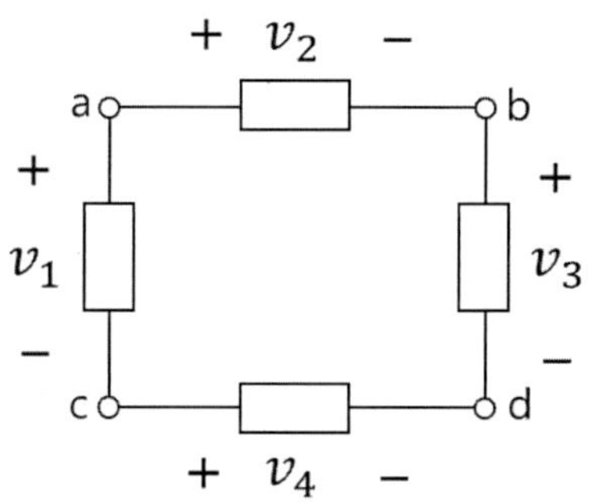

그림 3-3 키르히호프의 전압 법칙을 설명하기 위한 루프(폐경로)상의 전압들

키르히호프의 전압 법칙을 표현하면 아래 수식과 같이 나타낼 수 있다. 임의의 루프(폐경로) 상의 모든 소자들에 나타나는 각각의 전압들의 합은 $v_1 + v_2 + \cdots + v_N = 0$이 된다.

$$\sum_{n=1}^{N} v_n = 0$$

여기서, N은 소자의 수이다.

그림 3-4의 루프들에 나타나는 키르히호프의 전압 법칙을 살펴보면, 아래와 같은 수식으로 표현된다.

루프 dabd (마디 d → a → b → d) : $-V_s + v_1 + v_2 = 0$

루프 dbcd (마디 d → b → c → d) : $-v_2 + v_3 + v_4 = 0$

루프 dabcd (마디 d → a → b → c → d) : $-V_s + v_1 + v_3 + v_4 = 0$

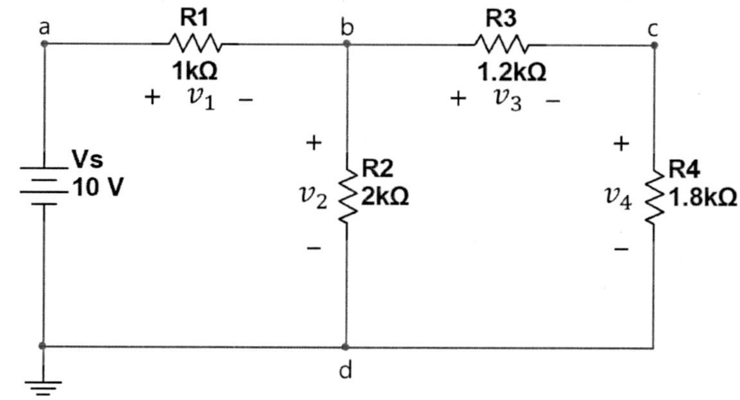

그림 3-4 키르히호프의 전압 법칙을 위한 전기회로의 예

3.3 시뮬레이션 및 실험

1) 사용 장비 및 부품

멀티심(multisim) 시뮬레이터

직류 전원공급장치 : 1대

디지털 멀티미터 : 1대

브레드 보드 : 1대

저항 : 180 Ω, 300 Ω, 750 Ω, 820 Ω, 1 kΩ, 1.5 kΩ, 1.8 kΩ, 3.3 kΩ, 4.7 kΩ, 100 Ω ~ 30 kΩ 사이의 저항 5개

2) 키르히호프의 전류 법칙

(1) 시뮬레이션

① 1장 1.3 시뮬레이션 및 실험 2)와 3)의 시뮬레이션의 회로 설계 방법을 참조하여, 멀티심 회로 설계 영역에 아래 그림과 같은 키르히호프의 전류 법칙 시뮬레이션을 위한 회로를 구성한다.

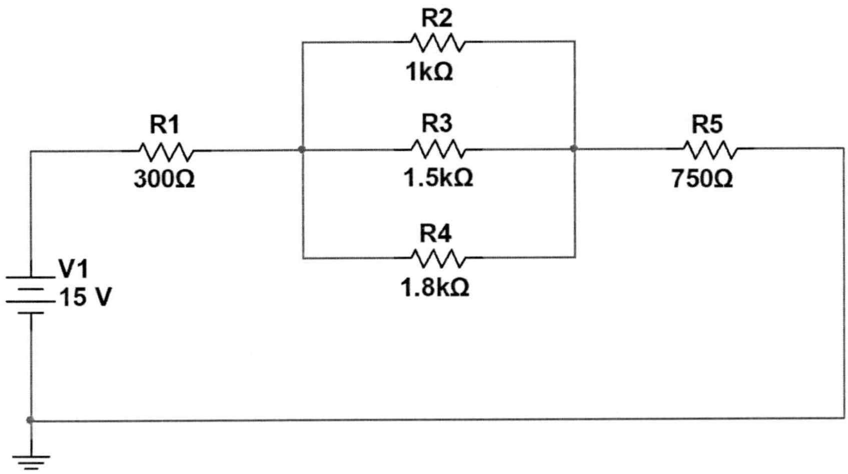

② 저항 300 Ω에 흐르는 전류를 측정하기 위하여 아래 그림과 같이 회로에 디지털 멀티미터를 연결한다.

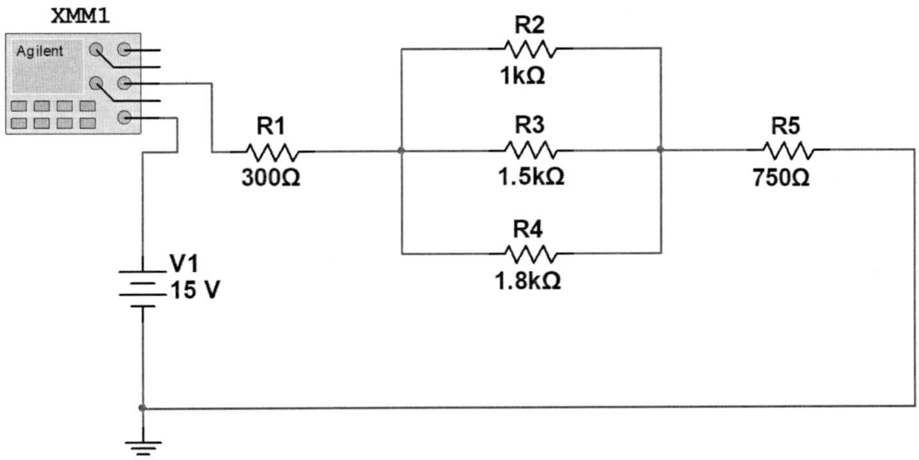

③ Agilent Multimeter( )를 더블 클릭하면 'Agilent Multimeter-XMM1' 창이 나타난다. 'Power' 버튼을 클릭한다. 전류를 측정하기 위하여 'Shift(Shift)' 버튼을 누른 후, 'DC V (DC V)' 버튼을 클릭하면 'DC I'가 선택되어 LCD 화면에 'ADC'가 나타난다.

④ 멀티심 상단의 시뮬레이션 도구 모음에서 '▷'를 선택한다(상단 메뉴에서 'Simulate → ▷ Run'을 선택해도 된다). 아래와 같이 '10 mADC' 전류값이 나타나게 된다. 측정된 전류값을 표 3-1에 작성한다.

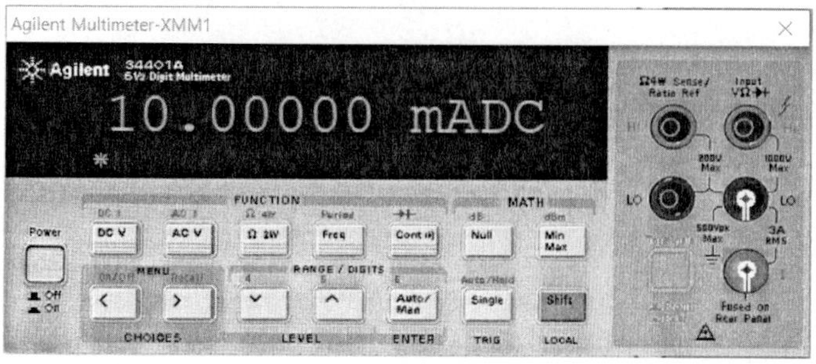

⑤ ② ~ ④를 참조하여, 저항 1 kΩ, 1.5 kΩ, 1.8 kΩ에 흐르는 전류들을 측정하여 표 3-1에 작성한다. 아래 그림은 저항 1 kΩ에 흐르는 전류를 측정하기 위하여 디지털 멀티미터를 연결한 것이다.

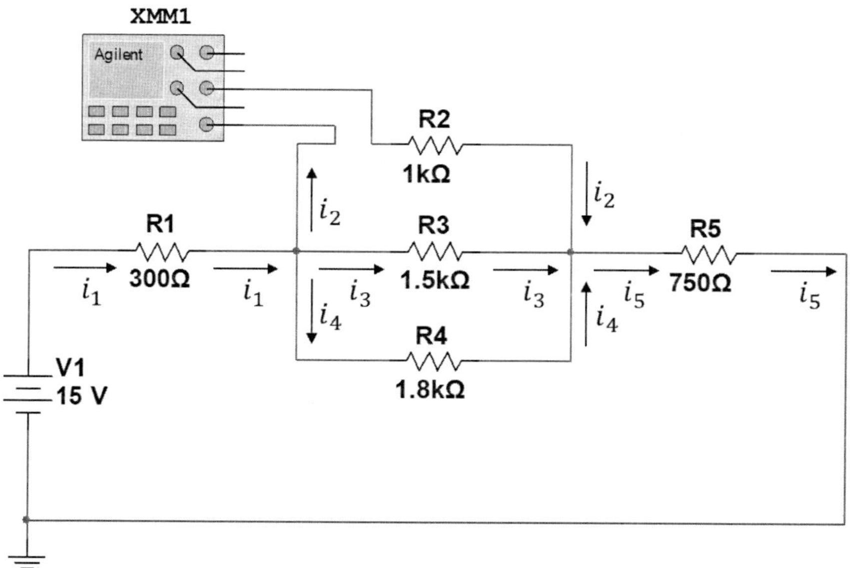

- 키르히호프의 전류 법칙에 의하여, '저항 300 Ω으로부터 흘러나가는 전류 = 저항 1 kΩ으로 들어가는 전류 + 저항 1.5 kΩ으로 들어가는 전류 + 저항 1.8 kΩ으로 들어가는 전류'이다. 즉 $i_1 = i_2 + i_3 + i_4$가 된다.

⑥ 저항 750 Ω에 흐르는 전류를 측정하여 표 3-1에 작성한다.

- 키르히호프의 전류 법칙에 의하여, '저항 750 Ω으로 들어가는 전류 = 저항 1 kΩ으로부터 흘러나가는 전류 + 저항 1.5 kΩ으로부터 흘러나가는 전류 + 저항 1.8 kΩ으로부터 흘러나가는 전류'이다. 즉 $i_2 + i_3 + i_4 = i_5$가 된다.

⑦ ①의 회로에 있는 저항 5개를 100 Ω ~ 30 kΩ 사이의 저항 5개로 변경한다. ② ~ ⑥을 참조하여 시뮬레이션한 후 측정된 전류값을 표 3-2에 작성한다.

(2) 실험

① 2장 2.3 시뮬레이션 및 실험 2)의 (2)를 참조하여, 저항 300 Ω, 750 Ω, 1 kΩ, 1.5 kΩ, 1.8 kΩ을 디지털 멀티미터로 각각 측정하여 표 3-1에 저항값을 작성한다.

② 저항 300 Ω에 흐르는 전류를 측정하기 위하여 아래 그림과 같이 직류 전원공급장치와 디지털 멀티미터를 연결한다(직류 전원공급장치의 'CH1'의 '+'와 디지털 멀티미터의 'INPUT' 단자의 'AMPS'를 연결한다. 디지털 멀티미터의 'INPUT' 단자의 'LO'를 저항 300 Ω에 연결한다. 직류 전원공급장치의 'CH1'의 '−'는 저항 750 Ω에 연결한다).

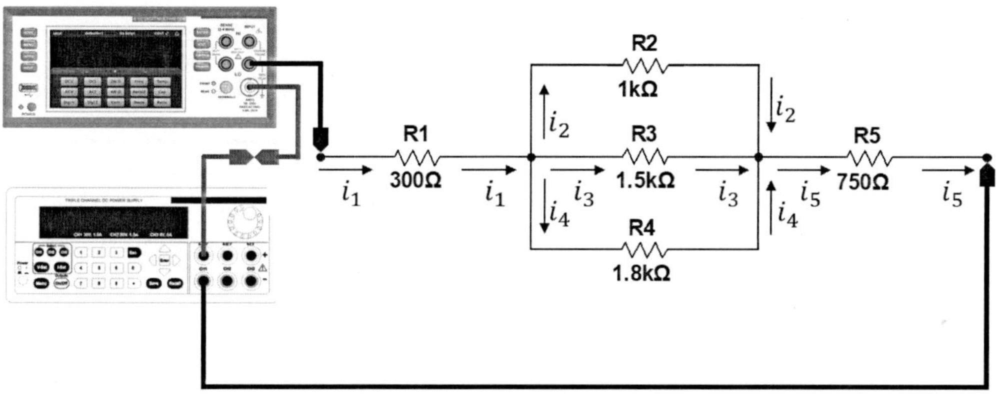

③ 디지털 멀티미터의 'POWER' 버튼을 누른 후, 디지털 멀티미터의 'FUNCTIONS'에서 'DCI 

'를, Range는 'Auto'를 선택한다.

④ 직류 전원공급장치의 'POWER' 버튼을 'I' 상태에 놓아 전원을 켠다. 전압을 15 V가 되게 한다.

⑤ 직류 전원공급장치의 'OUTPUT'의 'O I' 버튼을 누른 후, 디지털 멀티미터 LCD에 나타나는 전류값을 표 3-1에 작성한다.

⑥ 직류 전원공급장치의 'OUTPUT'의 'O I' 버튼을 다시 눌러 출력을 차단한다.

⑦ ② ~ ⑥을 참조하여, 저항 1 kΩ, 1.5 kΩ, 1.8 kΩ, 750 Ω에 흐르는 전류들을 측정하여 표 3-1에 작성한다. 저항 1 kΩ에 흐르는 전류를 측정하기 위해서는 디지털 멀티미터를 아래 그림과 같이 연결한다.

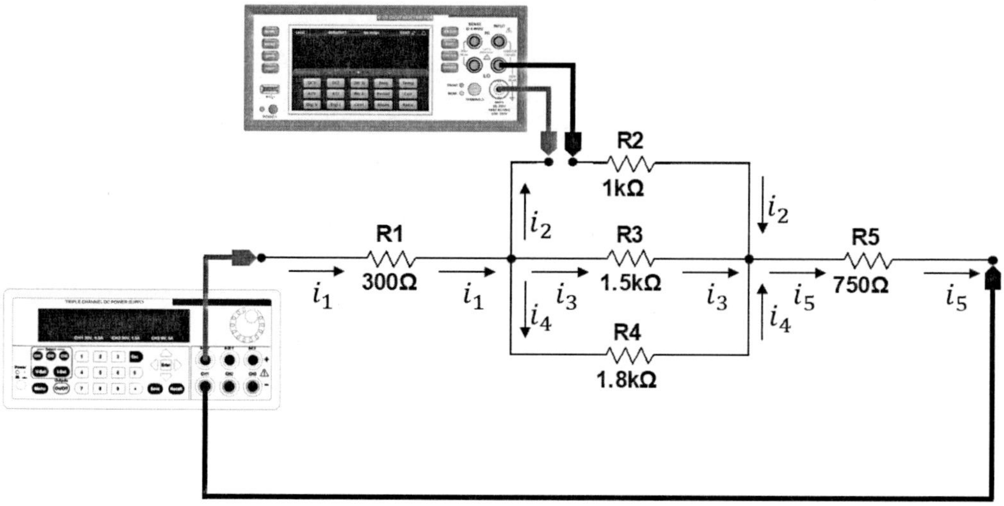

⑧ (1)의 ⑦에서 구성한 회로를 적용한다. ① ~ ⑦을 참조하여 실험한 후 측정된 저항값과 전류값을 표 3-2에 작성한다.

3) 키르히호프의 전압 법칙

(1) 시뮬레이션

① 1장 1.3 시뮬레이션 및 실험 2)와 3)의 시뮬레이션의 회로 설계 방법을 참조하여, 멀티심의 회로 설계 영역에 아래 그림과 같은 회로를 구성한다.

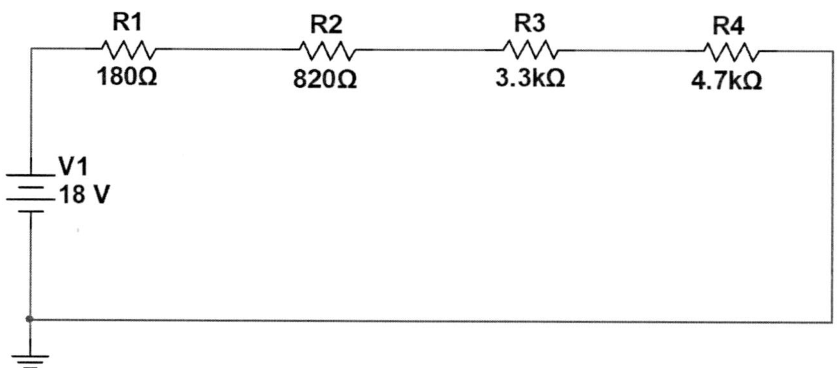

② 저항 180 Ω 양단에 나타나는 전압을 측정하기 위하여 아래 그림과 같이 회로에 디지털 멀티미터를 연결한다.

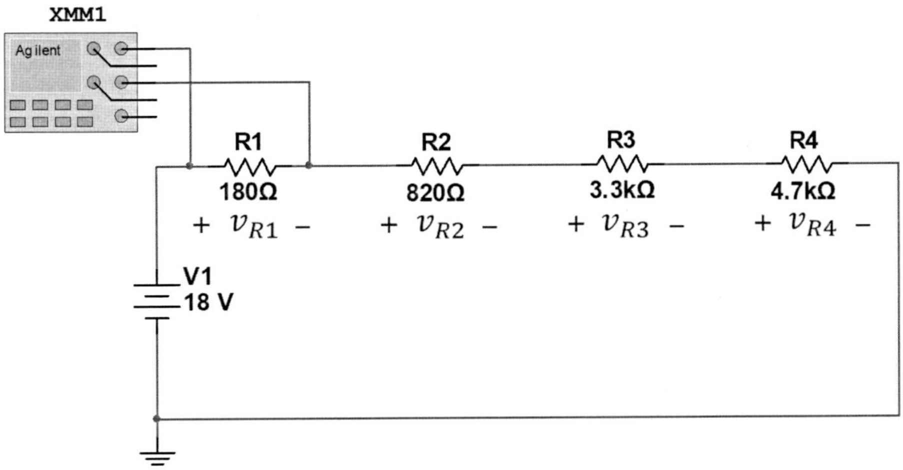

③ Agilent Multimeter( )를 더블 클릭하면 'Agilent Multimeter–XMM1' 창이 나타난다. 'Power' 버튼을 클릭한다. 전압를 측정하기 위하여 'DC V( )' 버튼을 클릭하면 'DC V'가 선택되어 LCD 화면에 'VDC'가 나타난다.

④ 멀티심 상단의 시뮬레이션 도구 모음에서 ' '를 선택한다(상단 메뉴에서 'Simulate → Run'을 선택해도 된다). 아래와 같이 '360 mVDC' 전압값이 나타나게 된다. 측정된 전압값을 표 3–3에 작성한다.

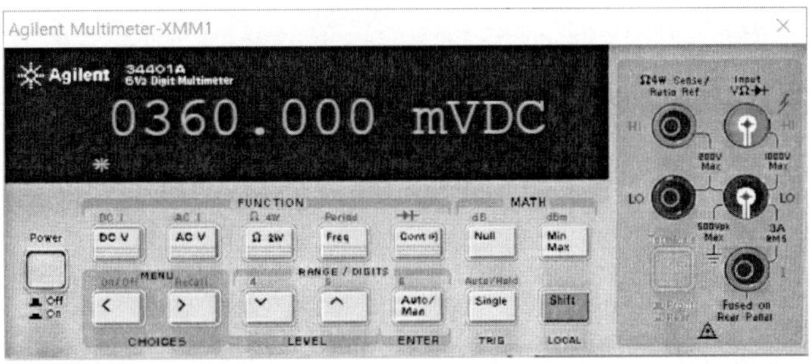

⑤ ② ~ ④를 참조하여, 저항 820 Ω, 3.3 kΩ, 4.7kΩ 양단에 나타나는 전압들을 측정하여 표 3–3에 작성한다.

- 키르히호프의 전압 법칙에 의하여, '독립 전압 = 저항 180 Ω 양단에 나타나는 전압 + 저항 820 Ω 양단에 나타나는 전압 + 저항 3.3 kΩ 양단에 나타나는 전압 + 저항 4.7 kΩ 양단에 나타나는 전압'이다. 즉 $\mathrm{V1} = v_{R1} + v_{R2} + v_{R3} + v_{R4}$가 된다.

⑥ ①의 회로에 있는 저항 4개를 100 Ω ~ 30 kΩ 사이의 저항 4개로 변경한다. ② ~ ⑤를 참조하여 시뮬레이션한 후 측정된 전압값을 표 3–4에 작성한다.

(2) 실험

① 2장 2.3 시뮬레이션 및 실험 2)의 (2)를 참조하여, 저항 180 Ω, 820 Ω, 3.3 kΩ, 4.7 kΩ을 디지털 멀티미터로 각각 측정하여 표 3-30에 저항값을 작성한다.

② 저항 180 Ω 양단에 나타나는 전압을 측정하기 위하여 아래 그림과 같이 직류 전원공급장치와 디지털 멀티미터를 연결한다(직류 전원공급장치의 'CH1'의 '+'와 디지털 멀티미터의 'INPUT' 단자의 'HI'는 저항 180 Ω에 연결하고, 직류 전원공급장치의 'CH1'의 '−'는 저항 4.7 kΩ에 연결하며, 디지털 멀티미터의 'INPUT' 단자의 'LO'는 저항 180 Ω과 저항 820 Ω이 서로 접속되어 있는 마디에 연결한다).

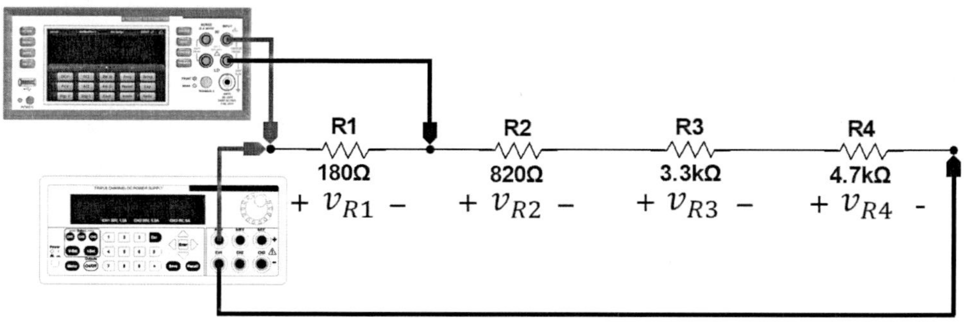

③ 디지털 멀티미터의 'POWER' 버튼을 누른 후, 'FUNCTIONS'에서 'DCV DCV'를, Range는 'Auto'를 선택한다.

④ 직류 전원공급장치의 'POWER' 버튼을 'I' 상태에 놓아 전원을 켠다. 전압을 18 V가 되게 한다.

⑤ 직류 전원공급장치의 'OUTPUT'의 'O I' 버튼을 누른 후, 디지털 멀티미터 LCD에 나타나는 전압값을 표 3-30에 작성한다.

⑥ 직류 전원공급장치의 'OUTPUT'의 'O I' 버튼을 다시 눌러 출력을 차단한다.

⑦ ② ~ ⑥을 참조하여, 저항 820 Ω, 3.3 kΩ, 4.7 kΩ 양단에 나타나는 전압들을 측정하여 표 3-30에 작성한다.

⑧ (1)의 ⑥에서 구성한 회로를 적용한다. ① ~ ⑦을 참조하여 실험한 후 측정된 저항값과 전압값을 표 3-4에 작성한다.

4) 실험 결과 및 고찰

학과	학번	학년	이름

(1) 키르히호프의 전류 법칙

① 표 3-1에 시뮬레이션값과 실험 측정값을 작성한다.

표 3-1

저항값	300 Ω	1 kΩ	1.5 kΩ	1.8 kΩ	750 Ω
시뮬레이션값	A	A	A	A	A
실험 측정값	A	A	A	A	A
저항값(실험 측정)	Ω	Ω	Ω	Ω	Ω

② 표 3-2에 시뮬레이션값과 실험 측정값을 작성한다.

표 3-2

저항값	Ω	Ω	Ω	Ω	Ω
시뮬레이션값	A	A	A	A	A
실험 측정값	A	A	A	A	A
저항값(실험 측정)	Ω	Ω	Ω	Ω	Ω

③ 표 3-1과 표 3-2의 시뮬레이션값을 키르히호프의 전류 법칙에 적용하여 키르히호프의 전류 법칙이 성립됨을 나타내시오.

④ 표 3-1과 표 3-2의 실험 측정값을 키르히호프의 전류 법칙에 적용하여 키르히호프의 전류 법칙이 성립됨을 나타내시오.

⑤ 표 3–1과 표 3–2의 시뮬레이션값과 실험 측정값을 이용한 키르히호프의 전류 법칙 성립이 명확히 나타나지 않는다면 이유는 무엇인가요?

(2) 키르히호프의 전압 법칙

① 표 3–3에 시뮬레이션값과 실험 측정값을 작성한다.

표 3–3 인가 전압 실험 측정값 : V

저항값	180 Ω	820 Ω	3.3 kΩ	4.7 kΩ
시뮬레이션값	V	V	V	V
실험 측정값	V	V	V	V
저항값(실험 측정)	Ω	Ω	Ω	Ω

② 표 3–4에 시뮬레이션값과 실험 측정값을 작성한다.

표 3–4 인가 전압 실험 측정값 : V

저항값	Ω	Ω	Ω	Ω
시뮬레이션값	V	V	V	V
실험 측정값	V	V	V	V
저항값(실험 측정)	Ω	Ω	Ω	Ω

③ 표 3-3과 표 3-4의 시뮬레이션값을 키르히호프의 전압 법칙에 적용하여 키르히호프의 전압 법칙이 성립됨을 나타내시오.

④ 표 3-3과 표 3-4의 실험 측정값을 키르히호프의 전압 법칙에 적용하여 키르히호프의 전압 법칙이 성립됨을 나타내시오.

⑤ 표 3-3과 표 3-4의 시뮬레이션값과 실험 측정값을 이용한 키르히호프의 전압 법칙 성립이 명확히 나타나지 않는다면 이유는 무엇인가요?

5) 연습문제

(1) 키르히호프의 전류 법칙

'2) 키르히호프의 전류 법칙'과 '4) 실험결과 및 고찰'의 '(1) 키르히호프의 전류 법칙'을 참조하여, 아래 그림의 회로를 시뮬레이션과 실험하고 실험결과와 고찰을 작성한다. 저항 R1 ~ R5는 100 Ω ~ 30 kΩ 사이의 저항 5개를 적용한다.

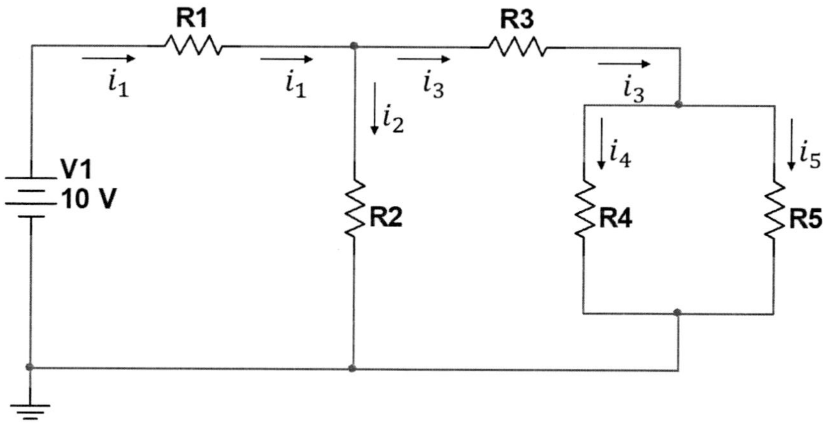

(2) 키르히호프의 전압 법칙

'3) 키르히호프의 전압 법칙'과 '4) 실험결과 및 고찰'의 '(2) 키르히호프의 전압 법칙'을 참조하여, 아래 그림의 회로를 시뮬레이션과 실험하고 실험결과와 고찰을 작성한다. 저항 R1 ~ R4는 100 Ω ~ 30 kΩ 사이의 저항 4개를 적용한다.

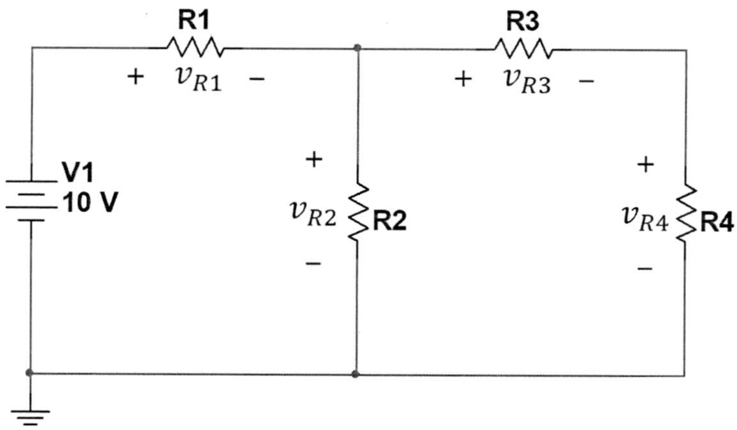

4

직렬 회로와 전압 분배

4.1 실험 목적

저항 소자들이 직렬로 연결된 전기회로에서, 저항 소자들을 병합하여 등가 회로로 구성하는 방법과 입력 전압이 각각의 저항 소자에 분배되어 나타나는 전압을 시뮬레이션과 실험으로 이해한다.

4.2 실험에 적용된 이론

1) 직렬 회로

전기회로의 폐경로인 루프가 한 개로 이루어진 단일 루프를 직렬 회로라고 하며, 루프 상의 각각의 소자들은 직렬로 연결되어 있다. 직렬 회로의 각 마디는 2개의 소자가 서로 연결되어 있어 각각의 마디에서 키르히호프의 전류 법칙(KCL)을 적용하면 각 소자에 흐르는 전류는 모두 같고 동일한 방향으로 흐른다.

그림 4-1과 같이 독립 전압원과 2개의 저항이 직렬로 연결된 회로에서 각각의 저항에 나타나는 전압 및 흐르는 전류를 아래 수식들을 이용하여 구할 수 있다.

그림 4-1의 회로에 키르히호프의 전압 법칙(KVL)을 적용하면 아래 식과 같다.

$$-v_s + v_1 + v_2 = 0$$

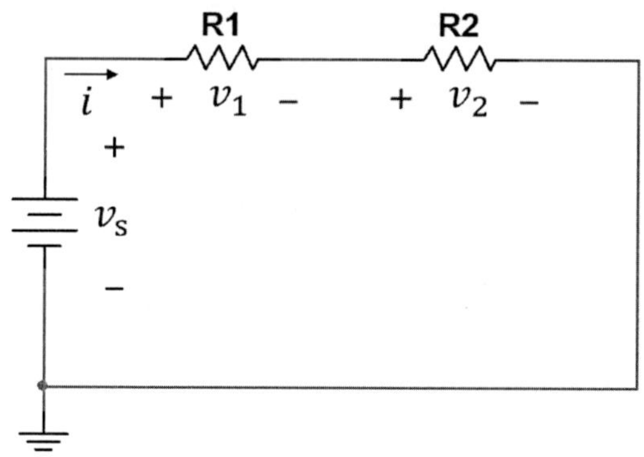

그림 4-1 전압원과 2개의 저항으로 이루어진 직렬 회로

각각의 저항에서 옴의 법칙을 적용하면 아래 수식으로 변경할 수 있어 전류 i를 구할 수 있게 된다.

$$v_s = R_1 i + R_2 i, \qquad i = \frac{v_s}{R_1 + R_2}$$

따라서 각각의 저항에 나타나는 전압들은 아래 수식들로 표현된다.

$$v_1 = R_1 i, \qquad v_2 = R_2 i$$

또한, 그림 4-1의 직렬 회로에서 합성저항을 구하면 $R_s = R_1 + R_2$가 된다. 따라서 N개 저항이 직렬로 연결된 직렬 회로에서의 합성저항은 $R_s = R_1 + R_2 + \cdots + R_N$이 되게 된다.

그림 4-1의 회로에서 독립 전압원은 $v_s = 10\,\text{V}$, 저항들은 각각 $R_1 = 180\,\Omega$, $R_2 = 820\,\Omega$일 때, 합성저항 R_s, 전류 i, 전압 v_1, v_2를 구하면 아래와 같다.

$$\Rightarrow R_s = R_1 + R_2 = 180 + 820 = 1000\,\Omega = 1\,\text{k}\Omega$$

$$\Rightarrow i = \frac{v_s}{R_1 + R_2} = \frac{10}{180 + 820} = \frac{10}{1000} = 0.01\,\text{A} = 10\,\text{mA}$$

$$\Rightarrow v_1 = R_1 i = 180 \times 0.01 = 1.8\,\text{V}$$

$$\Rightarrow v_2 = R_2 i = 820 \times 0.01 = 8.2\,\text{V}$$

2) 전압 분배

직렬 회로에서 각 저항에 나타나는 전압은 각 저항의 크기에 비례하여 입력 전원이 분배되는 원리이다. 그림 4-1의 직렬 회로에서 저항 R_1과 R_2에 나타나는 전압 v_1과 v_2는 아래 수식과 같이 유도될 수 있다.

$$v_1 = R_1 i = R_1 \times \frac{v_s}{R_1 + R_2} = \frac{R_1}{R_1 + R_2} \times v_s$$

$$v_2 = R_2 i = R_2 \times \frac{v_s}{R_1 + R_2} = \frac{R_2}{R_1 + R_2} \times v_s$$

전압 v_1과 v_2는 각각의 저항 R_1과 R_2에 입력 전압원 v_s가 곱해져서 나타나고 있음을 알 수 있다. 따라서 N개 저항이 직렬로 연결된 직렬 회로에서, 임의의 저항 R_n(n: 1 ~ N 사이의 숫자)에서의 전압은 $v_n = \frac{R_n}{R_1 + R_2 + \cdots + R_N} \times v_s$가 된다.

그림 4-1의 직렬 회로에서, $v_s = 10\,\text{V}$, $R_1 = 180\,\Omega$, $R_2 = 820\,\Omega$ 일 때, 전압 v_1, v_2를 전압 분배로 구하면 아래와 같다.

$$\Rightarrow v_1 = \frac{R_1}{R_1 + R_2} \times v_s = \frac{180}{180 + 820} \times 10 = \frac{180}{1000} \times 10 = 1.8\,\text{V}$$

$$\Rightarrow v_2 = \frac{R_2}{R_1 + R_2} \times v_s = \frac{820}{180 + 820} \times 10 = \frac{820}{1000} \times 10 = 8.2\,\text{V}$$

4.3 시뮬레이션 및 실험

1) 사용 장비 및 부품

멀티심(multisim) 시뮬레이터

직류 전원공급장치 : 1대

디지털 멀티미터 : 1대

브레드 보드 : 1대

저항 : 300 Ω, 1.2 kΩ, 1.5 kΩ, 100 Ω ~ 30 kΩ 사이의 저항 5개

2) 직렬 회로와 전압 분배

(1) 시뮬레이션

① 1장 1.3 시뮬레이션 및 실험 2)와 3)의 시뮬레이션의 회로 설계 방법을 참조하여, 멀티심 회로 설계 영역에 아래 그림과 같은 회로를 구성한다.

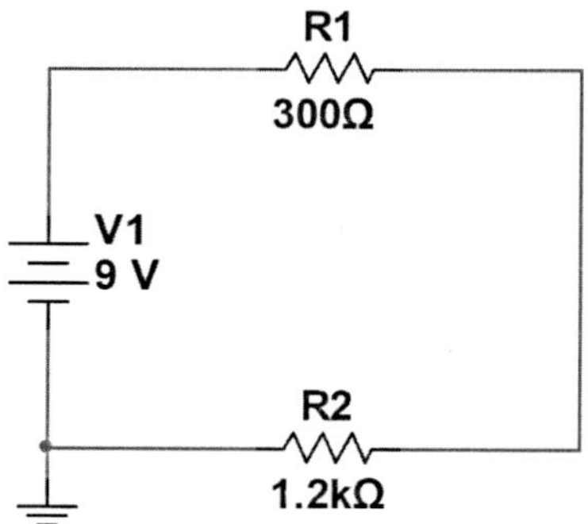

② 직렬로 연결되어 있는 저항 300 Ω과 저항 1.2 kΩ의 합성 저항값을 측정하기 위하여 아래 그림과 같이 디지털 멀티미터를 연결한다(①의 회로에서 저항 R1과 저항 R2를 독립 전압원 V1에서 분리한다).

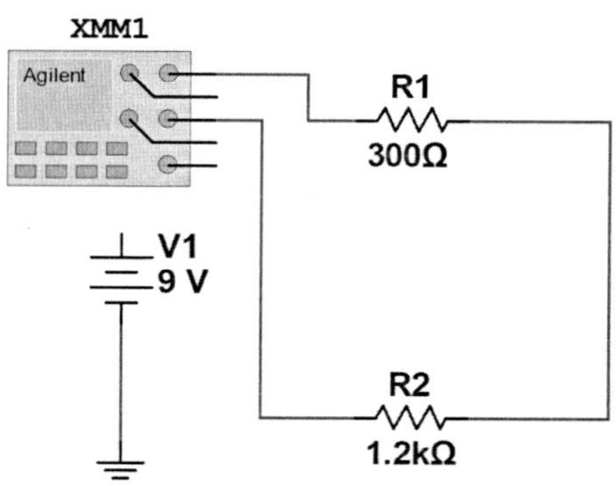

③ Agilent Multimeter()를 더블 클릭하면 'Agilent Multimeter–XMM1' 창이 나타난다. 'Power' 버튼을 클릭하고 'Ω 2W()' 버튼을 선택하면, LCD화면에 'Ohm'이 나타난다.

④ 멀티심 상단의 시뮬레이션 도구 모음에서 ''를 선택한다(상단 메뉴에서 'Simulate →  Run'을 선택해도 된다). 디지털 멀티미터에 '1.5 kOhm' 저항값이 나타나게 된다. 측정한 저항값을 표 4-1에 작성한다.

- 직렬 회로에서 저항들을 더한 합성 저항값은 $R_s = R_1 + R_2 + \cdots + R_N$이므로, 저항 300 Ω과 저항 1.2 kΩ의 합성 저항값은 저항 1.5 kΩ(= 300 Ω + 1.2 kΩ)이 된다.

⑤ 저항 300 Ω 양단에 나타나는 전압을 측정하기 위하여 아래 그림과 같이 디지털 멀티미터를 연결한다.

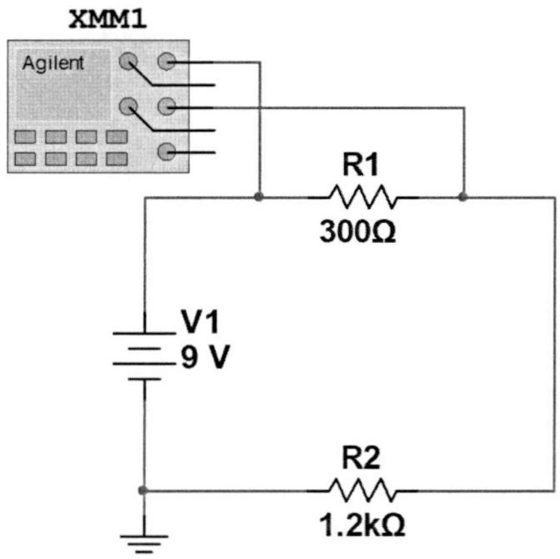

⑥ Agilent Multimeter( )를 더블 클릭하면 'Agilent Multimeter–XMM1' 창이 나타난다. 'Power' 버튼을 클릭한다. 전압을 측정하기 위하여 'DC V(DC V)' 버튼을 클릭하면 'DC V'가 선택되어 LCD 화면에 'VDC'가 나타난다.

⑦ 멀티심 상단의 시뮬레이션 도구 모음에서 ' ▷ '를 선택한다(상단 메뉴에서 'Simulate → ▷ Run'을 선택해도 된다). 디지털 멀티미터에 '1.8 VDC' 전압값이 나타나게 된다. 측정한 전압값을 표 4–1에 작성한다.

- 직렬 회로에서 각 저항에 나타나는 전압은 입력 전압을 전압 분배하여 구할 수 있다. 즉, $v_{R_1} = \dfrac{R_1}{R_1 + R_2 + \cdots + R_N} \times v_s$ 이므로, 저항 300 Ω에 나타나는 전압은 전압 분배에 의하여 $v_{R_1} = \dfrac{300}{300 + 1200} \times 9 = 1.8\,\mathrm{V}$ 가 된다.

⑧ ⑤를 참조하여 저항 1.2 kΩ 양단에 디지털 멀티미터를 연결한다.

⑨ ⑥과 ⑦을 참조하여 저항 1.2 kΩ 양단에 나타나는 전압을 측정한다. 측정한 전압값을 표 4–1에 작성한다.

⑩ 저항 300 Ω과 1.2 kΩ에 흐르는 전류를 측정하기 위하여 아래 그림과 같이 디지털 멀티미터를 연결한다(직렬로 연결된 저항들에 흐르는 전류는 동일하다).

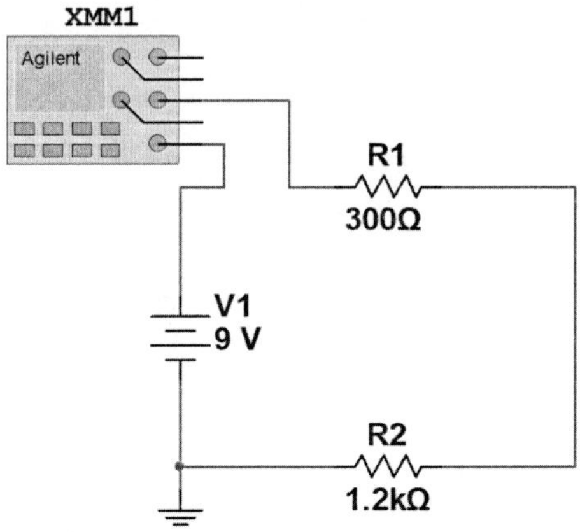

⑪ Agilent Multimeter( )를 더블 클릭하면 'Agilent Multimeter–XMM1' 창이 나타난다. 'Power' 버튼을 클릭한다. 전류를 측정하기 위하여 'Shift( )' 버튼을 누른 후, 'DC V ( )' 버튼을 클릭하면 'DC I'가 선택되어 LCD 화면에 'ADC'가 나타난다.

⑫ 멀티심 상단의 시뮬레이션 도구 모음에서 ' '를 선택한다(상단 메뉴에서 'Simulate → Run'을 선택해도 된다). 디지털 멀티미터에 '6 mADC' 전류값이 나타나게 된다. 측정한 전류값을 표 4–1에 작성한다.

- 직렬 회로에서는 모든 소자에 흐르는 전류가 동일하므로, 각 저항에 나타나는 전압은 직렬 회로에 흐르는 전류와 옴의 법칙을 이용하여 구할 수 있다. 즉, ⑫에서 구한 전류 6 mA를 옴의 법칙에 적용하면, 저항 300 Ω에 나타나는 전압은 $v_{R_1} = R_1 \times i = 300 \times 0.006 = 1.8\,\mathrm{V}$가 된다.

⑬ 아래 그림의 회로는 ① 회로의 저항들을 합성한 등가 회로이다. 저항 Rs 양단에 나타나는 전압과 저항 Rs에 흐르는 전류를 디지털 멀티미터로 측정하여 표 4–1에 작성한다.

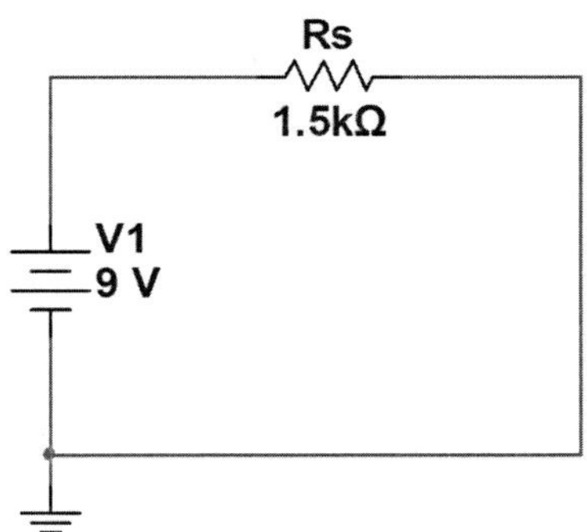

⑭ ⑤ ~ ⑬을 참조하여 입력 전압이 12 V일 때와 15 V일 때의 회로를 각각 구성하고 시뮬레이션한 후 측정된 각 저항에 나타나는 전압값, 전류값을 표 4–1에 작성한다.

⑮ ① ~ ⑭를 참조하여, 100 Ω ~ 30 kΩ 사이의 저항 3개가 직렬인 회로, 저항 4개가 직렬인 회로를 구성하여 시뮬레이션한 후 측정된 합성 저항값, 각 저항에 나타나는 전압값, 전류값을 표 4–2와 표 4–3에 각각 작성한다.

(2) 실험

① 2장 2.3 시뮬레이션 및 실험 2)의 (2)를 참조하여, 저항 300 Ω, 1.2 kΩ, 1.5 kΩ을 디지털 멀티미터로 각각 측정하여 표 4–1에 저항값을 작성한다.

② 아래 그림과 같이 디지털 멀티미터 2개의 단자를 저항 300 Ω과 저항 1.2 kΩ에 각각 연결한다('INPUT' 단자의 'HI' 부분을 300 Ω에, 'LO' 부분을 1.2 kΩ에 각각 연결한다(저항 측정에서는 반대로 연결해도 된다).

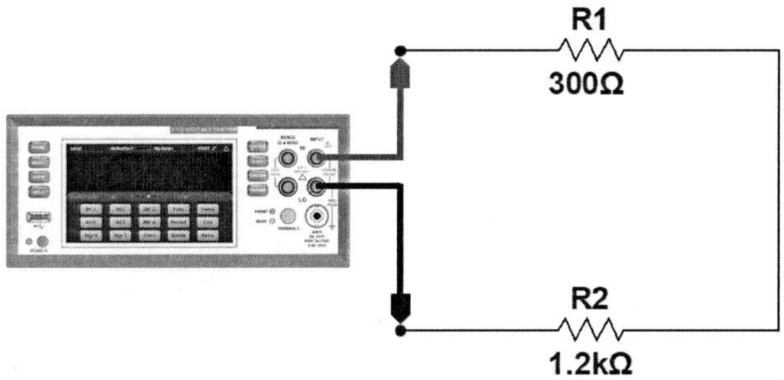

③ 디지털 멀티미터의 'POWER' 버튼을 누르면 LCD 화면이 켜진다. 'FUNCTIONS'에서 '2W Ω 2W Ω'을, Range는 'Auto'를 선택한다. LCD에 나타나는 저항값을 표 4–1에 작성한다.

④ 아래 그림과 같이 직류 전원공급장치와 디지털 멀티미터를 연결한다(직류 전원공급장치의 'CH1'의 '+'와 디지털 멀티미터의 'INPUT' 단자의 'HI'는 저항 300 Ω에 연결하고, 직류 전원공급장치의 'CH1'의 '–'는 저항 1.2 kΩ에 연결하며, 디지털 멀티미터의 'INPUT' 단자의 'LO'는 저항 300 Ω과 저항 1.2 kΩ이 서로 접속되어 있는 마디에 연결한다).

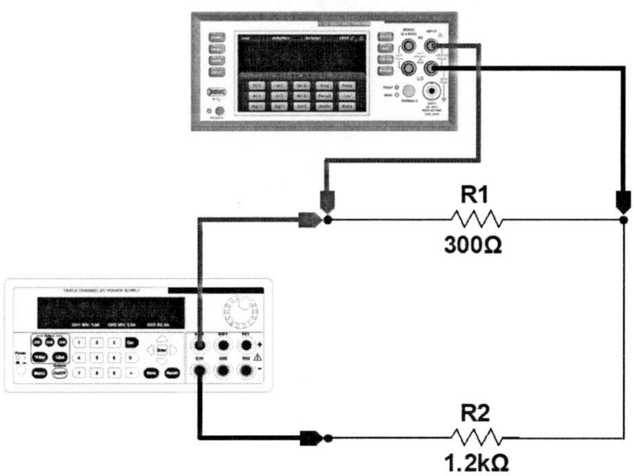

⑤ 디지털 멀티미터의 'POWER' 버튼을 누르면 LCD 화면이 켜진다. 'FUNCTIONS'에서 'DCV DCV'를, Range는 'Auto'를 선택한다.

⑥ 직류 전원공급장치의 'POWER' 버튼을 'I' 상태에 놓으면 전원이 켜져서 LCD 화면이 나타난다. 'SELECT'에서 CH1(전원으로 CH2를 사용할 경우에는 CH2)과 'V-Set'을 선택하고 1 ~ 9의 숫자 버튼이나 로터리 노브를 이용하여 전압을 9 V가 되게 한다.

⑦ 직류 전원공급장치의 'OUTPUT'의 'O I' 버튼을 누른 후, 디지털 멀티미터 LCD에 나타나는 전압값을 표 4-1에 작성한다.

⑧ 직류 전원공급장치의 'OUTPUT'의 'O I' 버튼을 다시 눌러 출력을 차단한다.

⑨ ④를 참조하여 저항 1.2 kΩ 양단에 디지털 멀티미터를 연결한다.

⑩ ⑤ ~ ⑧을 참조하여 저항 1.2 kΩ 양단에 나타나는 전압을 측정한다. 측정한 전압값을 표 4-1에 작성한다.

⑪ 아래 그림과 같이 직류 전원공급장치와 디지털 멀티미터를 연결한다(직류 전원공급장치의 'CH1'의 '+'와 디지털 멀티미터의 'INPUT' 단자의 'AMPS'를 연결한다. 디지털 멀티미터의 'INPUT' 단자의 'LO'를 저항 300 Ω에 연결한다. 직류 전원공급장치의 'CH1'의 '–'는 저항 1.2 kΩ에 연결한다).

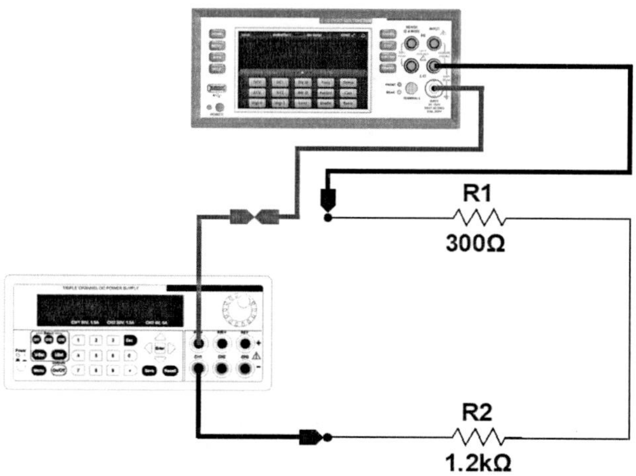

⑫ 디지털 멀티미터의 'FUNCTIONS'에서 'DCI DCI'를, Range는 'Auto'를 선택한다.

⑬ 직류 전원공급장치의 전압을 9 V가 되게 한다.

⑭ 직류 전원공급장치의 'OUTPUT'의 'O I' 버튼을 누른 후, 디지털 멀티미터 LCD에 나타나는 전류값을 표 4-1에 작성한다(직렬로 연결된 저항들에 흐르는 전류는 동일하다).

⑮ 직류 전원공급장치의 'OUTPUT'의 'O I' 버튼을 다시 눌러 출력을 차단한다.

⑯ 직렬로 연결되어 있는 저항 300 Ω과 저항 1.2 kΩ을 저항 1.5 kΩ으로 대체한 후, ④ ~ ⑮를 참조하여 직렬 합성 저항 1.5 kΩ 양단에 나타나는 전압과 1.5 kΩ에 흐르는 전류를 측정하고 표 4-1에 작성한다. 합성 저항 1.5 kΩ 양단에 나타나는 전압과 1.5 kΩ에 흐르는 전류를 측정하기 위하여 아래 그림과 같이 직류 전원공급장치와 디지털 멀티미터를 연결한다.

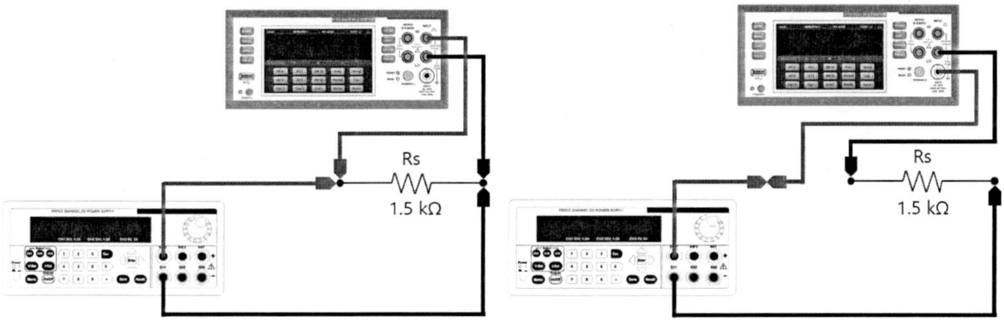

⑰ ④ ~ ⑯을 참조하여 입력 전압이 12 V일 때와 15 V일 때의 회로를 각각 구성하고 실험한 후, 각 저항에 나타나는 전압값, 전류값을 표 4-1에 작성한다.

⑱ ① ~ ⑰을 참조하여, 100 Ω ~ 30 kΩ 사이의 저항 3개가 직렬인 회로, 저항 4개가 직렬인 회로(시뮬레이션과 동일한 저항값을 갖는 회로)를 구성하여 실험한 후, 측정된 각각의 저항값, 합성 저항값, 각 저항에 나타나는 전압값, 전류값을 표 4-2와 표 4-3에 작성한다.

3) 실험 결과 및 고찰

학과	학번	학년	이름

(1) 직렬 회로와 전압 분배

① 2개의 저항이 직렬로 구성된 회로에서, 인가 전압에 따른 시뮬레이션값과 실험 측정값을 표 4-1에 작성한다. 각각의 인가 전압의 실험 측정값을 아래 표에 작성한다.

표 4-1

		인가 전압	전체 전류	300 Ω	1.2 kΩ	합성 저항값 1.5 kΩ	
				전압	전압	전압	전류
인가전압 9 V	시뮬레이션값		A	V	V	V	A
	실험 측정값	V	A	V	V	V	A
인가전압 12 V	시뮬레이션값		A	V	V	V	A
	실험 측정값	V	A	V	V	V	A
인가전압 15 V	시뮬레이션값		A	V	V	V	A
	실험 측정값	V	A	V	V	V	A
저항	실험 측정값			Ω	Ω	Ω	
합성 저항	시뮬레이션값			Ω			
	실험 측정값			Ω			

② 임의의 3개의 저항이 직렬로 구성된 회로에서, 인가 전압에 따른 시뮬레이션값과 실험 측정값을 표 4-2에 작성한다. 각각의 인가 전압의 실험 측정값을 아래 표에 작성한다.

표 4-2

		인가 전압	전체 전류	Ω	Ω	Ω	합성 저항값 Ω	
				전압	전압	전압	전압	전류
인가전압 9 V	시뮬레이션값		A	V	V	V	V	A
	실험 측정값	V	A	V	V	V	V	A
인가전압 12 V	시뮬레이션값		A	V	V	V	V	A
	실험 측정값	V	A	V	V	V	V	A
인가전압 15 V	시뮬레이션값		A	V	V	V	V	A
	실험 측정값	V	A	V	V	V	V	A
저항	실험 측정값			Ω	Ω	Ω	Ω	
합성 저항	시뮬레이션값			Ω				
	실험 측정값			Ω				

③ 임의의 4개의 저항이 직렬로 구성된 회로에서, 인가 전압에 따른 시뮬레이션값과 실험 측정값을 표 4-3에 작성한다. 각각의 인가 전압의 실험 측정값을 아래 표에 작성한다.

표 4-3

<table>
<tr><td colspan="2" rowspan="2"></td><td rowspan="2">인가
전압</td><td rowspan="2">전체
전류</td><td>Ω</td><td>Ω</td><td>Ω</td><td>Ω</td><td colspan="2">합성 저항값
Ω</td></tr>
<tr><td>전압</td><td>전압</td><td>전압</td><td>전압</td><td>전압</td><td>전류</td></tr>
<tr><td rowspan="2">인가
전압
9 V</td><td>시뮬레
이션값</td><td></td><td>A</td><td>V</td><td>V</td><td>V</td><td>V</td><td>V</td><td>A</td></tr>
<tr><td>실험
측정값</td><td>V</td><td>A</td><td>V</td><td>V</td><td>V</td><td>V</td><td>V</td><td>A</td></tr>
<tr><td rowspan="2">인가
전압
12 V</td><td>시뮬레
이션값</td><td></td><td>A</td><td>V</td><td>V</td><td>V</td><td>V</td><td>V</td><td>A</td></tr>
<tr><td>실험
측정값</td><td>V</td><td>A</td><td>V</td><td>V</td><td>V</td><td>V</td><td>V</td><td>A</td></tr>
<tr><td rowspan="2">인가
전압
15 V</td><td>시뮬레
이션값</td><td></td><td>A</td><td>V</td><td>V</td><td>V</td><td>V</td><td>V</td><td>A</td></tr>
<tr><td>실험
측정값</td><td>V</td><td>A</td><td>V</td><td>V</td><td>V</td><td>V</td><td>V</td><td>A</td></tr>
<tr><td>저항</td><td>실험
측정값</td><td colspan="2"></td><td>Ω</td><td>Ω</td><td>Ω</td><td>Ω</td><td colspan="2">Ω</td></tr>
<tr><td rowspan="2">합성
저항</td><td>시뮬레
이션값</td><td colspan="2"></td><td colspan="4">Ω</td><td colspan="2" rowspan="2"></td></tr>
<tr><td>실험
측정값</td><td colspan="2"></td><td colspan="4">Ω</td></tr>
</table>

④ 표 4-1, 표 4-2, 표 4-3으로부터 직렬로 연결된 저항들과 합성 저항의 관계를 합성 저항 구하는 공식을 이용하여 설명하세요.

⑤ 표 4-1, 표 4-2, 표 4-3에서 인가 전압이 증가함에 따라 각 저항의 전압과 전류가 어떻게 변화되는지 설명하세요.

⑥ 표 4-1, 표 4-2, 표 4-3으로부터 각 저항에 나타나는 전압을 전압 분배 공식을 이용하여 설명하세요.

⑦ 표 4-1, 표 4-2, 표 4-3에서 각 저항의 전압과 전류를 옴의 법칙을 이용하여 설명하세요.

⑧ 표 4-1, 표 4-2, 표 4-3의 시뮬레이션값과 실험 측정값에서, 합성 저항 이론과 전압 분배 이론으로부터 구해지는 값에 차이점이 발생한다면 이유는 무엇인가요?

⑨ 직렬 저항의 개수가 늘어날수록, 전체 합성 저항값과 직렬 회로의 전체 전류가 어떻게 변화하는지를 설명하세요.

4) 연습문제

(1) 직렬 회로와 전압 분배

① 인가 전압이 10 V일 때, 100 Ω ~ 30 kΩ 사이의 저항 3개를 적용하여 직렬 회로에 흐르는 전류가 1 mA가 되게 하고자 한다. 아래 회로를 시뮬레이션하고 실험하여 저항 R1, R2, R3의 저항값과 저항 R1, R2, R3에 각각 나타나는 전압값을 구한다. 인가 전압 10 V의 실험 측정값도 아래 표에 작성한다.

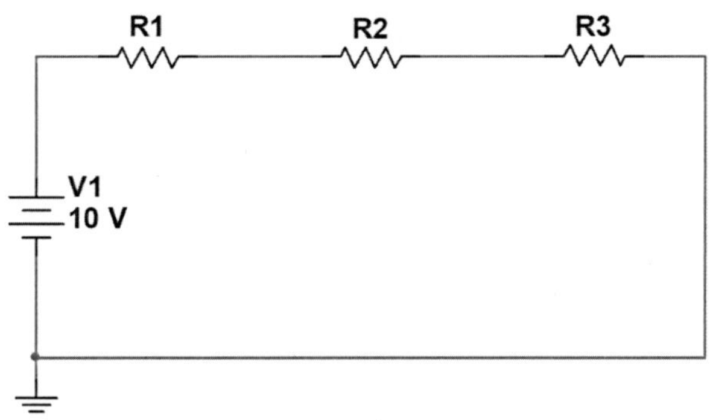

인가 전압 10 V의 실험 측정값 :   V

저항값	R1 Ω	R2 Ω	R3 Ω
시뮬레이션 저항값	Ω	Ω	Ω
시뮬레이션 전압값	V	V	V
실험 측정 저항값	Ω	Ω	Ω
실험 측정 전압값	V	V	V

② 인가 전압이 15 V일 때, 100 Ω ~ 30 kΩ 사이의 저항 4개를 적용하여 직렬 회로에 흐르는 전류가 1.5 mA가 되게 하고자 한다. 아래 회로를 시뮬레이션하고 실험하여 저항 R1, R2, R3, R4의 저항값과 저항 R1, R2, R3, R4에 각각 나타나는 전압값을 구한다. 인가 전압 15 V의 실험 측정값도 아래 표에 작성한다.

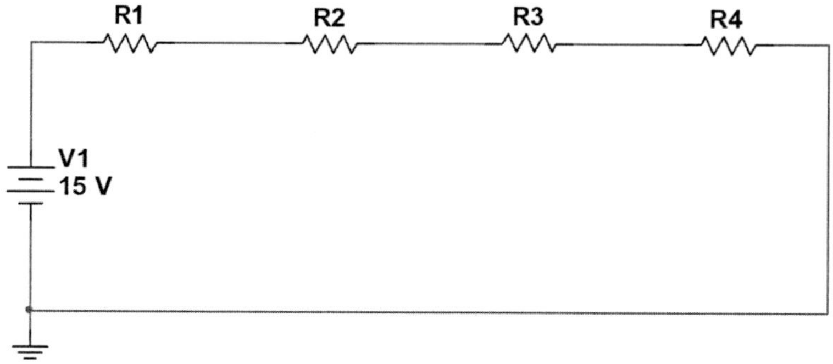

인가 전압 15 V의 실험 측정값 : V

저항값	R1 Ω	R2 Ω	R3 Ω	R4 Ω
시뮬레이션 저항값	Ω	Ω	Ω	Ω
시뮬레이션 전압값	V	V	V	V
실험 측정 저항값	Ω	Ω	Ω	Ω
실험 측정 전압값	V	V	V	V

5

병렬 회로와 전류 분배

5.1 실험 목적

저항 소자들이 병렬로 연결된 전기회로에서 저항 소자들을 병합하여 등가 회로를 구성하는 방법과 병렬로 연결된 각 저항 소자에 분배되어 나타나는 전류를 시뮬레이션과 실험으로 이해한다.

5.2 실험에 적용된 이론

1) 병렬 회로

전기회로의 한 쌍의 마디로 이루어진 단일 마디 쌍 회로를 병렬 회로라고 하며, 단일 마디 쌍에 각각의 소자들이 병렬로 연결되어 있다. 병렬 회로의 루프에 키르히호프의 전압 법칙(KVL)을 적용하면 각 소자에 걸리는 전압은 모두 동일하다.

그림 5-1과 같이 독립 전압원과 2개의 저항이 병렬로 연결된 회로에서 각각의 저항에 나타나는 전압 및 저항에 흐르는 전류를 아래 수식들을 이용하여 구할 수 있다.

그림 5-1의 마디 a에서 키르히호프의 전류 법칙(KCL)을 적용하면 아래 수식과 같다.

$$i = i_1 + i_2$$

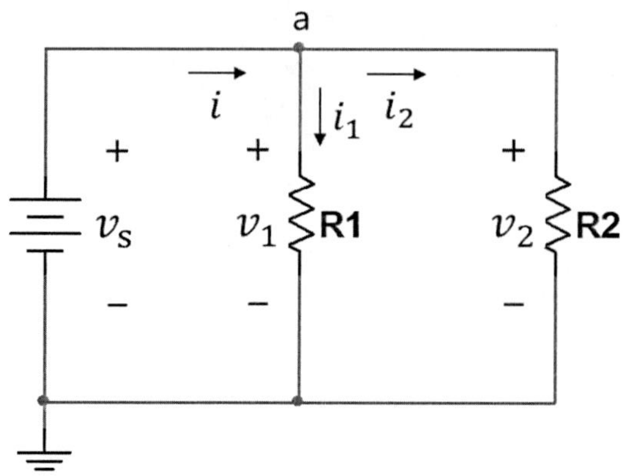

그림 5-1 전압원과 2개의 저항으로 이루어진 병렬 회로

각 저항에서 옴의 법칙을 적용하면 아래와 같이 전류 i_1, i_2를 구할 수 있다.

$$i_1 = \frac{v_1}{R_1}, \qquad i_2 = \frac{v_2}{R_2}$$

저항 R_1과 R_2 및 독립 전압원 v_s는 병렬로 연결되어 있으므로 $v_s = v_1 = v_2$가 되며, 각 저항에 흐르는 전류들은 아래 수식들로 표현된다.

$$i_1 = \frac{v_1}{R_1} = \frac{v_s}{R_1}, \qquad i_2 = \frac{v_2}{R_2} = \frac{v_s}{R_2}$$

$$i = \frac{v_1}{R_1} + \frac{v_2}{R_2} = \frac{v_s}{R_1} + \frac{v_s}{R_2} = \frac{R_1 + R_2}{R_1 R_2} \times v_s$$

$$\text{또는 } i = \frac{v_s}{R_1 \parallel R_2} = \frac{v_s}{\dfrac{R_1 R_2}{R_1 + R_2}} = \frac{R_1 + R_2}{R_1 R_2} \times v_s$$

또한 그림 5-1의 병렬 회로에서 합성 저항을 구하면 $\frac{1}{R_p} = \frac{1}{R_1} + \frac{1}{R_2}$, $R_p = \frac{1}{\frac{1}{R_1} + \frac{1}{R_2}} = \frac{R_1 R_2}{R_1 + R_2}$가 된다. 따라서 N개 저항이 병렬로 연결된 병렬 회로에서의 합성 저항은 $\frac{1}{R_p} = \frac{1}{R_1} + \frac{1}{R_2} + \cdots + \frac{1}{R_N}$, $R_p = \frac{1}{\frac{1}{R_1} + \frac{1}{R_2} + \cdots + \frac{1}{R_N}}$이 된다.

그림 5-1의 회로에서 독립 전압원은 $v_s = 10\,\mathrm{V}$, 저항들은 각각 $R_1 = 150\,\Omega$, $R_2 = 750\,\Omega$일 때, 합성저항 R_p, 전류 i, i_1, i_2를 구하면 아래와 같다.

$$\Rightarrow R_p = \frac{R_1 R_2}{R_1 + R_2} = \frac{150 \times 750}{150 + 750} = \frac{112,500}{900} = 125\ \Omega$$

$$\Rightarrow i = \frac{v_1}{R_1} + \frac{v_2}{R_2} = \frac{10}{150} + \frac{10}{750} = \frac{150 + 750}{150 \times 750} \times 10 = 0.008 \times 10 = 0.08\,\mathrm{A}$$

$$\Rightarrow i = \frac{v_s}{R_1 \parallel R_2} = \frac{v_s}{\frac{R_1 R_2}{R_1 + R_2}} = \frac{10}{\frac{150 \times 750}{150 + 750}} = \frac{900}{112,500} \times 10 = 0.08\,\mathrm{A}$$

$$\Rightarrow i_1 = \frac{v_1}{R_1} = \frac{v_s}{R_1} = \frac{10}{150} = \frac{1}{15}\,\mathrm{A}$$

$$\Rightarrow i_2 = \frac{v_2}{R_2} = \frac{v_s}{R_2} = \frac{10}{750} = \frac{1}{75}\,\mathrm{A}$$

2) 전류 분배

병렬 회로에서 각 저항에 흐르는 전류는 각 저항의 크기에 반비례(각 컨덕턴스의 크기에 비례)하여 입력 전원에 의한 전류가 분배되는 원리이다. 그림 5-1의 병렬 회로에서 저항 R_1과 R_2에 흐르는 전류 i_1과 i_2는 아래 수식과 같이 유도될 수 있다. 여기서 G는 컨덕턴스(conductance)라고 하며, $G = \frac{1}{R}$이고 단위는 S(지멘스, siemens) 또는 ℧ (모, mho)를 사용한다.

$$i_1 = \frac{v_1}{R_1} = \frac{v_s}{R_1} = \frac{1}{R_1} \times \frac{1}{\frac{1}{R_1} + \frac{1}{R_2}} \times i = G_1 \times \frac{1}{G_1 + G_2} \times i = \frac{G_1}{G_1 + G_2} \times i$$

$$i_2 = \frac{v_2}{R_2} = \frac{v_s}{R_2} = \frac{1}{R_2} \times \frac{1}{\frac{1}{R_1} + \frac{1}{R_2}} \times i = G_2 \times \frac{1}{G_1 + G_2} \times i = \frac{G_2}{G_1 + G_2} \times i$$

또한, $i_1 = \frac{G_1}{G_1 + G_2} \times i = \frac{R_2}{R_1 + R_2} \times i$, $i_2 = \frac{G_2}{G_1 + G_2} \times i = \frac{R_1}{R_1 + R_2} \times i$로 표현할 수 있다.

전류 i_1과 i_2는 각각의 컨덕턴스 $G_1(= \frac{1}{R_1})$과 $G_2(= \frac{1}{R_2})$에 입력 전압원에 의한 전류 i가 곱해져서 나타나고 있음을 알 수 있다. 따라서 N개 저항이 병렬로 연결된 병렬 회로에서, 임의의 컨덕턴스 $G_n(= \frac{1}{R_n})$(n: 1 ~ N 사이의 숫자)에서의 전류는 $i_n = \frac{G_n}{G_1 + G_2 + \cdots + G_N} \times i$가

된다. 여기서 전류 i는 아래와 같이 나타낼 수 있다.

$$i = \frac{v_s}{\dfrac{1}{\dfrac{1}{R_1} + \dfrac{1}{R_2} + \cdots + \dfrac{1}{R_N}}} = \left(\frac{1}{R_1} + \frac{1}{R_2} + \cdots + \frac{1}{R_N}\right) \times v_s$$

$$= (G_1 + G_2 + \cdots + G_N) \times v_s$$

그림 5-1의 병렬 회로에서, $v_s = 10\,\mathrm{V}$, $R_1 = 150\,\Omega$, $R_2 = 750\,\Omega$ 일 때, 전류 i_1, i_2를 전류 분배로 구하면 아래와 같다.

$$\Rightarrow i = \frac{v_s}{R_p} = \frac{v_s}{\dfrac{R_1 R_2}{R_1 + R_2}} = \frac{10}{\dfrac{150 \times 750}{150 + 750}} = \frac{10}{\dfrac{112{,}500}{900}} = 0.08\,\mathrm{A}$$

$$\Rightarrow i_1 = \frac{G_1}{G_1 + G_2} \times i = \frac{R_2}{R_1 + R_2} \times i = \frac{750}{150 + 750} \times 0.08 = \frac{1}{15}\,\mathrm{A}$$

$$\Rightarrow i_2 = \frac{G_2}{G_1 + G_2} \times i = \frac{R_1}{R_1 + R_2} \times i = \frac{150}{150 + 750} \times 0.08 = \frac{1}{75}\,\mathrm{A}$$

5.3 시뮬레이션 및 실험

1) 사용 장비 및 부품

멀티심(multisim) 시뮬레이터

직류 전원공급장치 : 1대

디지털 멀티미터 : 1대

브레드 보드 : 1대

저항 : 750 Ω, 1 kΩ, 3 kΩ, 100 Ω ~ 30 kΩ 사이의 저항 5개

2) 병렬 회로와 전류 분배

(1) 시뮬레이션

① 1장 1.3 시뮬레이션 및 실험 2)와 3)의 시뮬레이션의 회로 설계 방법을 참조하여, 멀티심 회로 설계 영역에 아래 그림과 같은 회로를 구성한다.

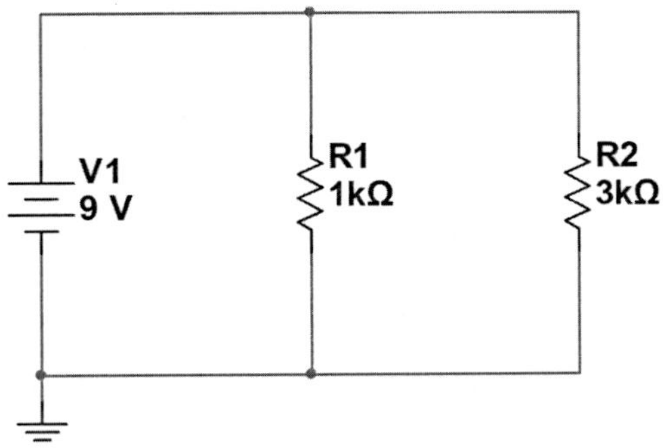

② 병렬로 연결되어 있는 저항 1 kΩ과 저항 3 kΩ의 합성 저항값을 측정하기 위하여 아래 그림과 같이 디지털 멀티미터를 연결한다(①의 회로에서 저항 R1과 저항 R2를 독립 전압원 V1에서 분리한다).

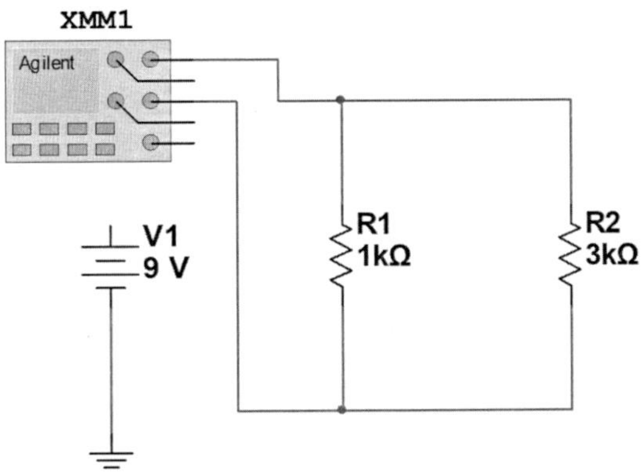

③ Agilent Multimeter()를 더블 클릭하면 'Agilent Multimeter–XMM1' 창이 나타난다. 'Power' 버튼을 클릭하고 'Ω 2W()' 버튼을 선택하면, LCD화면에 'Ohm'이 나타난다.

④ 멀티심 상단의 시뮬레이션 도구 모음에서 ''를 선택한다(상단 메뉴에서 'Simulate →  Run'을 선택해도 된다). 디지털 멀티미터에 '750 Ohm' 저항값이 나타나게 된다. 측정한 저항값을 표 5–1에 작성한다.

- 병렬 회로에서 저항들을 더한 합성 저항값은 $\frac{1}{R_p} = \frac{1}{R_1} + \frac{1}{R_2} + \cdots + \frac{1}{R_N}$이므로, 저항 1 kΩ과 저항 3 kΩ의 합성 저항값은 저항 750 Ω$\left(= \frac{1}{\frac{1}{1\text{k}} + \frac{1}{3\text{k}}} = \frac{1\text{k} \times 3\text{k}}{1\text{k} + 3\text{k}} = \frac{3 \times 10^6}{4 \times 10^3} = 750\,\Omega\right)$이 된다.

⑤ 저항 1 kΩ과 3 kΩ에 흐르는 전체 전류를 측정하기 위하여 아래 그림과 같이 디지털 멀티미터를 연결한다.

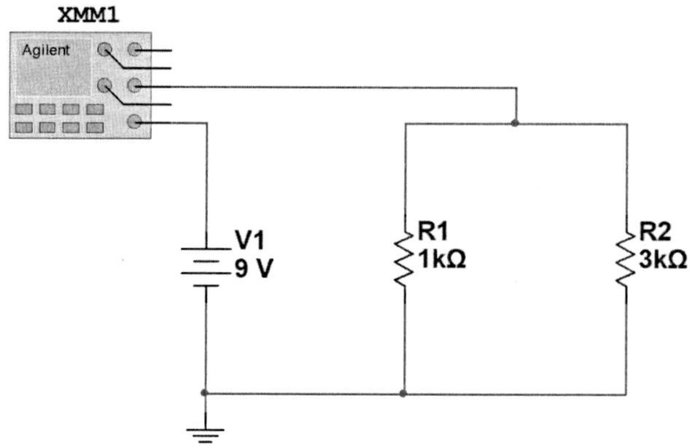

⑥ Agilent Multimeter( )를 더블 클릭하면 'Agilent Multimeter-XMM1' 창이 나타난다. 'Power' 버튼을 클릭한다. 전류를 측정하기 위하여 'Shift(Shift)' 버튼을 누른 후, 'DC V(DC V)' 버튼을 클릭하면 'DC I'가 선택되어 LCD 화면에 'ADC'가 나타난다.

⑦ 멀티심 상단의 시뮬레이션 도구 모음에서 ' ▶ '를 선택한다(상단 메뉴에서 'Simulate → ▶ Run'을 선택해도 된다). 디지털 멀티미터에 '12 mADC' 전류값이 나타나게 된다. 측정한 전류값을 표 5-1에 작성한다.

⑧ 아래 그림과 같이 디지털 멀티미터를 연결한 후, ⑥과 ⑦을 참조하여 저항 1 kΩ 흐르는 전류를 측정한다. 디지털 멀티미터에 '9 mADC' 전류값이 나타나게 된다. 측정한 전류값을 표 5-1에 작성한다.

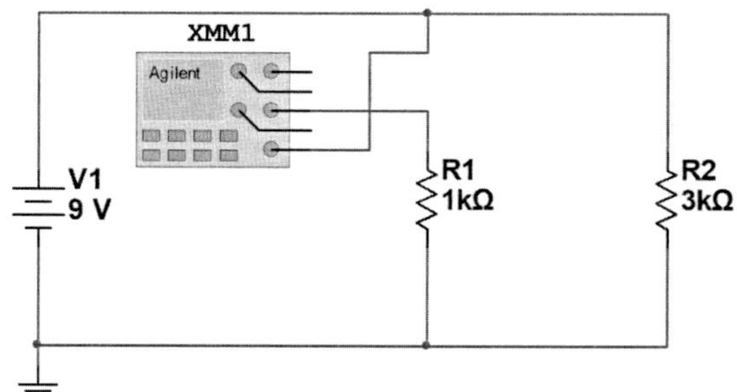

- 병렬 회로에서 각 저항에 흐르는 전류는 병렬 회로에 인가되는 전체 전류를 전류 분배하여 구할 수 있다.

즉, $i_{R_1} = \dfrac{G_1}{G_1 + G_2 + \cdots + G_N} \times i = \dfrac{\dfrac{1}{R_1}}{\dfrac{1}{R_1} + \dfrac{1}{R_2} + \cdots + \dfrac{1}{R_N}} \times i$이므로,

저항 1 kΩ에 흐르는 전류는 전류 분배에 의하여

$$i_{R_1} = \frac{\frac{1}{1000}}{\frac{1}{1000} + \frac{1}{3000}} \times 0.012 = 0.009\text{A}$$ 가 된다.

⑨ 아래 그림과 같이 디지털 멀티미터를 연결한 후, ⑥과 ⑦을 참조하여 저항 3 kΩ 흐르는 전류를 측정한다. 디지털 멀티미터에 '3 mADC' 전류값이 나타나게 된다. 측정한 전류값을 표 5-1에 작성한다.

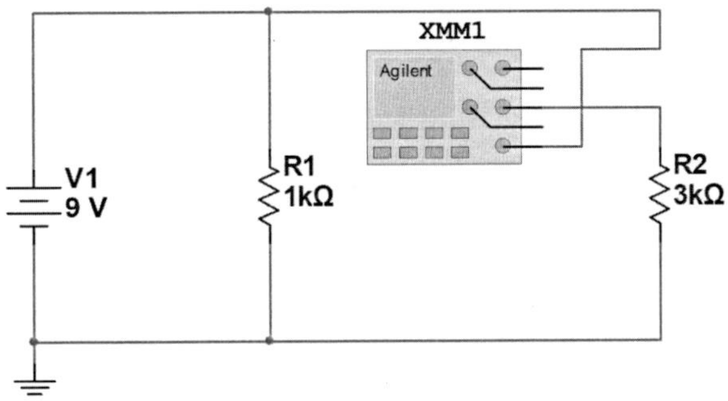

- 저항 3 kΩ에 흐르는 전류는 전류 분배에 의하여

$$i_{R_2} = \frac{\frac{1}{3000}}{\frac{1}{1000} + \frac{1}{3000}} \times 0.012 = 0.003\text{A}$$ 가 된다.

⑩ 병렬 저항 300 Ω과 1.2 kΩ 양단에 나타나는 전압을 측정하기 위하여 아래 그림과 같이 디지털 멀티미터를 연결한다(병렬로 연결된 저항들의 양단에 나타나는 전압은 동일하다).

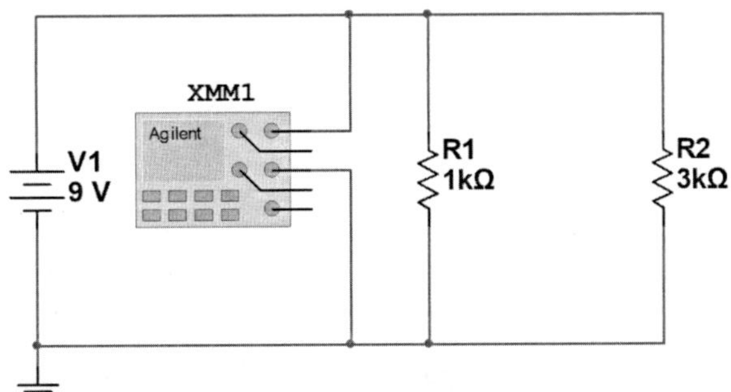

⑪ Agilent Multimeter( )를 더블 클릭하면 'Agilent Multimeter–XMM1' 창이 나타난다. 'Power' 버튼을 클릭한다. 전압를 측정하기 위하여 'DC V( )' 버튼을 클릭하면 'DC V'가 선택되어 LCD 화면에 'VDC'가 나타난다.

⑫ 멀티심 상단의 시뮬레이션 도구 모음에서 ' ▶ '를 선택한다(상단 메뉴에서 'Simulate → ▶ Run'을 선택해도 된다). 디지털 멀티미터에 '9 VDC' 전압값이 나타나게 된다. 측정한 전압값을 표 5–1에 작성한다.

- 병렬 회로에서 모든 소자 양단에 나타나는 전압은 동일하므로, 각 저항에 흐르는 전류는 병렬 전압과 옴의 법칙을 이용하여 구할 수 있다.

  즉, ⑫에서 구한 전압 9 V를 옴의 법칙에 적용하면, 저항 1 kΩ에 흐르는 전류는 $i_{R_1} = \frac{V}{R} = \frac{9}{1000} = 0.009\text{A}$ 가 된다.

⑬ 아래 그림의 회로는 ①의 병렬 저항들을 합성한 등가 회로이다. 저항 Rp 양단에 나타나는 전압과 저항 Rp에 흐르는 전류를 디지털 멀티미터로 측정하여 표 5–1에 작성한다.

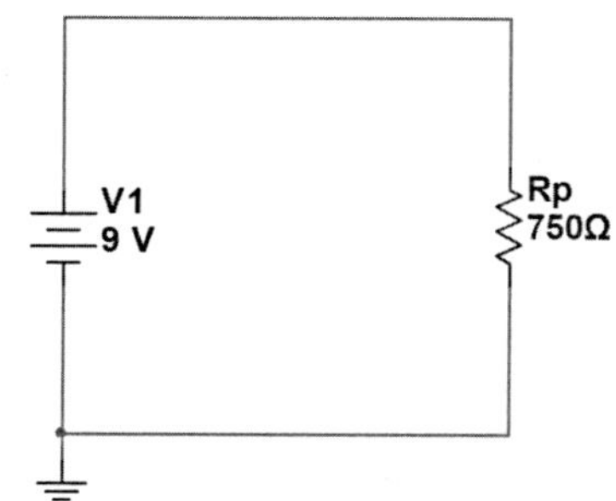

⑭ ⑤ ~ ⑬을 참조하여 입력 전압이 12 V일 때와 15 V일 때의 회로를 각각 구성하고 시뮬레이션한 후 측정된 각 저항에 나타나는 전압값, 전류값을 표 5–1에 작성한다.

⑮ ① ~ ⑭를 참조하여, 100 Ω ~ 30 kΩ 사이의 저항 3개가 병렬인 회로, 저항 4개가 병렬인 회로를 구성하여 시뮬레이션한 후 측정된 합성 저항값, 각 저항에 나타나는 전압값, 전류값을 표 5–2와 표 5–3에 작성한다.

(2) 실험

① 2장 2.3 시뮬레이션 및 실험 2)의 (2)를 참조하여, 저항 750 Ω, 1 kΩ, 3 kΩ을 디지털 멀티미터로 각각 측정하여 표 5–1에 저항값을 작성한다.

② 아래 그림과 같이 디지털 멀티미터 2개의 단자를 저항 1 kΩ 양단에 각각 연결한다('INPUT' 단자의 'HI' 부분을 저항 1 kΩ 한쪽에, 'LO' 부분을 1 kΩ 다른 쪽에 각각 연결한다(저항 측정에서는 반대로 연결해도 된다).

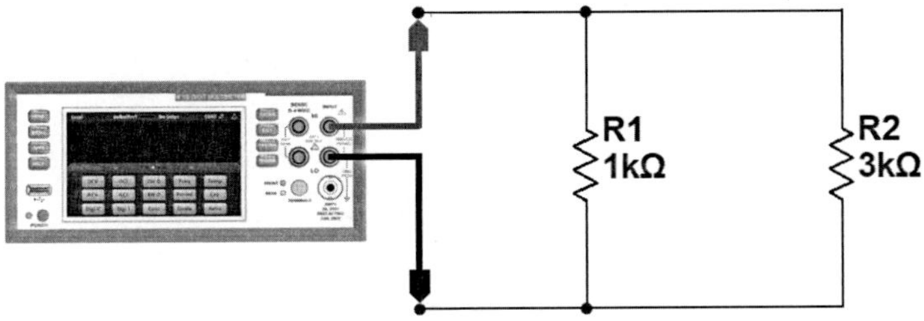

③ 디지털 멀티미터의 'POWER' 버튼을 누르면 LCD 화면이 켜진다. 'FUNCTIONS'에서 '2W Ω 2W Ω'을, Range는 'Auto'를 선택한다. LCD에 나타나는 저항값을 표 5-1에 작성한다.

④ 병렬 저항 전체에 흐르는 전류를 측정하기 위하여, 아래 그림과 같이 직류 전원공급장치와 디지털 멀티미터를 연결한다(직류 전원공급장치의 'CH1'의 '+'와 디지털 멀티미터의 'INPUT' 단자의 'AMPS'를 연결한다. 디지털 멀티미터의 'INPUT' 단자의 'LO'를 저항 1 kΩ과 3 kΩ의 병렬 마디에 연결한다. 직류 전원공급장치의 'CH1'의 '−'는 저항 1 kΩ과 3 kΩ의 반대쪽 병렬 마디에 연결한다).

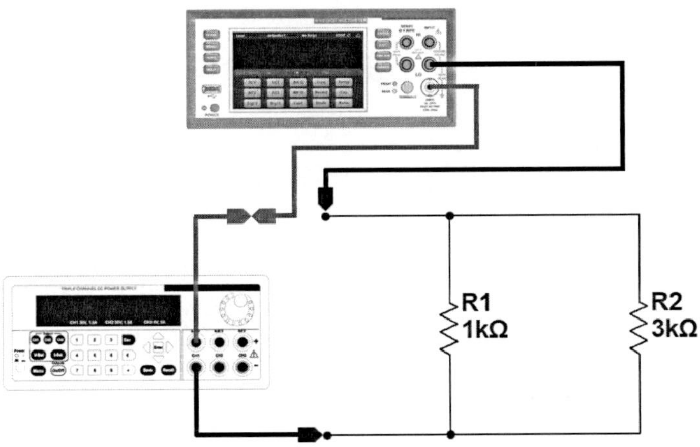

⑤ 디지털 멀티미터의 'POWER' 버튼을 누르면 LCD 화면이 켜진다. 디지털 멀티미터의 'FUNCTIONS'에서 'DCI DCI'를, Range는 'Auto'를 선택한다.

⑥ 직류 전원공급장치의 'POWER' 버튼을 'I' 상태에 놓으면 전원이 켜져서 LCD 화면이 나타난다. 'SELECT'에서 CH1(전원으로 CH2를 사용할 경우에는 CH2)과 'V-Set'을 선택하고 1 ~ 9의 숫자 버튼이나 로터리 노브를 이용하여 전압을 9 V가 되게 한다.

⑦ 직류 전원공급장치의 'OUTPUT'의 'O I' 버튼을 누른 후, 디지털 멀티미터 LCD에 나타나는 전류값을 표 5-1에 작성한다.

⑧ 직류 전원공급장치의 'OUTPUT'의 'O I' 버튼을 다시 눌러 출력을 차단시킨다.

⑨ ④를 참조하여, 저항 1 kΩ에 흐르는 전류를 측정하기 위해서는 디지털 멀티미터를 아래 그림과 같이 연결한다.

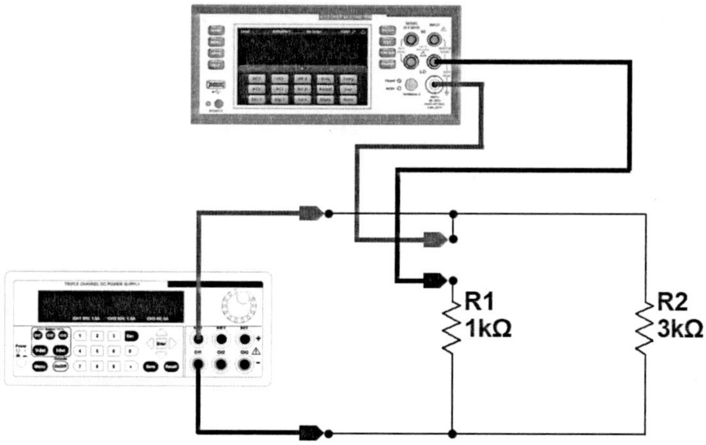

⑩ ⑤ ~ ⑧을 참조하여 저항 1 kΩ에 흐르는 전류를 측정한다. 측정한 전류값을 표 5-1에 작성한다.

⑪ ⑨와 ⑩을 참조하여 저항 3 kΩ에 흐르는 전류를 측정한다. 측정한 전류값을 표 5-1에 작성한다.

⑫ 아래 그림과 같이 직류 전원공급장치와 디지털 멀티미터를 연결한다(직류 전원공급장치의 'CH1'의 '+'와 디지털 멀티미터의 'INPUT' 단자의 'HI'는 저항 1 kΩ과 3 kΩ의 병렬 마디에 연결하고, 직류 전원공급장치의 'CH1'의 '−'와 디지털 멀티미터의 'INPUT' 단자의 'LO'는 저항 1 kΩ과 3 kΩ의 반대쪽 병렬 마디에 연결한다).

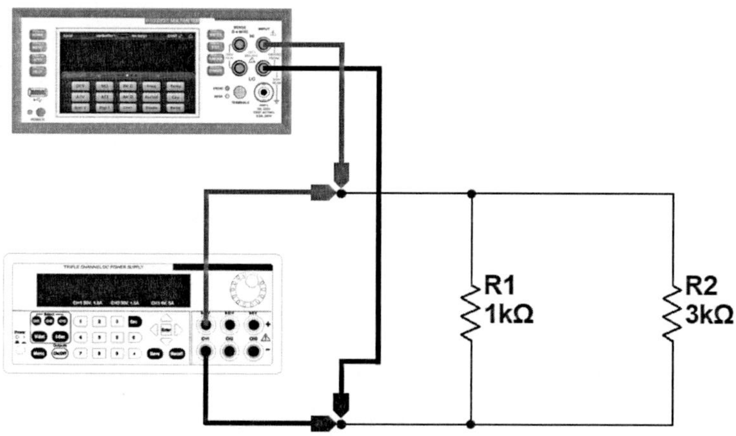

⑬ 디지털 멀티미터의 'FUNCTIONS'에서 'DCV DCV '를, Range는 'Auto'를 선택한다.

⑭ 직류 전원공급장치의 전압을 9 V가 되게 한다.

⑮ 직류 전원공급장치의 'OUTPUT'의 'O I' 버튼을 누른 후, 디지털 멀티미터 LCD에 나타나는 전압값을 표 5-1에 작성한다(병렬로 연결된 저항들에 나타나는 전압은 동일하다).

⑯ 직류 전원공급장치의 'OUTPUT'의 'O I' 버튼을 다시 눌러 출력을 차단한다.

⑰ 병렬로 연결되어 있는 저항 1 kΩ과 저항 3 kΩ을 저항 750 Ω으로 대체한 후 ④ ~ ⑯을 참조하여 병렬 합성 저항 750 Ω 양단에 나타나는 전압과 750 Ω에 흐르는 전류를 측정하고 표 5-1에 작성한다. 합성 저항 750 Ω 양단에 나타나는 전압과 750 Ω에 흐르는 전류를 측정하기 위하여 아래 그림과 같이 직류 전원공급장치와 디지털 멀티미터를 연결한다.

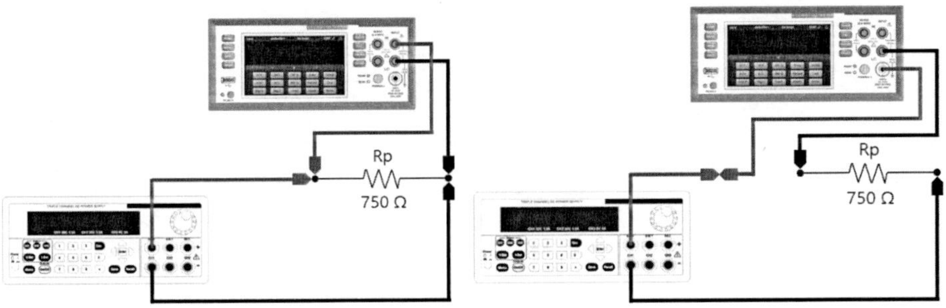

⑱ ④ ~ ⑰을 참조하여 입력 전압이 12 V일 때와 15 V일 때의 회로를 구성하고 실험한 후 각 저항에 나타나는 전압값, 전류값을 표 5-1에 작성한다.

⑲ ① ~ ⑱을 참조하여, 100 Ω ~ 30 kΩ 사이의 저항 3개가 병렬인 회로, 저항 4개가 병렬인 회로(시뮬레이션과 동일한 저항값을 갖는 회로)를 구성하여 실험한 후, 측정된 각각의 저항값, 합성 저항값, 각 저항에 나타나는 전압값, 전류값을 표 5-2와 표 5-3에 작성한다.

3) 실험 결과 및 고찰

학과	학번	학년	이름

(1) 병렬 회로와 전류 분배

① 2개의 저항이 병렬로 구성된 회로에서, 인가 전압에 따른 시뮬레이션값과 실험 측정값을 표 5-1에 작성한다.

표 5-1

		인가 전압	전체 전류	1 kΩ	3 kΩ	합성 저항값 750 Ω	
				전류	전류	전압	전류
인가전압 9 V	시뮬레이션값	V	A	A	A	V	A
	실험 측정값	V	A	A	A	V	A
인가전압 12 V	시뮬레이션값	V	A	A	A	V	A
	실험 측정값	V	A	A	A	V	A
인가전압 15 V	시뮬레이션값	V	A	A	A	V	A
	실험 측정값	V	A	A	A	V	A
저항	실험 측정값			Ω	Ω	Ω	
합성 저항	시뮬레이션값			Ω			
	실험 측정값			Ω			

② 임의의 3개의 저항이 병렬로 구성된 회로에서, 인가 전압에 따른 시뮬레이션값과 실험 측정값을 표 5-2에 작성한다.

표 5-2

		인가 전압	전체 전류	Ω	Ω	Ω	합성 저항값 Ω	
				전류	전류	전류	전압	전류
인가 전압 9 V	시뮬레이션값	V	A	A	A	A	V	A
	실험 측정값	V	A	A	A	A	V	A
인가 전압 12 V	시뮬레이션값	V	A	A	A	A	V	A
	실험 측정값	V	A	A	A	A	V	A
인가 전압 15 V	시뮬레이션값	V	A	A	A	A	V	A
	실험 측정값	V	A	A	A	A	V	A
저항	실험 측정값			Ω	Ω	Ω	Ω	
합성 저항	시뮬레이션값			Ω				
	실험 측정값			Ω				

③ 임의의 4개의 저항이 병렬로 구성된 회로에서, 인가 전압에 따른 시뮬레이션값과 실험 측정값을 표 5-3에 작성한다.

표 5-3

<table>
<tr><td colspan="2" rowspan="2"></td><td rowspan="2">인가
전압</td><td rowspan="2">전체
전류</td><td>Ω</td><td>Ω</td><td>Ω</td><td>Ω</td><td colspan="2">합성 저항값
Ω</td></tr>
<tr><td>전압</td><td>전압</td><td>전압</td><td>전압</td><td>전압</td><td>전류</td></tr>
<tr><td rowspan="2">인가
전압
9 V</td><td>시뮬레
이션값</td><td>V</td><td>A</td><td>V</td><td>V</td><td>V</td><td>V</td><td>V</td><td>A</td></tr>
<tr><td>실험
측정값</td><td>V</td><td>A</td><td>V</td><td>V</td><td>V</td><td>V</td><td>V</td><td>A</td></tr>
<tr><td rowspan="2">인가
전압
12 V</td><td>시뮬레
이션값</td><td>V</td><td>A</td><td>V</td><td>V</td><td>V</td><td>V</td><td>V</td><td>A</td></tr>
<tr><td>실험
측정값</td><td>V</td><td>A</td><td>V</td><td>V</td><td>V</td><td>V</td><td>V</td><td>A</td></tr>
<tr><td rowspan="2">인가
전압
15 V</td><td>시뮬레
이션값</td><td>V</td><td>A</td><td>V</td><td>V</td><td>V</td><td>V</td><td>V</td><td>A</td></tr>
<tr><td>실험
측정값</td><td>V</td><td>A</td><td>V</td><td>V</td><td>V</td><td>V</td><td>V</td><td>A</td></tr>
<tr><td>저항</td><td>실험
측정값</td><td colspan="2"></td><td>Ω</td><td>Ω</td><td>Ω</td><td>Ω</td><td colspan="2">Ω</td></tr>
<tr><td rowspan="2">합성
저항</td><td>시뮬레
이션값</td><td colspan="2"></td><td colspan="4">Ω</td><td colspan="2" rowspan="2"></td></tr>
<tr><td>실험
측정값</td><td colspan="2"></td><td colspan="4">Ω</td></tr>
</table>

④ 표 5-1, 표 5-2, 표 5-3으로부터 병렬로 연결된 저항들과 합성 저항의 관계를 합성 저항 구하는 공식을 이용하여 설명하세요.

⑤ 표 5–1, 표 5–2, 표 5–3에서 인가 전압이 증가함에 따라 각 저항의 전압과 전류가 어떻게 변화되는지 설명하세요.

⑥ 표 5–1, 표 5–2, 표 5–3으로부터 각 저항에 흐르는 전류를 전류 분배 공식을 이용하여 설명하세요.

⑦ 표 5–1, 표 5–2, 표 5–3에서 각 저항의 전압과 전류를 옴의 법칙을 이용하여 설명하세요.

⑧ 표 5–1, 표 5–2, 표 5–3의 시뮬레이션값과 실험 측정값에서, 합성 저항 이론과 전류 분배 이론으로부터 구해지는 값과 차이점이 발생한다면 이유는 무엇인가요?

⑨ 병렬 저항의 개수가 늘어날수록, 전체 합성 저항값과 병렬 회로의 전체 전류가 어떻게 변화하는지를 설명하세요.

4) 연습문제

(1) 병렬 회로와 전류 분배

① 인가 전압이 18 V일 때, 100 Ω ~ 30 kΩ 사이의 저항 3개를 적용하여 병렬 회로에 흐르는 전체 전류가 25 mA가 되게 하고자 한다. 아래 회로를 시뮬레이션하고 실험하여 저항 R1, R2, R3의 저항값과 저항 R1, R2, R3에 각각 흐르는 전류값을 구한다. 인가 전압 18 V의 실험 측정값도 아래 표에 작성한다.

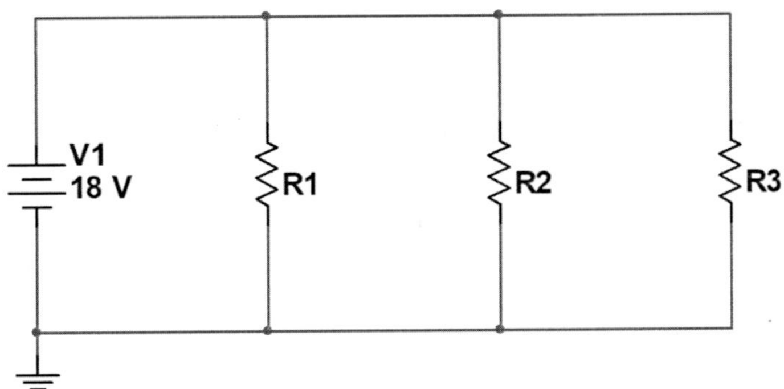

인가 전압 18 V의 실험 측정값 : V

저항값	R1 Ω	R2 Ω	R3 Ω
시뮬레이션 저항값	Ω	Ω	Ω
시뮬레이션 전류값	A	A	A
실험 측정 저항값	Ω	Ω	Ω
실험 측정 전류값	A	A	A

② 인가 전압이 18 V일 때, 100 Ω ~ 30 kΩ 사이의 저항 4개를 적용하여 병렬 회로에 흐르는 전체 전류가 45 mA가 되게 하고자 한다. 아래 회로를 시뮬레이션하고 실험하여 저항 R1,

R2, R3, R4의 저항값과 저항 R1, R2, R3, R4에 흐르는 전류값을 구한다. 인가 전압 18 V의 실험 측정값도 아래 표에 작성한다.

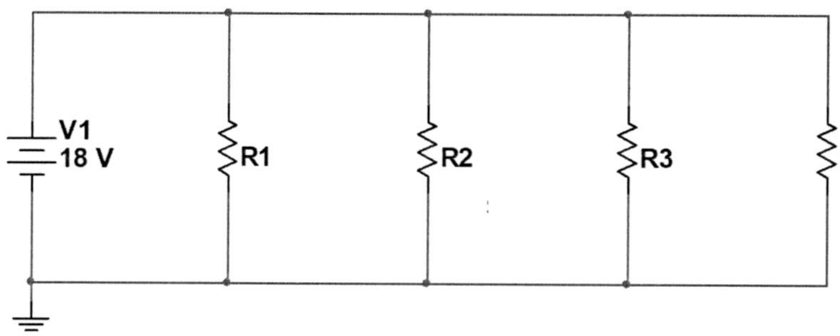

인가 전압 18 V의 실험 측정값 : V

저항값	R1 Ω	R2 Ω	R3 Ω	R4 Ω
시뮬레이션 저항값	Ω	Ω	Ω	Ω
시뮬레이션 전류값	A	A	A	A
실험 측정 저항값	Ω	Ω	Ω	Ω
실험 측정 전류값	A	A	A	A

6

직병렬 회로

6.1 실험 목적

직렬과 병렬로 연결된 저항 소자들과 독립 전압원으로 이루어진 전기회로에서 전체 등가 저항과 각 저항에 흐르는 전류 및 각 저항에 나타나는 전압을 시뮬레이션과 실험으로 이해한다.

6.2 실험에 적용된 이론

저항들이 직렬과 병렬로 연결되어 있는 전기회로의 각각의 저항에 흐르는 전류와 저항에 나타나는 전압을 측정하기 위해서는 다음과 같은 해석이 필요하다.

⇒ 저항들을 단일 등가 저항으로 변경하여 입력 독립 전압원에서 공급하는 전체 전류를 측정한다.

⇒ 전체 저항들을 단일 등가 저항으로 변경하는 방법은 병렬 합성 방법과 직렬 합성 방법을 적용한다.

⇒ 직렬로 연결되어 있는 저항들에서는, 각 저항에 동일한 전류가 흐르므로 옴의 법칙을 이용하여 각 저항에 나타나는 전압을 구한다.

⇒ 병렬로 구성되어 있는 저항들에서는, 전류분배를 이용하여 병렬로 연결되어 있는 각 저항들에 흐르는 전류를 구한 후 옴의 법칙을 이용하여 각 저항에 나타나는 전압을 구한다.

그림 6-1은 3개의 저항이 직렬과 병렬로 연결되어 있다. 전체 등가저항을 구하고 각 저항에 흐르는 전류와 저항에 나타나는 전압을 구하면 아래 수식들과 같다.

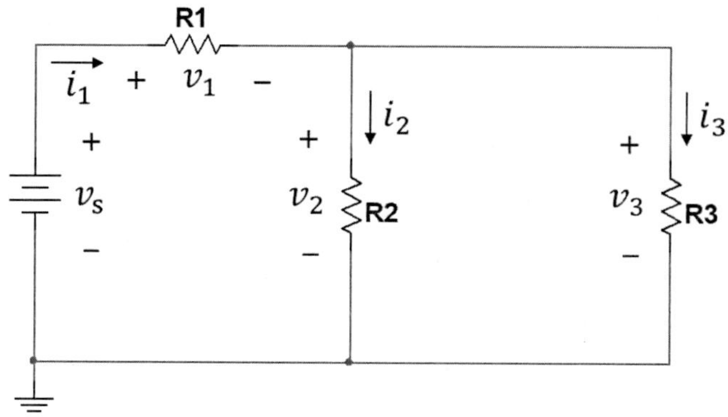

그림 6-1 3개의 저항으로 구성된 직병렬 회로

$$R_{eq} = R_1 + (R_2 \parallel R_3) = R_1 + \cfrac{1}{\cfrac{1}{R_2} + \cfrac{1}{R_3}} = R_1 + \frac{R_2 R_3}{R_2 + R_3}$$

$$i_1 = \frac{v_s}{R_{eq}} = \cfrac{v_s}{R_1 + \cfrac{R_2 R_3}{R_2 + R_3}}$$

$$i_2 = \cfrac{\cfrac{1}{R_2}}{\cfrac{1}{R_2} + \cfrac{1}{R_3}} \times i_1 = \frac{R_3}{R_2 + R_3} \times \cfrac{v_s}{R_1 + \cfrac{R_2 R_3}{R_2 + R_3}} = \frac{R_3 v_s}{R_1 (R_2 + R_3) + R_2 R_3}$$

$$i_3 = \cfrac{\cfrac{1}{R_3}}{\cfrac{1}{R_2} + \cfrac{1}{R_3}} \times i_1 = \frac{R_2}{R_2 + R_3} \times \cfrac{v_s}{R_1 + \cfrac{R_2 R_3}{R_2 + R_3}} = \frac{R_2 v_s}{R_1 (R_2 + R_3) + R_2 R_3}$$

$$v_1 = R_1 i_1 = \cfrac{R_1 v_s}{R_1 + \cfrac{R_2 R_3}{R_2 + R_3}} = \frac{R_1 (R_2 + R_3) v_s}{R_1 (R_2 + R_3) + R_2 R_3}$$

$$v_2 = R_2 i_2 = \frac{R_2 R_3 v_s}{R_1 (R_2 + R_3) + R_2 R_3}$$

$$v_3 = R_3 i_3 = \frac{R_2 R_3 v_s}{R_1 (R_2 + R_3) + R_2 R_3}$$

그림 6-2는 5개의 저항이 직렬과 병렬로 연결되어 있을 때, 전체 등가 저항과 각 저항에 흐르는 전류 및 저항에 나타나는 전압을 구하면 아래 수식들과 같다.

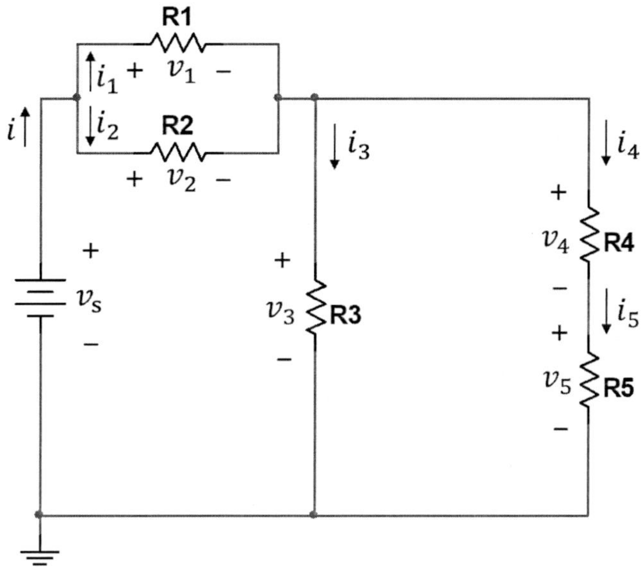

그림 6-2 5개의 저항으로 구성된 직병렬 회로

$$R_{eq} = (R_1 \parallel R_2) + [R_3 \parallel (R_4 + R_5)] = \frac{1}{\frac{1}{R_1} + \frac{1}{R_2}} + \frac{1}{\frac{1}{R_3} + \frac{1}{R_4 + R_5}}$$

$$= \frac{R_1 R_2}{R_1 + R_2} + \frac{R_3(R_4 + R_5)}{R_3 + R_4 + R_5}$$

$$i = \frac{v_s}{R_{eq}} = \frac{v_s}{\frac{R_1 R_2}{R_1 + R_2} + \frac{R_3(R_4 + R_5)}{R_3 + R_4 + R_5}}$$

$$i_1 = \frac{\frac{1}{R_1}}{\frac{1}{R_1} + \frac{1}{R_2}} \times i = \frac{R_2}{R_1 + R_2} \times \frac{v_s}{\frac{R_1 R_2}{R_1 + R_2} + \frac{R_3(R_4 + R_5)}{R_3 + R_4 + R_5}}$$

$$= \frac{R_2(R_3 + R_4 + R_5)v_s}{R_1 R_2(R_3 + R_4 + R_5) + R_3(R_1 + R_2)(R_4 + R_5)}$$

$$i_2 = \frac{\frac{1}{R_2}}{\frac{1}{R_1} + \frac{1}{R_2}} \times i = \frac{R_1}{R_1 + R_2} \times \frac{v_s}{\frac{R_1 R_2}{R_1 + R_2} + \frac{R_3(R_4 + R_5)}{R_3 + R_4 + R_5}}$$

$$= \frac{R_1(R_3 + R_4 + R_5)v_s}{R_1 R_2(R_3 + R_4 + R_5) + R_3(R_1 + R_2)(R_4 + R_5)}$$

$$i_3 = \frac{\dfrac{1}{R_3}}{\dfrac{1}{R_3} + \dfrac{1}{R_4 + R_5}} \times i = \frac{R_4 + R_5}{R_3 + R_4 + R_5} \times \frac{v_s}{\dfrac{R_1 R_2}{R_1 + R_2} + \dfrac{R_3(R_4 + R_5)}{R_3 + R_4 + R_5}}$$

$$= \frac{(R_1 + R_2)(R_4 + R_5)v_s}{R_1 R_2(R_3 + R_4 + R_5) + R_3(R_1 + R_2)(R_4 + R_5)}$$

$$i_4 = i_5 = \frac{\dfrac{1}{R_4 + R_5}}{\dfrac{1}{R_3} + \dfrac{1}{R_4 + R_5}} \times i = \frac{R_3}{R_3 + R_4 + R_5} \times \frac{v_s}{\dfrac{R_1 R_2}{R_1 + R_2} + \dfrac{R_3(R_4 + R_5)}{R_3 + R_4 + R_5}}$$

$$= \frac{(R_1 + R_2)R_3 v_s}{R_1 R_2(R_3 + R_4 + R_5) + R_3(R_1 + R_2)(R_4 + R_5)}$$

$$v_1 = R_1 i_1 = \frac{R_1 R_2(R_3 + R_4 + R_5)v_s}{R_1 R_2(R_3 + R_4 + R_5) + R_3(R_1 + R_2)(R_4 + R_5)}$$

$$v_2 = R_2 i_2 = \frac{R_1 R_2(R_3 + R_4 + R_5)v_s}{R_1 R_2(R_3 + R_4 + R_5) + R_3(R_1 + R_2)(R_4 + R_5)}$$

$$v_3 = R_3 i_3 = \frac{R_3(R_1 + R_2)(R_4 + R_5)v_s}{R_1 R_2(R_3 + R_4 + R_5) + R_3(R_1 + R_2)(R_4 + R_5)}$$

$$v_4 = R_4 i_4 = \frac{(R_1 + R_2)R_3 R_4 v_s}{R_1 R_2(R_3 + R_4 + R_5) + R_3(R_1 + R_2)(R_4 + R_5)}$$

$$v_5 = R_5 i_5 = \frac{(R_1 + R_2)R_3 R_5 v_s}{R_1 R_2(R_3 + R_4 + R_5) + R_3(R_1 + R_2)(R_4 + R_5)}$$

6.3 시뮬레이션 및 실험

1) 사용 장비 및 부품

멀티심(multisim) 시뮬레이터

직류 전원공급장치 : 1대

디지털 멀티미터 : 1대

브레드 보드 : 1대

저항 : 750 Ω, 1 kΩ, 1.8 kΩ, 2 kΩ, 3 kΩ, 100 Ω ~ 30 kΩ 사이의 저항 7개

2) 직병렬 회로

(1) 시뮬레이션

① 1장 1.3 시뮬레이션 및 실험 2)와 3)의 시뮬레이션의 회로 설계 방법을 참조하여, 멀티심 회로 설계 영역에 아래 그림과 같은 회로를 구성한다.

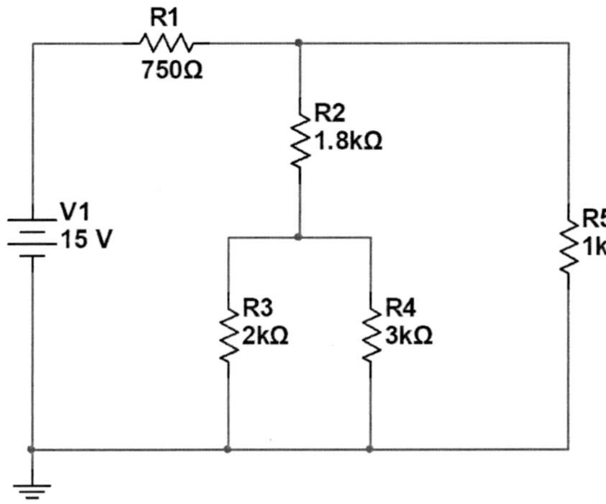

② 병렬로 연결되어 있는 저항 2 kΩ(R2)과 저항 3 kΩ(R3)의 합성 저항값을 측정하기 위하여 아래 그림과 같이 디지털 멀티미터를 연결한다(①의 회로에서 저항 R2과 저항 R3를 다른 소자(독립 전압원과 다른 저항들)에서 분리한다).

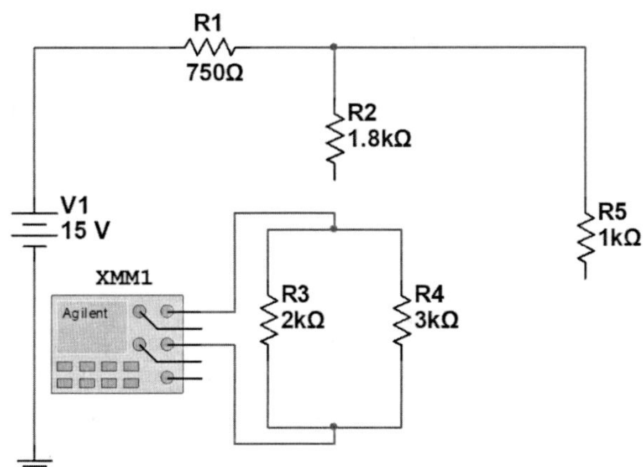

③ Agilent Multimeter()를 더블 클릭하면 'Agilent Multimeter–XMM1' 창이 나타난다. 'Power' 버튼을 클릭하고 'Ω 2W()' 버튼을 선택하면, LCD화면에 'Ohm'이 나타난다.

④ 멀티심 상단의 시뮬레이션 도구 모음에서 ''를 선택한다(상단 메뉴에서 'Simulate → 

Run'을 선택해도 된다). 디지털 멀티미터에 '1.2 kΩ' 저항값이 나타나게 된다. 측정한 저항값을 표 6–1에 작성한다.

- 저항 2 kΩ과 저항 3 kΩ의 합성 저항값은

저항 1.2 kΩ(= $\frac{1}{\frac{1}{2\text{k}}+\frac{1}{3\text{k}}} = \frac{2\text{k}\times 3\text{k}}{2\text{k}+3\text{k}} = \frac{6\times 10^6}{5\times 10^3} = 1.2\,\text{k}\Omega$)이 된다.

⑤ ④에서 구한 병렬 저항과 저항 1.8 kΩ(R2)은 직렬 연결이다. ③과 ④를 참조하여 아래와 같이 합성 저항을 구하여 표 6–1에 작성한다.

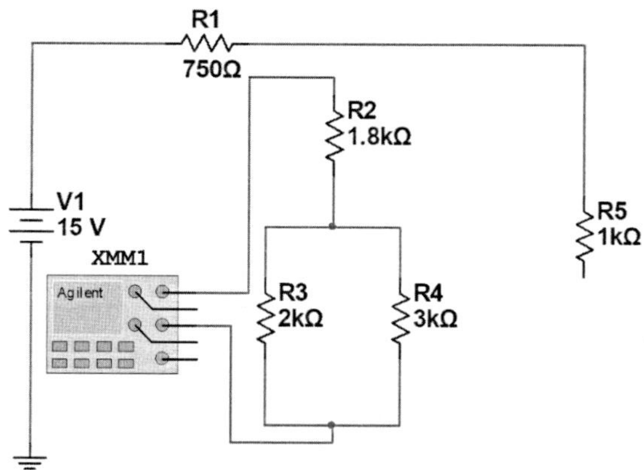

⑥ ⑤에서 구한 합성 저항과 저항 1 kΩ(R5)은 병렬 연결이다. ③과 ④를 참조하여 아래와 같이 합성 저항을 구하여 표 6–1에 작성한다.

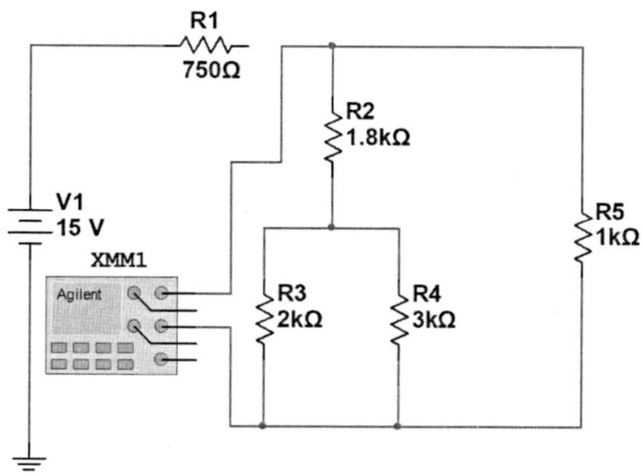

⑦ ⑥에서 구한 합성 저항과 저항 750 Ω(R1)은 직렬 연결이다. ③과 ④를 참조하여 아래와 같이 합성 저항을 구하여 표 6–1에 작성한다.

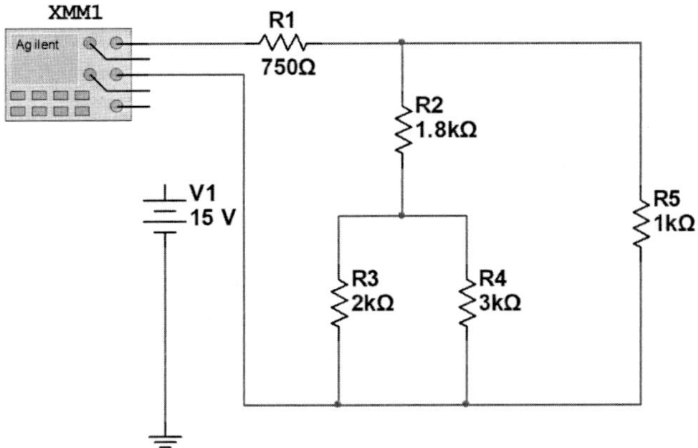

⑧ 아래 그림과 같이 직병렬 회로의 각 저항에 흐르는 전류들과 저항에 나타나는 전압들을 측정하고자 한다.

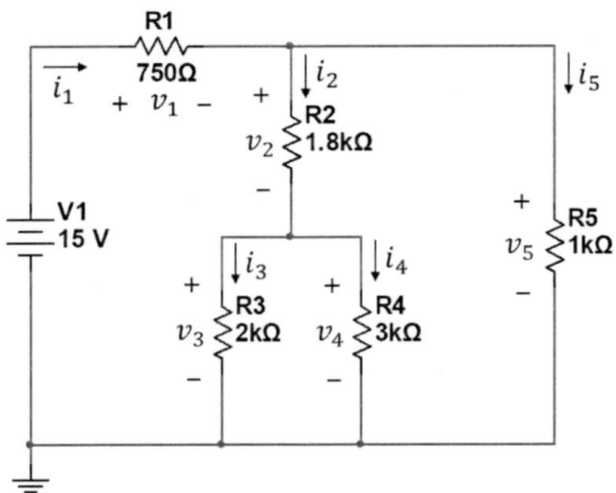

⑨ 저항 750 Ω(R1)에 흐르는 전류 i_1을 측정하기 위하여 아래 그림과 같이 디지털 멀티미터를 연결한다.

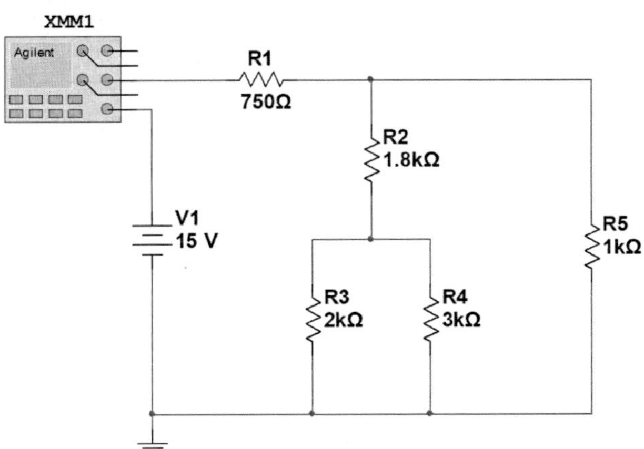

⑩ Agilent Multimeter( )를 더블 클릭하면 'Agilent Multimeter–XMM1' 창이 나타난다. 'Power' 버튼을 클릭한다. 전류를 측정하기 위하여 'Shift(Shift)' 버튼을 누른 후, 'DC V (DC V)' 버튼을 클릭하면 'DC I'가 선택되어 LCD 화면에 'ADC'가 나타난다.

⑪ 멀티심 상단의 시뮬레이션 도구 모음에서 ' ▷ '를 선택한다(상단 메뉴에서 'Simulate → ▷ Run'을 선택해도 된다). 디지털 멀티미터에 '10 mADC' 전류값이 나타나게 된다. 측정한 전류값을 표 6–2에 작성한다.

- 전체 전류인 저항 R1에 흐르는 전류는 아래와 같이 구할 수 있다.

$$i_1 = \frac{v_s}{R_1 + [\{R_2 + (R_3 \parallel R_4)\} \parallel R_5]} = \frac{v_s}{R_1 + \left[\left\{R_2 + \dfrac{R_2 R_3}{R_2 + R_3}\right\} \parallel R_5\right]}$$

$$= \frac{v_s}{R_1 + \dfrac{R_2(R_2 + R_3)R_5 + R_2 R_3 R_5}{R_2(R_2 + R_3) + R_2 R_3 + R_5(R_2 + R_3)}}$$

⑫ 아래 그림과 같이 디지털 멀티미터를 연결하고 ⑩과 ⑪을 참조하여 저항 1.8 kΩ(R2)에 흐르는 전류를 측정하여 표 6–2에 작성한다.

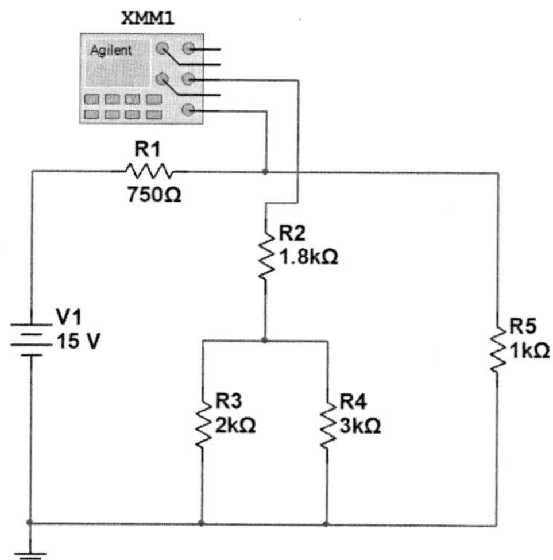

- 병렬 회로에서 각 저항에 흐르는 전류는 병렬 회로에 인가되는 전체 전류를 전류 분배하여 아래와 같이 구하면 된다.

$$i_2 = \frac{\dfrac{1}{R_2 + (R_3 \parallel R_4)}}{\dfrac{1}{R_2 + (R_3 \parallel R_4)} + \dfrac{1}{R_5}} \times i_1 = \frac{\dfrac{1}{R_2 + \dfrac{R_2 R_3}{R_2 + R_3}}}{\dfrac{1}{R_2 + \dfrac{R_2 R_3}{R_2 + R_3}} + \dfrac{1}{R_5}} \times i_1$$

⑬ 아래 그림과 같이 디지털 멀티미터를 연결하고 ⑩과 ⑪을 참조하여 저항 1 kΩ(R5)에 흐르는 전류를 측정하여 표 6-2에 작성한다.

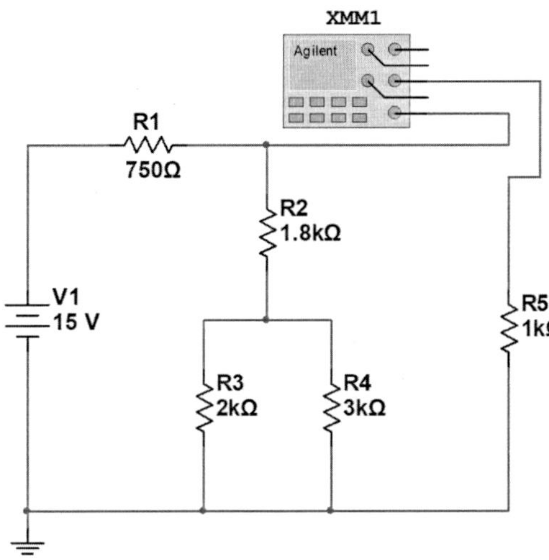

- 병렬 회로에서 각 저항에 흐르는 전류는 병렬 회로에 인가되는 전체 전류를 전류 분배하여 아래와 같이 구하면 된다.

$$i_5 = \frac{\dfrac{1}{R_5}}{\dfrac{1}{R_2 + (R_3 \parallel R_4)} + \dfrac{1}{R_5}} \times i_1 = \frac{\dfrac{1}{R_5}}{\dfrac{1}{R_2 + \dfrac{R_2 R_3}{R_2 + R_3}} + \dfrac{1}{R_5}} \times i_1$$

⑭ 아래 그림과 같이 디지털 멀티미터를 연결하고 ⑩과 ⑪을 참조하여 저항 2 kΩ(R3)에 흐르는 전류를 측정하여 표 6-2에 작성한다.

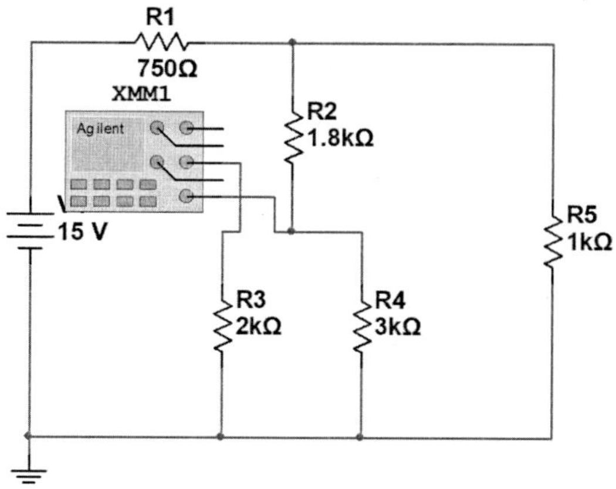

- 병렬 회로에서 각 저항에 흐르는 전류는 병렬 회로에 인가되는 전체 전류를 전류 분배하여 아래와 같이 구하면 된다.

$$i_3 = \frac{\frac{1}{R_3}}{\frac{1}{R_3} + \frac{1}{R_4}} \times i_2 = \frac{R_4}{R_3 + R_4} \times i_2$$

⑮ 아래 그림과 같이 디지털 멀티미터를 연결하고 ⑩과 ⑪을 참조하여 저항 3 kΩ(R4)에 흐르는 전류를 측정하여 표 6-2에 작성한다.

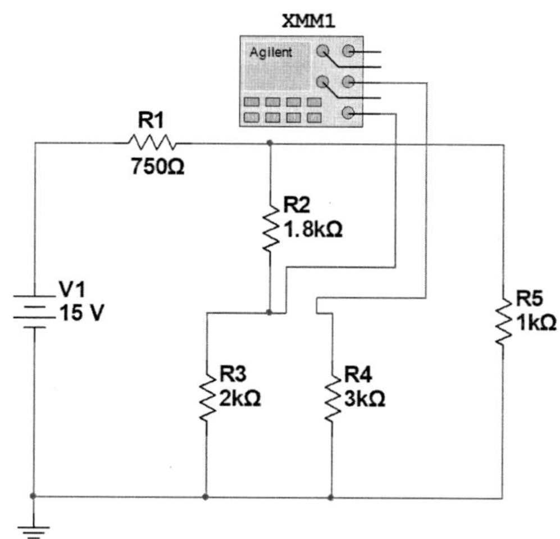

- 병렬 회로에서 각 저항에 흐르는 전류는 병렬 회로에 인가되는 전체 전류를 전류 분배하여 아래와 같이 구하면 된다.

$$i_4 = \frac{\frac{1}{R_4}}{\frac{1}{R_3} + \frac{1}{R_4}} \times i_2 = \frac{R_3}{R_3 + R_4} \times i_2$$

⑯ 저항 750 Ω(R1) 양단에 나타나는 전압을 측정하기 위하여 아래 그림과 같이 디지털 멀티미터를 연결한다.

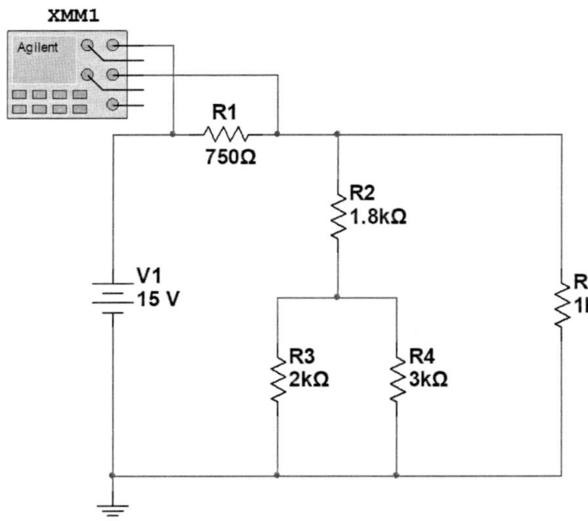

⑰ Agilent Multimeter()를 더블 클릭하면 'Agilent Multimeter-XMM1' 창이 나타난다. 'Power' 버튼을 클릭한다. 전압를 측정하기 위하여 'DC V(DC V)' 버튼을 클릭하면 'DC V'가 선택되어 LCD 화면에 'VDC'가 나타난다.

⑱ 멀티심 상단의 시뮬레이션 도구 모음에서 '▶'를 선택한다(상단 메뉴에서 'Simulate → ▶ Run'을 선택해도 된다). 디지털 멀티미터에 '7.5 VDC' 전압값이 나타나게 된다. 측정한 전압값을 표 6-2에 작성한다.

- 저항 750 Ω(R1) 양단에 나타나는 전압은 옴의 법칙을 이용하여 아래와 같이 구할 수 있다.

$$v_1 = R_1 i_1 = \frac{R_1 v_s}{R_1 + \left[\left\{R_2 + \frac{R_2 R_3}{R_2 + R_3}\right\} \parallel R_5\right]}$$

$$= \frac{R_1 v_s}{R_1 + \frac{R_2(R_2 + R_3)R_5 + R_2 R_3 R_5}{R_2(R_2 + R_3) + R_2 R_3 + R_5(R_2 + R_3)}}$$

⑲ ⑯ ~ ⑱을 참조하여 저항 1.8 kΩ(R2), 2 kΩ(R3), 3 kΩ(R4), 1 kΩ(R5) 양단에 나타나는 전압들을 측정하여 표 6-2에 작성한다.

- 저항 1.8 kΩ(R2), 2 kΩ(R3), 3 kΩ(R4), 1 kΩ(R5) 양단에 나타나는 전압은 옴의 법칙 $v_2 = R_2 i_2$, $v_3 = R_3 i_3$, $v_4 = R_4 i_4$, $v_5 = R_5 i_5$를 이용하여 구할 수 있다.

⑳ ⑧ ~ ⑲를 참조하여 입력 전압이 9 V일 때와 12 V일 때의 회로를 구성하고 시뮬레이션한 후 각 저항에 나타나는 전압과 전류를 표 6-2에 작성한다

㉑ ① ~ ⑳을 참조하여, 100 Ω ~ 30 kΩ 사이의 저항 5개를 적용하여 회로를 구성하고 시뮬레이션한 후 측정된 합성 저항값, 각 저항에 나타나는 전압과 전류를 표 6-3과 표 6-4에 작성한다.

(2) 실험

① 2장 2.3 시뮬레이션 및 실험 2)의 (2)를 참조하여, 저항 750 Ω, 1 kΩ, 1.8 kΩ, 2 kΩ, 3 kΩ을 디지털 멀티미터로 각각 측정하여 표 6-2에 저항값을 작성한다.

② 아래 그림과 같이 저항 2 kΩ(R3)와 3 kΩ(R4)의 합성 저항을 측정하고자, 디지털 멀티미터 2개의 단자를 저항 2 kΩ과 3 kΩ이 접속되어 있는 마디 양단에 각각 연결한다('INPUT' 단자의 'HI' 부분을 2 kΩ과 3 kΩ이 접속되어 있는 마디 한쪽에, 'LO' 부분을 저항 2 kΩ과 3 kΩ이 접속되어 있는 다른 마디 쪽에 각각 연결한다(저항 측정에서는 반대로 연결해도 된다).

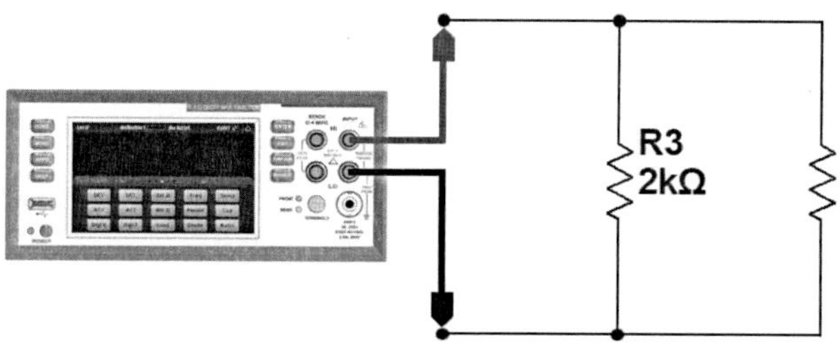

③ 디지털 멀티미터의 'POWER' 버튼을 누르면 LCD 화면이 켜진다. 'FUNCTIONS'에서 '2W Ω 2W Ω'을, Range는 'Auto'를 선택한다. LCD에 나타나는 저항값을 표 6-1에 작성한다.

④ ②와 ③을 참조하여, 저항 1.8 kΩ(R2), 2 kΩ(R3), 3 kΩ(R4)의 합성 저항을 측정하여 표 6-1에 작성한다. 합성 저항은 '1.8 kΩ + (2 kΩ ∥ 3 kΩ)'이 된다.

⑤ ②와 ③을 참조하여, 저항 1.8 kΩ(R2), 2 kΩ(R3), 3 kΩ(R4), 1 kΩ(R5)의 합성 저항을 측정하여 표 6-1에 작성한다. 합성 저항은 '1 kΩ ∥ {1.8 kΩ + (2 kΩ ∥ 3 kΩ)}'이 된다.

⑥ ②와 ③을 참조하여, 저항 750 Ω(R2), 1.8 kΩ(R2), 2 kΩ(R3), 3 kΩ(R4), 1 kΩ(R5)의 합성 저항을 측정하여 표 6-1에 작성한다. 합성 저항은 '750 Ω + [1 kΩ ∥ {1.8 kΩ + (2 kΩ ∥ 3 kΩ)}]’이 된다.

⑦ 직병렬 회로 전체에 흐르는 전류 i_1을 측정하기 위하여, 아래 그림과 같이 직류 전원공급장치와 디지털 멀티미터를 연결한다(직류 전원공급장치의 ‘CH1’의 ‘+’와 디지털 멀티미터의 ‘INPUT’ 단자의 ‘AMPS’를 연결한다. 디지털 멀티미터의 ‘INPUT’ 단자의 ‘LO’를 저항 750 Ω (R1)에 연결한다. 직류 전원공급장치의 ‘CH1’의 ‘−’는 저항 2 kΩ(R3), 3 kΩ(R4), 1 kΩ(R5)가 서로 접속되어 있는 마디에 연결한다).

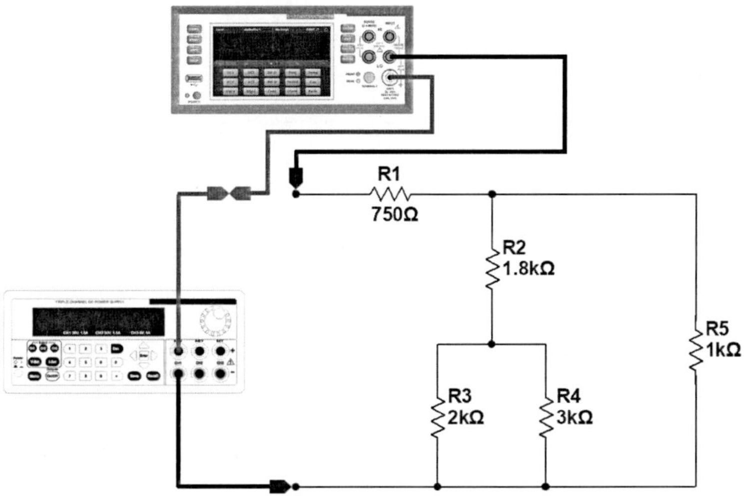

⑧ 디지털 멀티미터의 ‘POWER’ 버튼을 누르면 LCD 화면이 켜진다. 디지털 멀티미터의 ‘FUNCTIONS’에서 ‘DCI DCI’를, Range는 ‘Auto’를 선택한다.

⑨ 직류 전원공급장치의 ‘POWER’ 버튼을 ‘I’ 상태에 놓으면 전원이 켜져서 LCD 화면이 나타난다. ‘SELECT’에서 CH1(전원으로 CH2를 사용할 경우에는 CH2)과 ‘V-Set’을 선택하고 1 ~ 9의 숫자 버튼이나 로터리 노브를 이용하여 전압을 15 V가 되게 한다.

⑩ 직류 전원공급장치의 ‘OUTPUT’의 ‘O I’ 버튼을 누른 후, 디지털 멀티미터 LCD에 나타나는 전류값을 표 6-2에 작성한다.

⑪ 직류 전원공급장치의 ‘OUTPUT’의 ‘O I’ 버튼을 다시 눌러 출력을 차단한다.

⑫ ⑦을 참조하여, 저항 1.8 kΩ(R2)에 흐르는 전류를 측정하기 위해서는 디지털 멀티미터를 아래 그림과 같이 연결한다.

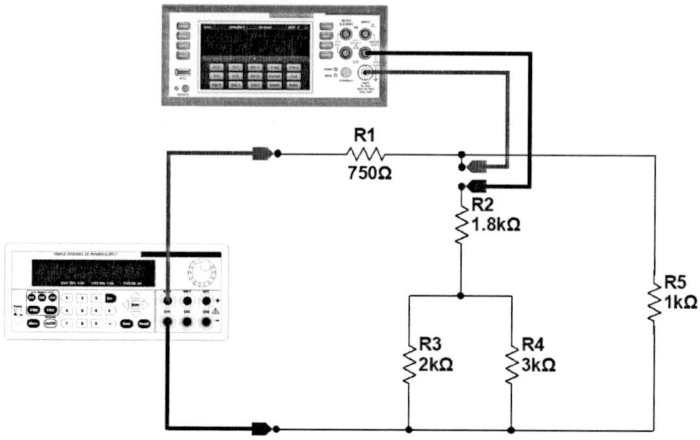

⑬ ⑧ ~ ⑪을 참조하여 저항 1.8 kΩ(R2)에 흐르는 전류를 측정하여 표 6-2에 작성한다.

⑭ ⑧ ~ ⑪을 참조하여 저항 2 kΩ(R3), 3 kΩ(R4), 1 kΩ(R5)에 흐르는 전류들을 측정하여 표 6-2에 작성한다.

⑮ 아래 그림과 같이 직류 전원공급장치와 디지털 멀티미터를 연결한다(직류 전원공급장치의 'CH1'의 '+'와 디지털 멀티미터의 'INPUT' 단자의 'HI'는 저항 750 Ω(R1) 한쪽 단자에 연결하고, 디지털 멀티미터의 'INPUT' 단자의 'LO'는 저항 750 Ω(R1)의 반대쪽 단자에 연결한다. 직류 전원공급장치의 'CH1'의 '–'는 저항 2 kΩ(R3), 3 kΩ(R4), 1 kΩ(R5)가 서로 접속되어 있는 마디에 연결한다).

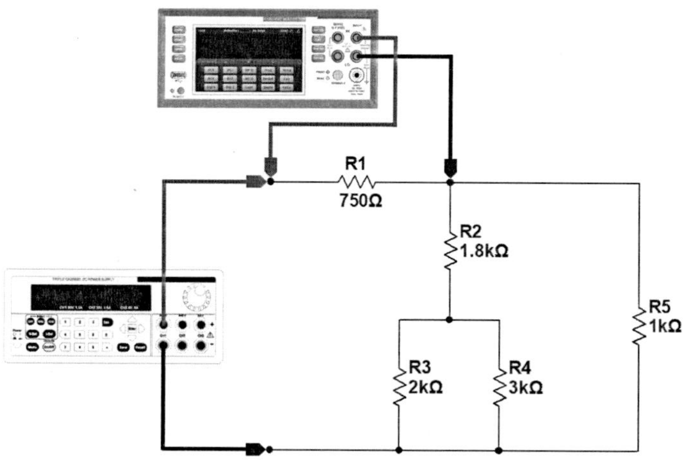

⑯ 디지털 멀티미터의 'FUNCTIONS'에서 'DCV DCV'를, Range는 'Auto'를 선택한다.

⑰ 직류 전원공급장치의 전압을 15 V가 되게 한다.

⑱ 직류 전원공급장치의 'OUTPUT'의 'O I' 버튼을 누른 후, 디지털 멀티미터 LCD에 나타나는 전압값을 표 6-2에 작성한다.

⑲ 직류 전원공급장치의 'OUTPUT'의 'O I' 버튼을 다시 눌러 출력을 차단한다.

⑳ ⑮ ~ ⑲를 참조하여 저항 1.8 kΩ(R2), 2 kΩ(R3), 3 kΩ(R4), 1 kΩ(R5) 양단에 나타나는 전압들을 측정하여 표 6-2에 작성한다.

㉑ ⑦ ~ ⑳을 참조하여 입력 전압이 9 V일 때와 12 V일 때의 회로를 구성하고 실험한 후 각 저항에 나타나는 전압과 전류를 표 6-2에 작성한다.

㉒ ① ~ ㉑을 참조하여, 100 Ω ~ 30 kΩ 사이의 저항 5개를 적용하여 회로(시뮬레이션과 동일한 저항값을 갖는 회로)를 구성하고 실험한 후 측정된 각각의 저항값, 합성 저항값, 각 저항에 나타나는 전압과 전류를 표 6-3과 표 6-4에 작성한다.

3) 실험 결과 및 고찰

학과	학번	학년	이름

(1) 직병렬 회로

① 5개의 저항으로 이루어진 직병렬 회로의 합성 저항에 대하여, 시뮬레이션값과 실험 측정값을 표 6-1에 작성한다. 여기서 R1 = 750 Ω, R2 = 1.8 kΩ, R3 = 2 kΩ, R4 = 3 kΩ, R5 = 1 kΩ이다.

표 6-1

합성 저항값	R3 ∥ R4	R2+(R3 ∥ R4)	{R2+(R3 ∥ R4)} ∥ R5	R1+[{R2+(R3 ∥ R4)} ∥ R5]
시뮬레이션값	Ω	Ω	Ω	Ω
실험 측정값	Ω	Ω	Ω	Ω

② 5개의 저항으로 이루어진 직병렬 회로에서, 인가 전압에 따른 시뮬레이션값과 실험 측정값을 표 6-2에 작성한다. 여기서 R1 = 750 Ω, R2 = 1.8 kΩ, R3 = 2 kΩ, R4 = 3 kΩ, R5 = 1 kΩ이다. 각각의 인가 전압의 실험 측정값을 아래 표에 작성한다.

표 6-2 인가 전압 실험 측정값 ▶ 9V: V, 12 V: V, 15 V: V

		R1		R2		R3		R4		R5	
		전압	전류	전압	전류	전압	전류	전압	전류	전압	전류
인가 전압 9 V	시뮬레이션값										
	실험 측정값										
인가 전압 12 V	시뮬레이션값										
	실험 측정값										
인가 전압 15 V	시뮬레이션값										
	실험 측정값										
저항	실험 측정값	Ω		Ω		Ω		Ω		Ω	

③ 임의의 5개의 저항으로 이루어진 직병렬 회로에서, 인가 전압에 따른 시뮬레이션값과 실험 측정값을 표 6-3에 작성한다.

표 6-3

합성 저항값	R3 ∥ R4	R2+(R3 ∥ R4)	{R2+(R3 ∥ R4)} ∥ R5	R1+[{R2+(R3 ∥ R4)} ∥ R5]
시뮬레이션값	Ω	Ω	Ω	Ω
실험 측정값	Ω	Ω	Ω	Ω

④ 임의의 5개의 저항으로 이루어진 직병렬 회로에서, 인가 전압에 따른 시뮬레이션값과 실험 측정값을 표 6-4에 작성한다. 각각의 인가 전압의 실험 측정값을 아래 표에 작성한다.

표 6-4 인가 전압 실험 측정값 ▶ 9V: V, 12 V: V, 15 V: V

		R1		R2		R3		R4		R5	
		전압	전류	전압	전류	전압	전류	전압	전류	전압	전류
인가 전압 9 V	시뮬레이션값										
	실험 측정값										
인가 전압 12 V	시뮬레이션값										
	실험 측정값										
인가 전압 15 V	시뮬레이션값										
	실험 측정값										
저항	실험 측정값	Ω		Ω		Ω		Ω		Ω	

⑤ 표 6-1과 표 6-3으로부터 직병렬로 연결된 저항들과 합성 저항의 관계를 합성 저항(직렬 합성 저항 및 병렬 합성 저항) 구하는 공식을 이용하여 설명하세요.

⑥ 표 6-2와 표 6-4에서 인가 전압의 변화에 따라 각 저항의 전압과 전류가 어떻게 변화되는지 설명하세요.

⑦ 표 6-2와 표 6-4에서 각 저항의 전압과 전류를 옴의 법칙을 이용하여 설명하세요.

⑧ 표 6-1, 표 6-2, 표 6-3, 표 6-4의 시뮬레이션값과 실험 측정값에서, 합성 저항, 옴의 법칙, 전류 분배 이론으로부터 구해지는 값과 차이점이 발생한다면 이유는 무엇인가요?

4) 연습문제

(1) 직병렬 회로

① 100 Ω ~ 30 kΩ 사이의 저항 7개를 적용하여 아래와 같이 직병렬 회로를 구성하고자 한다. 시뮬레이션과 실험을 통하여, 각각의 저항값, 합성 저항값, 각 저항에 흐르는 전류 및 저항에 나타나는 전압을 구한다. 각각의 인가 전압의 실험 측정값도 아래 표에 작성한다.

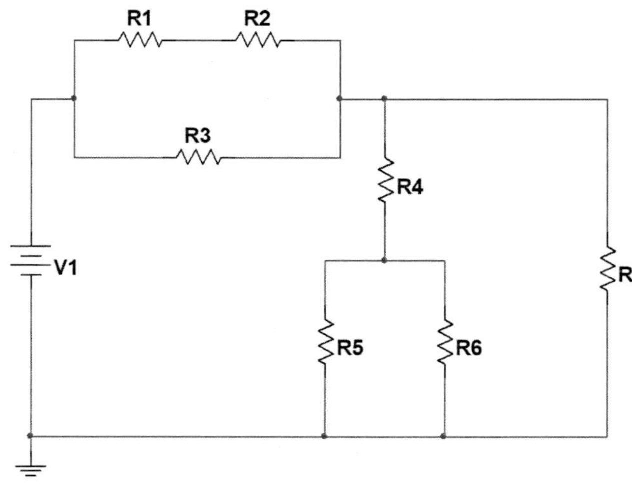

합성 저항값	R1+R2	(R1+R2) ∥ R3	R5 ∥ R6	R4+(R5 ∥ R6)	{R4+(R5 ∥ R6)} ∥ R7	{(R1+R2) ∥ R3}+[{R4+(R5 ∥ R6)} ∥ R7}
시뮬레이션값	Ω	Ω	Ω	Ω	Ω	Ω
실험 측정값	Ω	Ω	Ω	Ω	Ω	Ω

인가 전압 실험 측정값 ▶ 9V: V, 12 V: V, 15 V: V

저항값		R1		R2		R3		R4		R5		R6		R7	
		전압	전류	전압	전류	전압	전류	전압	전류	전압	전류	전압	전류	전압	전류
인가 전압 9 V	시뮬레이션값														
	실험 측정값														
인가 전압 12 V	시뮬레이션값														
	실험 측정값														
인가 전압 15 V	시뮬레이션값														
	실험 측정값														
저항	실험 측정값	Ω		Ω		Ω		Ω		Ω		Ω		Ω	

7
메시 전류와 마디 전압

7.1 실험 목적

독립 전원과 저항 소자들이 직렬과 병렬로 연결된 전기회로에서, 소자들이 메시(mesh)로 연결된 전기회로에 흐르는 전류를 해석하는 방법과 소자들의 단자가 서로 연결되는 마디(node)에서의 전압을 해석하는 방법을 시뮬레이션과 실험으로 이해한다.

7.2 실험에 적용된 이론

1) 메시 전류 해석(mesh current analysis)

전기회로에서 메시(mesh)란 전기회로의 폐경로(closed path)인 루프 내부에 또 다른 루프를 포함하지 않는 루프이며, 메시 전류 해석(mesh current analysis)은 2차원 평면 회로(planar network)에서 교차점 없이 그려질 수 있는 전기회로에 적용된다.

메시 전류 해석 방법을 수행하기 위해서는 기본적으로 2가지가 필요하다.

⇒ 소자에 흐르는 전류를 메시 전류의 함수로 표현한다.

⇒ 전기회로의 각각의 메시에 대해 키르히호프 전압 법칙(KVL)을 적용한다.

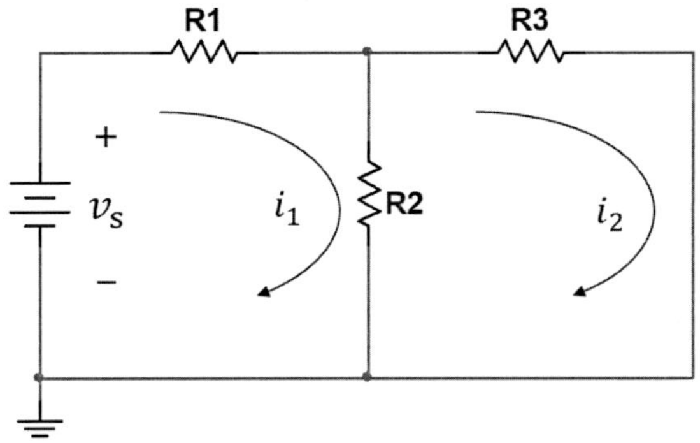

그림 7-1 메시 전류 해석을 위한 전기회로

그림 7-1의 전기회로에서, 독립 전압원 v_s와 저항 R_1에 흐르는 전류를 i_1, 저항 R_3에 흐르는 전류를 i_2, 저항 R_2에 흐르는 전류를 $i_1 - i_2$라 할 수 있다.

그림 7-1의 왼쪽 메시에서 KVL을 적용하면 아래와 같은 수식이 만들어진다.

$$-v_s + R_1 i_1 + R_2(i_1 - i_2) = 0$$

그림 7-1의 오른쪽 메시에서 KVL을 적용하면 아래와 같은 수식이 된다.

$$R_3 i_2 - R_2(i_1 - i_2) = 0$$

위의 두 수식으로부터 전류 i_1과 i_2는 아래와 같이 나타난다.

$$(R_1 + R_2)i_1 - R_2 i_2 = v_s$$

$$-R_2 i_1 + (R_2 + R_3)i_2 = 0$$

$$\Rightarrow i_1 = \frac{(R_2 + R_3)i_2}{R_2}$$

$$\Rightarrow (R_1 + R_2) \times \frac{(R_2 + R_3)i_2}{R_2} - R_2 i_2 = v_s$$

$$\Rightarrow i_2 = \frac{R_2 v_s}{R_1 R_2 + R_1 R_3 + R_2 R_3}, \quad i_1 = \frac{(R_2 + R_3)v_s}{R_1 R_2 + R_1 R_3 + R_2 R_3}$$

그림 7-2는 2개의 메시에 공통으로 연결되어 있는 독립 전류원이 있는 경우이다. 2개의 메시가 독립 또는 종속 전류원을 공동으로 갖고 있을 때 만들어지는 하나의 큰 메시인 초메시(super mesh)를 이용하여 메시 전류 해석을 하면 수식의 개수를 줄일 수 있어서 계산 과정이 줄어들게 되는 장점이 있다.

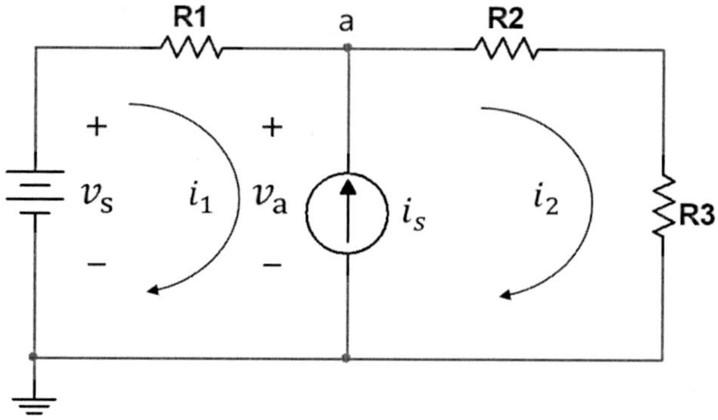

그림 7-2 초메시를 포함한 전기회로

일반적인 메시 전류 해석 방법을 사용하면 메시 1(왼쪽 메시)와 메시 2(오른쪽 메시)에서 아래와 같은 수식을 구할 수 있다. 여기서 마디 a에서의 전압은 v_a이다.

$i_2 - i_1 = i_s$

메시 1 : $-v_s + R_1 i_1 + v_a = 0$

메시 2 : $R_2 i_2 + R_3 i_2 - v_a = 0$

⇒ 메시 1과 메시 2의 수식을 합성하면, $R_1 i_1 + (R_2 + R_3) i_2 - v_s = 0$

초메시를 이용하여 마디 전류 해석 방법을 하면 아래와 같이 수식이 줄여들게 된다.

$i_2 - i_1 = i_s$

초메시(메시 1과 메시 2) : $R_1 i_1 + (R_2 + R_3) i_2 - v_s = 0$

그림 7-2의 전기회로의 각 메시에서의 전류는 아래와 같게 된다.

$$R_1 i_1 + (R_2 + R_3) i_2 - v_s = R_1 i_1 + (R_2 + R_3)(i_s + i_1) - v_s$$

$$= (R_1 + R_2 + R_3) i_1 + (R_2 + R_3) i_s - v_s = 0$$

$$\Rightarrow\ i_1 = \frac{v_s - (R_2 + R_3) i_s}{R_1 + R_2 + R_3},\quad i_2 = \frac{v_s + R_1 i_s}{R_1 + R_2 + R_3}$$

2) 마디 전압 해석(node voltage analysis)

전기회로에서 마디 전압(node voltage)이란 기준 마디에 대한 어떤 마디에서의 전압으로, 기준 마디의 전압을 0 V(GND(ground) 마디)라 하고 이를 기준으로 임의의 마디에서 전압을 표현하게 된다. 그림 7-3에서 마디 a와 마디 b에서의 전압은 기준 마디 c를 기준으로 각각

v_{ac}, v_{bc}로 표현하거나, 일반적으로 기준 마디를 생략하고 v_a, v_b로 나타낸다.

마디 전압 해석 방법을 수행하기 위해서는 기본적으로 2가지 절차가 필요하다.

⇒ 마디로 들어오거나 나가는 전류를 마디 전압의 함수로 표현한다.

⇒ 기준 마디를 제외하고, 전기회로의 각각의 마디에서 키르히호프의 전류 법칙(KCL)을 적용한다.

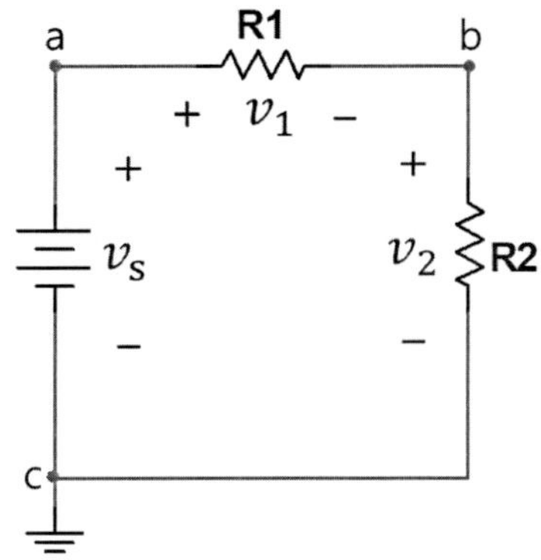

그림 7-3 마디 전압 해석을 위한 전기회로

그림 7-3의 마디 b에서 KCL을 적용하면 아래와 같은 수식이 만들어진다.

$$\frac{v_a - v_b}{R_1} = \frac{v_b - v_c}{R_2}$$

마디 a의 전압은 $v_a = v_s$이고 마디 c는 기준 마디이므로 $v_c = 0$가 된다. 따라서 위의 수식은 아래와 같이 변경되어 v_b를 구하게 된다.

$$\frac{v_s - v_b}{R_1} = \frac{v_b}{R_2} \Rightarrow v_b = \frac{R_2}{R_1 + R_2} \times v_s$$

그림 7-4는 2개의 마디 사이에 독립 전압원이 있는 경우이다. 이때는 종속 또는 독립 전압원에 의해 연결된 두 마디로 구성된 초마디(supernode)를 이용하여 마디 전압 해석을 하면 수식의 개수를 줄일 수 있어서 계산 과정이 줄어들게 되는 장점이 있다.

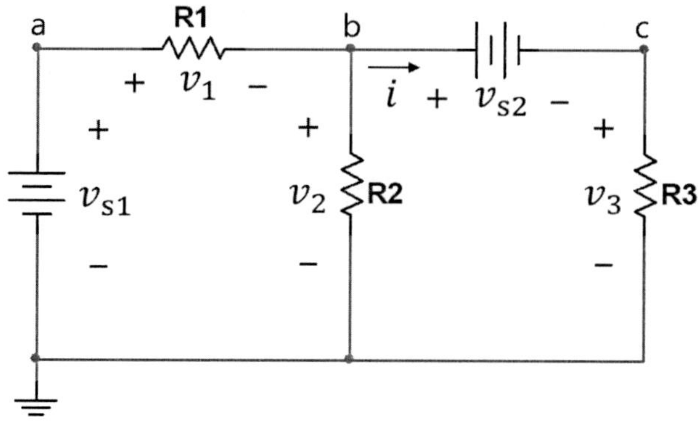

그림 7-4 초마디를 포함한 전기회로

일반적인 마디 전압 해석 방법을 사용하면 마디 a와 마디 b 및 마디 c에서 아래와 같은 수식을 구할 수 있다.

$v_b - v_c = v_{s2}$

마디 a : $v_a = v_{s1}$

마디 b : $\dfrac{v_b - v_a}{R_1} + \dfrac{v_b}{R_2} + i = 0$

마디 c : $\dfrac{v_c}{R_3} - i = 0$

⇒ 마디 b와 마디 c의 수식을 합성하면, $\dfrac{v_b - v_a}{R_1} + \dfrac{v_b}{R_2} + \dfrac{v_c}{R_3} = 0$

초마디를 이용하여 마디 전압 해석 방법을 하면 아래와 같이 수식이 줄여들게 된다.

$v_b - v_c = v_{s2}$

마디 a : $v_a = v_{s1}$

초마디(마디 b와 마디 c) : $\dfrac{v_b - v_a}{R_1} + \dfrac{v_b}{R_2} + \dfrac{v_c}{R_3} = 0$

그림 7-4의 전기회로의 각 마디에서의 전압은 아래와 같게 된다.

$$v_a = v_{s1}$$

$$\frac{v_b - v_a}{R_1} + \frac{v_b}{R_2} + \frac{v_c}{R_3} = \frac{v_c + v_{s2} - v_{s1}}{R_1} + \frac{v_c + v_{s2}}{R_2} + \frac{v_c}{R_3} = 0$$

$$R_2R_3(v_c + v_{s2} - v_{s1}) + R_1R_3(v_c + v_{s2}) + R_1R_2v_c$$

$$= (R_1R_2 + R_1R_3 + R_2R_3)v_c - R_2R_3v_{s1} + (R_1R_3 + R_2R_3)v_{s2} = 0$$

$$\Rightarrow\ v_c = \frac{R_2R_3v_{s1} - (R_1R_3 + R_2R_3)v_{s2}}{R_1R_2 + R_1R_3 + R_2R_3}$$

$$\Rightarrow\ v_b = v_c + v_{s2} = \frac{R_2R_3v_{s1} - (R_1R_3 + R_2R_3)v_{s2}}{R_1R_2 + R_1R_3 + R_2R_3} + v_{s2}$$
$$= \frac{R_2R_3v_{s1} + R_1R_2v_{s2}}{R_1R_2 + R_1R_3 + R_2R_3}$$

7.3 시뮬레이션 및 실험

1) 사용 장비 및 부품

멀티심(multisim) 시뮬레이터

직류 전원공급장치 : 1대

디지털 멀티미터 : 1대

브레드 보드 : 1대

저항 : 1 kΩ(2개), 1.5 kΩ, 2 kΩ, 3 kΩ, 100 Ω ~ 30 kΩ 사이의 저항 5개

2) 메시 전류 해석

(1) 시뮬레이션

① 1장 1.3 시뮬레이션 및 실험 2)와 3)의 시뮬레이션의 회로 설계 방법을 참조하여, 멀티심 회로 설계 영역에 아래 그림과 같은 회로를 구성한다.

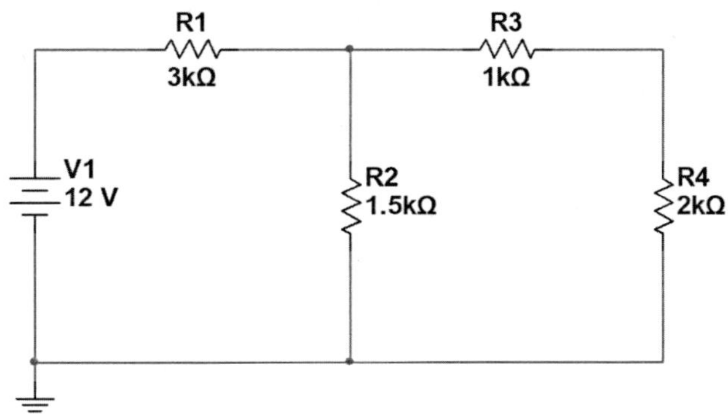

② 메시 전류 해석을 위해서는 아래 그림의 왼쪽 메시 회로에 흐르는 메시 전류 i_1과 오른쪽 메시 회로에 흐르는 메시 전류 i_2를 측정하여야 한다.

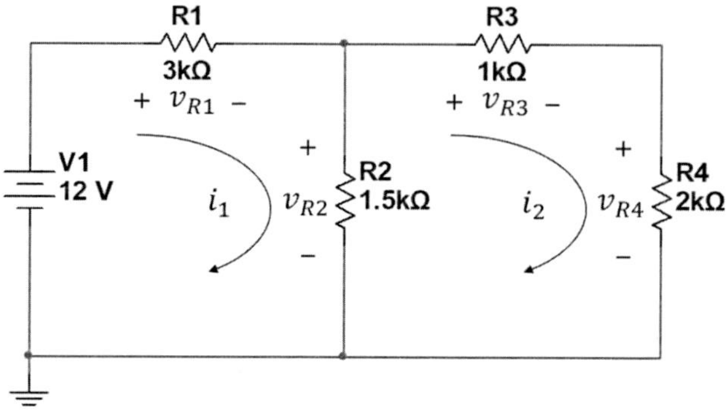

③ 메시 전류 i_1을 측정하기 위하여 아래 그림과 같이 디지털 멀티미터를 연결한다.

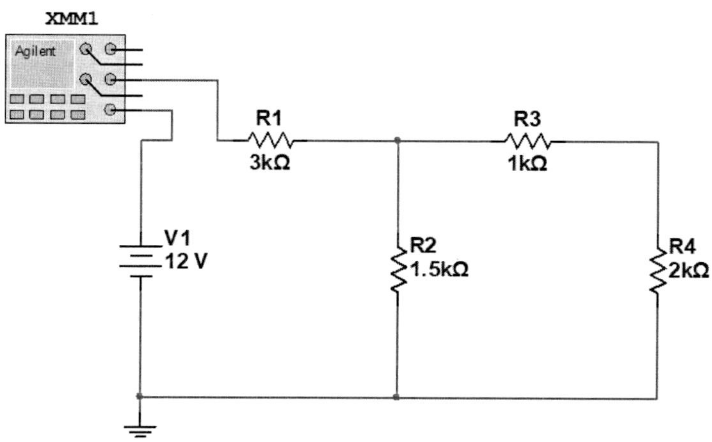

④ Agilent Multimeter( )를 더블 클릭하면 'Agilent Multimeter-XMM1' 창이 나타난다. 'Power' 버튼을 클릭한다. 전류를 측정하기 위하여 'Shift( )' 버튼을 누른 후, 'DC V ( )' 버튼을 클릭하면 'DC I'가 선택되어 LCD 화면에 'ADC'가 나타난다.

⑤ 멀티심 상단의 시뮬레이션 도구 모음에서 ' ▷ '를 선택한다(상단 메뉴에서 'Simulate → ▷ Run'을 선택해도 된다). 디지털 멀티미터에 '3 mADC' 전류값이 나타나게 된다. 측정한 전류값을 표 7-1에 작성한다.

⑥ 메시 전류 i_2을 측정하기 위하여 아래 그림과 같이 디지털 멀티미터를 연결한다.

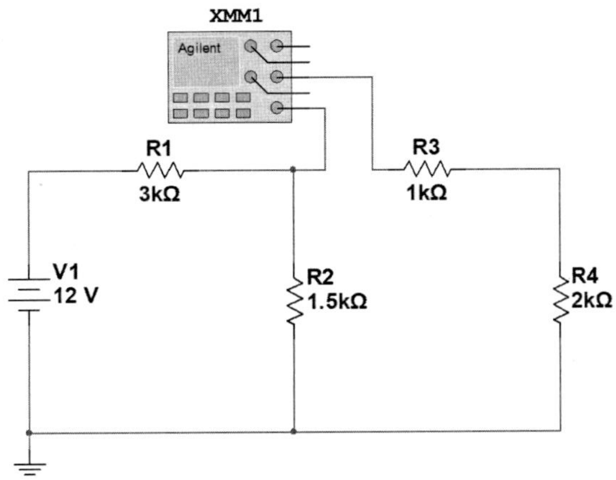

⑦ ④와 ⑤를 참조하여 메시 전류 i_2를 측정하여 표 7–1에 작성한다.

- 왼쪽 메시 회로에서 키르히호프의 전압 법칙(KVL)을 적용하면,

  $12 = 3\mathrm{k} \times i_1 + 1.5\mathrm{k} \times (i_1 - i_2) = 4.5\mathrm{k} \times i_1 - 1.5\mathrm{k} \times i_2$가 된다.

- 오른쪽 메시 회로에서 키르히호프의 전압 법칙(KVL)을 적용하면,

  $-1.5\mathrm{k} \times i_1 + (1.5\mathrm{k} + 1\mathrm{k} + 2\mathrm{k}) \times i_2 = -1.5\mathrm{k} \times i_1 + 4.5\mathrm{k} \times i_2 = 0$이 된다.

두 식으로부터 $i_1 = 3\,\mathrm{mA}$, $i_2 = 1\,\mathrm{mA}$가 된다.

⑧ ④와 ⑤를 참조하여 저항 1.5 kΩ(R2)에 흐르는 전류를 측정하여 표 7–1에 작성한다.

- 저항 R2에 흐르는 전류는 메시 전류 i_1과 메시 전류 i_2의 차이므로,

  $i_1 - i_2 = 3\ \mathrm{mA} - 1\ \mathrm{mA} = 2\ \mathrm{mA}$가 된다.

⑨ 저항 3 kΩ(R1) 양단에 나타나는 전압을 측정하기 위하여 아래 그림과 같이 디지털 멀티미터를 연결한다.

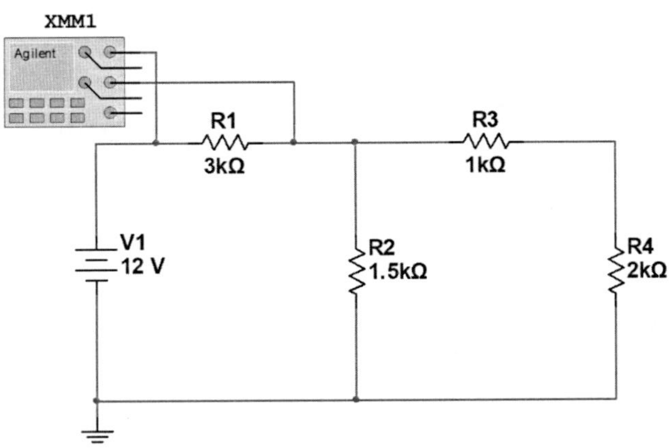

⑩ Agilent Multimeter( )를 더블 클릭하면 'Agilent Multimeter–XMM1' 창이 나타난다. 'Power' 버튼을 클릭한다. 전압를 측정하기 위하여 'DC V(DC V)' 버튼을 클릭하면 'DC V'가 선택되어 LCD 화면에 'VDC'가 나타난다.

⑪ 멀티심 상단의 시뮬레이션 도구 모음에서 ' ▷ '를 선택한다(상단 메뉴에서 'Simulate → ▷ Run'을 선택해도 된다). 디지털 멀티미터에 '9 VDC' 전압값이 나타나게 된다. 측정한 전압값을 표 7–2에 작성한다.

- 저항 R1 양단에 나타나는 전압은 메시 전류 i_1과 옴의 법칙을 이용하여 구할 수 있다. $v_{R1} = 3\,\mathrm{mA} \times 3\,\mathrm{k}\Omega = 9\,\mathrm{V}$ 가 된다.

⑫ ⑨ ~ ⑪을 참조하여 저항 1.5 kΩ(R2), 1 kΩ(R3), 2 kΩ(R4) 양단에 나타나는 전압을 측정하여 표 7–2에 작성한다.

⑬ ① ~ ⑫를 참조하여 입력 전압이 15 V일 때의 회로를 구성하고 시뮬레이션한 후 측정된 각각의 메시 회로에서의 전류값과 각 저항에 나타나는 전압값을 각각 표 7–1과 표 7–2에 작성한다.

⑭ ① ~ ⑬를 참조하여, 저항 R1 ~ R4를 100 Ω ~ 30 kΩ 사이의 저항으로 변경한 후 시뮬레이션하여 측정된 각각의 메시 회로에서의 전류값과 각 저항에 나타나는 전압값을 각각 표 7–3과 표 7–4에 작성한다.

(2) 실험

① 2장 2.3 시뮬레이션 및 실험 2)의 (2)를 참조하여, 저항 1 kΩ, 1.5 kΩ, 2 kΩ, 3 kΩ을 디지털 멀티미터로 각각 측정하여 표 7–1에 저항값을 작성한다.

② 메시 전류 i_1을 측정하기 위하여, 아래 그림과 같이 직류 전원공급장치와 디지털 멀티미터를 연결한다(직류 전원공급장치의 'CH1'의 '+'와 디지털 멀티미터의 'INPUT' 단자의 'AMPS'를 연결한다. 디지털 멀티미터의 'INPUT' 단자의 'LO'를 저항 3 kΩ에 연결한다. 직류 전원공급장치의 'CH1'의 '–'는 저항 1.5 kΩ과 2 kΩ이 접속되어 있는 마디에 연결한다).

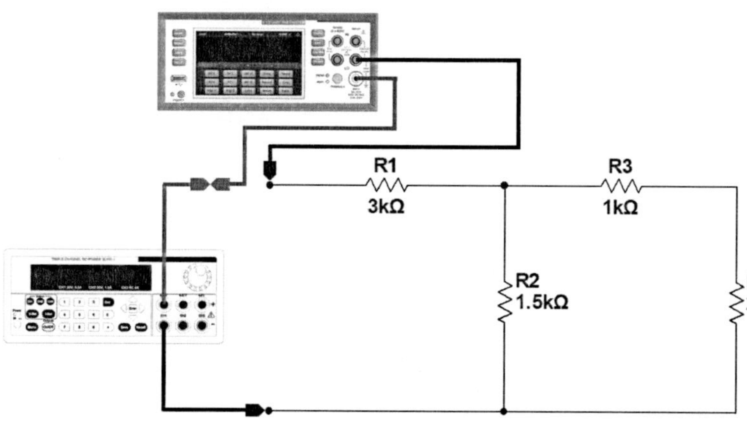

③ 디지털 멀티미터의 'POWER' 버튼을 누르면 LCD 화면이 켜진다. 디지털 멀티미터의 'FUNCTIONS'에서 'DCI DCI '를, Range는 'Auto'를 선택한다.

④ 직류 전원공급장치의 'POWER' 버튼을 'I' 상태에 놓으면 전원이 켜져서 LCD 화면이 나타난다. 'SELECT'에서 CH1(전원으로 CH2를 사용할 경우에는 CH2)과 'V-Set'을 선택하고 1 ~ 9의 숫자 버튼이나 로터리 노브를 이용하여 전압을 12 V가 되게 한다.

⑤ 직류 전원공급장치의 'OUTPUT'의 'O I' 버튼을 누른 후, 디지털 멀티미터 LCD에 나타나는 전류값을 표 7-1에 작성한다.

⑥ 직류 전원공급장치의 'OUTPUT'의 'O I' 버튼을 다시 눌러 출력을 차단시킨다.

⑦ 메시 전류 i_2를 측정하기 위해서는 디지털 멀티미터를 아래 그림과 같이 연결한다.

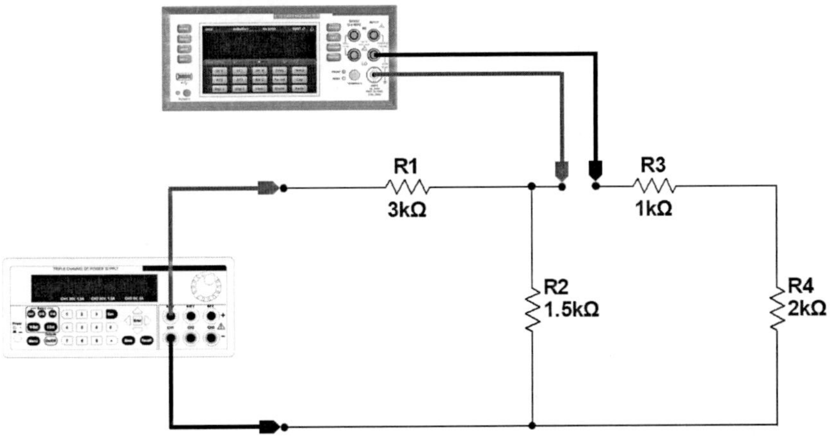

⑧ ③ ~ ⑥을 참조하여, 메시 전류 i_2를 측정한 후 표 7-1에 작성한다.

⑨ ⑦과 ⑧을 참조하여, 저항 1.5 kΩ(R2)에 흐르는 전류를 측정하여 표 7-1에 작성한다.

⑩ 아래 그림과 같이 직류 전원공급장치와 디지털 멀티미터를 연결한다(직류 전원공급장치의 'CH1'의 '+'와 디지털 멀티미터의 'INPUT' 단자의 'HI'는 저항 3 kΩ에 연결하고, 직류 전원공급장치의 'CH1'의 '−'는 저항 1.5 kΩ과 2 kΩ이 접속되어 있는 마디에 연결하며, 디지털 멀티미터의 'INPUT' 단자의 'LO'는 저항 3 kΩ과 1.5 kΩ과 1 kΩ이 서로 접속되어 있는 마디에 연결한다).

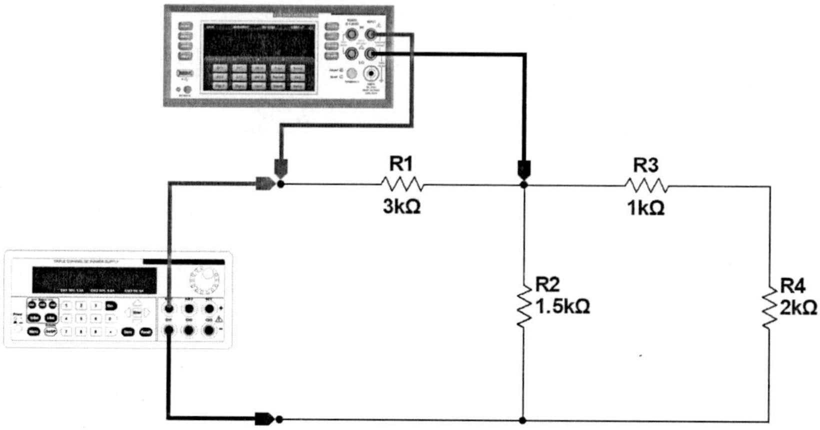

⑪ 디지털 멀티미터의 'FUNCTIONS'에서 'DCV [DCV]'를, Range는 'Auto'를 선택한다.

⑫ 직류 전원공급장치의 전압을 12 V가 되게 한다.

⑬ 직류 전원공급장치의 'OUTPUT'의 'O I' 버튼을 누른 후, 디지털 멀티미터 LCD에 나타나는 전압값을 표 7-2에 작성한다.

⑭ 직류 전원공급장치의 'OUTPUT'의 'O I' 버튼을 다시 눌러 출력을 차단한다.

⑮ ⑩ ~ ⑭를 참조하여 저항 1.5 kΩ(R2), 1 kΩ(R3), 2 kΩ(R4) 양단에 나타나는 전압을 측정하여 표 7-2에 작성한다.

⑯ ② ~ ⑮를 참조하여, 입력 전압이 15 V일 때의 회로를 구성하고 실험한 후 측정한 각각의 메시 회로에서의 전류값과 각 저항에 나타나는 전압값을 표 7-2에 작성한다.

⑰ ① ~ ⑯을 참조하여, 저항 R1 ~ R4를 100 Ω ~ 30 kΩ 사이의 저항들(시뮬레이션에서 적용한 저항들)로 변경한 후 실험하여 측정한 각각의 메시 회로에서의 전류값과 각 저항에 나타나는 전압값을 각각 표 7-3과 표 7-4에 작성한다.

3) 마디 전압 해석

(1) 시뮬레이션

① 1장 1.3 시뮬레이션 및 실험 2)와 3)의 시뮬레이션의 회로 설계 방법을 참조하여, 멀티심 회로 설계 영역에 아래 그림과 같은 회로를 구성한다.

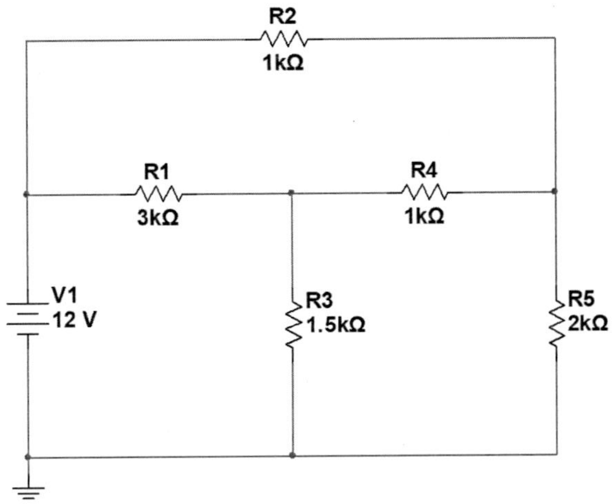

② 마디 전압 해석을 위해서는 아래 그림의 마디 전압 v_a, v_b, v_c를 측정하여야 한다.

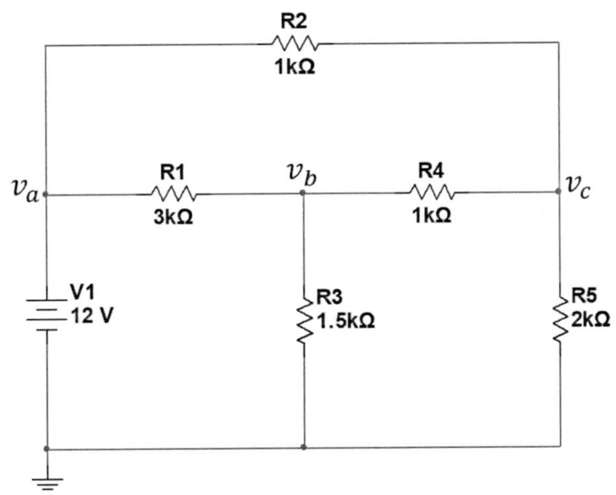

③ 마디 전압 v_a을 측정하기 위하여 아래 그림과 같이 디지털 멀티미터를 연결한다.

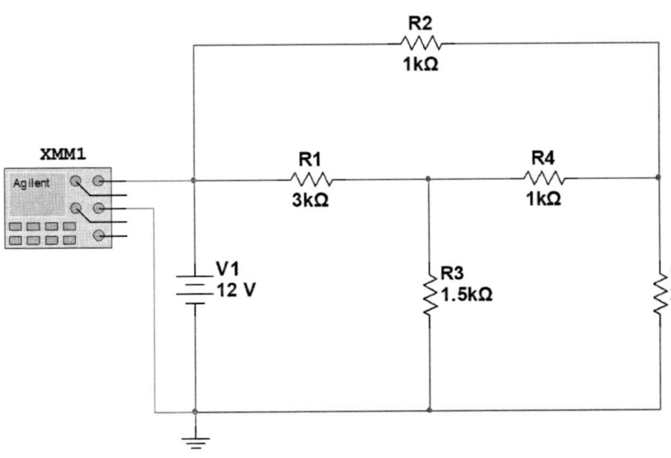

④ Agilent Multimeter( )를 더블 클릭하면 'Agilent Multimeter-XMM1' 창이 나타난다. 'Power' 버튼을 클릭한다. 전압을 측정하기 위하여 'DC V(DC V)' 버튼을 클릭하면 'DC V'가 선택되어 LCD 화면에 'VDC'가 나타난다.

⑤ 멀티심 상단의 시뮬레이션 도구 모음에서 '▷'를 선택한다(상단 메뉴에서 'Simulate → ▷ Run'을 선택해도 된다). 디지털 멀티미터에 '12 VDC' 전압값이 나타나게 된다. 측정한 전압값을 표 7-5에 작성한다.

⑥ 마디 전압 v_b를 측정하기 위하여 아래 그림과 같이 디지털 멀티미터를 연결한다.

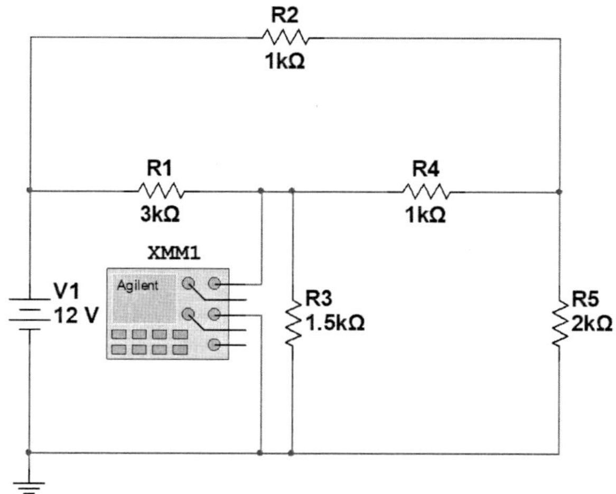

⑦ ④와 ⑤를 참조하여 마디 전압 v_b를 측정하여 표 7-5에 작성한다.

⑧ 마디 전압 v_c를 측정하기 위하여 아래 그림과 같이 디지털 멀티미터를 연결한다.

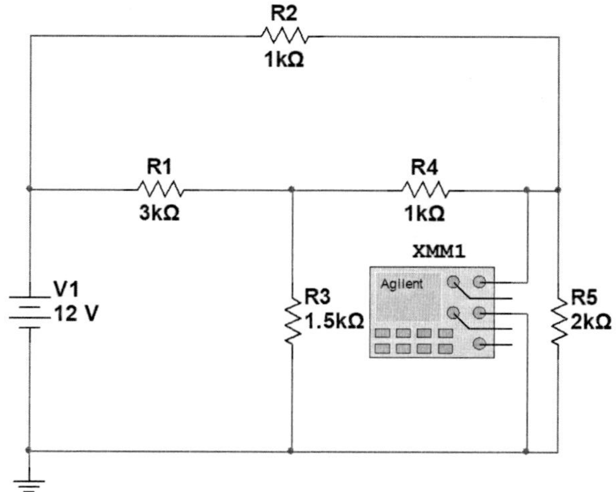

⑨ ④와 ⑤를 참조하여 마디 전압 v_c를 측정하여 표 7–5에 작성한다.

- 왼쪽 마디 a에서의 전압 v_a는 12 V이다.

  가운데 마디 b에서 키르히호프의 전류 법칙(KCL)을 적용하면 아래 식과 같다.

$$\frac{v_b - v_a}{3\text{k}} + \frac{v_b}{1.5\text{k}} + \frac{v_b - v_c}{1\text{k}} = \frac{v_b - 12}{3\text{k}} + \frac{v_b}{1.5\text{k}} + \frac{v_b - v_c}{1\text{k}} = 0$$

$$\Rightarrow 6v_b - 3v_c = 12$$

  오른쪽 마디 c에서 키르히호프의 전류 법칙(KCL)을 적용하면 아래 식과 같다.

$$\frac{v_c - v_a}{1\text{k}} + \frac{v_c}{2\text{k}} + \frac{v_c - v_b}{1\text{k}} = \frac{v_c - 12}{1\text{k}} + \frac{v_c}{2\text{k}} + \frac{v_c - v_b}{1\text{k}} = 0$$

$$\Rightarrow -2v_b + 5v_c = 24$$

  두 식으로부터 $v_b = 5.5\text{V}$, $v_c = 7\text{V}$가 된다.

⑩ ③ ~ ⑤를 참조하여, 저항 3 kΩ(R1), 1 kΩ(R2), 1.5 kΩ(R3), 1 kΩ(R4), 2 kΩ(R5) 양단에 나타나는 전압들을 측정한 후 표 7–6에 작성한다.

- 저항 3 kΩ(R1), 1 kΩ(R2), 1.5 kΩ(R3), 1 kΩ(R4), 2 kΩ(R5) 양단에 나타나는 전압들(v_{R1}, v_{R2}, v_{R3}, v_{R4}, v_{R5})은 마디 전압 v_a, v_b, v_c를 이용하여 구할 수 있다.

$$v_{R1} = v_a - v_b = 12 - 5.5 = 6.5\text{V}$$

$$v_{R2} = v_a - v_c = 12 - 7 = 5\text{V}$$

$$v_{R3} = v_b = 5.5\text{V}$$

$$v_{R4} = v_b - v_c = 5.5 - 7 = -1.5\text{V}$$

$$v_{R5} = v_c = 7\text{V}$$

⑪ 저항 R1에 흐르는 전류를 측정하기 위하여 아래 그림과 같이 디지털 멀티미터를 연결한다.

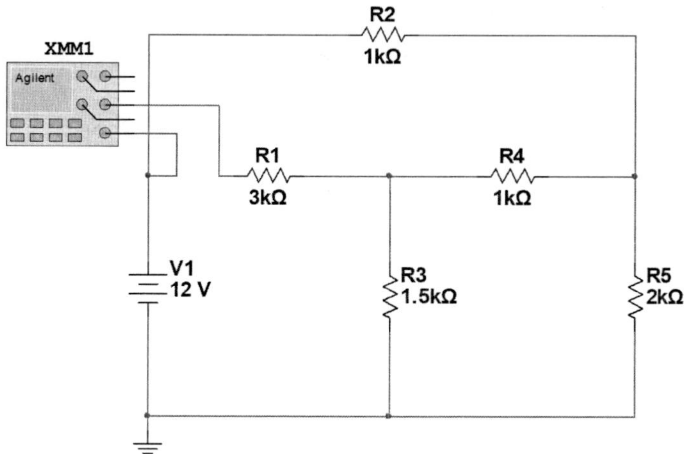

⑫ Agilent Multimeter( )를 더블 클릭하면 'Agilent Multimeter–XMM1' 창이 나타난다. 'Power' 버튼을 클릭한다. 전류를 측정하기 위하여 'Shift( )' 버튼을 누른 후, 'DC V ( )' 버튼을 클릭하면 'DC I'가 선택되어 LCD 화면에 'ADC'가 나타난다.

⑬ 멀티심 상단의 시뮬레이션 도구 모음에서 ' '를 선택한다(상단 메뉴에서 'Simulate → Run'을 선택해도 된다). 디지털 멀티미터에 약 '2.167 mADC' 전류값이 나타나게 된다. 측정한 전류값을 표 7–6에 작성한다.

⑭ ⑪ ~ ⑬을 참조하여, 저항 1 kΩ(R2), 1.5 kΩ(R3), 1 kΩ(R4), 2 kΩ(R5)에 흐르는 전류들을 측정한 후 표 7–6에 작성한다.

- ⑩에서 측정한 저항 3 kΩ(R1), 1 kΩ(R2), 1.5 kΩ(R3), 1 kΩ(R4), 2 kΩ(R5) 양단에 나타나는 전압들(v_{R1}, v_{R2}, v_{R3}, v_{R4}, v_{R5})과 옴의 법칙을 이용하여 각 저항에 흐르는 전류들을 구할 수 있다.

$$i_{R1} = \frac{v_a - v_b}{3k} = \frac{12 - 5.5}{3k} \simeq 2.167 \text{ mA}$$

$$i_{R2} = \frac{v_a - v_c}{1k} = \frac{12 - 7}{1k} = 5 \text{ mA}$$

$$i_{R3} = \frac{v_b}{1.5k} = \frac{5.5}{1.5k} \simeq 3.667 \text{ mA}$$

$$i_{R4} = \frac{v_b - v_c}{1k} = \frac{5.5 - 7}{1k} = -1.5 \text{ mA}$$

$$i_{R5} = \frac{v_c}{2k} = \frac{7}{2k} = 3.5 \text{ mA}$$

⑮ ② ~ ⑭를 참조하여, 입력 전압이 15 V일 때의 회로를 구성하고 시뮬레이션한 후 측정된 각각의 마디 전압값과 각 저항에 나타나는 전압값 및 각 저항에 흐르는 전류값을 각각 표 7-5와 표 7-6에 작성한다.

⑯ ① ~ ⑮를 참조하여, 저항 R1 ~ R5를 100 Ω ~ 30 kΩ 사이의 저항으로 변경한 후 시뮬레이션하여 측정된 각각의 마디 전압값과 각 저항에 나타나는 전압값 및 각 저항에 흐르는 전류값을 각각 표 7-7과 표 7-8에 작성한다.

(2) 실험

① 2장 2.3 시뮬레이션 및 실험 2)의 (2)를 참조하여, 저항 1 kΩ(2개), 1.5 kΩ, 2 kΩ, 3 kΩ을 디지털 멀티미터로 각각 측정하여 표 7-5에 저항값을 작성한다.

② 마디 전압 v_a를 측정하기 위하여, 아래 그림과 같이 직류 전원공급장치와 디지털 멀티미터를 연결한다(직류 전원공급장치의 'CH1'의 '+'와 디지털 멀티미터의 'INPUT' 단자의 'HI'는 저항 3 kΩ과 1 kΩ(R2)가 접속되어 있는 마디에 연결하고, 직류 전원공급장치의 'CH1'의 '−'와 디지털 멀티미터의 'INPUT' 단자의 'LO'는 저항 1.5 kΩ과 2 kΩ이 접속되어 있는 마디에 연결한다).

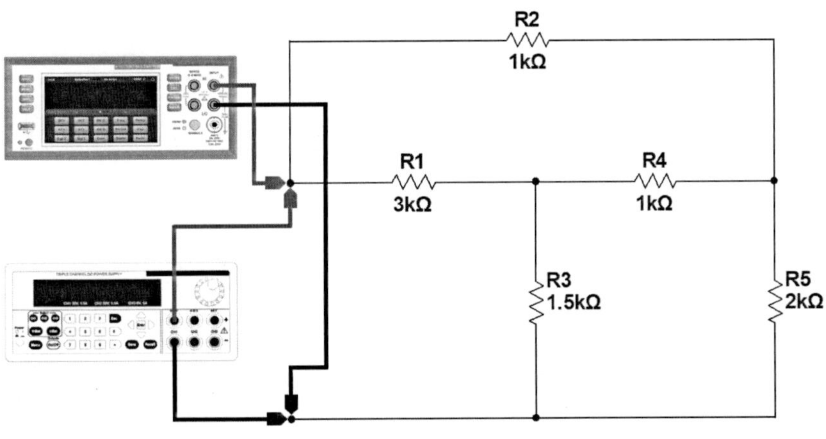

③ 디지털 멀티미터의 'POWER' 버튼을 누르면 LCD 화면이 켜진다. 디지털 멀티미터의 'FUNCTIONS'에서 'DCV [DCV]'를, Range는 'Auto'를 선택한다.

④ 직류 전원공급장치의 'POWER' 버튼을 'I' 상태에 놓으면 전원이 켜져서 LCD 화면이 나타난다. 'SELECT'에서 CH1(전원으로 CH2를 사용할 경우에는 CH2)과 'V-Set'을 선택하고 1 ~ 9의 숫자 버튼이나 로터리 노브를 이용하여 전압을 12 V가 되게 한다.

⑤ 직류 전원공급장치의 'OUTPUT'의 'O I' 버튼을 누른 후, 디지털 멀티미터 LCD에 나타나는 전압값을 표 7-5에 작성한다.

⑥ 직류 전원공급장치의 'OUTPUT'의 'O I' 버튼을 다시 눌러 출력을 차단시킨다.

⑦ 마디 전압 v_b를 측정하기 위해서는 디지털 멀티미터를 아래 그림과 같이 연결한다.

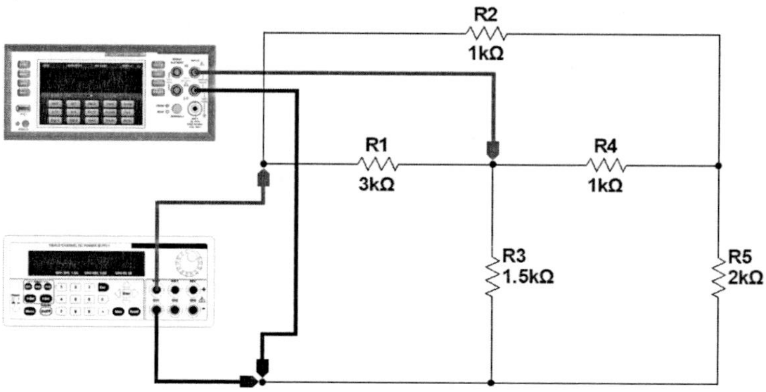

⑧ ③ ~ ⑥을 참조하여 마디 전압 v_b를 측정한 후 표 7-5에 작성한다.

⑨ 마디 전압 v_c를 측정하기 위해서는 디지털 멀티미터를 아래 그림과 같이 연결한다.

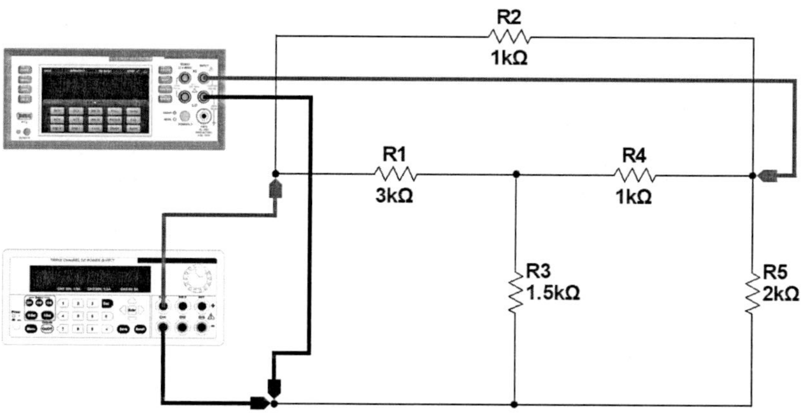

⑩ ③ ~ ⑥을 참조하여 마디 전압 v_c를 측정한 후 표 7-5에 작성한다.

⑪ ② ~ ⑥을 참조하여 저항 3 kΩ(R1), 1 kΩ(R2), 1.5 kΩ(R3), 1 kΩ(R4), 2 kΩ(R5) 양단에 나타나는 전압들을 측정한 후 표 7-6에 작성한다.

⑫ 저항 R1에 흐르는 전류 i_{R1}을 측정하기 위하여, 아래 그림과 같이 직류 전원공급장치와 디지털 멀티미터를 연결한다(직류 전원공급장치의 'CH1'의 '+'와 디지털 멀티미터의 'INPUT' 단자의 'AMPS'와 저항 1 kΩ(R2)을 연결한다. 디지털 멀티미터의 'INPUT' 단자의 'LO'를 저항 3 kΩ에 연결한다. 직류 전원공급장치의 'CH1'의 '−'는 저항 1.5 kΩ과 2 kΩ이 접속되어 있는 마디에 연결한다).

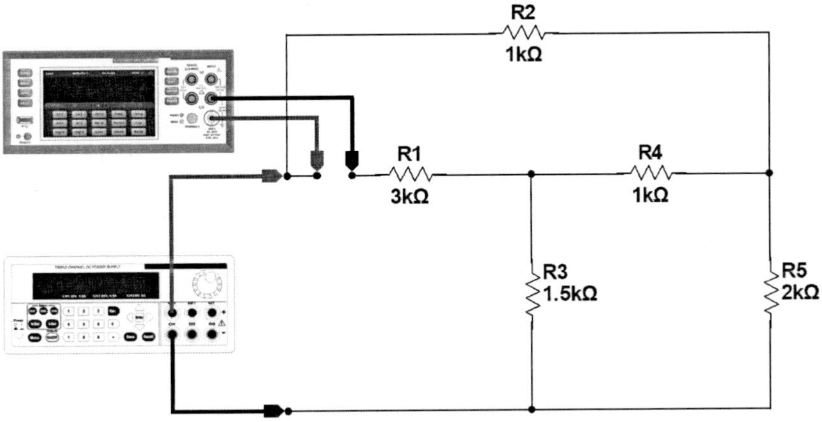

⑬ 디지털 멀티미터의 'FUNCTIONS'에서 'DCI [DCI]'를, Range는 'Auto'를 선택한다.

⑭ 직류 전원공급장치의 전압을 12 V가 되게 한다.

⑮ 직류 전원공급장치의 'OUTPUT'의 'O I' 버튼을 누른 후, 디지털 멀티미터 LCD에 나타나는 전류값을 표 7-6에 작성한다.

⑯ 직류 전원공급장치의 'OUTPUT'의 'O I' 버튼을 다시 눌러 출력을 차단한다.

⑰ ⑫ ~ ⑯을 참조하여, 저항 1 kΩ(R2), 1.5 kΩ(R3), 1 kΩ(R4), 2 kΩ(R5)에 흐르는 전류 i_{R2}, i_{R3}, i_{R4}, i_{R5}를 측정한 후 표 7-6에 작성한다.

⑱ ② ~ ⑰을 참조하여, 입력 전압이 15 V일 때의 회로를 구성하고 실험한 후 측정된 각각의 마디 전압값과 각 저항에 나타나는 전압값 및 각 저항에 흐르는 전류값을 각각 표 7-5와 표 7-6에 작성한다.

⑲ ① ~ ⑰을 참조하여, 저항 R1 ~ R5를 100 Ω ~ 30 kΩ 사이의 저항들(시뮬레이션에서 적용한 저항들)로 변경한 후 실험하여 측정된 각각의 마디 전압값과 각 저항에 나타나는 전압값 및 각 저항에 흐르는 전류값을 각각 표 7-7과 표 7-8에 작성한다.

4) 실험 결과 및 고찰

학과	학번	학년	이름

(1) 메시 전류 해석

① 메시 전류 i_1, i_2에 대한 시뮬레이션값과 실험 측정값을 표 7-1에 작성한다.

표 7-1

<table>
<tr><th colspan="2">메시 전류</th><th colspan="2">i_1</th><th colspan="2">i_2</th><th colspan="2">$i_1 - i_2$</th></tr>
<tr><td rowspan="2">인가전압
12 V</td><td>시뮬레이션값</td><td colspan="2">A</td><td colspan="2">A</td><td colspan="2">A</td></tr>
<tr><td>실험 측정값</td><td colspan="2">A</td><td colspan="2">A</td><td colspan="2">A</td></tr>
<tr><td rowspan="2">인가전압
15 V</td><td>시뮬레이션값</td><td colspan="2">A</td><td colspan="2">A</td><td colspan="2">A</td></tr>
<tr><td>실험 측정값</td><td colspan="2">A</td><td colspan="2">A</td><td colspan="2">A</td></tr>
<tr><td rowspan="2">저항</td><td rowspan="2">실험 측정값</td><td>3 kΩ</td><td>1.5 kΩ</td><td colspan="2">1 kΩ</td><td colspan="2">2 kΩ</td></tr>
<tr><td>Ω</td><td>Ω</td><td colspan="2">Ω</td><td colspan="2">Ω</td></tr>
</table>

② 저항 R1, R2, R3, R4 양단에 나타나는 전압의 시뮬레이션값과 실험 측정값을 표 7-2에 작성한다. 각각의 인가 전압의 실험 측정값을 아래 표에 작성한다.

표 7-2 인가 전압 실험 측정값 ▶ 12 V: V, 15 V: V

<table>
<tr><th colspan="2">저항 전압</th><th>v_{R1}
R1 = 3 kΩ</th><th>v_{R2}
R2 = 1.5kΩ</th><th>v_{R3}
R3 = 1 kΩ</th><th>v_{R4}
R4 = 2 kΩ</th></tr>
<tr><td rowspan="2">인가전압
12 V</td><td>시뮬레이션값</td><td>V</td><td>V</td><td>V</td><td>V</td></tr>
<tr><td>실험 측정값</td><td>V</td><td>V</td><td>V</td><td>V</td></tr>
<tr><td rowspan="2">인가전압
15 V</td><td>시뮬레이션값</td><td>V</td><td>V</td><td>V</td><td>V</td></tr>
<tr><td>실험 측정값</td><td>V</td><td>V</td><td>V</td><td>V</td></tr>
</table>

③ 임의의 저항 R1 ~ R4를 선택한 후, 메시 전류 i_1, i_2에 대한 시뮬레이션값과 실험 측정값을 표 7-3에 작성한다.

표 7-3　R1 = 　　Ω, R2 = 　　Ω, R3 = 　　Ω, R4 = 　　Ω

메시 전류		i_1		i_2		$i_1 - i_2$
인가전압 12 V	시뮬레이션값	A		A		A
	실험 측정값	A		A		A
인가전압 15 V	시뮬레이션값	A		A		A
	실험 측정값	A		A		A
저항	실험 측정값	R1	R2		R3	R4
		Ω	Ω		Ω	Ω

④ ③에서의 저항 R1 ~ R4를 이용하여, 저항 R1, R2, R3, R4 양단에 나타나는 전압의 시뮬레이션값과 실험 측정값을 표 7-4에 작성한다. 각각의 인가 전압의 실험 측정값을 아래 표에 작성한다.

표 7-4　인가 전압 실험 측정값 ▶ 12 V: 　　V, 15 V: 　　V

저항 전압		v_{R1} R1 = 　kΩ	v_{R2} R2 = 　kΩ	v_{R3} R3 = 　kΩ	v_{R4} R4 = 　kΩ
인가전압 12 V	시뮬레이션값	V	V	V	V
	실험 측정값	V	V	V	V
인가전압 15 V	시뮬레이션값	V	V	V	V
	실험 측정값	V	V	V	V

⑤ 표 7-3에서 구한 메시 전류 i_1, i_2를 메시 전류 해석법을 이용하여 설명하세요.

⑥ 표 7-4에서 구한 저항 R1, R2, R3, R4 양단에 나타나는 전압을 메시 전류 해석법에 의해 구한 메시 전류들과 옴의 법칙을 이용하여 설명하세요.

⑦ 표 7-3과 표 7-4에서 구한 값들과 ⑤와 ⑥에서 구한 값들에서 차이가 발생한다면, 이유를 설명하세요.

(2) 마디 전압 해석

① 마디 전압 v_a, v_b, v_c에 대한 시뮬레이션값과 실험 측정값을 표 7-5에 작성한다.

표 7-5

<table>
<tr><td colspan="2">마디 전압</td><td colspan="2">v_a</td><td colspan="2">v_b</td><td>v_c</td></tr>
<tr><td rowspan="2">인가전압 12 V</td><td>시뮬레이션값</td><td colspan="2">V</td><td colspan="2">V</td><td>V</td></tr>
<tr><td>실험 측정값</td><td colspan="2">V</td><td colspan="2">V</td><td>V</td></tr>
<tr><td rowspan="2">인가전압 15 V</td><td>시뮬레이션값</td><td colspan="2">V</td><td colspan="2">V</td><td>V</td></tr>
<tr><td>실험 측정값</td><td colspan="2">V</td><td colspan="2">V</td><td>V</td></tr>
<tr><td rowspan="2">저항</td><td rowspan="2">실험 측정값</td><td>3 kΩ</td><td>1 kΩ</td><td>1.5 kΩ</td><td>1 kΩ</td><td>2 kΩ</td></tr>
<tr><td>Ω</td><td>Ω</td><td>Ω</td><td>Ω</td><td>Ω</td></tr>
</table>

② 저항 R1, R2, R3, R4, R5 양단에 나타나는 전압과 저항 R1, R2, R3, R4, R5에 흐르는 전류의 시뮬레이션값과 실험 측정값을 표 7-6에 작성한다. 각각의 인가 전압의 실험 측정값을 아래 표에 작성한다.

표 7-6 인가 전압 실험 측정값 ▶ 12 V: V, 15 V: V

<table>
<tr><th colspan="2">저항</th><th>R1
3 kΩ</th><th>R2
1 kΩ</th><th>R3
1.5 kΩ</th><th>R4
1 kΩ</th><th>R5
2 kΩ</th></tr>
<tr><td rowspan="4">인가
전압
12 V</td><td>시뮬레이션
전압값</td><td>V</td><td>V</td><td>V</td><td>V</td><td>V</td></tr>
<tr><td>시뮬레이션
전류값</td><td>A</td><td>A</td><td>A</td><td>A</td><td>A</td></tr>
<tr><td>실험 측정
전압값</td><td>V</td><td>V</td><td>V</td><td>V</td><td>V</td></tr>
<tr><td>실험 측정
전류값</td><td>A</td><td>A</td><td>A</td><td>A</td><td>A</td></tr>
<tr><td rowspan="4">인가
전압
15 V</td><td>시뮬레이션
전압값</td><td>V</td><td>V</td><td>V</td><td>V</td><td>V</td></tr>
<tr><td>시뮬레이션
전류값</td><td>A</td><td>A</td><td>A</td><td>A</td><td>A</td></tr>
<tr><td>실험 측정
전압값</td><td>V</td><td>V</td><td>V</td><td>V</td><td>V</td></tr>
<tr><td>실험 측정
전류값</td><td>A</td><td>A</td><td>A</td><td>A</td><td>A</td></tr>
</table>

③ 임의의 저항 R1 ~ R5를 선택한 후, 마디 전압 v_a, v_b, v_c에 대한 시뮬레이션값과 실험 측정값을 표 7-7에 작성한다.

표 7-7 R1 = Ω, R2 = Ω, R3 = Ω, R4 = Ω, R5 = Ω

<table>
<tr><th colspan="2">마디 전압</th><th colspan="2">v_a</th><th colspan="2">v_b</th><th>v_c</th></tr>
<tr><td rowspan="2">인가전압
12 V</td><td>시뮬레이션값</td><td colspan="2">V</td><td colspan="2">V</td><td>V</td></tr>
<tr><td>실험 측정값</td><td colspan="2">V</td><td colspan="2">V</td><td>V</td></tr>
<tr><td rowspan="2">인가전압
15 V</td><td>시뮬레이션값</td><td colspan="2">V</td><td colspan="2">V</td><td>V</td></tr>
<tr><td>실험 측정값</td><td colspan="2">V</td><td colspan="2">V</td><td>V</td></tr>
<tr><td rowspan="2">저항</td><td rowspan="2">실험 측정값</td><td>R1</td><td>R2</td><td>R3</td><td>R4</td><td>R5</td></tr>
<tr><td>Ω</td><td>Ω</td><td>Ω</td><td>Ω</td><td>Ω</td></tr>
</table>

④ ③에서의 저항 R1 ~ R5를 이용하여, 저항 R1, R2, R3, R4, R5 양단에 나타나는 전압과 저항 R1, R2, R3, R4, R5에 흐르는 전류의 시뮬레이션값과 실험 측정값을 표 7-8에 작성한다. 각각의 인가 전압의 실험 측정값을 아래 표에 작성한다.

표 7-8 인가 전압 실험 측정값 ▶ 12 V: V, 15 V: V

저항		R1 kΩ	R2 kΩ	R3 kΩ	R4 kΩ	R5 kΩ
인가 전압 12 V	시뮬레이션 전압값	V	V	V	V	V
	시뮬레이션 전류값	A	A	A	A	A
	실험 측정 전압값	V	V	V	V	V
	실험 측정 전류값	A	A	A	A	A
인가 전압 15 V	시뮬레이션 전압값	V	V	V	V	V
	시뮬레이션 전류값	A	A	A	A	A
	실험 측정 전압값	V	V	V	V	V
	실험 측정 전류값	A	A	A	A	A

⑤ 표 7-7에서 구한 마디 전압 v_a, v_b, v_c를 마디 전압 해석법을 이용하여 설명하세요.

⑥ 표 7-8에서 구한 저항 R1, R2, R3, R4, R5 양단에 나타나는 전압을, 마디 전압 해석법으로 구한 마디 전압들을 이용하여 설명하세요.

⑦ 표 7-8에서 구한 저항 R1, R2, R3, R4, R5에 흐르는 전류를, 마디 전압 해석법으로 구한 마디 전압들과 옴의 법칙을 이용하여 설명하세요.

⑧ 표 7-7과 표 7-8에서 구한 값들과 ⑤ ~ ⑦에서 구한 값들에서 차이가 발생한다면, 이유를 설명하세요.

5) 연습문제

(1) 메시 전류 해석

① 아래 회로에서 인가 전압 V1과 V2를 1 V ~ 30 V, 저항 R1 ~ R5를 100 Ω ~ 30 kΩ으로 적용하여 시뮬레이션하고 실험하여 메시 전류 i_1, i_2, i_3를 구한다. 인가 전압 V1과 V2의 실험 측정값도 아래 표에 작성한다.

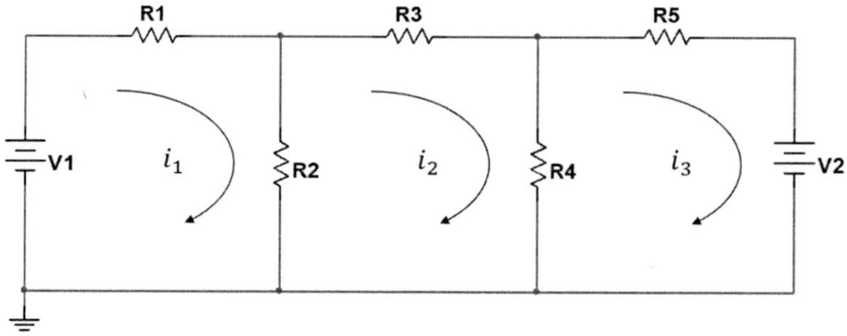

인가 전압 :: V1 : V, V2 : V

메시 전류	i_1	i_2	i_3
시뮬레이션 측정값	A	A	A
실험 측정값	A	A	A

② ①에서 각각의 저항 R1 ~ R5 양단에 나타나는 전압 v_{R1}, v_{R2}, v_{R3}, v_{R4}, v_{R5} 및 저항 R1 ~ R5에 흐르는 전류 i_{R1}, i_{R2}, i_{R3}, i_{R4}, i_{R5}를 구한다. 인가 전압 V1과 V2의 실험 측정값도 아래 표에 작성한다.

인가 전압 실험 측정값 :: V1 : V, V2 : V

저항값	R1 Ω	R2 Ω	R3 Ω	R4 Ω	R5 Ω
시뮬레이션 전압값	V	V	V	V	V
시뮬레이션 전류값	A	A	A	A	A
실험 측정 전압값	V	V	V	V	V
실험 측정 전류값	A	A	A	A	A

(2) 마디 전압 해석

① 아래 회로에서 인가 전압 V1과 V2를 1 V ~ 30 V, 저항 R1 ~ R4를 100 Ω ~ 30 kΩ으로 적용하여 시뮬레이션하고 실험하여 마디 전압 v_a, v_b, v_c를 구한다. 인가 전압 V1과 V2의 실험 측정값도 아래 표에 작성한다.

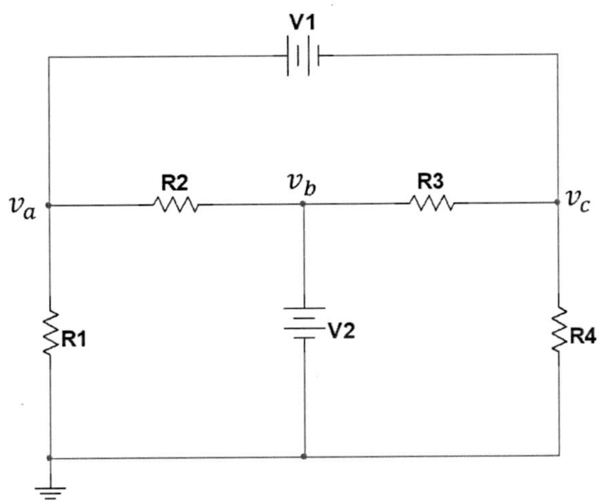

인가 전압 :: V1 : V, V2 : V

마디 전압	v_a	v_b	v_c
시뮬레이션 측정값	V	V	V
실험 측정값	V	V	V

② ①에서 각각의 저항 R1 ~ R4 양단에 나타나는 전압 v_{R1}, v_{R2}, v_{R3}, v_{R4} 및 저항 R1 ~ R4에 흐르는 전류 i_{R1}, i_{R2}, i_{R3}, i_{R4}를 구한다. 인가 전압 V1과 V2의 실험 측정값도 아래 표에 작성한다.

인가 전압 실험 측정값 :: V1 : V, V2 : V

저항값	R1 Ω	R2 Ω	R3 Ω	R4 Ω
시뮬레이션 전압값	V	V	V	V
시뮬레이션 전류값	A	A	A	A
실험 측정 전압값	V	V	V	V
실험 측정 전류값	A	A	A	A

8

테브냉과 노튼 정리

8.1 실험 목적

복잡하게 구성되어 있는 전기회로를 단순화시켜서 구하고자 하는 소자(들)의 전압과 전류를 보다 손쉽게 찾을 수 있는 방법으로, 테브냉 정리(Thévenin's theorem)와 노튼 정리(Norton's theorem)가 있으며 이들을 시뮬레이션과 실험으로 이해한다.

8.2 실험에 적용된 이론

1) 테브냉 정리(Thévenin's theorem)

테브냉 정리(Thévenin's theorem)는 구하고자 하는 회로 내의 소자(들)의 전압과 전류가 변경되지 않게, 구하고자 하는 소자(들)를 제외한 회로 내의 소자들을 독립 전압원과 직렬로 연결된 저항으로 변경하는 것이다. 즉, 테브냉 정리는 임의의 단자 쌍에서 바라본 회로 내에 존재하는 저항들과 에너지 원들을, 이상적인 전압원 v_{TH}와 저항 R_{TH}의 직렬 조합으로 구성되는 회로로 교체(v_{TH}: 두 단자 양단의 개방 회로 전압, R_{TH}: 단자 쌍에서의 단락 회로 전류(i_{SC})에 대한 개방 회로 전압(v_{TH})의 비율)하는 것이다.

테브냉 정리를 이용하여, 해석하고자 하는 회로를 테브냉 등가 회로로 변환하여 회로를 해석하는 방법은 그림 8-1과 같다.

단계 1 : 그림 8-1a와 같이 전체 회로를 두 단자(단자 a, b)로 회로 A와 회로 B를 나눈다(회로 A: 테브냉 등가회로로 대체할 부분, 회로 B: 구하고자 하는 소자(들)가 있는 회로).

단계 2 : 그림 8-1b와 같이 회로 A를 하나의 이상적인 독립 전압원과 직렬로 연결된 저항으로 구성되는 테브냉 등가 회로로 대체한다. 이때 회로 A를 테브냉 등가 회로로 변경하여도 회로 B에 있는 임의의 소자(들)에 흐르는 전류나 전압은 변하지 않는다. 즉, 회로 B가 회로 A에 연결되어 있거나 테브냉 등가 회로에 연결되어 있거나 동일하게 동작한다는 것이다.

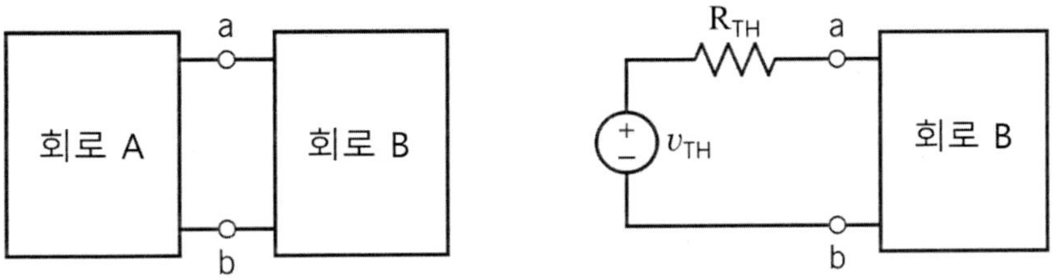

그림 8-1a 전체 회로 **그림 8-1b** 테브냉 등가회로

그림 8-1 테브냉 등가 회로로 변환하여 회로를 해석하는 방법

그림 8-2와 같이 테브냉 등가 회로를 구성하기 위해서는 개방 회로 전압 v_{TH}(또는 v_{OC}라고도 한다)와 테브냉 저항 R_{TH}가 필요하다. 그림 8-2a는 회로 A의 두 단자에 연결되어 있는 전압, 개방 회로 전압 v_{TH}를 표시하고 있다. 그림 8-2b는 회로 A의 두 단자를 단락시켰을 때 두 단자 사이에 흐르는 전류, 단락 회로 전류 i_{SC}를 나타내고 있다. 그림 8-2c는 회로 A의 두 단자에서 회로 A를 바라 보았을 때의 저항, 테브냉 저항 R_{TH}를 나타내고 있다. 테브냉 저항를 구하기 위해서는 회로 A에 있는 모든 독립 전압원을 단락 회로로, 모든 독립 전류원을 개방 회로로 바꾼 다음, 직렬 저항들과 병렬 저항들을 등가인 저항으로 바꾸는 과정을 반복하면서 구한다. 종속 전압원이나 종속 전류원이 존재할 경우에는 종속 전원들은 바꾸지 않고, 개방 회로 전압 v_{TH}와 단락 회로 전류 i_{SC}를 이용하여 테브냉 저항 R_{TH}를 구하거나($R_{TH} = \frac{v_{TH}}{i_{SC}}$) 회로 A의 두 단자 사이에 임의의 독립 전압원이나 독립 전류원을 연결하여 두 단자 사이의 전압과 두 단자 사이에 흐르는 전류의 비율을 이용하여 테브냉 저항 R_{TH}를 찾을 수 있다.

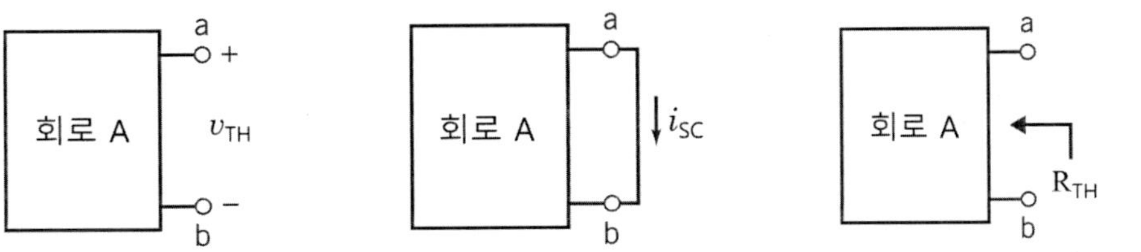

그림 8-2a 개방 회로 전압 v_{TH} 그림 8-2b 단락 회로 전류 i_{SC} 그림 8-2c 테브냉 저항 R_{TH}

그림 8-2 테브냉 등가 회로 구성 요소

2) 노튼 정리(Norton's theorem)

노튼 정리(Norton's theorem)는 구하고자 하는 회로 내의 소자(들)의 전압과 전류가 변경되지 않게, 구하고자 하는 소자(들)를 제외한 회로 내의 소자들을 독립 전류원과 병렬로 연결된 저항으로 변경하는 것이다. 즉, 노튼 정리는 임의의 단자 쌍에서 바라본 회로 내에 존재하는 저항들과 에너지 원들을, 이상적인 독립 전류원 i_{SC}와 저항 R_N의 병렬 조합으로 구성되는 회로로 교체(i_{SC} : 두 단자를 연결했을 때의 단락 회로 전류, R_N : 단자 쌍에서의 단락 회로 전류 i_{SC}에 대한 개방 회로 전압 v_{OC}(또는 v_{TH})의 비율)하는 것이다. 그림 8-3의 회로는 그림 8-1a의 회로 A 부분을 노튼 등가회로로 변환한 것이다.

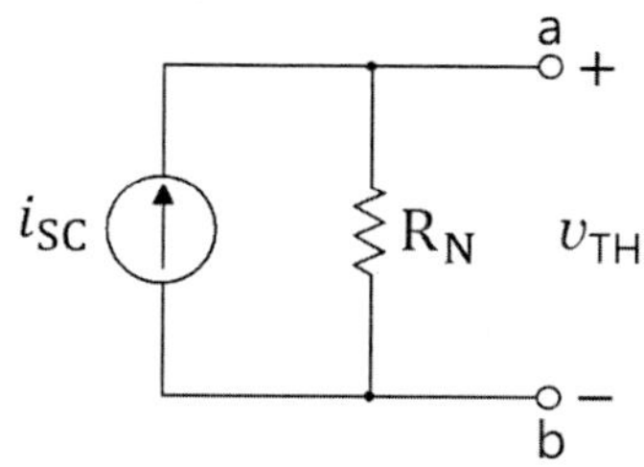

그림 8-3 노튼 등가회로

노튼 등가 회로를 구성하기 위해서는 단락 회로 전류 i_{SC}와 노튼 저항 R_N이 필요하다. 노튼 저항 R_N은 그림 8-1a의 회로 A에 있는 모든 독립 전압원을 단락 회로로, 모든 독립 전류원을 개방 회로로 바꾼 다음, 직렬 저항들과 병렬 저항들을 등가인 저항으로 바꾸는 과정을 반복하면서 구한다. 종속 전압원이나 종속 전류원이 존재할 경우에는 종속 전원들은 바꾸지 않고, 단락 회로 전류 i_{SC}와 개방 회로 전압 v_{OC}(또는 v_{TH})를 이용하여 노튼 저항 R_N을 구하거나 ($R_N = \frac{v_{OC}}{i_{SC}}$) 회로 A의 두 단자 사이에 임의의 독립 전압원이나 독립 전류원을 연결하여, 두 단자 사이의 전압과 두 단자 사이에 흐르는 전류의 비율을 이용하여 노튼 저항 R_N을 찾을 수 있다.

8.3 시뮬레이션 및 실험

1) 사용 장비 및 부품

멀티심(multisim) 시뮬레이터

직류 전원공급장치 : 1대

디지털 멀티미터 : 1대

브레드 보드 : 1대

저항 : 100 Ω, 300 Ω, 750 Ω, 1 kΩ, 1.2 kΩ, 1.5 kΩ, 1.8 kΩ, 2 kΩ, 2.4 kΩ(2개), 3 kΩ, 3.9 kΩ, 4.7 kΩ

2) 테브냉 정리

(1) 시뮬레이션

① 1장 1.3 시뮬레이션 및 실험 2)와 3)의 시뮬레이션의 회로 설계 방법을 참조하여, 멀티심 회로 설계 영역에 아래 그림과 같은 회로를 구성한다.

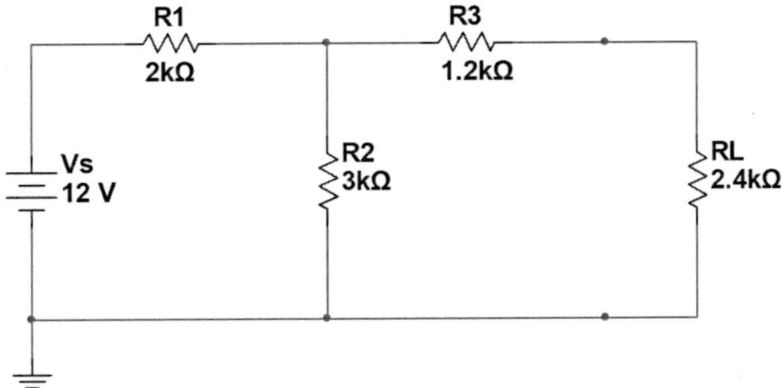

② ①의 회로에서 부하저항(RL)을 제외한 나머지 회로를 테브냉 등가 회로로 변환하기 위하여, ①의 회로를 아래 그림과 같이 변경한다.

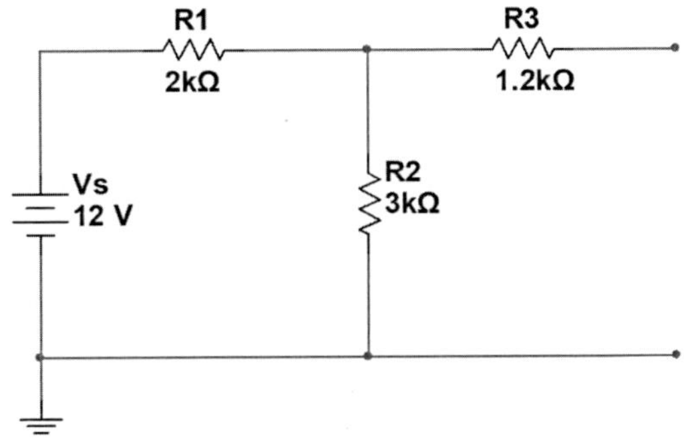

③ 테브냉 등가회로의 개방 회로 전압 v_{TH}(또는 v_{OC})를 측정하기 위하여 아래 그림과 같이 디지털 멀티미터를 연결한다.

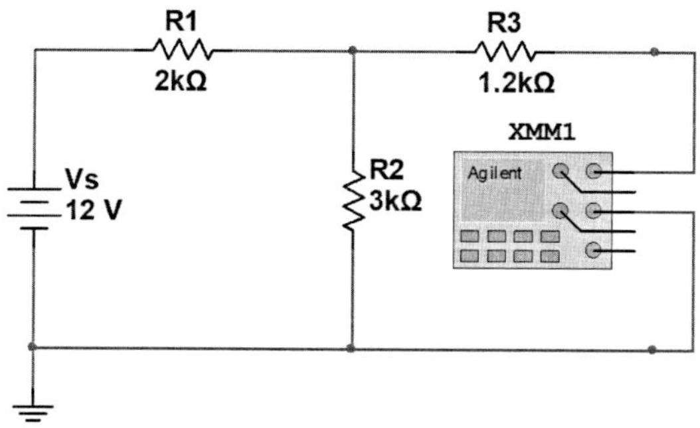

④ Agilent Multimeter( )를 더블 클릭하면 'Agilent Multimeter–XMM1' 창이 나타난다. 'Power' 버튼을 클릭한다. 전압를 측정하기 위하여 'DC V(DC V)' 버튼을 클릭하면 'DC V'가 선택되어 LCD 화면에 'VDC'가 나타난다.

⑤ 멀티심 상단의 시뮬레이션 도구 모음에서 ' ▷ '를 선택한다(상단 메뉴에서 'Simulate → ▷ Run'을 선택해도 된다). 디지털 멀티미터에 '7.2 VDC' 전압값이 나타나게 된다. 측정한 전압값을 표 8–2에 작성한다.

- 개방 회로 전압 v_{TH}는 아래 수식과 같이 구할 수 있다.

$$v_{TH} = \frac{R2}{R1 + R2} \times V_S = \frac{3\ k\Omega}{2\ k\Omega + 3\ k\Omega} \times 12\ V = 7.2\ V$$

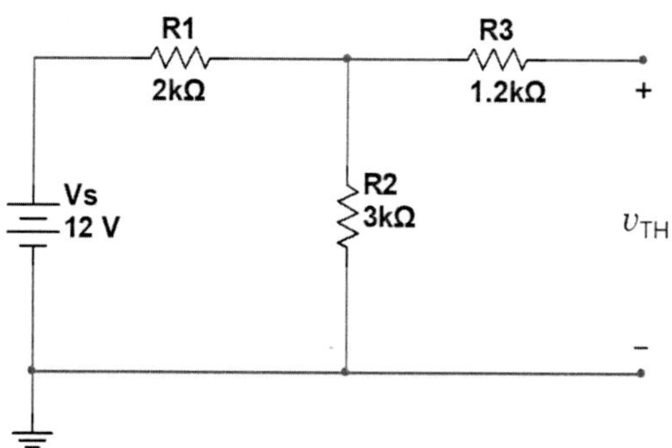

⑥ 단락 회로 전류 i_{SC}를 측정하기 위하여 아래 그림과 같이 디지털 멀티미터를 연결한다.

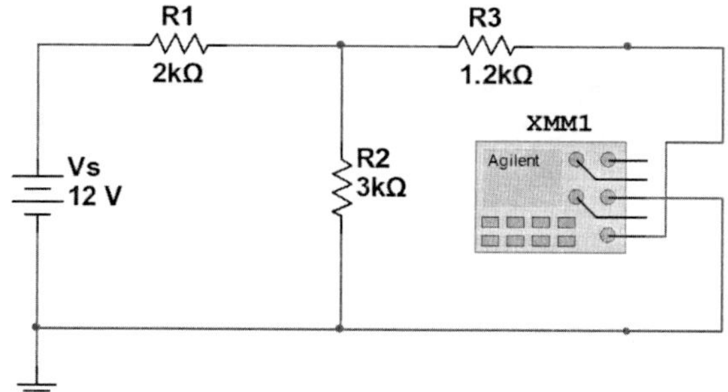

⑦ Agilent Multimeter( )를 더블 클릭하면 'Agilent Multimeter–XMM1' 창이 나타난다. 'Power' 버튼을 클릭한다. 전류를 측정하기 위하여 'Shift(Shift)' 버튼을 누른 후, 'DC V (DC V)' 버튼을 클릭하면 'DC I'가 선택되어 LCD 화면에 'ADC'가 나타난다.

⑧ 멀티심 상단의 시뮬레이션 도구 모음에서 ' ▷ '를 선택한다(상단 메뉴에서 'Simulate → ▷ Run'을 선택해도 된다). 디지털 멀티미터에 '3 mADC' 전류값이 나타나게 된다. 측정한 전류값을 표 8–2에 작성한다.

- 단락 회로 전류 i_{SC}는 아래 수식과 같이 구할 수 있다.

$$i_{SC} = \frac{V_S}{R1+(R2 \parallel R3)} \times \frac{R2}{R2+R3}$$

$$= \frac{12\,V}{2\,k\Omega+(3\,k\Omega \parallel 1.2\,k\Omega)} \times \frac{3\,k\Omega}{3\,k\Omega+1.2\,k\Omega}$$

$$= \frac{12\,V}{\dfrac{4.2\,k\Omega \times 2\,k\Omega + 3\,k\Omega \times 1.2\,k\Omega}{3\,k\Omega + 1.2\,k\Omega}} \times \frac{3\,k\Omega}{3\,k\Omega+1.2\,k\Omega}$$

$$= \frac{12\,V \times 3\,k\Omega}{12\,M\Omega} = 3\,mA$$

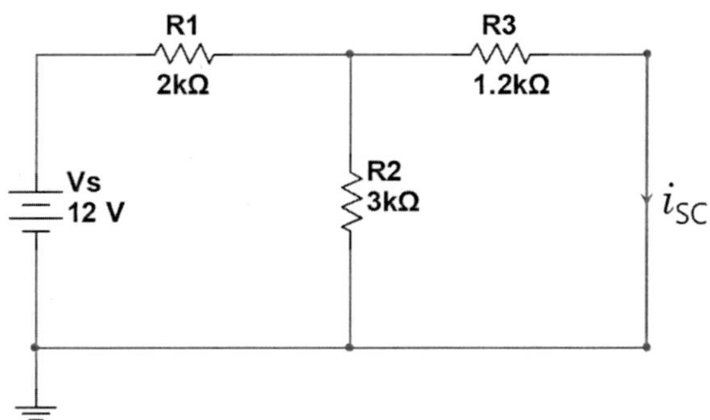

⑨ 테브냉 등가회로의 테브냉 저항 R_{TH}를 측정하기 위하여 아래 그림과 같이 디지털 멀티미터를 연결한다.

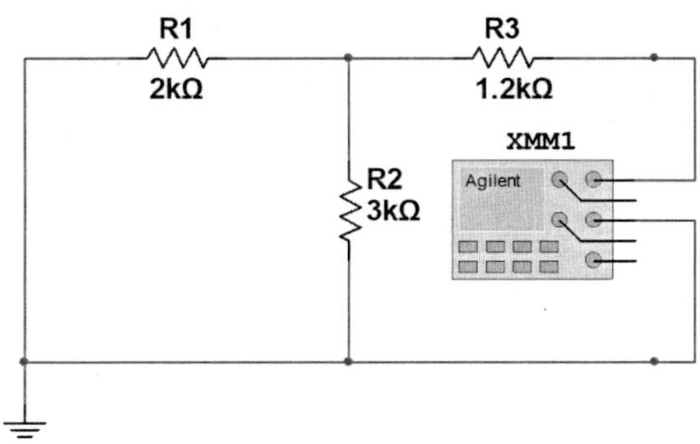

⑩ Agilent Multimeter()를 더블 클릭하면 'Agilent Multimeter–XMM1' 창이 나타난다. 'Power' 버튼을 클릭하고 'Ω 2W()' 버튼을 선택하면, LCD화면에 'Ohm'이 나타난다.

⑪ 멀티심 상단의 시뮬레이션 도구 모음에서 '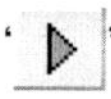'를 선택한다(상단 메뉴에서 'Simulate →  Run'을 선택해도 된다). 디지털 멀티미터에 '2.4 kOhm' 저항값이 나타나게 된다. 측정한 저항값을 표 8–2에 작성한다.

- 테브냉 저항 R_{TH}는 아래 수식과 같이 구할 수 있다.

$$R_{TH} = R1 \parallel R2 + R3 = \frac{R1 \times R2}{R1 + R2} + R3 = \frac{2\,k\Omega \times 3\,k\Omega}{2\,k\Omega + 3\,k\Omega} + 1.2\,k\Omega = 2.4\,k\Omega$$

또는

$$R_{TH} = \frac{v_{TH}}{i_{SC}} = \frac{7.2\,V}{3\,mA} = 2.4\,k\Omega$$

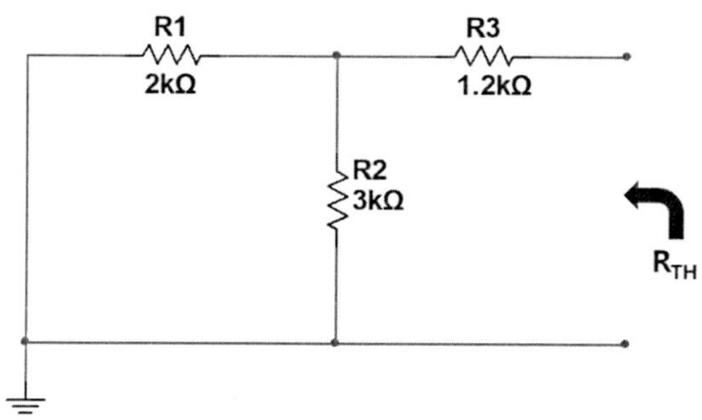

⑫ ①의 회로의 부하저항(RL) 양단에 나타나는 전압과 부하저항(RL)에 흐르는 전류를 구하여 표 8–3에 기록한다.

- ①의 회로의 부하저항(RL) 양단에 나타나는 전압을 구한다. 디지털 멀티미터에 '3.6 VDC' 전압값이 나타나게 된다.

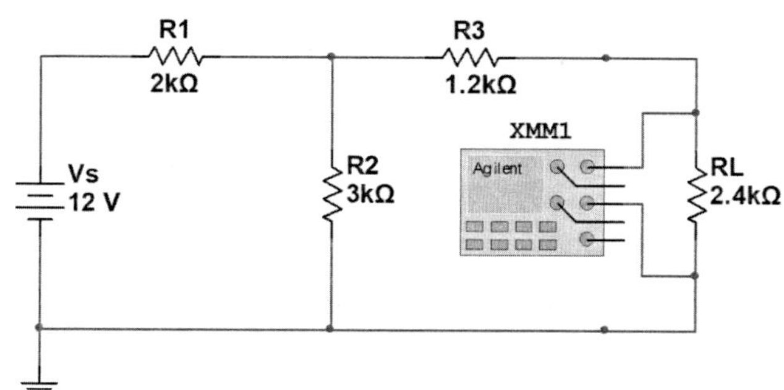

• ①의 회로의 부하저항(RL)에 흐르는 전류를 구한다. 디지털 멀티미터에 '1.5 mADC' 전류값이 나타나게 된다.

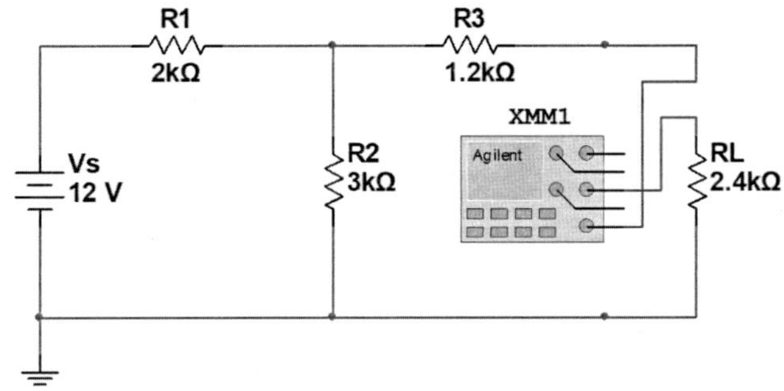

⑬ 아래 그림과 같은 테브냉 등가회로에서 부하저항(RL) 양단에 나타나는 전압과 부하저항(RL)에 흐르는 전류를 구하여 표 8-4에 기록한다.

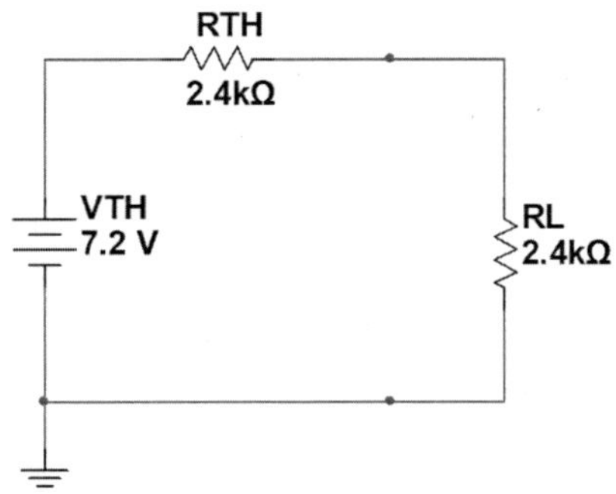

• 테브냉 등가회로의 부하저항(RL) 양단에 나타나는 전압을 구한다. 디지털 멀티미터에 '3.6 VDC' 전압값이 나타나게 된다.

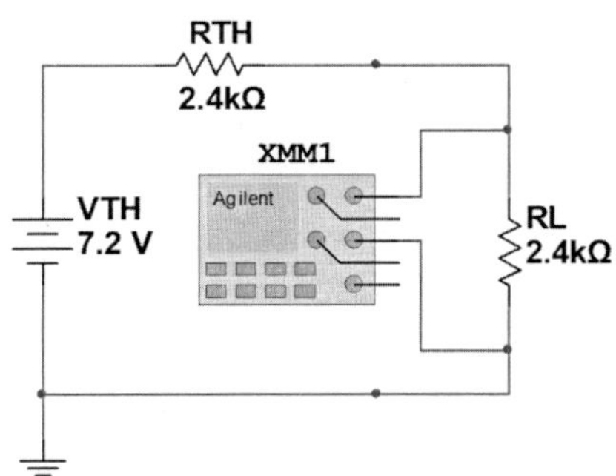

• 테브냉 등가회로의 부하저항(RL)에 흐르는 전류를 구한다. 디지털 멀티미터에 '1.5 mADC' 전류값이 나타나게 된다.

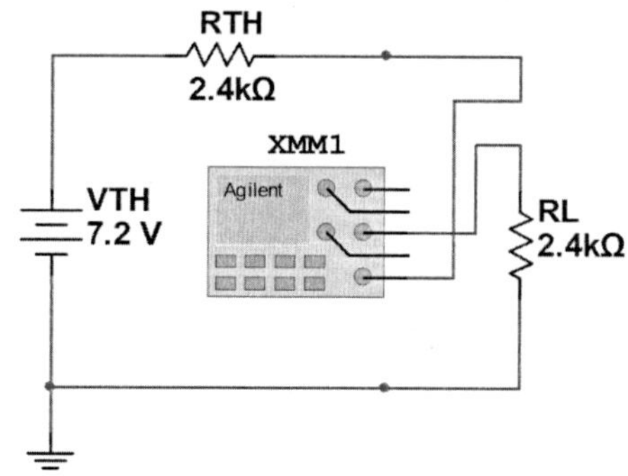

(2) 실험

① 2장 2.3 시뮬레이션 및 실험 2)의 (2)를 참조하여, 저항 1.2 kΩ, 2 kΩ, 2.4 kΩ(2개), 3 kΩ을 디지털 멀티미터로 측정하여 표 8-1에 기록한다.

② 테브냉 등가회로의 개방 회로 전압 v_{TH}를 측정하기 위하여, 아래 그림과 같이 직류 전원공급장치와 디지털 멀티미터를 연결한다(직류 전원공급장치의 'CH1'의 '+'를 저항 2 kΩ에 연결하고 디지털 멀티미터의 'INPUT' 단자의 'HI'는 저항 1.2 kΩ에 연결하며, 직류 전원공급장치의 'CH1'의 '−'와 디지털 멀티미터의 'INPUT' 단자의 'LO'는 저항 3 kΩ에 연결한다).

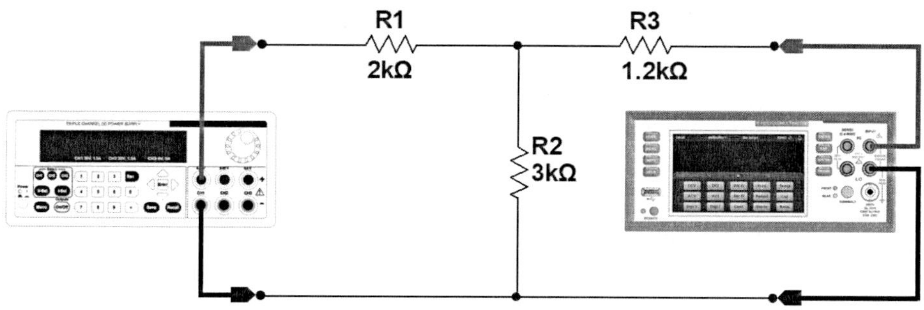

③ 디지털 멀티미터의 'POWER' 버튼을 누르면 LCD 화면이 켜진다. 디지털 멀티미터의 'FUNCTIONS'에서 'DCV [DCV]'를, Range는 'Auto'를 선택한다.

④ 직류 전원공급장치의 'POWER' 버튼을 'I' 상태에 놓으면 전원이 켜져서 LCD 화면이 나타난다. 'SELECT'에서 CH1(전원으로 CH2를 사용할 경우에는 CH2)과 'V-Set'을 선택하고 1 ~ 9의 숫자 버튼이나 로터리 노브를 이용하여 전압을 12 V가 되게 한다.

⑤ 직류 전원공급장치의 'OUTPUT'의 'O I' 버튼을 누른 후, 디지털 멀티미터 LCD에 나타나는 전압값을 표 8-2에 작성한다.

⑥ 직류 전원공급장치의 'OUTPUT'의 'O I' 버튼을 다시 눌러 출력을 차단한다.

⑦ 테브냉 등가회로의 단락 회로 전류 i_{SC}를 측정하기 위하여, 아래 그림과 같이 직류 전원공급장치와 디지털 멀티미터를 연결한다(직류 전원공급장치의 'CH1'의 '+'를 저항 2 kΩ에 연결하고 디지털 멀티미터의 'INPUT' 단자의 'AMPS'는 저항 1.2 kΩ에 연결하며, 직류 전원공급장치의 'CH1'의 '–'와 디지털 멀티미터의 'INPUT' 단자의 'LO'는 저항 3 kΩ에 연결한다).

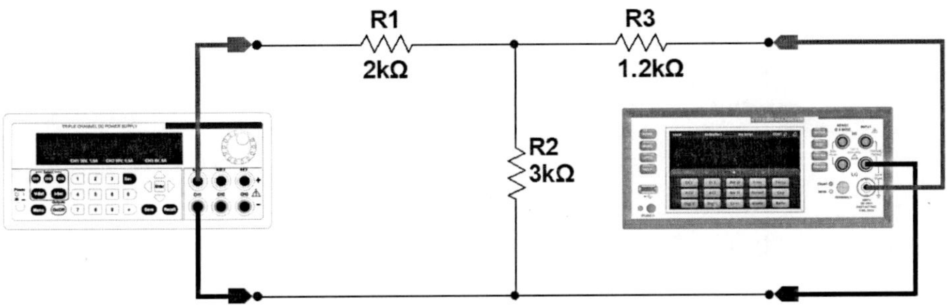

⑧ 디지털 멀티미터의 'FUNCTIONS'에서 'DCI DCI'를, Range는 'Auto'를 선택한다.

⑨ 직류 전원공급장치의 전압을 12 V가 되게 한다.

⑩ 직류 전원공급장치의 'OUTPUT'의 'O I' 버튼을 누른 후, 디지털 멀티미터 LCD에 나타나는 전류값을 표 8-2에 작성한다.

⑪ 직류 전원공급장치의 'OUTPUT'의 'O I' 버튼을 다시 눌러 출력을 차단한다.

⑫ 테브냉 등가회로의 테브냉 저항과 R_{TH}를 측정하기 위하여, 아래 그림과 같이 디지털 멀티미터 2개의 단자를 저항 1.2 kΩ과 3 kΩ에 각각 연결한다('INPUT' 단자의 'HI' 부분을 저항 1.2 kΩ에, 'LO' 부분을 저항 3 kΩ과 2 kΩ이 접속되어 있는 마디에 각각 연결한다(저항 측정에서는 반대로 연결해도 된다)).

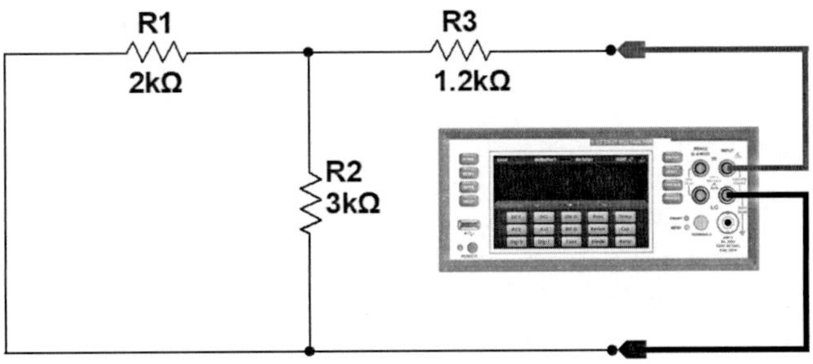

⑬ 'FUNCTIONS'에서 '2W Ω 2W Ω'을, Range는 'Auto'를 선택한다.

⑭ 디지털 멀티미터 LCD에 나타나는 저항값을 표 8-2에 작성한다

⑮ 부하저항(RL) 양단에 나타나는 전압을 측정하기 위하여, 아래 그림과 같이 직류 전원공급장

치와 디지털 멀티미터를 연결한다(직류 전원공급장치의 'CH1'의 '+'를 저항 2 kΩ에 연결하고 디지털 멀티미터의 'INPUT' 단자의 'HI'는 저항 1.2 kΩ과 2.4 kΩ이 접속되어 있는 마디에 연결하며, 직류 전원공급장치의 'CH1'의 '−'와 디지털 멀티미터의 'INPUT' 단자의 'LO'는 저항 3 kΩ과 2.4 kΩ이 접속되어 있는 마디에 연결한다).

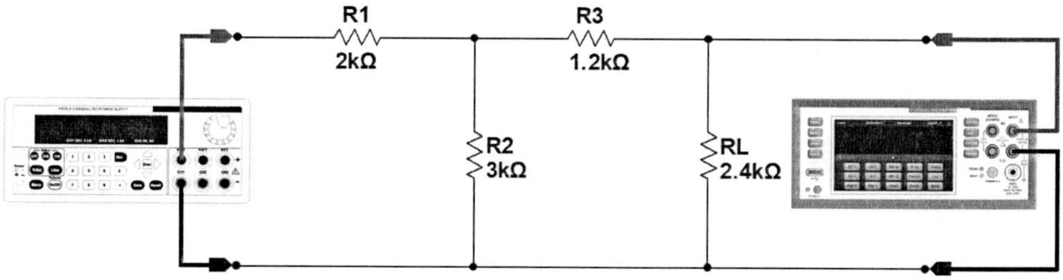

⑯ ③ ~ ⑥을 참조하여, 디지털 멀티미터 LCD에 나타나는 전압값을 표 8-3에 작성한다.

⑰ 부하저항(RL)에 흐르는 전류를 측정하기 위하여, 아래 그림과 같이 직류 전원공급장치와 디지털 멀티미터를 연결한다(직류 전원공급장치의 'CH1'의 '+'를 저항 2 kΩ에 연결하고 직류 전원공급장치의 'CH1'의 '−'는 저항 3 kΩ과 저항 2.4 kΩ이 접속되어 있는 마디에 연결한다. 디지털 멀티미터의 'INPUT' 단자의 'AMPS'는 저항 1.2 kΩ에 연결하고 디지털 멀티미터의 'INPUT' 단자의 'LO'는 저항 2.4 kΩ에 연결한다).

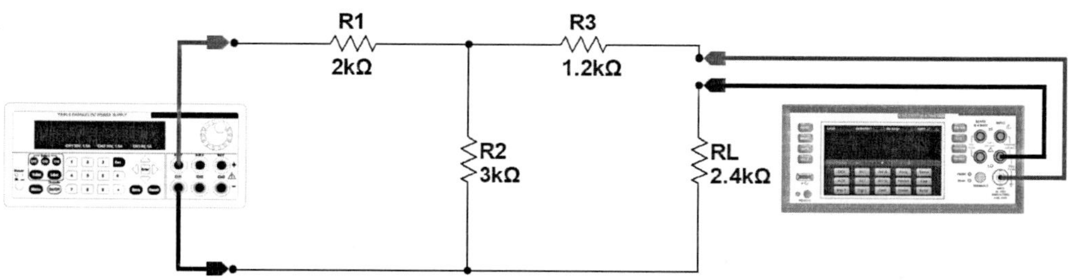

⑱ ⑧ ~ ⑪을 참조하여, 디지털 멀티미터 LCD에 나타나는 전류값을 표 8-3에 작성한다.

⑲ 테브냉 등가회로의 부하저항(RL) 양단에 나타나는 전압을 측정하기 위하여, 아래 그림과 같이 직류 전원공급장치와 디지털 멀티미터를 연결한다(직류 전원공급장치의 'CH1'의 '+'를 저항 2.4 kΩ(RTH)에 연결하고 디지털 멀티미터의 'INPUT' 단자의 'HI'는 저항 2.4 kΩ(RTH)와 2.4 kΩ(RL)이 접속되어 있는 마디에 연결하며, 직류 전원공급장치의 'CH1'의 '−'와 디지털 멀티미터의 'INPUT' 단자의 'LO'는 저항 2.4 kΩ(RL)에 연결한다).

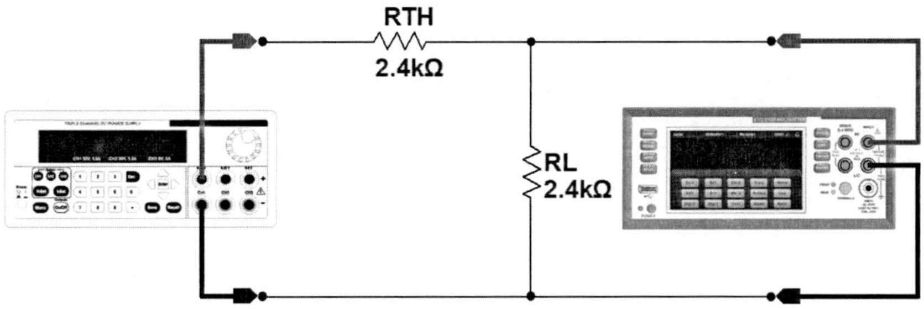

⑳ ③ ~ ⑥을 참조하여(단, ④에서의 직류 전원공급장치의 CH1 전압은 7.2 V가 되게 한다), 디지털 멀티미터 LCD에 나타나는 전압값을 표 8-4에 작성한다.

㉑ 테브냉 등가회로의 부하저항(RL)에 흐르는 전류를 측정하기 위하여, 아래 그림과 같이 직류 전원공급장치와 디지털 멀티미터를 연결한다(직류 전원공급장치의 'CH1'의 '+'를 저항 2.4 kΩ(RTH)에 연결하고 직류 전원공급장치의 'CH1'의 '−'는 저항 2.4 kΩ(RL)에 연결한다. 디지털 멀티미터의 'INPUT' 단자의 'AMPS'는 저항 2.4 kΩ(RTH)에 연결하고 디지털 멀티미터의 'INPUT' 단자의 'LO'는 저항 2.4 kΩ(RL)에 연결한다).

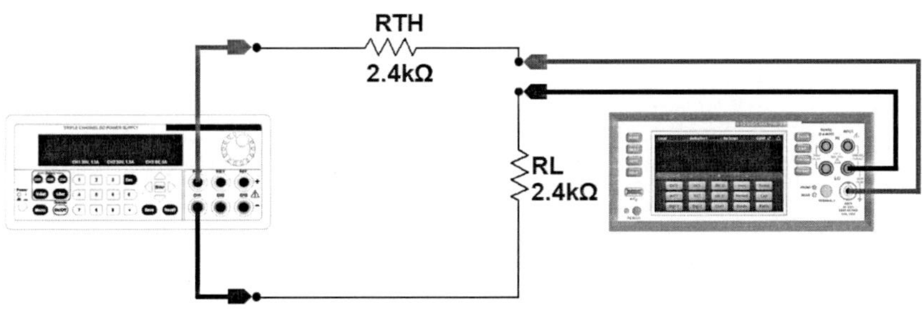

㉒ ⑧ ~ ⑪을 참조하여(단, ⑨에서의 직류 전원공급장치의 CH1 전압은 7.2 V가 되게 한다), 디지털 멀티미터 LCD에 나타나는 전류값을 표 8-4에 작성한다.

3) 노튼 정리

(1) 시뮬레이션

① 1장 1.3 시뮬레이션 및 실험 2)와 3)의 시뮬레이션의 회로 설계 방법을 참조하여, 멀티심 회로 설계 영역에 아래 그림과 같은 회로를 구성한다.

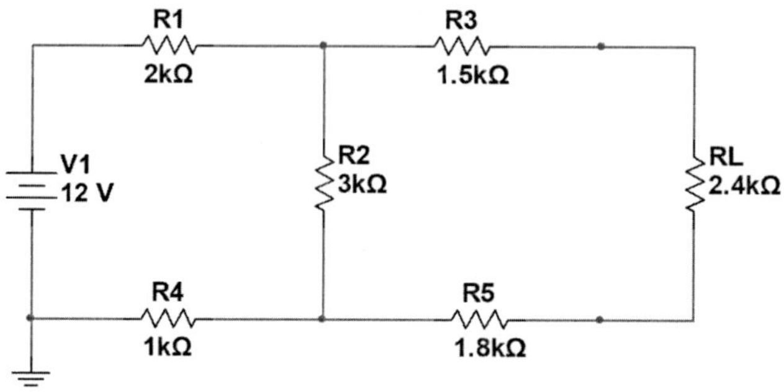

② ①의 회로에서 부하저항(RL)을 제외한 나머지 회로를 노튼 등가 회로로 변환하기 위하여, ①의 회로를 아래 그림과 같이 변경한다.

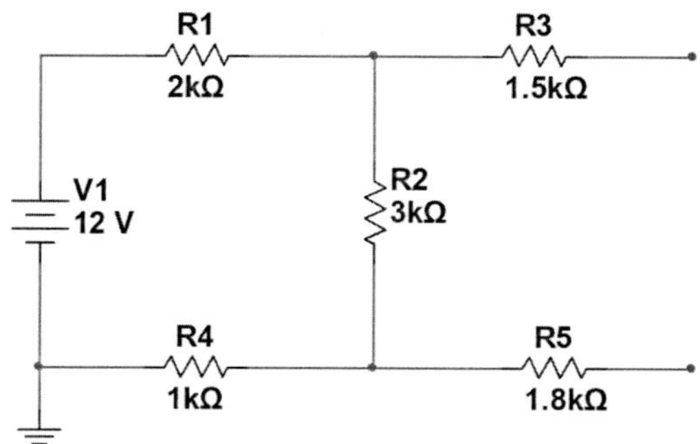

③ 노튼 등가 회로의 단락 회로 전류 i_{SC}를 측정하기 위하여 아래 그림과 같이 디지털 멀티미터를 연결한다.

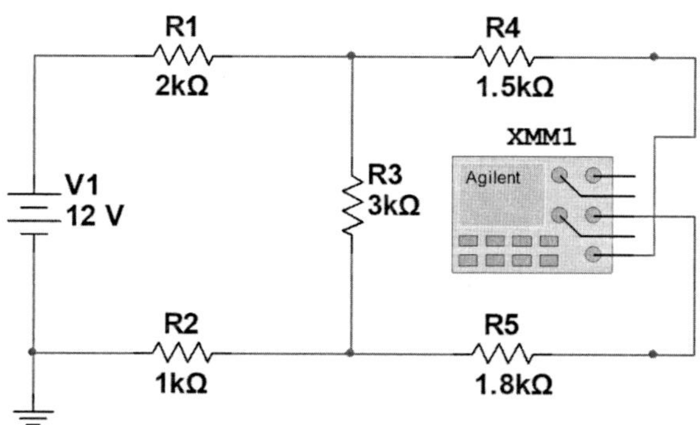

④ Agilent Multimeter( )를 더블 클릭하면 'Agilent Multimeter–XMM1' 창이 나타난다. 'Power' 버튼을 클릭한다. 전류를 측정하기 위하여 'Shift(Shift)' 버튼을 누른 후, 'DC V (DC V)' 버튼을 클릭하면 'DC I'가 선택되어 LCD 화면에 'ADC'가 나타난다.

⑤ 멀티심 상단의 시뮬레이션 도구 모음에서 '▶'를 선택한다(상단 메뉴에서 'Simulate → ▶

Run'을 선택해도 된다). 디지털 멀티미터에 '1.25 mADC' 전류값이 나타나게 된다. 측정한 전류값을 표 8-6에 작성한다.

• 단락 회로 전류 i_{SC}는 아래 수식과 같이 구할 수 있다.

$$i_{SC} = \frac{V1}{R1+R2+(R3 \parallel (R4+R5))} \times \frac{R3}{R3+(R4+R5)}$$

$$= \frac{12\,V}{2\,k\Omega + 1\,k\Omega + (3\,k\Omega \parallel 3.3\,k\Omega)} \times \frac{3\,k\Omega}{3\,k\Omega + 3.3\,k\Omega}$$

$$= \frac{12\,V}{\dfrac{3k\Omega \times (3\,k\Omega + 3.3\,k\Omega) + 3\,k\Omega \times 3.3\,k\Omega}{3\,k\Omega + 3.3\,k\Omega}} \times \frac{3\,k\Omega}{3\,k\Omega + 3.3\,k\Omega}$$

$$= \frac{12\,V}{9.6\,k\Omega} = 1.25\,mA$$

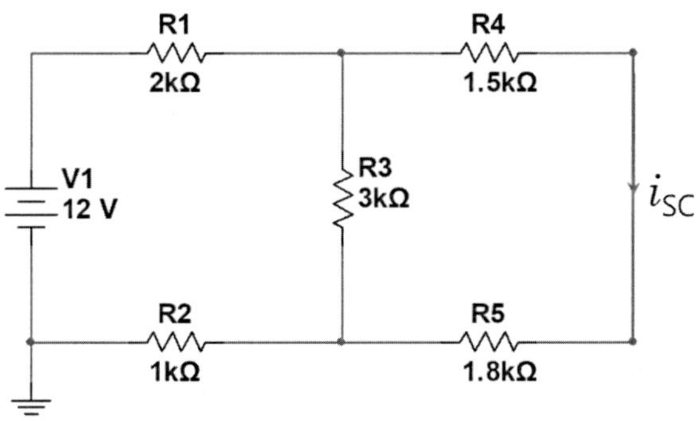

⑥ 개방 회로 전압 v_{OC}를 측정하기 위하여 아래 그림과 같이 디지털 멀티미터를 연결한다.

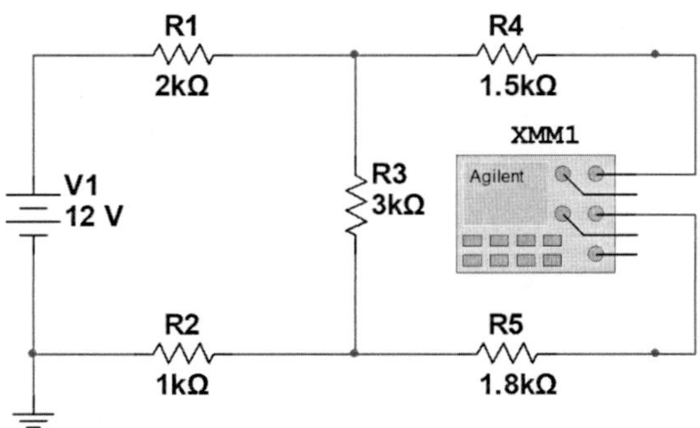

⑦ Agilent Multimeter()를 더블 클릭하면 'Agilent Multimeter-XMM1' 창이 나타난다. 'Power' 버튼을 클릭한다. 전압를 측정하기 위하여 'DC V(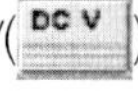)' 버튼을 클릭하면 'DC V'가

선택되어 LCD 화면에 'VDC'가 나타난다.

⑧ 멀티심 상단의 시뮬레이션 도구 모음에서 '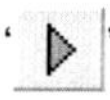'를 선택한다(상단 메뉴에서 'Simulate →  Run'을 선택해도 된다). 디지털 멀티미터에 '6 VDC' 전압값이 나타나게 된다. 측정한 전압값을 표 8-6에 작성한다.

- 개방 회로 전압 v_{OC}는 아래 수식과 같이 구할 수 있다.

$$v_{OC} = \frac{R3}{R1+R2+R3} \times V1 = \frac{3\,k\Omega}{2\,k\Omega + 1\,k\Omega + 3\,k\Omega} \times 12\,V = 6\,V$$

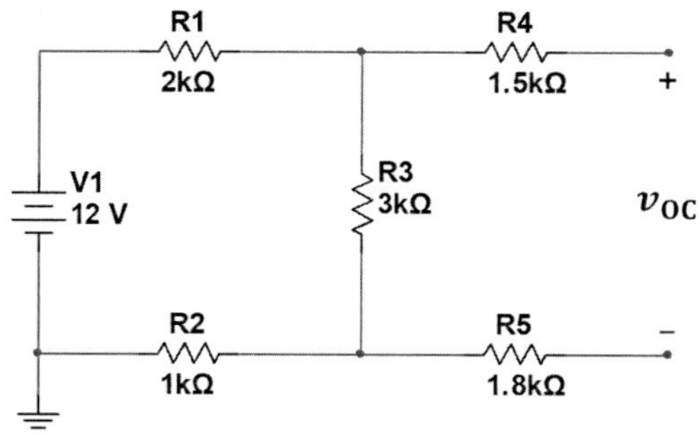

⑨ 노튼 등가회로의 노튼 저항 R_N을 측정하기 위하여 아래 그림과 같이 디지털 멀티미터를 연결한다.

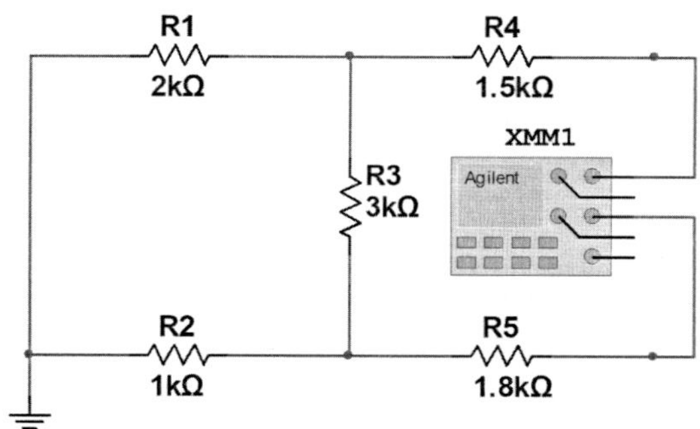

⑩ Agilent Multimeter()를 더블 클릭하면 'Agilent Multimeter-XMM1' 창이 나타난다. 'Power' 버튼을 클릭하고 'Ω 2W()' 버튼을 선택하면, LCD화면에 'Ohm'이 나타난다.

⑪ 멀티심 상단의 시뮬레이션 도구 모음에서 ''를 선택한다(상단 메뉴에서 'Simulate → 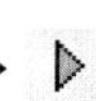 Run'을 선택해도 된다). 디지털 멀티미터에 '4.8 kOhm' 저항값이 나타나게 된다. 측정한 저항값을 표 8-6에 작성한다.

- 노튼 저항 R_N은 아래 수식과 같이 구할 수 있다.

$$R_N = (R1+R2) \parallel R3 + (R4+R5) = \frac{(R1+R2)\times R3}{(R1+R2)+R3} + (R4+R5)$$
$$= \frac{(2\,k\Omega + 1\,k\Omega)\times 3\,k\Omega}{2\,k\Omega + 1\,k\Omega + 3\,k\Omega} + 1.5\,k\Omega + 1.8\,k\Omega = 4.8\,k\Omega$$

또는

$$R_N = \frac{v_{OC}}{i_{SC}} = \frac{6\,V}{1.25\,mA} = 4.8\,k\Omega$$

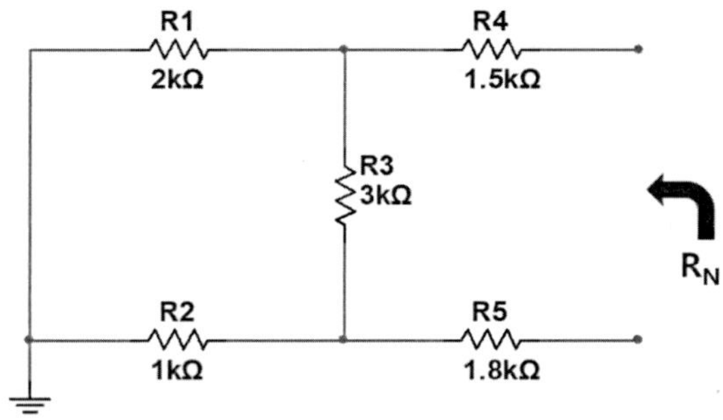

⑫ ①의 회로의 부하저항(RL)에 흐르는 전류와 부하저항(RL) 양단에 나타나는 전압을 구하여 표 8-7에 기록한다.

- ①의 회로의 부하저항(RL)에 흐르는 전류를 구한다. 디지털 멀티미터에 약 '0.833 mADC' 전류값이 나타나게 된다.

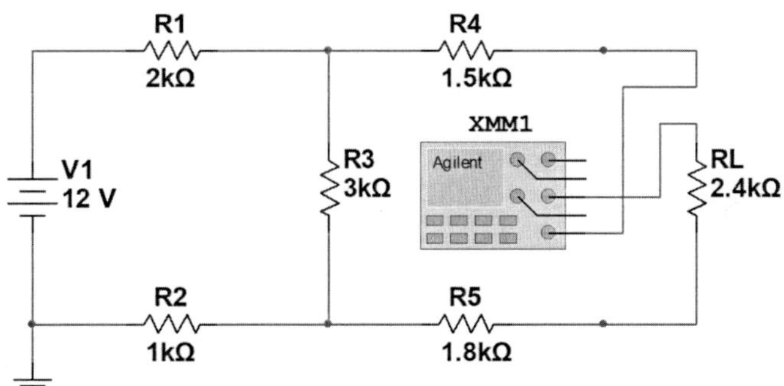

- ①의 회로의 부하저항(RL) 양단에 나타나는 전압을 구한다. 디지털 멀티미터에 '2 VDC' 전압값이 나타나게 된다.

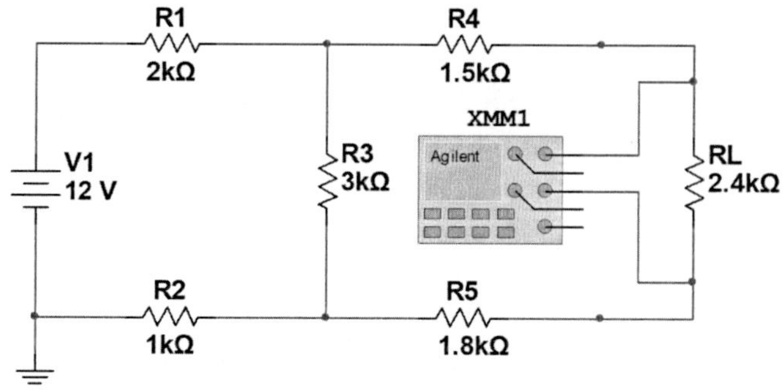

⑬ 아래 그림과 같은 노튼 등가회로에서 부하저항(RL) 흐르는 전류와 부하저항(RL) 양단에 나타나는 전압을 구하여 표 8-8에 기록한다.

직류 전류는 멀티심에서 선택하기 위하여, 멀티심 상단의 부품 도구 모음(Components Toolbar)에서 'Place Source(⏚)'를 선택하거나, 상단 메뉴에서 'Place → Component'를 선택한다. 'Select a Component' 창 왼쪽에서 'Database:'는 'Master Database', 'Group:'은 '⏚ Source', 'Family:'는 'Ⓘ SIGNAL_CURRENT_SOURCES'를 선택하고, 가운데에서 'Component:'은 'DC_CURRENT'를 선택한 후 오른쪽에서 'OK'를 클릭한다.

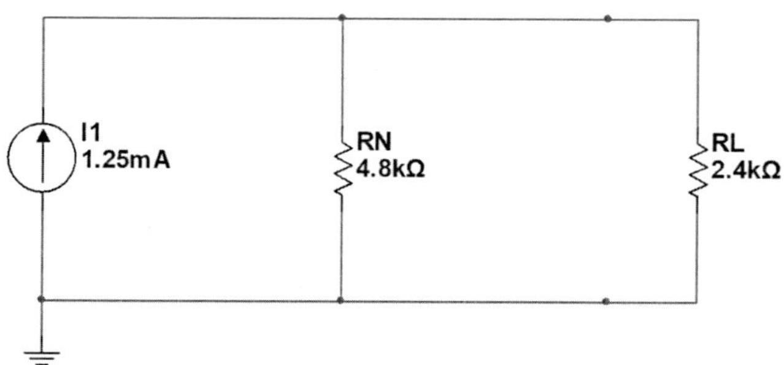

- 노튼 등가회로의 부하저항(RL)에 흐르는 전류를 구한다. 디지털 멀티미터에 약 '0.833 mADC' 전류값이 나타나게 된다.

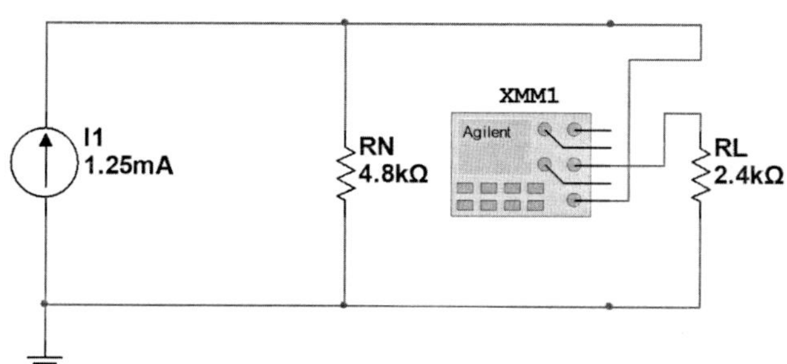

- 노튼 등가회로의 부하저항(RL)양단에 나타나는 전압을 구한다. 디지털 멀티미터에 '2 VDC' 전압값이 나타나게 된다.

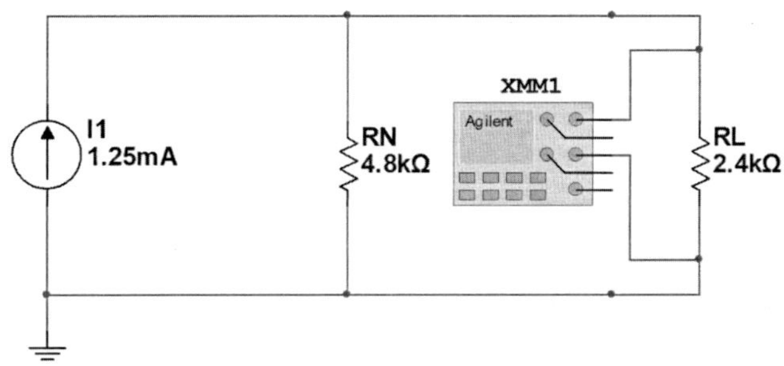

(2) 실험

① 2장 2.3 시뮬레이션 및 실험 2)의 (2)를 참조하여, 저항 100 Ω, 1 kΩ, 1.5 kΩ, 1.8 kΩ, 2 kΩ, 2.4 kΩ, 3 kΩ, 4.7 kΩ을 디지털 멀티미터로 측정하여 표 8-5에 기록한다.

② 노튼 등가회로의 단락 회로 전류 i_{SC}를 측정하기 위하여, 아래 그림과 같이 직류 전원공급장치와 디지털 멀티미터를 연결한다(직류 전원공급장치의 'CH1'의 '+'를 저항 2 kΩ에 연결하고 'CH1'의 '−'를 1 kΩ에 연결한다. 디지털 멀티미터의 'INPUT' 단자의 'AMPS'는 저항 1.5 kΩ에 연결하고 'INPUT' 단자의 'LO'는 저항 1.8 kΩ에 연결한다).

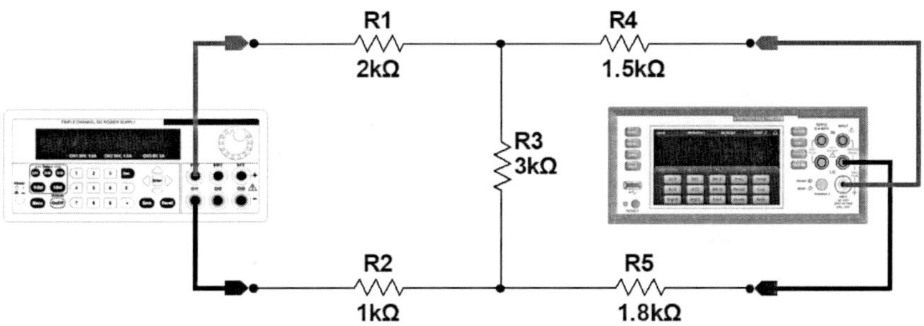

③ 디지털 멀티미터의 'POWER' 버튼을 누르면 LCD 화면이 켜진다. 디지털 멀티미터의 'FUNCTIONS'에서 'DCI DCI '를, Range는 'Auto'를 선택한다.

④ 직류 전원공급장치의 'POWER' 버튼을 'I' 상태에 놓으면 전원이 켜져서 LCD 화면이 나타난다. 'SELECT'에서 CH1(전원으로 CH2를 사용할 경우에는 CH2)과 'V-Set'을 선택하고 1 ~ 9의 숫자 버튼이나 로터리 노브를 이용하여 전압을 12 V가 되게 한다.

⑤ 직류 전원공급장치의 'OUTPUT'의 'O I' 버튼을 누른 후, 디지털 멀티미터 LCD에 나타나는 전류값을 표 8-6에 작성한다.

⑥ 직류 전원공급장치의 'OUTPUT'의 'O I' 버튼을 다시 눌러 출력을 차단시킨다.

⑦ 노튼 등가회로의 개방 회로 전압 v_{OC}를 측정하기 위하여, 아래 그림과 같이 직류 전원공급장치와 디지털 멀티미터를 연결한다(직류 전원공급장치의 'CH1'의 '+'를 저항 2 kΩ에 연결하

고 'CH1'의 '−'를 1 kΩ에 연결한다. 디지털 멀티미터의 'INPUT' 단자의 'HI'는 저항 1.5 kΩ에 연결하고 'INPUT' 단자의 'LO'는 저항 1.8 kΩ에 연결한다).

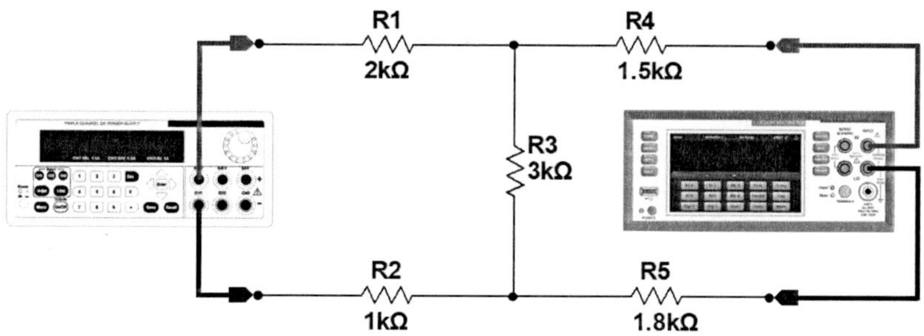

⑧ 디지털 멀티미터의 'FUNCTIONS'에서 'DCV DCV'를, Range는 'Auto'를 선택한다.

⑨ 직류 전원공급장치의 전압을 12 V가 되게 한다.

⑩ 직류 전원공급장치의 'OUTPUT'의 'O I' 버튼을 누른 후, 디지털 멀티미터 LCD에 나타나는 전압값을 표 8-6에 작성한다.

⑪ 직류 전원공급장치의 'OUTPUT'의 'O I' 버튼을 다시 눌러 출력을 차단한다.

⑫ 노튼 등가회로의 테브냉 저항 R_N를 측정하기 위하여, 아래 그림과 같이 디지털 멀티미터 2개의 단자를 저항 1.5 kΩ과 1.8 kΩ에 각각 연결한다('INPUT' 단자의 'HI' 부분을 저항 1.5 kΩ에, 'LO' 부분을 1.8 kΩ에 각각 연결한다(저항 측정에서는 반대로 연결해도 된다)).

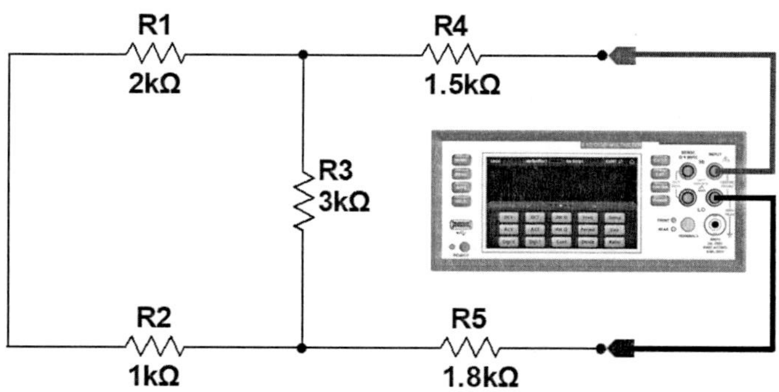

⑬ 'FUNCTIONS'에서 '2W Ω 2W Ω'을, Range는 'Auto'를 선택한다.

⑭ 디지털 멀티미터 LCD에 나타나는 저항값을 표 8-6에 작성한다

⑮ 부하저항(RL)에 흐르는 전류를 측정하기 위하여, 아래 그림과 같이 직류 전원공급장치와 디지털 멀티미터를 연결한다(직류 전원공급장치의 'CH1'의 '+'를 저항 2 kΩ에 연결하고 'CH1'의 '−'는 저항 1 kΩ에 연결한다. 디지털 멀티미터의 'INPUT' 단자의 'AMPS'는 저항 1.5 kΩ에 연결하고 디지털 멀티미터의 'INPUT' 단자의 'LO'는 저항 2.4 kΩ에 연결한다).

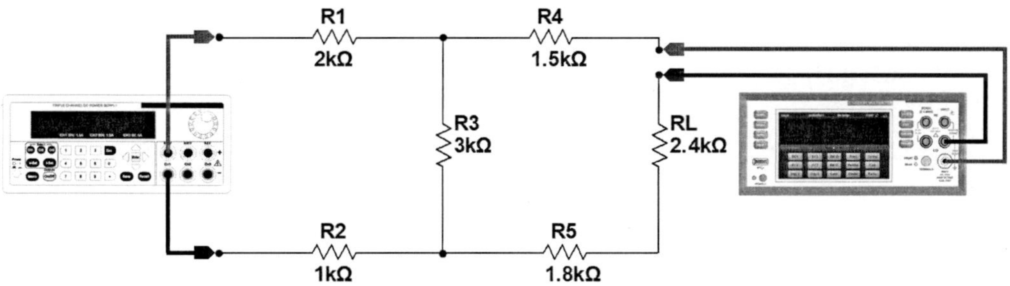

⑯ ③ ~ ⑥ 참조하여, 디지털 멀티미터 LCD에 나타나는 전류값을 표 8-7에 작성한다.

⑰ 부하저항(RL) 양단에 나타나는 전압을 측정하기 위하여, 아래 그림과 같이 직류 전원공급장치와 디지털 멀티미터를 연결한다(직류 전원공급장치의 'CH1'의 '+'를 저항 2 kΩ에 연결하고 'CH1'의 '-'를 1 kΩ에 연결한다. 디지털 멀티미터의 'INPUT' 단자의 'HI'는 저항 1.5 kΩ과 2.4 kΩ이 접속되어 있는 마디에 연결하고 디지털 멀티미터의 'INPUT' 단자의 'LO'는 저항 1.8 kΩ과 2.4 kΩ이 접속되어 있는 마디에 연결한다).

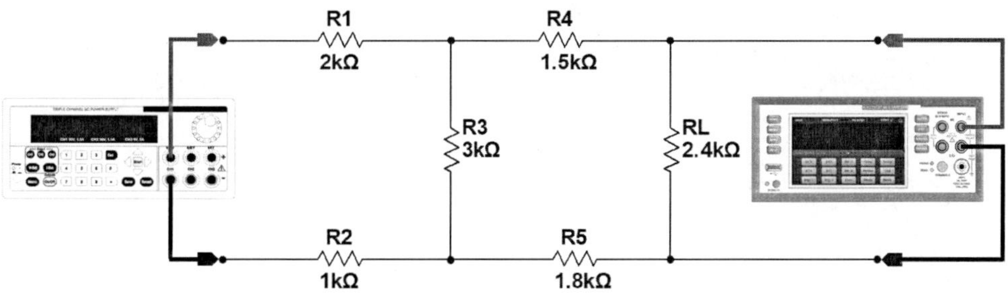

⑱ ⑧ ~ ⑪을 참조하여, 디지털 멀티미터 LCD에 나타나는 전압값을 표 8-7에 작성한다.

⑲ 노튼 등가회로의 직류 전류원은 직류 전원공급장치에서 공급되지 못한다. 따라서 노튼 등가회로를 아래와 같은 테브냉 등가회로로 변경하여 실험한다.

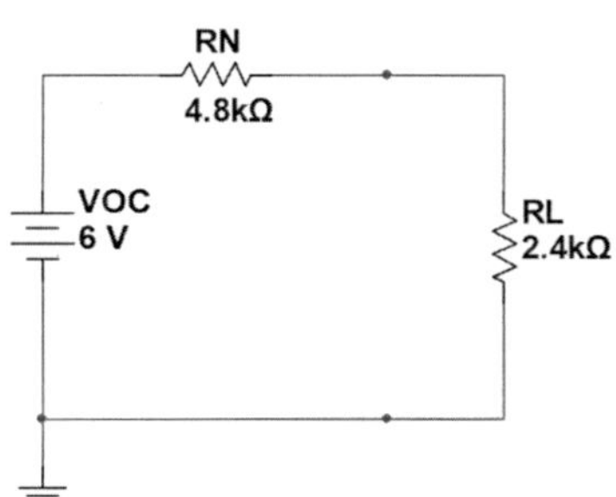

⑳ 저항 4.8 kΩ을 사용할 수 없을 경우에는, 아래 그림과 같이 100 Ω과 4.7 kΩ을 직렬로 연결하여 사용한다.

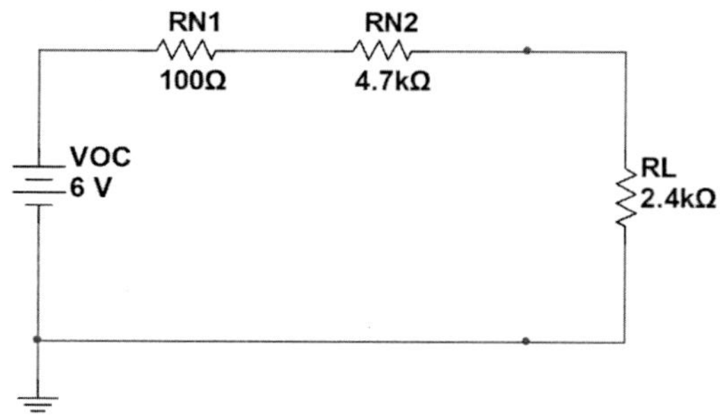

㉑ 노튼 등가회로를 전원변환하여 구한 테브냉 등가회로의 부하저항(RL)에 흐르는 전류를 측정하기 위하여, 아래 그림과 같이 직류 전원공급장치와 디지털 멀티미터를 연결한다(직류 전원공급장치의 'CH1'의 '+'를 저항 100 Ω에 연결하고 'CH1'의 '–'는 저항 2.4 kΩ에 연결한다. 디지털 멀티미터의 'INPUT' 단자의 'AMPS'는 저항 4.7 kΩ에 연결하고 디지털 멀티미터의 'INPUT' 단자의 'LO'는 저항 2.4 kΩ에 연결한다).

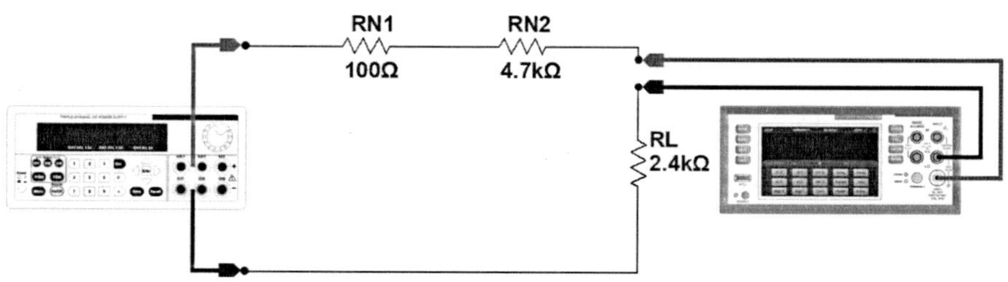

㉒ ③ ~ ⑥을 참조하여(단, ④에서의 직류 전원공급장치의 CH1 전압은 6 V가 되게 한다), 디지털 멀티미터 LCD에 나타나는 전류값을 표 8-8에 작성한다.

㉓ 노튼 등가회로를 전원변환하여 구한 테브냉 등가회로의 부하저항(RL) 양단에 나타나는 전압을 측정하기 위하여, 아래 그림과 같이 직류 전원공급장치와 디지털 멀티미터를 연결한다(직류 전원공급장치의 'CH1'의 '+'과 저항 100 Ω에 연결하고 디지털 멀티미터의 'INPUT' 단자의 'HI'는 저항 4.7 kΩ과 2.4 kΩ이 접속되어 있는 마디에 연결하며, 직류 전원공급장치의 'CH1'의 '–'와 디지털 멀티미터의 'INPUT' 단자의 'LO'는 저항 2.4 kΩ에 연결한다).

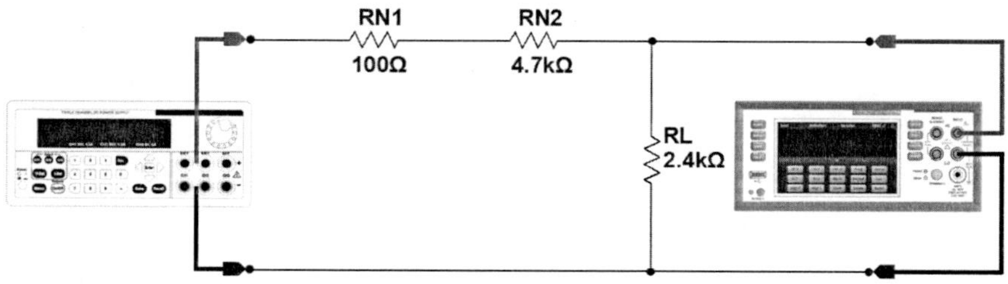

㉔ ⑧ ~ ⑪을 참조하여(단, ⑨에서의 직류 전원공급장치의 CH1 전압은 6 V가 되게 한다), 디지털 멀티미터 LCD에 나타나는 전압값을 표 8-8에 작성한다.

4) 실험 결과 및 고찰

학과	학번	학년	이름

(1) 테브냉 정리

① 저항값들을 측정하여 기록한다.

표 8-1

저항값	1.2 kΩ	2 kΩ	3 kΩ	2.4 kΩ	2.4 kΩ
실험측정값	Ω	Ω	Ω	Ω	Ω

② 테브냉 등가회로의 개방 회로 전압 v_{TH}, 단락 회로 전류 i_{SC}, 테브냉 저항 R_{TH}를 기록한다.

표 8-2

	이론값	시뮬레이션값	실험측정값	오차 (이론 - 실험측정)
v_{TH}	V	V	V	%
i_{SC}	A	A	A	%
R_{TH}	Ω	Ω	Ω	%

③ 2)의 (1)의 ① 회로에서, 부하저항(RL)에 흐르는 전류와 부하저항(RL) 양단에 나타나는 전압을 기록하고 이론값 계산 과정을 작성한다.

표 8-3

	이론값	시뮬레이션값	실험측정값	오차 (이론 - 실험측정)
전압값	V	V	V	%
전류값	A	A	A	%

[이론값 계산 과정]

④ 테브냉 등가회로에서 부하저항(RL)에 흐르는 전류와 부하저항(RL) 양단에 나타나는 전압을 기록하고 이론값 계산 과정을 작성한다.

표 8-4

	이론값	시뮬레이션값	실험값	오차
전압값	V	V	V	%
전류값	A	A	A	%

[이론값 계산 과정]

⑤ 표 8-2와 표 8-3 및 표 8-4에서, 이론값을 기준으로 시뮬레이션값과 실험 측정값에서 오차가 발생한다면 이유는 무엇인가요?

⑥ 표 8-3와 표 8-4의 전압값과 전류값은 각각 동일한 값이어야 합니다. 만일 차이가 발생한다면 이유는 무엇인가요?

(2) 노튼 정리

① 저항값들을 측정하여 기록한다.

표 8-5

저항값	100 Ω	1 kΩ	1.5 kΩ	1.8 kΩ	2 kΩ	2.4 kΩ	3 kΩ	4.7 kΩ
실험측정값	Ω	Ω	Ω	Ω	Ω	Ω	Ω	Ω

② 노튼 등가회로의 단락 회로 전류 i_{SC}, 개방 회로 전압 v_{OC}, 노튼 저항 R_N를 기록한다.

표 8-6

	이론값	시뮬레이션값	실험측정값	오차 (이론 - 실험측정)
i_{SC}	A	A	A	%
v_{OC}	V	V	V	%
R_N	Ω	Ω	Ω	%

③ 3)의 (1)의 ① 회로에서, 부하저항(RL)에 흐르는 전류와 부하저항(RL) 양단에 나타나는 전압을 기록하고 이론값 계산 과정을 작성한다.

표 8-7

	이론값	시뮬레이션값	실험측정값	오차 (이론 - 실험측정)
전압값	V	V	V	%
전류값	A	A	A	%

[이론값 계산 과정]

④ 노튼 등가회로에서 부하저항(RL)에 흐르는 전류와 부하저항(RL) 양단에 나타나는 전압을 기록하고 이론값 계산 과정을 작성한다.

표 8-8

	이론값	시뮬레이션값	실험값	오차
전압값	V	V	V	%
전류값	A	A	A	%

[이론값 계산 과정]

⑤ 표 8-5와 표 8-6 및 표 8-7에서, 이론값을 기준으로 시뮬레이션값과 실험 측정값에서 오차가 발생한다면 이유는 무엇인가요?

⑥ 표 8-7와 표 8-8의 전압값과 전류값은 각각 동일한 값이어야 합니다. 만일 차이가 발생한다면 이유는 무엇인가요?

⑦ 테브난과 노튼 정리를 사용하면 회로 해석에 이로운 점이 무엇인지 설명하세요.

5) 연습문제

(1) 테브냉 정리

① 아래 회로를 시뮬레이션하고 실험하여 테브냉 등가회로의 개방 회로 전압 v_{TH}, 단락 회로 전류 i_{SC}, 테브냉 저항 R_{TH}를 구한다.

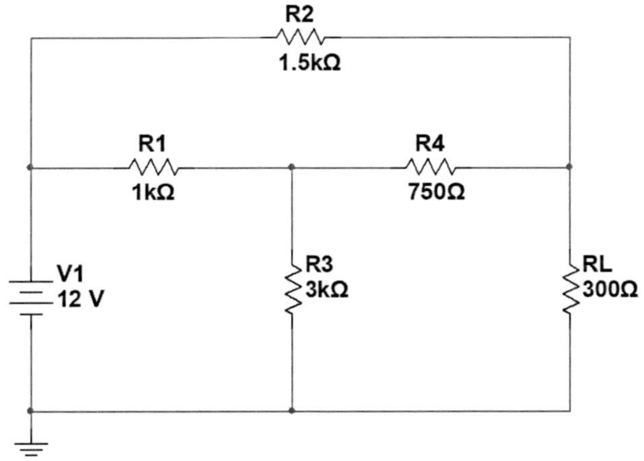

	이론값	시뮬레이션값	실험측정값	오차 (이론－실험측정)
v_{TH}	V	V	V	%
i_{SC}	A	A	A	%
R_{TH}	Ω	Ω	Ω	%

② ①의 회로에서, 시뮬레이션하고 실험하여 부하 저항(RL) 양단에 나타나는 전압값과 부하 저항(RL)에 흐르는 전류값을 구한다.

	이론값	시뮬레이션값	실험값	오차
전압값	V	V	V	%
전류값	A	A	A	%

③ 테브냉 등가회로와 부하 저항(RL)을 연결하여 부하 저항(RL) 양단에 나타나는 전압값과 부하 저항(RL)에 흐르는 전류값을 구한다.

	이론값	시뮬레이션값	실험값	오차
전압값	V	V	V	%
전류값	A	A	A	%

(2) 노튼 정리

① 아래 회로를 시뮬레이션하고 실험하여 노튼 등가회로의 단락 회로 전류 i_{SC}, 개방 회로 전압 v_{OC}, 노튼 저항 R_N을 구한다.

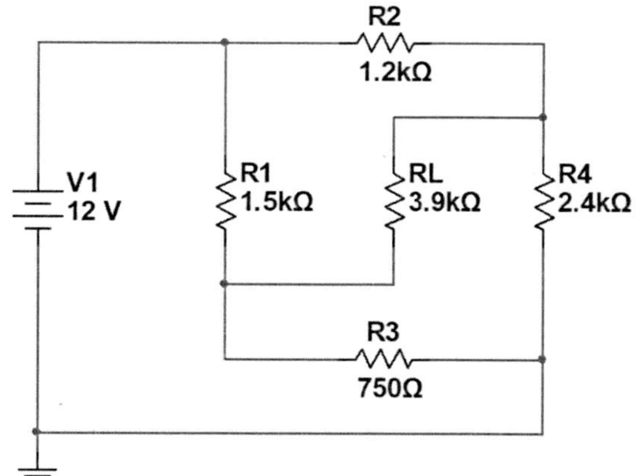

	이론값	시뮬레이션값	실험측정값	오차 (이론 - 실험측정)
i_{SC}	A	A	A	%
v_{OC}	V	V	V	%
R_N	Ω	Ω	Ω	%

② ①의 회로에서, 시뮬레이션하고 실험하여 부하 저항(RL) 양단에 나타나는 전압값과 부하 저항(RL)에 흐르는 전류값을 구한다.

	이론값	시뮬레이션값	실험값	오차
전압값	V	V	V	%
전류값	A	A	A	%

③ 노튼 등가회로를 변환한 테브난 등가회로와 부하 저항(RL)을 연결하여 부하 저항(RL) 양단에 나타나는 전압값과 부하 저항(RL)에 흐르는 전류값을 구한다.

	이론값	시뮬레이션값	실험값	오차
전압값	V	V	V	%
전류값	A	A	A	%

9

중첩의 원리와 최대 전력 전달

9.1 실험 목적

여러 개의 독립 전원들로 구성된 전기회로를 각각의 독립 전원만 있을 때의 전기회로로 변환하여 전기회로를 해석한 후 대수적으로 합산하는 중첩의 원리(principle of superposition)와 부하에 전력을 최대로 전달하기 위하여 부하의 용량을 찾는 최대 전력 전달(maximum power transfer)을 시뮬레이션과 실험으로 이해한다.

9.2 실험에 적용된 이론

1) 중첩의 원리(principle of superposition)

중첩의 원리(principle of superposition)는 2개 이상의 독립 전원을 포함하고 있는 선형회로에서 회로 내의 임의의 소자에 흐르는 전류와 소자에 나타나는 전압은 각각의 독립 전원이 하나씩 동작할 때의 전류 또는 전압을 대수적으로 합산한 것과 동일하다는 것이다. 중첩의 원리를 적용할 때, 하나의 독립 전원을 제외한 나머지 전원이 소자에 영향을 주지 않도록 나머지 독립 전원들을 0으로 하여야 한다. 즉, 독립 전압원은 전압의 크기가 0 V이므로 단락회로로, 독립 전류원은 전류의 크기가 0 A이므로 개방회로로 변경하면 된다.

중첩의 원리를 이용하여 회로를 해석하기 위한 기본적인 절차는 다음과 같다.

⇒ 하나의 독립 전원을 제외한 나머지 모든 독립 전원은 0으로 하고 그 전원에 의한 임의의 소자(예를 들어, 소자 A)에 흐르는 전류(또는 소자에 나타나는 전압)을 구한다. 이때 나머지 독립 전압원은 단락회로로, 독립 전류원은 개방회로로 변경한다.

⇒ 두 번째 독립 전원을 제외한 나머지 독립 전원을 0으로 하여 두 번째 독립 전원에 의한 소자 A에 흐르는 전류(또는 소자 A에 나타나는 전압)을 구한다.

⇒ 모든 독립 전원에 의해 구해진 소자 A에 흐르는 전류(또는 소자 A에 나타나는 전압)들을 대수적으로 더하여 전체 전류(또는 전압)를 구한다.

그림 9-1은 2개의 독립 전압원을 갖는 회로이다. 그림 9-2a는 독립 전압원 v_{s1}만 있고 독립 전압원 v_{s2}는 0 V(단락회로로 변경)로 만든 것이며, 그림 9-2b는 독립 전압원 v_{s2}만 있고 독립 전압원 v_{s1}은 0 V(단락회로로 변경)로 구성한 것이다.

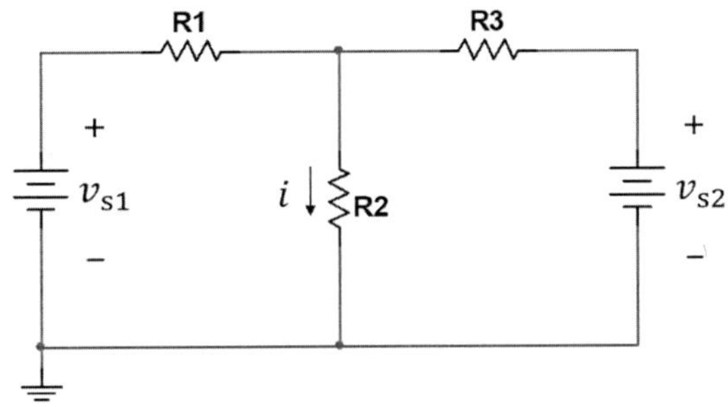

그림 9-1 2개의 독립 전압원을 갖는 회로

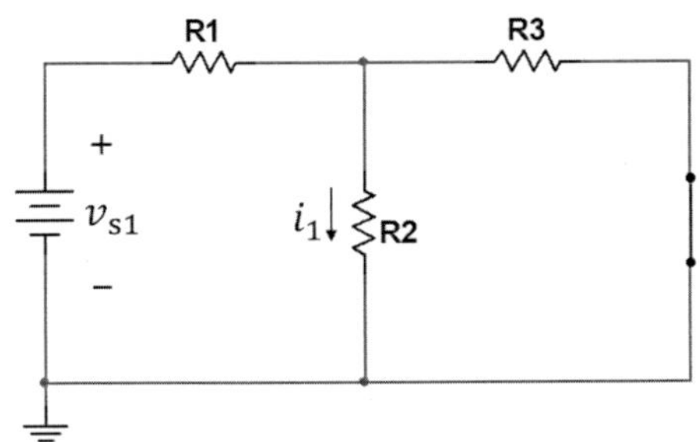

그림 9-2a 독립 전압원 v_{s1}만 있는 경우

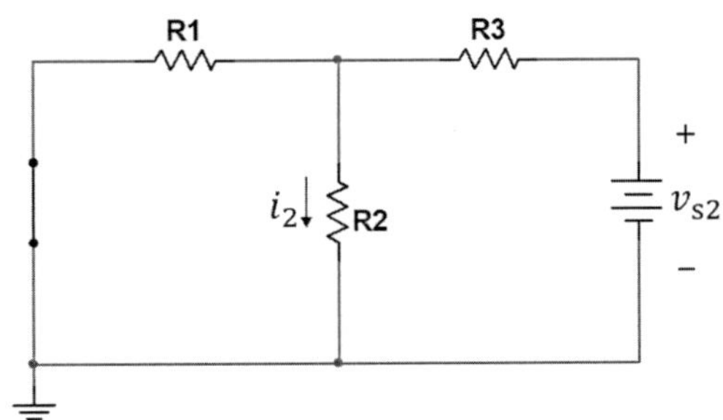

그림 9-2b 독립 전압원 v_{s2}만 있는 경우

그림 9-2 2개의 독립 전압원이 각각 1개만 있는 경우

그림 9-1의 저항 R2에 흐르는 전류 i는 그림 9-2a의 저항 R2에 흐르는 전류 i_1과 그림 9-2b의 저항 R2에 흐르는 전류 i_2의 합으로 표현된다.

$$i = i_1 + i_2$$

2) 최대 전력 전달(maximum power transfer)

회로의 부하에 전력이 최대로 전달하는 것이 필요한 경우가 많다. 그림 9-3a와 같이 회로 A(회로 A는 저항, 독립 전원 및 종속 전원을 포함)와 부하 R_L이 연결되어 있을 때, 부하 R_L에 전력을 최대로 전달하기 위해서는 그림 9-3b와 같이 회로 A를 테브냉 등가회로로 변환하고 부하 R_L 값을 찾아야 한다(회로 A를 노튼 등가회로로 변환하여 부하 R_L 값을 찾아도 동일한 결과가 나타난다).

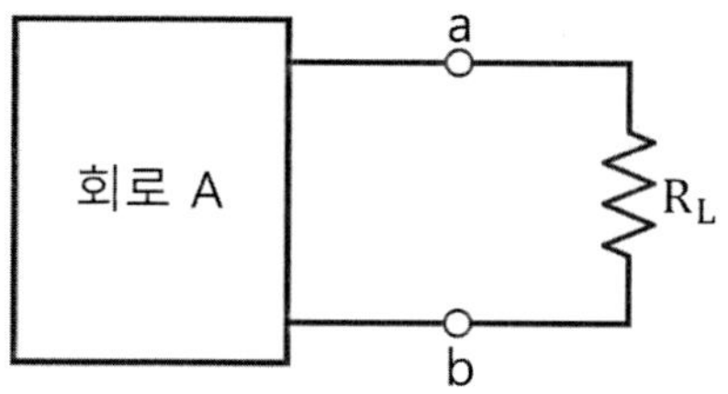

그림 9-3a 회로 A와 부하 R_L로 구성된 회로

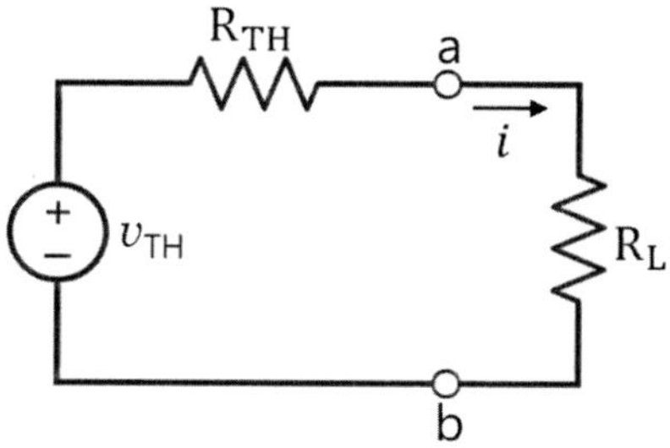

그림 9-3b 회로 A를 테브냉 등가회로로 변환

그림 9-3 부하 R_L에 최대 전력을 전달하기 위한 회로 A의 변환

그림 9-3b 회로에서, 부하 R_L에 전력이 최대로 전달될 때의 부하 R_L을 찾아보면 다음과 같다. 부하 R_L로 전달되는 전력을 구하면 아래 식과 같다.

$$p = i^2 R_L = \left(\frac{v_{TH}}{R_{TH} + R_L}\right)^2 \times R_L$$

여기서, 전류 i는 $i = \dfrac{v_{TH}}{R_{TH} + R_L}$이다.

전압원 v_{TH}와 저항 R_{TH}는 알고 있는 고정값이라고 가정하면, 최대로 전달되는 전력은 부하 R_L의 함수이다. 전력이 최대로 전달되는 부하 R_L의 값을 구하기 위해 $\dfrac{dp}{dR_L} = 0$의 미분 연산을 사용한다.

$$\frac{dp}{dR_L} = v_{TH}^2 \frac{(R_{TH} + R_L)^2 - 2(R_{TH} + R_L)R_L}{(R_{TH} + R_L)^4} \text{ 이므로}$$

$$\frac{dp}{dR_L} = v_{TH}^2 \frac{(R_{TH} + R_L)^2 - 2(R_{TH} + R_L)R_L}{(R_{TH} + R_L)^4} = 0$$

$$\Rightarrow (R_{TH} + R_L)^2 - 2(R_{TH} + R_L)R_L = 0$$

$$\Rightarrow (R_{TH} + R_L)(R_{TH} + R_L - 2R_L) = 0$$

$$\Rightarrow R_L = R_{TH} \text{ 이 된다.}$$

부하 R_L로 전달되는 최대 전력은 아래와 같이 된다. 최대 전력 전달 이론에 의하면, 테브냉 등가회로의 전압원에서 공급하는 최대 전력은 부하 R_L이 테브냉 저항 R_{TH}와 같을 때 얻어진다.

$$p_{max} = \left(\frac{v_{TH}}{R_{TH} + R_L}\right)^2 \times R_{TH} = \left(\frac{v_{TH}}{R_{TH} + R_{TH}}\right)^2 \times R_{TH} = \frac{v_{TH}^2}{4R_{TH}} = \frac{v_{TH}^2}{4R_L}$$

그림 9-4의 노튼 등가회로의 경우. 전류원에서 공급하는 최대 전력은 부하 R_L이 노튼 저항 R_N과 같을 때 얻어진다.

$$p_{max} = \frac{i_{sc}^2 R_N^2 R_L}{(R_N + R_L)^2} = \frac{i_{sc}^2 R_N}{4}$$

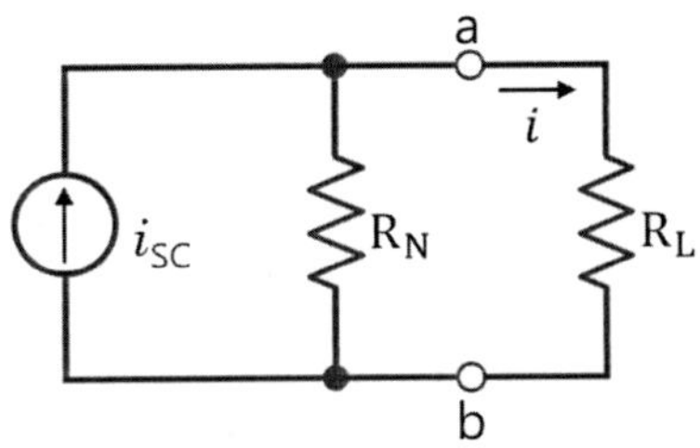

그림 9-4 그림 9-3a의 회로 A를 노튼 등가회로로 변환

9.3 시뮬레이션 및 실험

1) 사용 장비 및 부품

멀티심(multisim) 시뮬레이터

직류 전원공급장치 : 1대

디지털 멀티미터 : 1대

브레드 보드 : 1대

저항 : 120 Ω, 180 Ω, 240 Ω, 300 Ω, 200 Ω(2개), 1 kΩ, 1.5 kΩ, 2 kΩ, 3 kΩ

2) 중첩의 원리

(1) 시뮬레이션

① 1장 1.3 시뮬레이션 및 실험 2)와 3)의 시뮬레이션의 회로 설계 방법을 참조하여, 멀티심 회로 설계 영역에 아래 그림과 같은 회로를 구성한다. 저항 R3(120 Ω) 양단에 나타나는 전압과 저항 R3(120 Ω)에 흐르는 전류를 구한다.

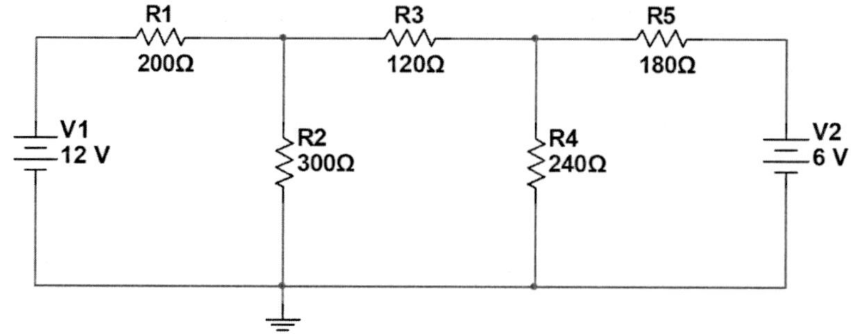

② 전압 V1(12 V)만 회로의 전원으로 사용될 때, 저항 R3(120 Ω) 양단에 나타나는 전압을 측정하기 위하여 아래 그림과 같이 디지털 멀티미터를 연결한다.

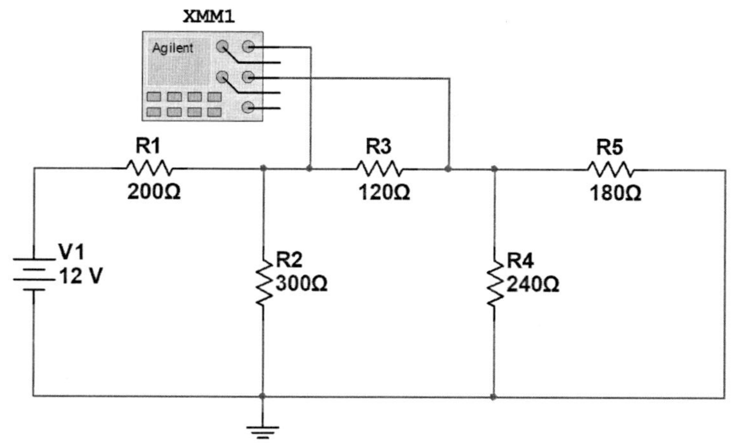

③ Agilent Multimeter( )를 더블 클릭하면 'Agilent Multimeter–XMM1' 창이 나타난다. 'Power' 버튼을 클릭한다. 전압를 측정하기 위하여 'DC V( )' 버튼을 클릭하면 'DC V'가 선택되어 LCD 화면에 'VDC'가 나타난다.

④ 멀티심 상단의 시뮬레이션 도구 모음에서 ' '를 선택한다(상단 메뉴에서 'Simulate → Run'을 선택해도 된다). 디지털 멀티미터에 '2.52 VDC' 전압값이 나타나게 된다. 측정된 전압값을 표 9–2에 작성한다.

⑤ ② ~ ④를 참조하여, 저항 200 Ω(R1), 300 Ω(R2), 240 Ω(R4), 180 Ω(R5) 양단에 나타나는 각각의 전압을 디지털 멀티미터로 측정하여 표 9–2에 작성한다.

- 저항 200 Ω(R1), 300 Ω(R2), 120 Ω(R3), 240 Ω(R4), 180 Ω(R5) 양단에 나타나는 각각의 전압은 마디 전압 해석법을 이용하여 아래 수식과 같이 구할 수 있다. 저항 200 Ω(R1)과 300 Ω(R2)과 120 Ω(R3)이 접속되어 있는 마디 전압이 v_a이고, 저항 120 Ω(R3)과 240 Ω(R4)과 180 Ω(R5)이 접속되어 있는 마디 전압이 v_b이다.

$$\frac{v_a - V1}{R1} + \frac{v_a}{R2} + \frac{v_a - v_b}{R3} = \frac{v_a - 12}{200\,\Omega} + \frac{v_a}{300\,\Omega} + \frac{v_a - v_b}{120\,\Omega} = 0$$

$$\frac{v_b - v_a}{R3} + \frac{v_b}{R4} + \frac{v_b}{R5} = \frac{v_b - v_a}{120\,\Omega} + \frac{v_b}{240\,\Omega} + \frac{v_b}{180\,\Omega} = 0$$

위 두 수식으로부터, $v_a = 4.68\,V$, $v_a = 2.16\,V$ 이다.

따라서 v_a와 v_b를 이용하여 각 저항에서의 양단 전압들을 구할 수 있다.

⑥ 전압 V1(12 V)만 회로의 전원으로 사용될 때, 저항 R3(120 Ω)에 흐르는 전류를 측정하기 위하여 아래 그림과 같이 디지털 멀티미터를 연결한다.

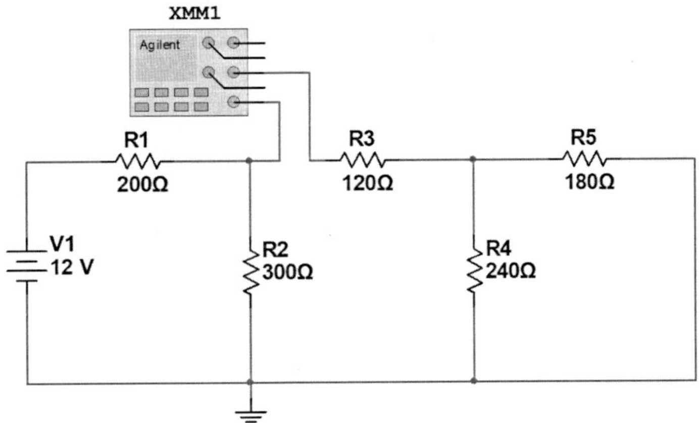

⑦ Agilent Multimeter( )를 더블 클릭하면 'Agilent Multimeter–XMM1' 창이 나타난다. 'Power' 버튼을 클릭한다. 전류를 측정하기 위하여 'Shift(Shift)' 버튼을 누른 후, 'DC V (DC V)' 버튼을 클릭하면 'DC I'가 선택되어 LCD 화면에 'ADC'가 나타난다.

⑧ 멀티심 상단의 시뮬레이션 도구 모음에서 ' ▷ '를 선택한다(상단 메뉴에서 'Simulate → ▷ Run'을 선택해도 된다). 디지털 멀티미터에 '21 mADC' 전류값이 나타나게 된다. 측정된 전류값을 표 9–3에 작성한다.

⑨ ⑥ ~ ⑧을 참조하여, 저항 200 Ω(R1), 300 Ω(R2), 240 Ω(R4), 180 Ω(R5)에 흐르는 각각의 전류를 디지털 멀티미터로 측정하여 표 9–3에 작성한다.

- 저항 200 Ω(R1), 300 Ω(R2), 120 Ω(R3), 240 Ω(R4), 180 Ω(R5)에 흐르는 각각의 전류는 ⑤에서 구한 각 저항에서의 양단 전압과 옴의 법칙을 이용하여 구할 수 있다.

⑩ 전압 V2(6 V)만 회로의 전원으로 사용될 때, 저항 R3(120 Ω) 양단에 나타나는 전압을 측정하기 위하여 아래 그림과 같이 디지털 멀티미터를 연결한다.

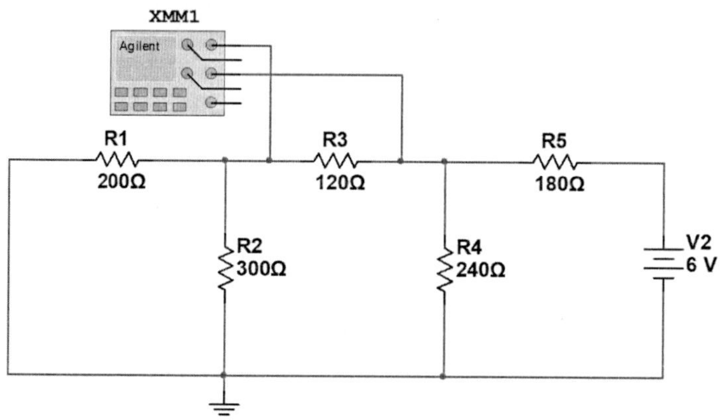

⑪ ③과 ④를 참조하여, 디지털 멀티미터에 나타나는 전압값을 표 9-4에 작성한다.

⑫ ② ~ ④를 참조하여, 저항 200 Ω(R1), 300 Ω(R2), 240 Ω(R4), 180 Ω(R5) 양단에 나타나는 각각의 전압을 디지털 멀티미터로 측정하여 표 9-4에 작성한다.

- 저항 200 Ω(R1), 300 Ω(R2), 120 Ω(R3), 240 Ω(R4), 180 Ω(R5) 양단에 나타나는 각각의 전압은 ⑤와 같이 구할 수 있다.

⑬ 전압 V2(6 V)만 회로의 전원으로 사용될 때, 저항 R3(120 Ω)에 흐르는 전류를 측정하기 위하여 아래 그림과 같이 디지털 멀티미터를 연결한다.

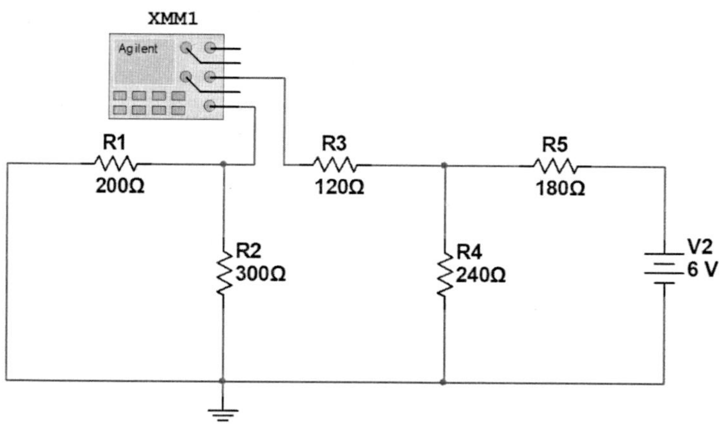

⑭ ⑦과 ⑧을 참조하여, 디지털 멀티미터에 나타나는 전류값을 표 9-5에 작성한다.

⑮ ⑥ ~ ⑧을 참조하여, 저항 200 Ω(R1), 300 Ω(R2), 240 Ω(R4), 180 Ω(R5)에 흐르는 각각의 전류를 디지털 멀티미터로 측정하여 표 9-5에 작성한다.

- 저항 200 Ω(R1), 300 Ω(R2), 120 Ω(R3), 240 Ω(R4), 180 Ω(R5)에 흐르는 각각의 전류는 ⑫에서 구한 각 저항에서의 양단 전압과 옴의 법칙을 이용하여 구할 수 있다.

⑯ 회로의 전원으로 전압 V1(12 V)과 V2(6 V)가 모두 사용될 때, 저항 R3(120 Ω)에 흐르는 전

류를 측정하기 위하여 아래 그림과 같이 디지털 멀티미터를 연결한다.

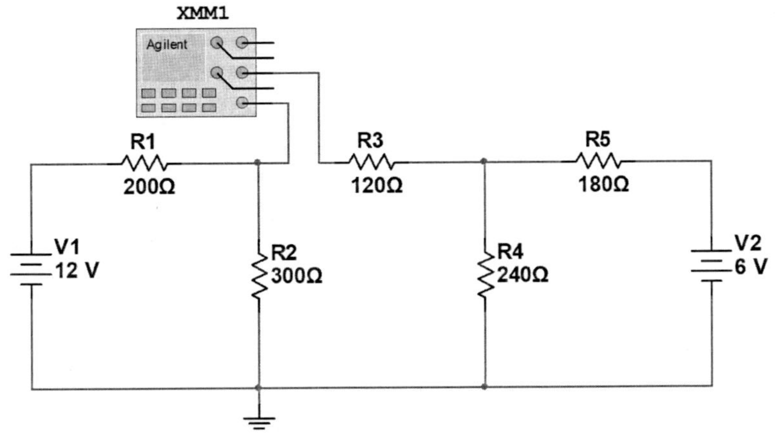

⑰ ⑦과 ⑧을 참조하여, 디지털 멀티미터에 나타나는 전류값을 표 9-6에 작성한다.

⑱ ⑯과 ⑰을 참조하여, 저항 200 Ω(R1), 300 Ω(R2), 240 Ω(R4), 180 Ω(R5)에 흐르는 각각의 전류를 디지털 멀티미터로 측정한 후 표 9-6에 작성한다.

- 저항 200 Ω(R1), 300 Ω(R2), 120 Ω(R3), 240 Ω(R4), 180 Ω(R5)에 흐르는 전류는 메시 전류 해석법을 이용하여 아래 수식과 같이 구할 수 있다.

$$R_1 i_1 + R_2(i_1 - i_2) = 200\,i_1 + 300\,(i_1 - i_2) = 500\,i_1 - 300\,i_2 = 12$$

$$\begin{aligned} R_3 i_2 + R_4(i_2 - i_3) + R_2(i_2 - i_1) &= 120\,i_2 + 240\,(i_2 - i_3) + 300\,(i_2 - i_1) \\ &= -300\,i_1 + 660\,i_2 - 240\,i_3 = 0 \end{aligned}$$

$$R_5 i_3 + R_4(i_3 - i_2) = 180\,i_3 + 240\,(i_3 - i_2) = -240\,i_2 + 420\,i_3 = -6$$

$$\Rightarrow i_1 = 30.6\,\text{mA},\ i_2 = 11\,\text{mA},\ i_3 = -8\,\text{mA}$$

$$\Rightarrow i_{R1} = 30.6\,\text{mA},\ i_{R2} = i_1 - i_2 = 19.6\,\text{mA}$$

$$\Rightarrow i_{R3} = 11\,\text{mA},\ i_{R4} = i_2 - i_3 = 19\,\text{mA},\ i_{R5} = -8\,\text{mA}$$

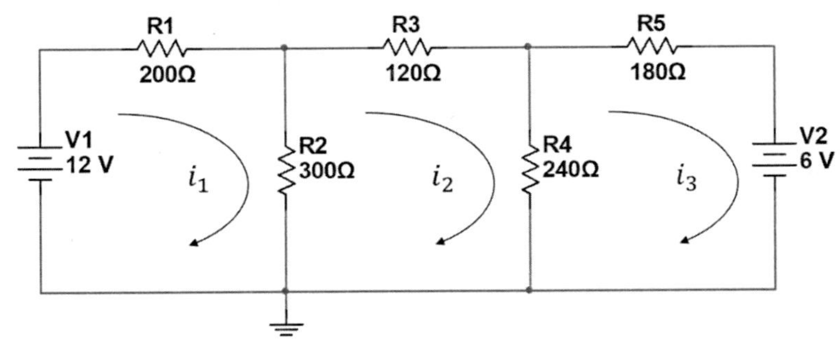

⑲ 회로의 전원으로 전압 V1(12 V)과 V2(6 V)가 모두 사용될 때, 저항 R3(120 Ω) 양단에 나타나는 전압을 측정하기 위하여 아래 그림과 같이 디지털 멀티미터를 연결한다.

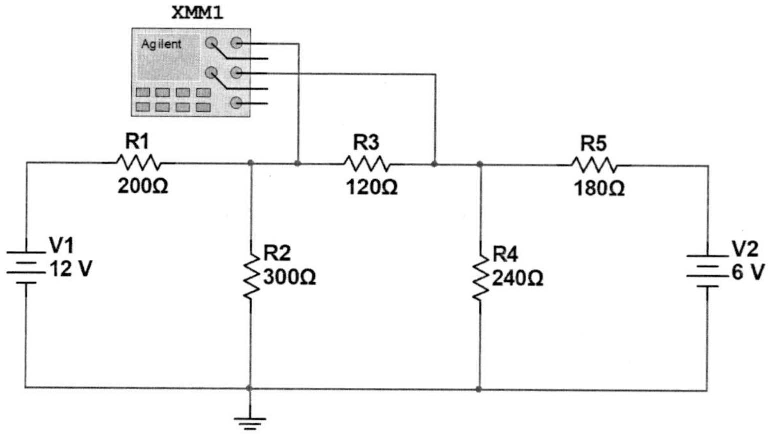

⑳ ③과 ④를 참조하여, 디지털 멀티미터에 나타나는 전압값을 표 9-7에 작성한다.

㉑ ⑲와 ⑳ 을 참조하여, 저항 200 Ω(R1), 300 Ω(R2), 240 Ω(R4), 180 Ω(R5) 양단에 나타나는 각각의 전압을 디지털 멀티미터로 측정한 후 표 9-7에 작성한다.

- 저항 200 Ω(R1), 300 Ω(R2), 120 Ω(R3), 240 Ω(R4), 180 Ω(R5) 양단에 나타나는 각각의 전압은 ⑱의 메시 전류 해석법에서 구한 각각의 저항에 흐르는 전류와 옴의 법칙을 이용하여 아래 수식과 같이 구할 수 있다.

$$v_{R1} = R1 \times i_{R1} = 200\,\Omega \times 30.6\,\text{mA} = 6.12\,\text{V}$$

$$v_{R2} = R2 \times i_{R2} = 300\,\Omega \times 19.6\,\text{mA} = 5.88\,\text{V}$$

$$v_{R3} = R3 \times i_{R3} = 120\,\Omega \times 11\,\text{mA} = 1.32\,\text{V}$$

$$v_{R4} = R4 \times i_{R4} = 240\,\Omega \times 19\,\text{mA} = 4.56\,\text{V}$$

$$v_{R5} = R5 \times i_{R5} = 180\,\Omega \times -8\,\text{mA} = -1.44\,\text{V}$$

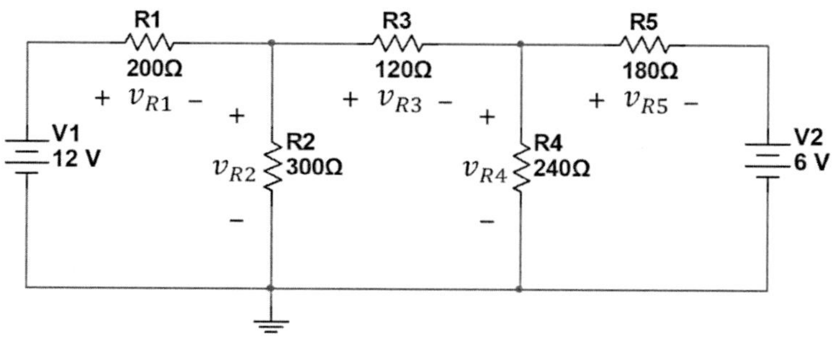

(2) 실험

① 2장 2.3 시뮬레이션 및 실험 2)의 (2)를 참조하여, 저항 120 Ω, 180 Ω, 200 Ω, 240 Ω, 300 Ω을 디지털 멀티미터로 측정하여 표 9–1에 기록한다.

② 전압 V1(12 V)만 회로의 전원으로 사용될 때 저항 R3(120 Ω) 양단에 나타나는 전압을 측정하기 위하여, 아래 그림과 같이 직류 전원공급장치와 디지털 멀티미터를 연결한다(직류 전원공급장치의 'CH1'의 '+'를 저항 200 Ω에 연결하고 'CH1'의 '–'는 저항 300 Ω과 저항 240 Ω과 저항 180 Ω이 접속되어 있는 마디에 연결한다. 디지털 멀티미터의 'INPUT' 단자의 'HI'는 저항 200 Ω과 저항 120 Ω과 저항 300 Ω이 접속되어 있는 마디에 연결하고 'INPUT' 단자의 'LO'는 저항 120 Ω과 저항 180 Ω과 저항 240 Ω이 접속되어 있는 마디에 연결한다).

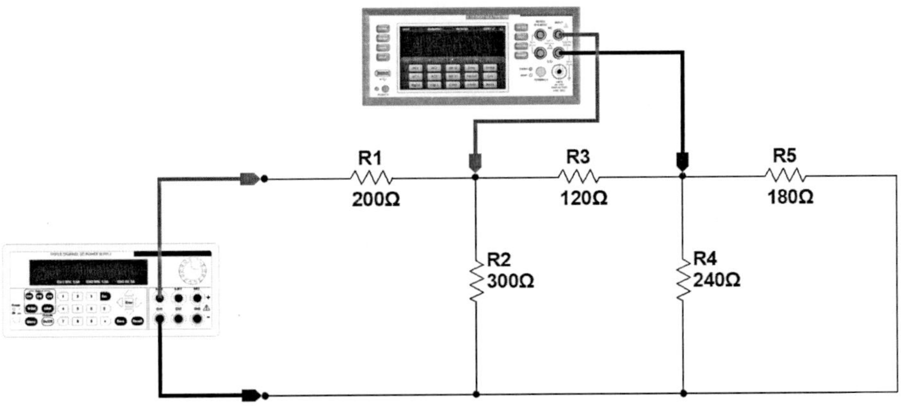

③ 디지털 멀티미터의 'POWER' 버튼을 누르면 LCD 화면이 켜진다. 디지털 멀티미터의 'FUNCTIONS'에서 'DCV [DCV]'를, Range는 'Auto'를 선택한다.

④ 직류 전원공급장치의 'POWER' 버튼을 'I' 상태에 놓으면 전원이 켜져서 LCD 화면이 나타난다. 'SELECT'에서 'CH1'과 'V–Set'을 선택하고 1 ~ 9의 숫자 버튼이나 로터리 노브를 이용하여 전압을 12 V가 되게 한다.

⑤ 직류 전원공급장치의 'OUTPUT'의 'O I' 버튼을 누른 후, 디지털 멀티미터 LCD에 나타나는 전압값을 표 9–2에 작성한다.

⑥ 직류 전원공급장치의 'OUTPUT'의 'O I' 버튼을 다시 눌러 출력을 차단시킨다.

⑦ ② ~ ⑥을 참조하여, 저항 200 Ω(R1), 300 Ω(R2), 240 Ω(R4), 180 Ω(R5) 양단에 나타나는 각각의 전압을 디지털 멀티미터로 측정하여 표 9–2에 작성한다.

⑧ 전압 V1(12 V)만 회로의 전원으로 사용될 때 저항 R3(120 Ω)에 흐르는 전류를 측정하기 위하여, 아래 그림과 같이 직류 전원공급장치와 디지털 멀티미터를 연결한다(직류 전원공급장치의 'CH1'의 '+'를 저항 200 Ω에 연결하고 'CH1'의 '–'는 저항 300 Ω과 저항 240 Ω과 저

항 180 Ω이 접속되어 있는 마디에 연결한다. 디지털 멀티미터의 'INPUT' 단자의 'AMPS'는 저항 200 Ω과 저항 300 Ω이 접속되어 있는 마디에 연결하고 'INPUT' 단자의 'LO'는 저항 120 Ω에 연결한다).

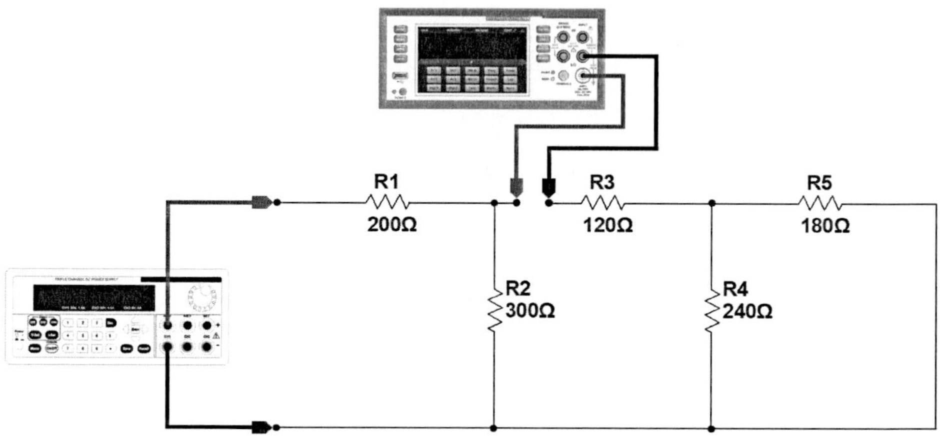

⑨ 디지털 멀티미터의 'FUNCTIONS'에서 'DCI DCI '를, Range는 'Auto'를 선택한다.

⑩ ④를 참조하여, 직류 전원공급장치의 전압을 12 V가 되게 한다.

⑪ 직류 전원공급장치의 'OUTPUT'의 'O I' 버튼을 누른 후, 디지털 멀티미터 LCD에 나타나는 전류값을 표 9-3에 작성한다.

⑫ 직류 전원공급장치의 'OUTPUT'의 'O I' 버튼을 다시 눌러 출력을 차단한다.

⑬ ⑧ ~ ⑫를 참조하여, 저항 200 Ω(R1), 300 Ω(R2), 240 Ω(R4), 180 Ω(R5)에 흐르는 각각의 전류를 디지털 멀티미터로 측정하여 표 9-3에 작성한다.

⑭ 전압 V2(6 V)만 회로의 전원으로 사용될 때 저항 R3(120 Ω) 양단에 나타나는 전압을 측정하기 위하여, 아래 그림과 같이 직류 전원공급장치와 디지털 멀티미터를 연결한다(직류 전원공급장치의 'CH1'의 '+'를 저항 180 Ω에 연결하고 'CH1'의 '−'는 저항 240 Ω과 저항 300 Ω과 저항 200 Ω이 접속되어 있는 마디에 연결한다. 디지털 멀티미터의 'INPUT' 단자의 'HI'는 저항 200 Ω과 저항 120 Ω과 저항 300 Ω이 접속되어 있는 마디에 연결하고 'INPUT' 단자의 'LO'는 저항 120 Ω과 저항 180 Ω과 저항 240 Ω이 접속되어 있는 마디에 연결한다).

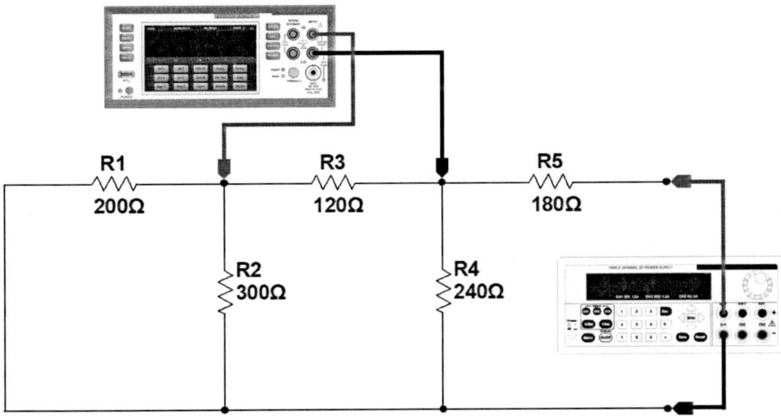

⑮ 디지털 멀티미터의 'FUNCTIONS'에서 'DCV DCV '를, Range는 'Auto'를 선택한다.

⑯ ④를 참조하여, 직류 전원공급장치의 전압을 6 V가 되게 한다.

⑰ 직류 전원공급장치의 'OUTPUT'의 'O I' 버튼을 누른 후, 디지털 멀티미터 LCD에 나타나는 전압값을 표 9-4에 작성한다.

⑱ 직류 전원공급장치의 'OUTPUT'의 'O I' 버튼을 다시 눌러 출력을 차단한다.

⑲ ⑭ ~ ⑱을 참조하여, 저항 200 Ω(R1), 300 Ω(R2), 240 Ω(R4), 180 Ω(R5) 양단에 나타나는 각각의 전압을 디지털 멀티미터로 측정하여 표 9-4에 작성한다.

⑳ 전압 V2(6 V)만 회로의 전원으로 사용될 때 저항 R3(120 Ω)에 흐르는 전류를 측정하기 위하여, 아래 그림과 같이 직류 전원공급장치와 디지털 멀티미터를 연결한다(직류 전원공급장치의 'CH1'의 '+'를 저항 180 Ω에 연결하고 'CH1'의 '−'는 저항 240 Ω과 저항 300 Ω과 저항 200 Ω이 접속되어 있는 마디에 연결한다. 디지털 멀티미터의 'INPUT' 단자의 'AMPS'는 저항 200 Ω과 저항 300 Ω이 접속되어 있는 마디에 연결하고 'INPUT' 단자의 'LO'는 저항 120 Ω에 연결한다).

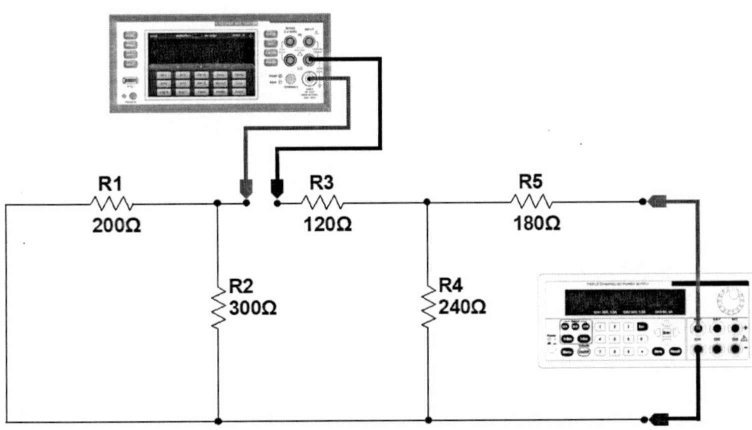

㉑ 디지털 멀티미터의 'FUNCTIONS'에서 'DCI [DCI]'를, Range는 'Auto'를 선택한다.

㉒ ④를 참조하여, 직류 전원공급장치의 전압을 6 V가 되게 한다.

㉓ 직류 전원공급장치의 'OUTPUT'의 'O I' 버튼을 누른 후, 디지털 멀티미터 LCD에 나타나는 전류값을 표 9-5에 작성한다.

㉔ 직류 전원공급장치의 'OUTPUT'의 'O I' 버튼을 다시 눌러 출력을 차단한다.

㉕ ⑳ ~ ㉔를 참조하여, 저항 200 Ω(R1), 300 Ω(R2), 240 Ω(R4), 180 Ω(R5)에 흐르는 각각의 전류를 디지털 멀티미터로 측정하여 표 9-5에 작성한다.

㉖ 전압 V1(12 V)와 V2(6 V)가 모두 회로의 전원으로 사용될 때 저항 R3(120 Ω)에 흐르는 전류를 측정하기 위하여, 아래 그림과 같이 직류 전원공급장치와 디지털 멀티미터를 연결한다(직류 전원공급장치의 'CH1'의 '+'를 저항 200 Ω에 연결하고 'CH2'의 '+'를 저항 180 Ω에 연결하며 'CH1'의 '–'와 'CH2'의 '–'는 저항 240 Ω과 저항 300 Ω이 접속되어 있는 마디에 연결한다. 디지털 멀티미터의 'INPUT' 단자의 'AMPS'는 저항 200 Ω과 저항 300 Ω이 접속되어 있는 마디에 연결하고 'INPUT' 단자의 'LO'는 저항 120 Ω에 연결한다).

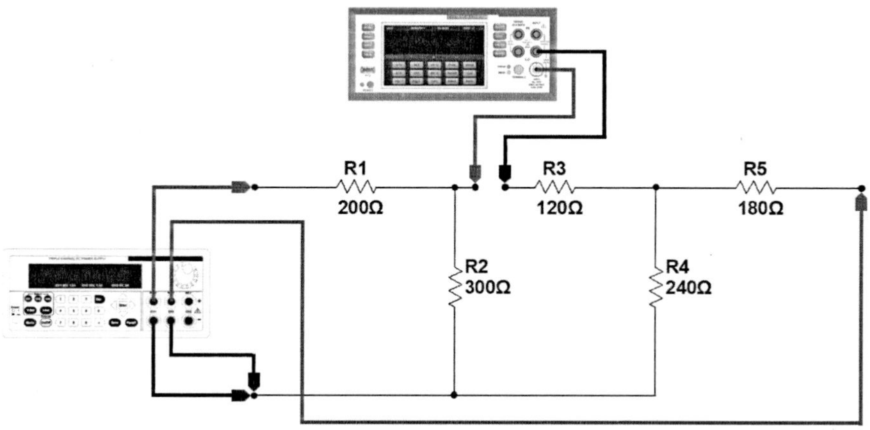

㉗ 디지털 멀티미터의 'FUNCTIONS'에서 'DCI [DCI]'를, Range는 'Auto'를 선택한다.

㉘ 직류 전원공급장치의 CH1의 전압은 12 V, CH2의 전압은 6 V가 되게 한다('SELECT'에서 'CH1'과 'V-Set'을 선택하고 1 ~ 9의 숫자 버튼이나 로터리 노브를 이용하여 전압을 12 V가 되게 한다. 다시, 'SELECT'에서 'CH2'와 'V-Set'을 선택하고 1 ~ 9의 숫자 버튼이나 로터리 노브를 이용하여 전압을 6 V가 되게 한다).

㉙ 직류 전원공급장치의 'OUTPUT'의 'O I' 버튼을 누른 후, 디지털 멀티미터 LCD에 나타나는 전류값을 표 9-6에 작성한다.

㉚ 직류 전원공급장치의 'OUTPUT'의 'O I' 버튼을 다시 눌러 출력을 차단한다.

㉛ ㉖ ~ ㉚을 참조하여, 저항 200 Ω(R1), 300 Ω(R2), 240 Ω(R4), 180 Ω(R5)에 흐르는 각각의 전류를 디지털 멀티미터로 측정하여 표 9-6에 작성한다.

㉜ 전압 V1(12 V)와 V2(6 V)가 모두 회로의 전원으로 사용될 때 저항 R3(120 Ω) 양단에 나타나는 전압을 측정하기 위하여, 아래 그림과 같이 직류 전원공급장치와 디지털 멀티미터를 연결한다(직류 전원공급장치의 'CH1'의 '+'를 저항 200 Ω에 연결하고 'CH2'의 '+'를 저항 180 Ω에 연결하며 'CH1'의 '–'와 'CH2'의 '–'는 저항 240 Ω과 저항 300 Ω이 접속되어 있는 마디에 연결한다. 디지털 멀티미터의 'INPUT' 단자의 'HI'는 저항 200 Ω과 저항 120 Ω과 저항 300 Ω이 접속되어 있는 마디에 연결하고 'INPUT' 단자의 'LO'는 저항 120 Ω과 저항 180 Ω과 저항 240 Ω이 접속되어 있는 마디에 연결한다).

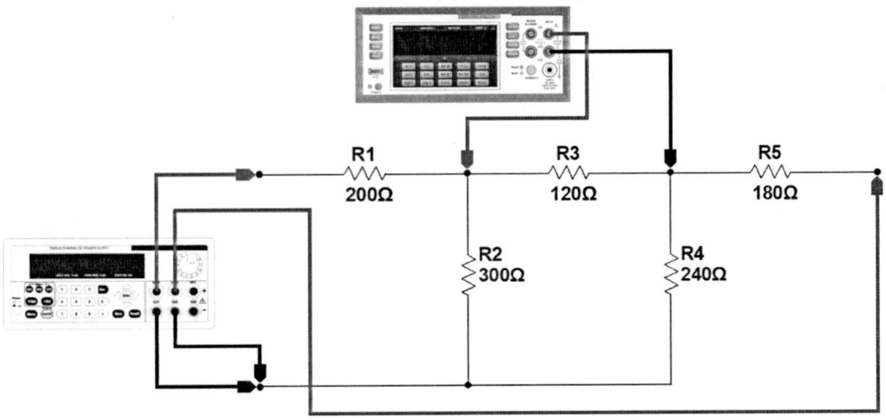

㉝ 디지털 멀티미터의 'FUNCTIONS'에서 'DCV DCV'를, Range는 'Auto'를 선택한다.

㉞ ㉘을 참조하여, 직류 전원공급장치의 CH1의 전압은 12 V, CH2의 전압은 6 V가 되게 한다

㉟ 직류 전원공급장치의 'OUTPUT'의 'O I' 버튼을 누른 후, 디지털 멀티미터 LCD에 나타나는 전압값을 표 9-7에 작성한다.

㊱ 직류 전원공급장치의 'OUTPUT'의 'O I' 버튼을 다시 눌러 출력을 차단한다.

㊲ ㉜ ~ ㊱을 참조하여, 저항 200 Ω(R1), 300 Ω(R2), 240 Ω(R4), 180 Ω(R5) 양단에 나타나는 각각의 전압을 디지털 멀티미터로 측정하여 표 9-7에 작성한다.

3) 최대 전력 전달

(1) 시뮬레이션

① 1장 1.3 시뮬레이션 및 실험 2)와 3)의 시뮬레이션의 회로 설계 방법을 참조하여, 멀티심 회

로 설계 영역에 아래 그림과 같은 회로를 구성한다.

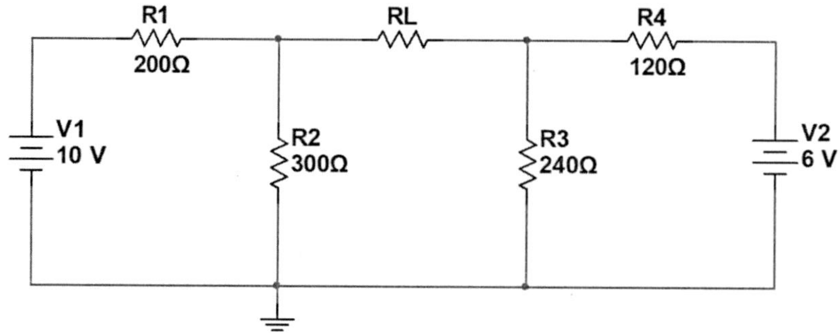

② 부하저항(RL)을 제외한 아래 그림과 같은 나머지 회로를 테브냉 등가 회로로 변경하여야 한다.

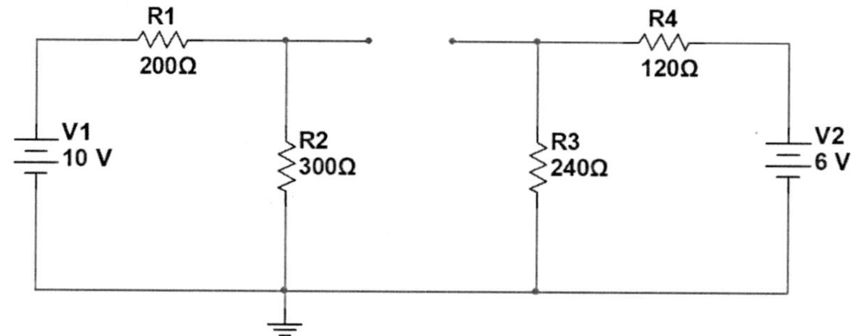

③ 테브냉 등가회로의 개방 회로 전압 v_{TH}(또는 v_{OC})를 측정하기 위하여 아래 그림과 같이 디지털 멀티미터를 연결한다.

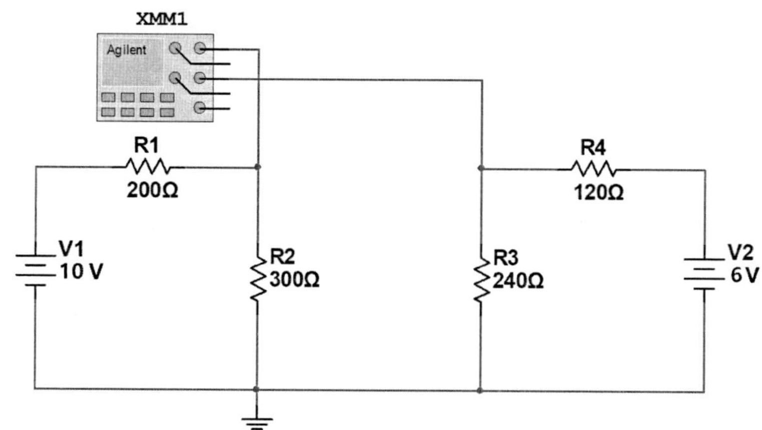

④ Agilent Multimeter()를 더블 클릭하면 'Agilent Multimeter-XMM1' 창이 나타난다. 'Power' 버튼을 클릭한다. 전압을 측정하기 위하여 'DC V(
)' 버튼을 클릭하면 'DC V'가

선택되어 LCD 화면에 'VDC'가 나타난다.

⑤ 멀티심 상단의 시뮬레이션 도구 모음에서 ' '를 선택한다(상단 메뉴에서 'Simulate → Run'을 선택해도 된다). 디지털 멀티미터에 '2 VDC' 전압값이 나타나게 된다. 측정된 전압값을 표 9-9에 작성한다.

- 개방 회로 전압 v_{TH}는 아래 수식과 같이 구할 수 있다.

$$v_{TH} = \frac{R2}{R1+R2} \times V1 - \frac{R3}{R3+R4} \times V2$$
$$= \frac{300\,\Omega}{200\,\Omega+300\,\Omega} \times 10\,V - \frac{240\,\Omega}{240\,\Omega+120\,\Omega} \times 6\,V = 2\,V$$

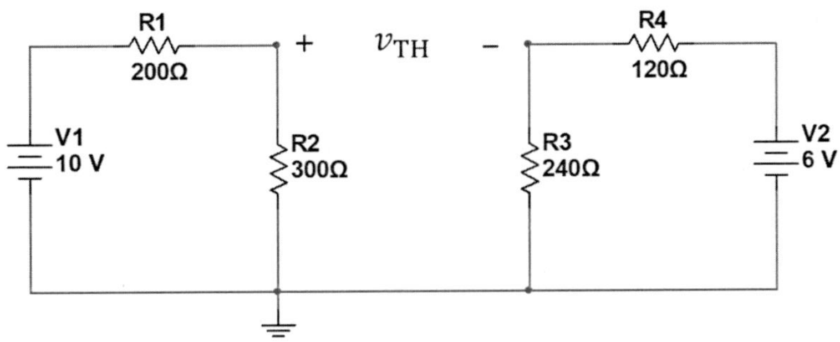

⑥ 단락 회로 전류 i_{SC}를 측정하기 위하여 아래 그림과 같이 디지털 멀티미터를 연결한다.

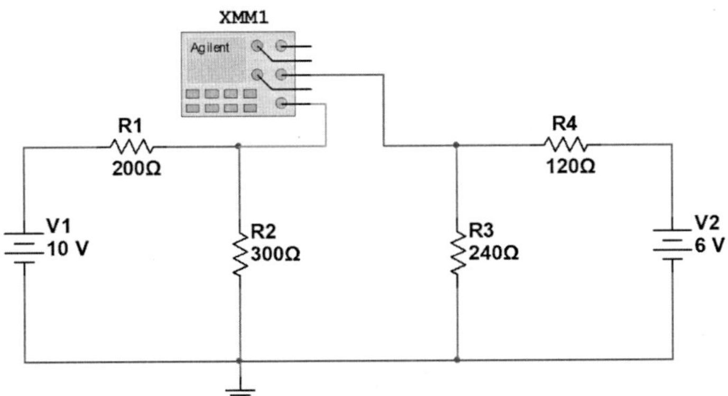

⑦ Agilent Multimeter( )를 더블 클릭하면 'Agilent Multimeter-XMM1' 창이 나타난다. 'Power' 버튼을 클릭한다. 전류를 측정하기 위하여 'Shift( )' 버튼을 누른 후, 'DC V ( )' 버튼을 클릭하면 'DC I'가 선택되어 LCD 화면에 'ADC'가 나타난다.

⑧ 멀티심 상단의 시뮬레이션 도구 모음에서 ' '를 선택한다(상단 메뉴에서 'Simulate → Run'을 선택해도 된다). 디지털 멀티미터에 '10 mADC' 전류값이 나타나게 된다. 측정된 전류

값을 표 9-9에 작성한다.

- 단락 회로 전류 i_{SC}는 아래 수식과 같이 구할 수 있다.

  메시 전류 해석법을 이용하면,

  메시 1: $10 = \mathrm{R1} \times i_1 + \mathrm{R2} \times (i_1 - i_2) = 200\,i_1 + 300\,(i_1 - i_2) = 500\,i_1 - 300\,i_2$

  메시 2: $\mathrm{R3} \times (i_2 - i_3) + \mathrm{R2} \times (i_2 - i_1) = 240\,(i_2 - i_3) + 300\,(i_2 - i_1)$

  $$= -300\,i_1 + 540\,i_2 - 240\,i_3 = 0$$

  메시 3: $-6 = \mathrm{R4} \times i_3 + \mathrm{R3} \times (i_3 - i_2) = 120\,i_3 + 240\,(i_3 - i_2)$

  $$= -240\,i_2 + 360\,i_3$$

  $\Rightarrow i_2 = 10\ \mathrm{mA} \Rightarrow i_{SC} = 10\ \mathrm{mA}$

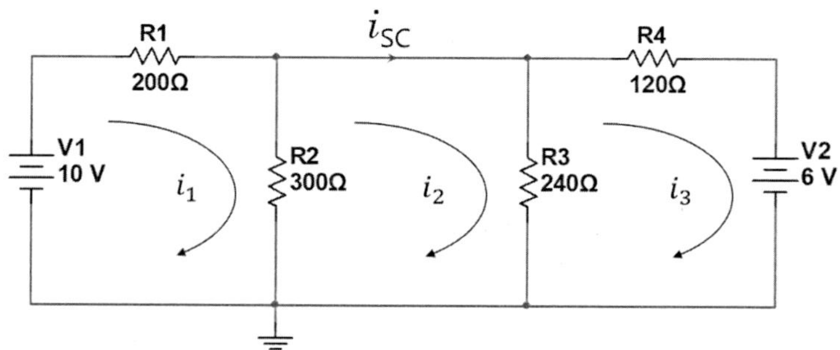

⑨ 테브냉 등가회로의 테브냉 저항 R_{TH}를 측정하기 위하여 아래 그림과 같이 디지털 멀티미터를 연결한다.

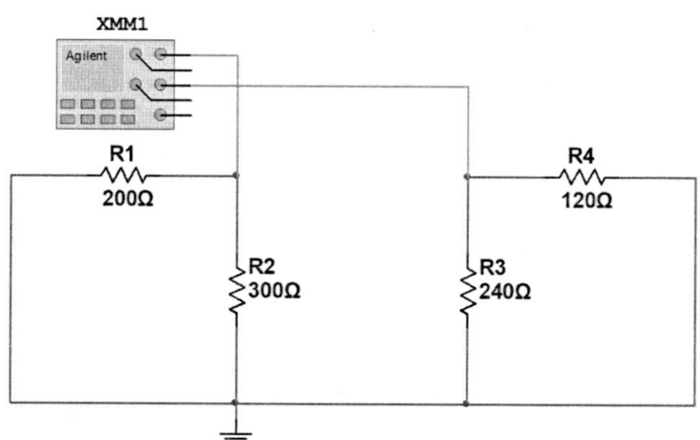

⑩ Agilent Multimeter()를 더블 클릭하면 'Agilent Multimeter-XMM1' 창이 나타난다. 'Power' 버튼을 클릭하고 'Ω 2W()' 버튼을 선택하면, LCD화면에 'Ohm'이 나타난다.

⑪ 멀티심 상단의 시뮬레이션 도구 모음에서 ''를 선택한다(상단 메뉴에서 'Simulate → 

Run'을 선택해도 된다). 디지털 멀티미터에 '200 Ohm' 저항값이 나타나게 된다. 측정된 저항값을 표 9-9에 작성한다.

- 테브냉 저항 R_{TH}는 아래 수식과 같이 구할 수 있다.

$$R_{TH} = R1 \parallel R2 + R3 \parallel R4 = \frac{R1 \times R2}{R1 + R2} + \frac{R3 \times R4}{R3 + R4}$$

$$= \frac{200\,\Omega \times 300\,\Omega}{200\,\Omega + 300\,\Omega} + \frac{240\,\Omega \times 120\,\Omega}{240\,\Omega + 120\,\Omega} = 200\,\Omega$$

또는

$$R_{TH} = \frac{v_{TH}}{i_{SC}} = \frac{2\,V}{10\,mA} = 200\,\Omega$$

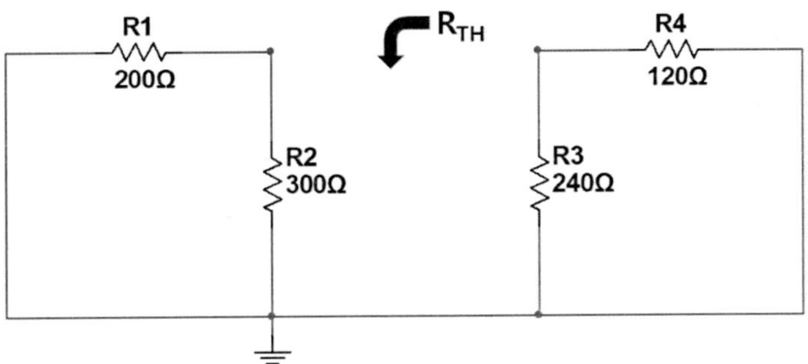

⑫ 아래 그림과 같은 테브냉 등가회로에서 부하저항(RL) 양단에 나타나는 전압과 부하저항(RL) 흐르는 전류를 구하여 표 9-10에 기록한다.

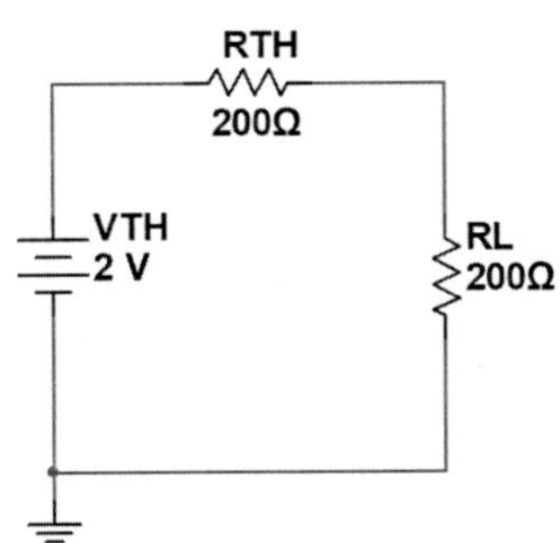

- ①의 회로를 테브냉 등가회로로 변경한 후, 부하저항(RL)에 전력이 최대로 전달되기 위해서 부하저항(RL)을 테브난 저항 R_{TH}와 동일한 값이 되게 한다. 부하저항(RL) 양단에 나타나는 전압을 구한다. 디지털 멀티미터에 '1 VDC' 전압값이 나타나게 된다.

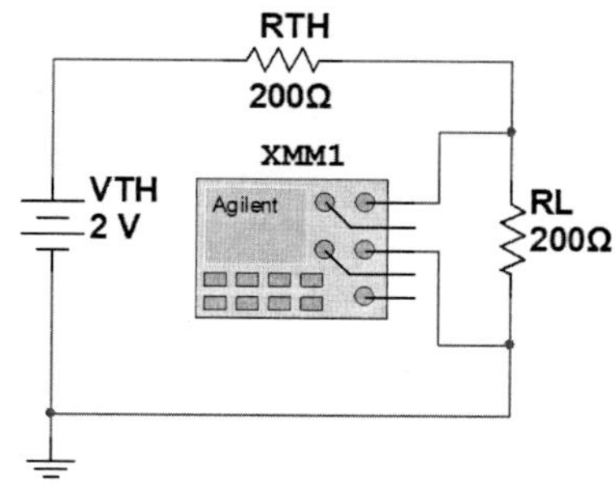

- 테브냉 등가회로의 부하저항(RL)에 흐르는 전류를 구한다. 디지털 멀티미터에 '5 mADC' 전류값이 나타나게 된다.

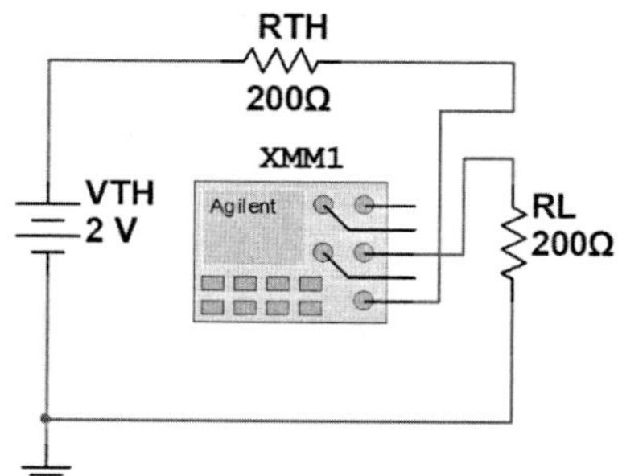

⑬ ①의 회로에서 부하저항(RL)을 200 Ω으로 놓고 부하저항(RL) 양단에 나타나는 전압과 부하저항(RL)에 흐르는 전류를 구하여 표 9-11에 기록한다.

- ①의 회로의 부하저항(RL) 양단에 나타나는 전압을 구한다. 디지털 멀티미터에 '1 VDC' 전압값이 나타나게 된다.

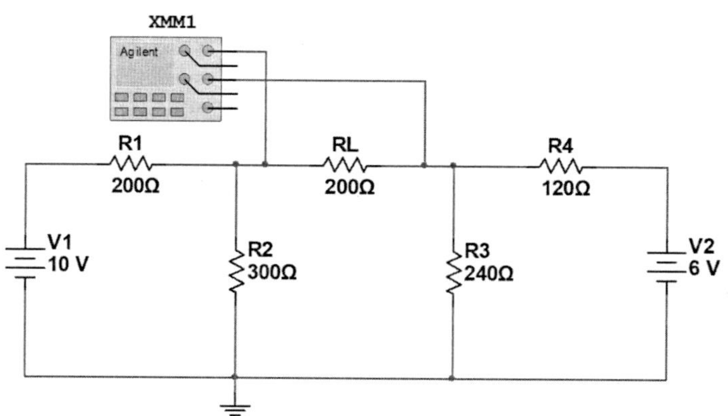

- ①의 회로의 부하저항(RL)에 흐르는 전류를 구한다. 디지털 멀티미터에 '5 mADC' 전류값이 나타나게 된다.

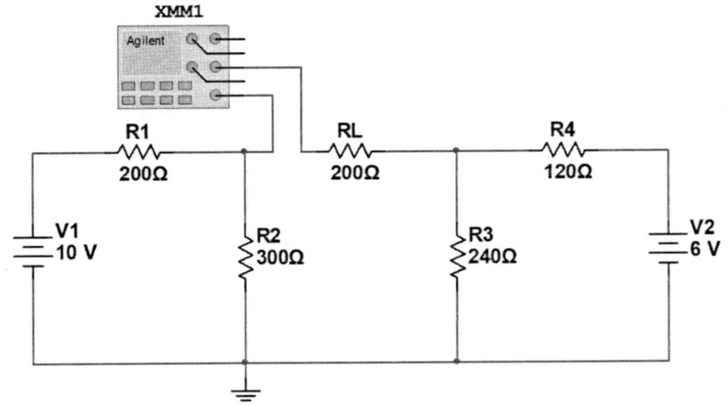

⑭ ⑬을 참조하여, 부하저항(RL)이 각각 100 Ω, 150 Ω, 300 Ω, 510 Ω일 때 부하저항(RL) 양단에 나타나는 전압과 부하저항(RL)에 흐르는 전류를 구하여 표 9-12에 기록한다.

(2) 실험

① 2장 2.3 시뮬레이션 및 실험 2)의 (2)를 참조하여, 저항 120 Ω, 200 Ω(2개), 240 Ω, 300 Ω을 디지털 멀티미터로 측정하여 표 9-8에 기록한다.

② 테브냉 등가회로의 개방 회로 전압 v_{TH}를 측정하기 위하여, 아래 그림과 같이 직류 전원공급장치와 디지털 멀티미터를 연결한다(직류 전원공급장치의 'CH1'의 '+'를 저항 200 Ω에 연결하고 'CH2'의 '+'를 저항 120 Ω에 연결하며 'CH1'의 '–'와 'CH2'의 '–'는 저항 240 Ω과 저항 300 Ω이 접속되어 있는 마디에 연결한다. 디지털 멀티미터의 'INPUT' 단자의 'HI'는 저항 200 Ω과 저항 300 Ω이 접속되어 있는 마디에 연결하고 'INPUT' 단자의 'LO'는 저항 120 Ω과 저항 240 Ω이 접속되어 있는 마디에 연결한다).

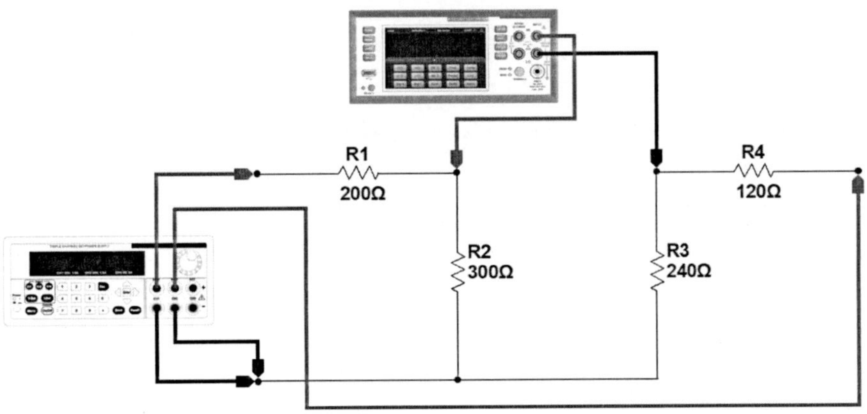

③ 디지털 멀티미터의 'POWER' 버튼을 누르면 LCD 화면이 켜진다. 디지털 멀티미터의 'FUNCTIONS'에서 'DCV DCV'를, Range는 'Auto'를 선택한다.

④ 직류 전원공급장치의 CH1의 전압은 10 V, CH2의 전압은 6 V가 되게 한다('SELECT'에서 'CH1'과 'V-Set'을 선택하고 1 ~ 9의 숫자 버튼이나 로터리 노브를 이용하여 전압을 10 V가 되게 한다. 다시, 'SELECT'에서 'CH2'와 'V-Set'을 선택하고 1 ~ 9의 숫자 버튼이나 로터리 노브를 이용하여 전압을 6 V가 되게 한다).

⑤ 직류 전원공급장치의 'OUTPUT'의 'O I' 버튼을 누른 후, 디지털 멀티미터 LCD에 나타나는 전압값을 표 9-9에 작성한다.

⑥ 직류 전원공급장치의 'OUTPUT'의 'O I' 버튼을 다시 눌러 출력을 차단한다.

⑦ 테브냉 등가회로의 단락 회로 전류 i_{SC}를 측정하기 위하여, 아래 그림과 같이 직류 전원공급장치와 디지털 멀티미터를 연결한다(직류 전원공급장치의 'CH1'의 '+'를 저항 200 Ω에 연결하고 'CH2'의 '+'를 저항 120 Ω에 연결하며 'CH1'의 '–'와 'CH2'의 '–'는 저항 240 Ω과 저항 300 Ω이 접속되어 있는 마디에 연결한다. 디지털 멀티미터의 'INPUT' 단자의 'AMPS'는 저항 200 Ω과 저항 300 Ω이 접속되어 있는 마디에 연결하고 'INPUT' 단자의 'LO'는 저항 120 Ω과 저항 240 Ω이 접속되어 있는 마디에 연결한다).

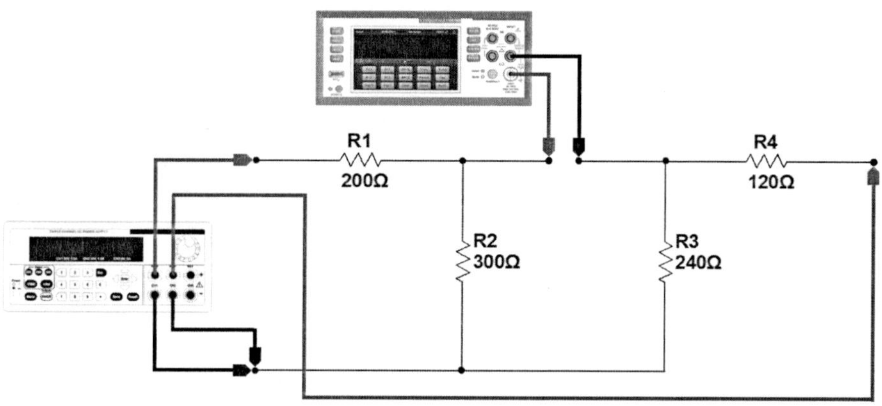

⑧ 디지털 멀티미터의 'FUNCTIONS'에서 'DCI [DCI]'를, Range는 'Auto'를 선택한다.

⑨ ④를 참조하여, 직류 전원공급장치의 CH1의 전압은 10 V, CH2의 전압은 6 V가 되게 한다.

⑩ 직류 전원공급장치의 'OUTPUT'의 'O I' 버튼을 누른 후, 디지털 멀티미터 LCD에 나타나는 전류값을 표 9-9에 작성한다.

⑪ 직류 전원공급장치의 'OUTPUT'의 'O I' 버튼을 다시 눌러 출력을 차단한다.

⑫ 테브냉 등가회로의 테브냉 저항 R_{TH}를 측정하기 위하여, 아래 그림과 같이 디지털 멀티미터를 연결한다('INPUT' 단자의 'HI'는 저항 200 Ω과 저항 300 Ω이 접속되어 있는 마디에 연결하고 'INPUT' 단자의 'LO'는 저항 120 Ω과 저항 240 Ω이 접속되어 있는 마디에 연결한다).

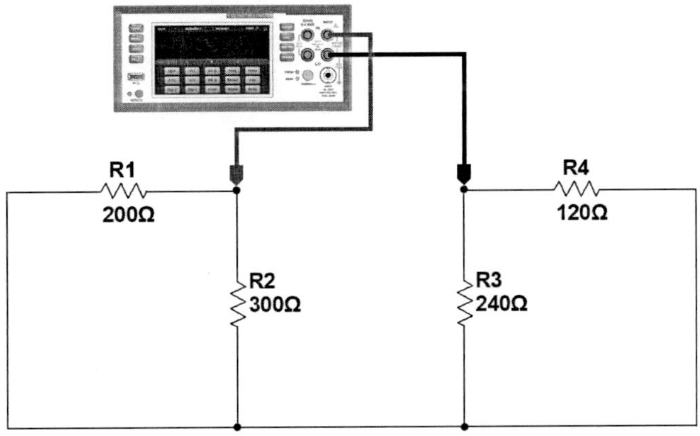

⑬ 'FUNCTIONS'에서 '2W Ω 2W Ω '을, Range는 'Auto'를 선택한다.

⑭ 디지털 멀티미터 LCD에 나타나는 저항값을 표 9-9에 작성한다.

⑮ 테브냉 등가회로의 부하저항(RL) 양단에 나타나는 전압을 측정하기 위하여, 아래 그림과 같이 직류 전원공급장치와 디지털 멀티미터를 연결한다(직류 전원공급장치의 'CH1'의 '+'를 저항 200 Ω(RTH)에 연결하고 디지털 멀티미터의 'INPUT' 단자의 'HI'는 저항 200 Ω(RTH)와 200 Ω(RL)가 접속되어 있는 마디에 연결하며, 직류 전원공급장치의 'CH1'의 '−'와 디지털 멀티미터의 'INPUT' 단자의 'LO'는 저항 200 Ω(RL)에 연결한다).

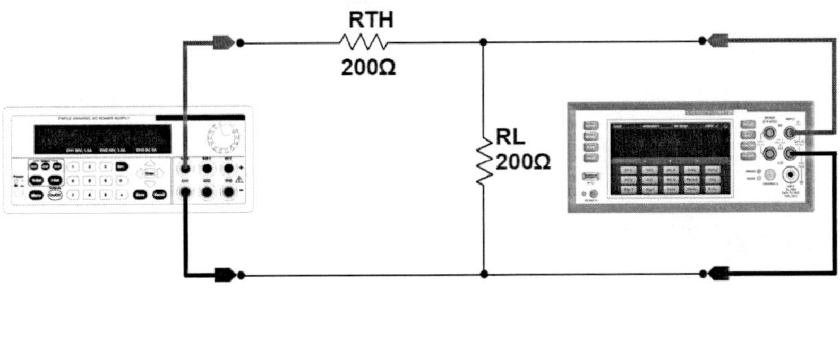

⑯ ③ ~ ⑥을 참조하여(단, ④에서의 직류 전원공급장치의 CH1 전압은 2 V가 되게 한다), 디지털 멀티미터 LCD에 나타나는 전압값을 표 9-10에 작성한다.

⑰ 테브냉 등가회로의 부하저항(RL)에 흐르는 전류를 측정하기 위하여, 아래 그림과 같이 직류 전원공급장치와 디지털 멀티미터를 연결한다(직류 전원공급장치의 'CH1'의 '+'를 저항 200 Ω(RTH)에 연결하고 'CH1'의 '−'는 저항 200 Ω(RL)에 연결한다. 디지털 멀티미터의 'INPUT' 단자의 'AMPS'는 저항 200 Ω(RTH)에 연결하고 디지털 멀티미터의 'INPUT' 단자의 'LO'는 저항 200 Ω(RL)에 연결한다).

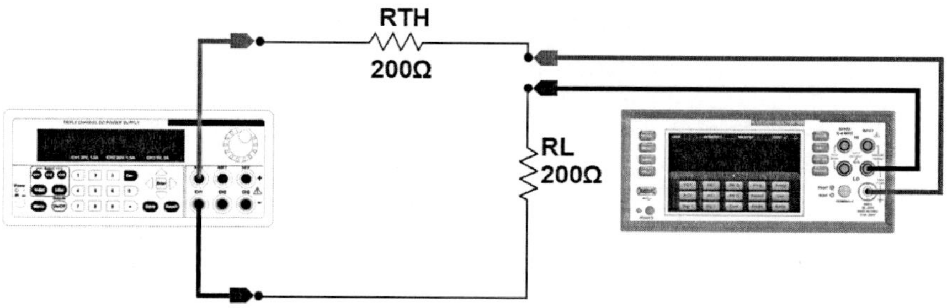

⑱ ⑧ ~ ⑪을 참조하여(단, ⑨에서의 직류 전원공급장치의 CH1 전압은 2 V가 되게 한다), 디지털 멀티미터 LCD에 나타나는 전류값을 표 9-10에 작성한다.

⑲ ①의 회로의 부하저항(RL) 양단에 나타나는 전압을 측정하기 위하여, 아래 그림과 같이 직류 전원공급장치와 디지털 멀티미터를 연결한다(직류 전원공급장치의 'CH1'의 '+'를 저항 200 Ω(R1)에 연결하고 'CH2'의 '+'를 저항 120 Ω에 연결하며 'CH1'의 '–'와 'CH2'의 '–'는 저항 240 Ω과 저항 300 Ω이 접속되어 있는 마디에 연결한다. 디지털 멀티미터의 'INPUT' 단자의 'HI'는 저항 200 Ω(R1)과 저항 300 Ω과 부하저항 200 Ω(RL)이 접속되어 있는 마디에 연결하고 'INPUT' 단자의 'LO'는 저항 120 Ω과 저항 240 Ω과 부하저항 200 Ω(RL)이 접속되어 있는 마디에 연결한다).

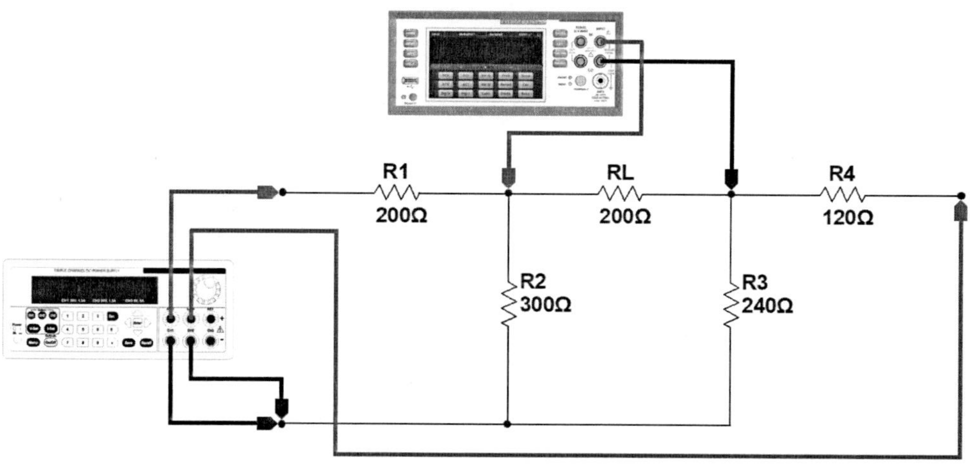

⑳ ③ ~ ⑥을 참조하여, 디지털 멀티미터 LCD에 나타나는 전압값을 표 9-11에 작성한다.

㉑ ①의 회로의 부하저항(RL)에 흐르는 전류를 측정하기 위하여, 아래 그림과 같이 직류 전원공급장치와 디지털 멀티미터를 연결한다(직류 전원공급장치의 'CH1'의 '+'를 저항 200 Ω(R1)에 연결하고 'CH2'의 '+'를 저항 120 Ω에 연결하며 'CH1'의 '–'와 'CH2'의 '–'는 저항 240 Ω과 저항 300 Ω이 접속되어 있는 마디에 연결한다. 디지털 멀티미터의 'INPUT' 단자의 'AMPS'는 저항 200 Ω(R1)과 저항 300 Ω이 접속되어 있는 마디에 연결하고 'INPUT' 단

자의 'LO'는 부하저항 200 Ω(RL)에 연결한다).

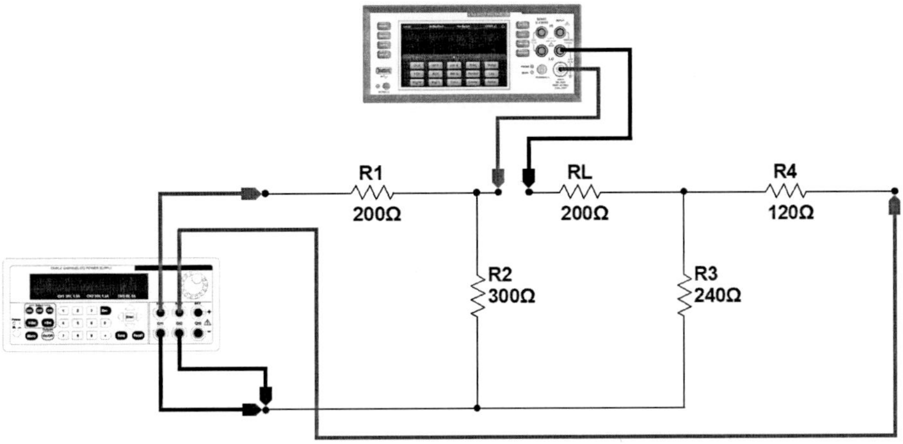

㉒ ⑧ ~ ⑪을 참조하여, 디지털 멀티미터 LCD에 나타나는 전류값을 표 9-11에 작성한다.

㉓ ㉑과 ㉒를 참조하여, 부하저항(RL)이 각각 100 Ω, 150 Ω, 300 Ω, 510 Ω일 때 부하저항(RL) 양단에 나타나는 전압과 부하저항(RL)에 흐르는 전류를 구하여 표 9-12에 기록한다.

4) 실험 결과 및 고찰

학과	학번	학년	이름

(1) 중첩의 원리

① 저항값들을 측정하여 기록한다.

표 9-1

저항값	120 Ω	180 Ω	200 Ω	240 Ω	300 Ω
실험측정값	Ω	Ω	Ω	Ω	Ω

② 전압 V1(12 V)만 회로의 전원으로 사용될 때, 저항 R1, R2, R3, R4, R5 양단에 나타나는 각각의 전압을 기록하고, 이론값 계산 과정을 작성한다. 또한 인가 전압 12 V의 실험 측정값을 아래 표에 작성한다.

표 9-2 인가 전압 실험 측정값 12 V: V

전압값	이론값	시뮬레이션값	실험 측정값	오차 (이론-실험측정)
R1	V	V	V	%
R2	V	V	V	%
R3	V	V	V	%
R4	V	V	V	%
R5	V	V	V	%

[이론값 계산 과정]

③ 전압 V1(12 V)만 회로의 전원으로 사용될 때, 저항 R1, R2, R3, R4, R5에 흐르는 각각의 전류를 기록하고, 이론값 계산 과정을 작성한다.

표 9-3

전류값	이론값	시뮬레이션값	실험 측정값	오차 (이론-실험측정)
R1	A	A	A	%
R2	A	A	A	%
R3	A	A	A	%
R4	A	A	A	%
R5	A	A	A	%

[이론값 계산 과정]

④ 전압 V2(6 V)만 회로의 전원으로 사용될 때, 저항 R1, R2, R3, R4, R5 양단에 나타나는 각각의 전압을 기록하고, 이론값 계산 과정을 작성한다. 또한 인가 전압 6 V의 실험 측정값을 아래 표에 작성한다.

표 9-4 인가 전압 실험 측정값 6 V: V

전압값	이론값	시뮬레이션값	실험 측정값	오차 (이론 - 실험측정)
R1	V	V	V	%
R2	V	V	V	%
R3	V	V	V	%
R4	V	V	V	%
R5	V	V	V	%

[이론값 계산 과정]

⑤ 전압 V2(6 V)만 회로의 전원으로 사용될 때, 저항 R1, R2, R3, R4, R5에 흐르는 각각의 전류를 기록하고, 이론값 계산 과정을 작성한다.

표 9-5

전류값	이론값	시뮬레이션값	실험 측정값	오차 (이론-실험측정)
R1	A	A	A	%
R2	A	A	A	%
R3	A	A	A	%
R4	A	A	A	%
R5	A	A	A	%

[이론값 계산 과정]

⑥ 전압 V1(12 V)과 V2(6 V)가 모두 회로의 전원으로 사용될 때, 저항 R1, R2, R3, R4, R5에 흐르는 각각의 전류를 기록하고, 이론값 계산 과정을 작성한다.

표 9-6

전류값	이론값	시뮬레이션값	실험 측정값	오차 (이론-실험측정)
R1	A	A	A	%
R2	A	A	A	%
R3	A	A	A	%
R4	A	A	A	%
R5	A	A	A	%

[이론값 계산 과정]

⑦ 전압 V1(12 V)과 V2(6 V)가 모두 회로의 전원으로 사용될 때, 저항 R1, R2, R3, R4, R5 양단에 나타나는 각각의 전압을 기록하고, 이론값 계산 과정을 작성한다. 또한 각각의 인가 전압의 실험 측정값을 아래 표에 작성한다.

표 9-7 인가 전압 실험 측정값 ▶ 12 V: V, 6 V: V

전압값	이론값	시뮬레이션값	실험 측정값	오차 (이론 - 실험측정)
R1	V	V	V	%
R2	V	V	V	%
R3	V	V	V	%
R4	V	V	V	%
R5	V	V	V	%

[이론값 계산 과정]

⑧ 표 9-2와 표 9-3에서, 표 9-4와 표 9-5에서, 표 9-6와 표 9-7에서, 이론값을 기준으로 시뮬레이션값과 실험 측정값에서 오차가 발생한다면 이유는 무엇인가요?

⑨ 표 9-2와 표 9-4의 각각의 저항에서의 전압값의 합이 표 9-7의 전압값과 각각 동일하여야 하고, 표 9-3와 표 9-5의 각각의 저항에 흐르는 전류값의 합이 표 9-6의 전류값과 각각 동일하여야 한다. 만일 차이가 발생한다면 이유는 무엇인가요?

⑩ 표 9-2, 표 9-4, 표 9-7과 표 9-3, 표 9-5, 표 9-6의 결과로부터 중첩의 원리를 설명하세요.

(2) 최대 전력 전달

① 저항값들을 측정하여 기록한다.

표 9-8

저항값	120 Ω	200 Ω	200 Ω	240 Ω	300 Ω
실험측정값	Ω	Ω	Ω	Ω	Ω

② 테브냉 등가회로의 개방 회로 전압 v_{TH}, 단락 회로 전류 i_{SC}, 테브냉 저항 R_{TH}를 기록한다.

표 9-9

	이론값	시뮬레이션값	실험 측정값	오차 (이론 - 실험측정)
v_{TH}	V	V	V	%
i_{SC}	A	A	A	%
R_{TH}	Ω	Ω	Ω	%

③ 테브낭 등가회로에서 부하저항(RL)에 흐르는 전류와 부하저항(RL) 양단에 나타나는 전압을 기록하고 이론값 계산 과정을 작성한다.

표 9-10

	이론값	시뮬레이션값	실험 측정값	오차
전압값	V	V	V	%
전류값	A	A	A	%

[이론값 계산 과정]

④ 3)의 (1)의 ① 회로에서 부하저항(RL)에 흐르는 전류와 부하저항(RL) 양단에 나타나는 전압을 기록하고 이론값 계산 과정과 전력값을 작성한다.

표 9-11

	이론값	시뮬레이션값	실험 측정값	오차 (이론 - 실험측정)
전압값	V	V	V	%
전류값	A	A	A	%
전력값	W	W	W	%

[이론값 계산 과정]

⑤ 3)의 (1)의 ① 회로에서, 부하저항(RL)이 각각 100 Ω, 150 Ω, 300 Ω, 510 Ω일 때, 부하저

항(RL)에 흐르는 전류와 부하저항(RL) 양단에 나타나는 전압을 기록하고 전력값 계산 과정과 전력값을 작성한다.

표 9-12

저항값	100 Ω	150 Ω	300 Ω	510 Ω
전압값	V	V	V	V
전류값	A	A	A	A
전력값	W	W	W	W

[전력값 계산 과정]

⑥ 부하 저항(RL)에 전력이 최대로 전달되기 위한 부하저항(RL) 선정하는 방법과 이때의 최대 전력값을 구하세요.

⑦ 표 9-9와 표 9-10 및 표 9-11에서, 이론값을 기준으로 시뮬레이션값과 실험 측정값에서 오차가 발생한다면 이유는 무엇인가요?

⑧ 표 9-10과 표 9-11의 전압값과 전류값은 각각 동일한 값이어야 합니다. 만일 차이가 발생한다면 이유는 무엇인가요?

⑨ 표 9-11과 표 9-12에서, 저항값에 따른 전력값의 변화로부터 부하에서의 최대전력전달을 설명하세요.

5) 연습문제

(1) 중첩의 원리

① 아래 회로에서 V1과 V2가 모두 전압원으로 사용될 때, 시뮬레이션하고 실험하여 저항 R4 양단에 나타나는 전압값과 저항 R4에 흐르는 전류값을 구한다.

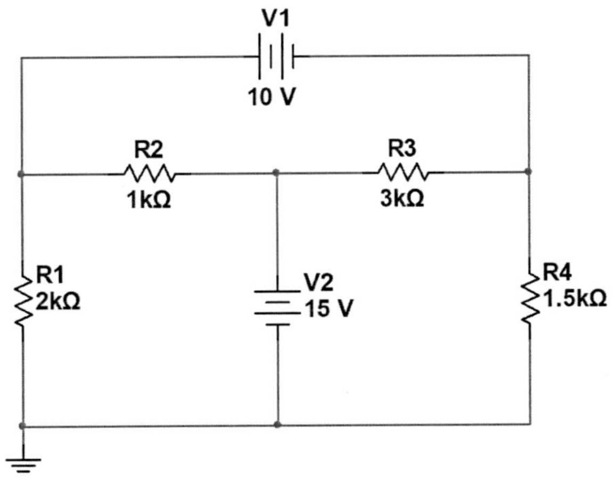

	이론값	시뮬레이션값	실험 측정값	오차 (이론 - 실험측정)
전압값	V	V	V	%
전류값	A	A	A	%

② V1만 전압원으로 사용될 때, 시뮬레이션하고 실험하여 저항 R4 양단에 나타나는 전압값과 저항 R4에 흐르는 전류값을 구한다.

	이론값	시뮬레이션값	실험 측정값	오차 (이론 - 실험측정)
전압값	V	V	V	%
전류값	A	A	A	%

③ V2만 전압원으로 사용될 때, 시뮬레이션하고 실험하여 저항 R4 양단에 나타나는 전압값과 저항 R4에 흐르는 전류값을 구한다.

	이론값	시뮬레이션값	실험 측정값	오차 (이론 - 실험측정)
전압값	V	V	V	%
전류값	A	A	A	%

(2) 최대 전력 전달

① 아래 회로를 시뮬레이션하고 실험하여 테브냉 등가회로의 개방 회로 전압 v_{TH}, 단락 회로 전류 i_{SC}, 테브냉 저항 R_{TH}을 구한다.

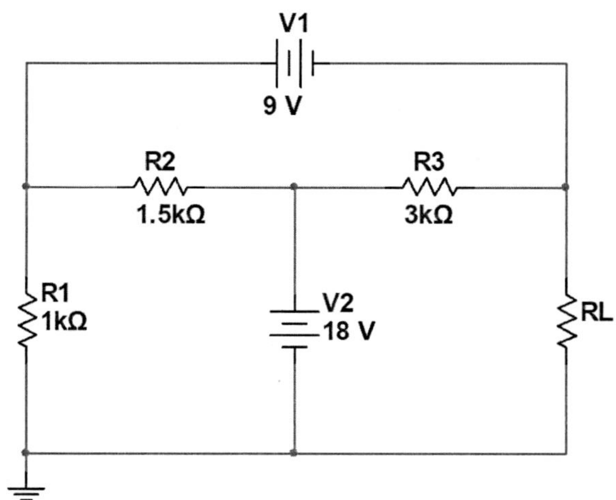

	이론값	시뮬레이션값	실험 측정값	오차 (이론 - 실험측정)
v_{TH}	V	V	V	%
i_{SC}	A	A	A	%
R_{TH}	Ω	Ω	Ω	%

② 부하 저항(RL)에 전력이 최대로 전달될 때의 부하저항(RL)을 선정한 후, 시뮬레이션하고 실험하여 부하저항(RL) 양단에 나타나는 전압값과 부하저항(RL)에 흐르는 전류값을 구한다.

부하저항(RL) : Ω

	이론값	시뮬레이션값	실험 측정값	오차 (이론 - 실험측정)
전압값	V	V	V	%
전류값	A	A	A	%

③ 테브난 등가회로와 부하저항(RL)을 연결하여 부하저항(RL) 양단에 나타나는 전압값과 부하저항(RL)에 흐르는 전류값을 구한다.

	이론값	시뮬레이션값	실험 측정값	오차 (이론 - 실험측정)
전압값	V	V	V	%
전류값	A	A	A	%

II 교류 회로

교류 전압원, 저항, 커패시터, 인덕터들로 구성된 전기회로에서, 커패시터들의 합성 등가 커패시턴스, 인덕터들의 합성 등가 인덕턴스, RC 및 RL 회로의 임피던스 및 위상차, RLC 직렬 및 병렬 회로의 공진 주파수와 주파수 변화에 따른 임피던스와 전류를 이론에 직접적으로 적용하여 구하고, 시뮬레이션 툴인 멀티심과 브레드보드에 회로를 구성하여 디지털 멀티미터와 오실로스코프를 이용하여 전류와 전압을 각각 측정한 후 이를 이론에 적용하여 구한다.

10

함수발생기와 오실로스코프를 이용한 전압 측정

10.1 실험 목적

함수발생기를 이용한 교류 신호를 전기회로에 공급하고, 소자에 나타나는 전압은 오실로스코프를 이용하여 측정한다. 함수발생기와 오실로스코프 사용 방법과 소자 전압 측정 방법을 시뮬레이션과 실험을 통하여 이해한다.

10.2 실험에 적용된 이론

전기회로를 실험하기 위하여 사용되는 장비로 직류 전원 공급장치(DC power supply)와 디지털 멀티미터(DMM, Digital MultiMeter)를 사용하였으며, 입력 전원이 교류 신호일 때는 함수발생기와 오실로스코프가 필요하다. 함수발생기는 정현파 신호, 구형파 신호 등을 출력 신호로 발생시키게 되고, 오실로스코프는 입력되는 신호를 실시간으로 디스플레이 화면에 보여주게 된다.

1) 함수발생기(function generator)

함수발생기(function generator)는 다양한 형태의 파형을 갖는 교류(AC)의 전압을 발생시킬 수 있는 장치로서, 정현파 신호, 구형파 신호, 삼각파 신호, 펄스 신호 등을 출력 신호로 발생시킬 수 있고 직류 성분의 전압을 함께 합성하여 출력시킬 수도 있다. 함수발생기는 내부에 출력 임피던스를 포함하고 있다. 따라서 전기회로의 전체 임피던스가 낮으면 신호 공급이 원활히 이루어지지 않게 되므로 실험을 위한 전기회로 설계시 주의가 필요하다.

본 교재에서 사용하는 함수발생기는 최대 25 MHz 대역폭과 최대 10 V_{pp}(50 Ω), 20 V_{pp} (High Z), 출력 진폭의 이중 채널을 갖고 있다. 4개의 실행 모드, 50개의 내장 파형 및 200 MHz 내장 주파수 카운터, 3.95 인치 칼라 TFT LCD, 바로 가기 버튼, USB 인터페이스 등을 제공한다. 함수발생기의 부하 임피던스가 50 Ω일 때는 출력 신호가 2배로 나타나며, 함수발생기의 출력 임피던스는 항상 50 Ω이다.

(1) 함수발생기 구성 요소

함수발생기는 전면 패널과 전면 패널의 컨트롤 버튼들로 이루어져 있다.

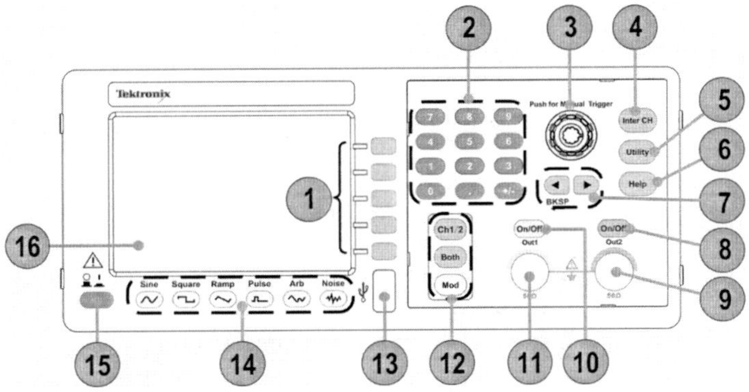

① 베젤(bezel) 버튼으로 주파수, 진폭 등의 기능을 선택할 때 사용된다.

② 숫자 키패드로서, 출력 신호의 진폭과 주파수 등의 수치를 입력할 때 숫자, 점, +와 – 기호를 이용하여 나타내게 된다.

③ 범용 노브로서, 진폭과 주파수 수치를 노브를 돌려서 증가하거나 감소시킬 수 있다.

④ 채널을 복사할 수 있는 버튼이다.

⑤ 유틸리티를 선택할 수 있는 버튼이다.

⑥ 도움말을 얻고자 할 때 사용하는 버튼이다.

⑦ 진폭, 위상, 주파수 등을 변경할 때, 화살표 버튼을 사용하여 디스플레이 화면에서 특정 숫자를 선택할 수 있다.

⑧ 채널 2를 On 또는 Off하기 위한 버튼이다.

⑨ 채널 2 출력 신호용 커넥터이다.

⑩ 채널 1을 On 또는 Off하기 위한 버튼이다.

⑪ 채널 1 출력 신호용 커넥터이다.

⑫ Ch1/2 : 디스플레이 화면에 있는 채널 1(또는 채널 2)의 화면을 채널 2(또는 채널 1)로 전환시킨다.

Both : 채널 1과 채널 2의 변수들을 동시에 표시합니다.

Mod : 연속, 변조, 스위프, 버스트를 포함한 실행 모드이다.

⑬ USB 메모리를 연결하여 사용할 수 있는 커넥터이다.

⑭ 정현파 신호, 구형파 신호, 램프 신호, 펄스 신호 등의 기능을 선택한다.

⑮ 전원을 On 또는 Off하기 위한 버튼이다.

⑯ 신호 파형, 주파수, 진폭 등에 대한 정보가 표시된다.

(2) 함수발생기 화면 구성 요소

함수발생기의 디스플레이 화면에 나타나는 구성들에 대한 설명은 아래와 같다.

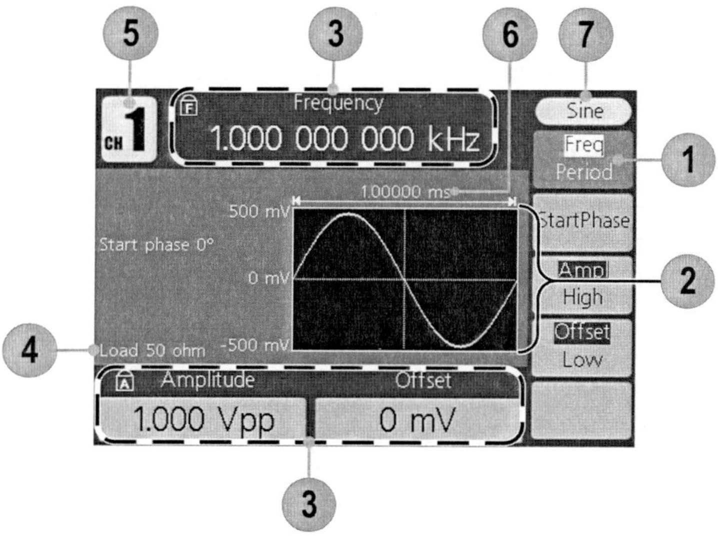

① 베젤 메뉴 부분으로, 전면 패널 버튼을 누르면 해당 메뉴가 화면 오른쪽에 표시된다. 메뉴는 화면 오른쪽의 라벨이 부착되지 않은 베젤 버튼을 직접 누르면 사용할 수 있는 옵션들이 표시된다.

② 그래프/파형 표시 영역으로, 메인 디스플레이 영역에서 이 부분은 신호를 그래프 또는 파형으로 보여준다.

③ 파라미터 표시 영역으로, 메인 디스플레이 영역에서 이 부분은 활성 파라미터를 보여준다. [F]는 주파수 잠금이 켜져 있음을 나타내고, [A]는 진폭 잠금이 켜져 있음을 표시한다.

④ 메시지 표시 영역으로, 부하 임피던스 값을 표시한다.

⑤ 메시지 표시 영역으로, 현재 채널을 표시한다.

⑥ 파라미터 표시 영역으로, 주기를 표시한다.

⑦ 메시지 표시 영역으로, 현재 신호 또는 모드의 형태를 표시한다.

2) 오실로스코프(oscilloscope)

오실로스코프(oscilloscope)는 전기, 전자 등의 분야에서 눈으로 볼 수 없는 각종 전기현상을 파형으로 변환시켜 눈으로 볼 수 있게 해 주는 장비이다. 오실로스코프는 아날로그 오실로스코프와 디지털 오실로스코프가 있으며, 현재 대부분은 디지털 스토리지 형태의 오실로스코프가 산업현장에 널리 사용되고 있다. 오실로스코프는 저주파와 고주파 파형에 대한 관찰, 시간에 대한 정밀 측정, 타이밍 관계 등이 요구되는 여러 응용 분야에 사용된다.

본 교재에서 사용하는 오실로스코프는 대역폭이 DC부터 100MHz, 입력이 2채널, 대형 7인치 WVGA 와이드스크린 컬러 디스플레이, 모든 채널에서 1 GS/s의 샘플링 속도와 최대 20,000 포인트의 레코드 길이, 최대 5,000 파형/초의 캡처 속도, 32가지 자동 측정 기능, 에지, 런트 및 펄스 폭 트리거, 파형 스펙트럼 분석을 위한 FFT 분석 기능을 갖고 있다.

(1) 오실로스코프 구성 요소

오실로스코프의 전면 패널은 아래 그림과 같이 디스플레이 화면과 화면에 나타나는 파형을 조절하거나 파형 정보를 표시하는데 사용하는 버튼들로 구성되어 있다.

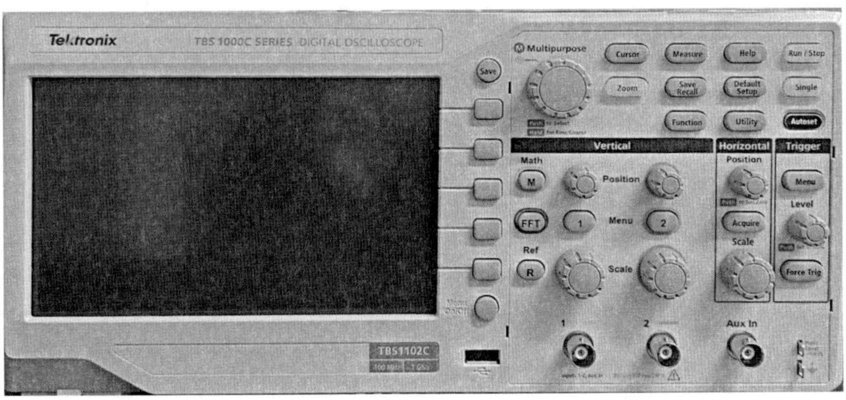

(2) 오실로스코프 화면 구성 요소

오실로스코프의 디스플레이 화면에 나타나는 표시들은 아래 설명과 같다.

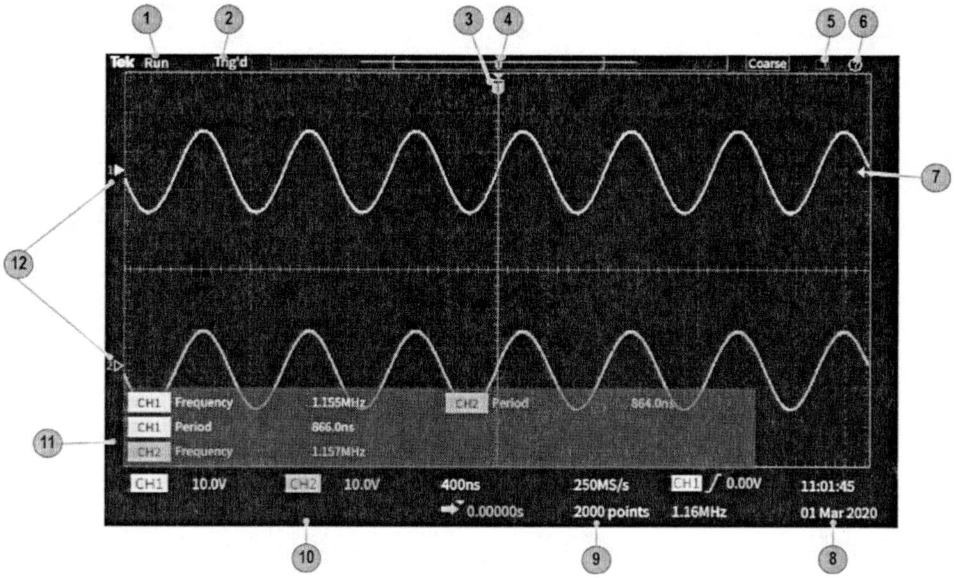

① 획득 상태는 획득이 실행 중, 정지, 획득 미리 보기 상태일 때 표시됩니다. 획득 모드는 다음과 같다.

- 실행(Run): 오실로스코프가 파형을 획득하고 표시한다.
- 정지(Stop) : 오실로스코프가 데이터 획득을 정지한다.
- 롤(Roll) : 디스플레이 화면의 왼쪽에서 오른쪽으로 이동하며 순차적 파형 포인트를 스크롤한다. 시간축이 40ms/div 이상으로 설정되면 롤 모드가 자동으로 시작된다.

② 오실로스코프가 정지되었고 사용자가 수평, 수직 스케일 또는 위치 노브를 사용하여 설정을 변경한다. 오실로스코프는 마지막으로 획득된 파형을 기준으로 하고 같은 신호를 새로운 설정을 사용해 획득했다고 가정하여, 변경된 위치 또는 스케일 설정을 사용하여 다음 획득 모양의 '미리보기'를 표시한다. 즉, 오실로스코프는 메모리에 있는 마지막 획득의 정적 파형 기록을 재해석하여 정확하지 않을 수도 있는 파형을 표시한다. 정지되거나 단일 획득된 파형을 검사할 때는 수평, 수직 스케일 또는 위치 노브를 사용하지 말고, 대신 줌 컨트롤과 범용 노브를 사용한다.

트리거 상태 판독값에는 다음과 같은 트리거 조건이 표시된다.

- 트리거됨(Trig'd) : 트리거됨
- 자동(Auto) : 트리거되지 않은 데이터 획득
- 사전 트리거(PrTrig) : 사전 트리거 데이터 획득

- 트리거?(Trig?) : 트리거 대기

③ 트리거 위치 아이콘(T)은 파형 기록에서 트리거가 발생한 위치를 나타낸다.

확장 포인트 아이콘(T 위쪽의 주황색 ▼ 삼각형)은 수평 스케일 컨트롤이 파형을 확장하거나 축소하는 기준 중앙 포인트(중앙 확장 포인트)를 표시한다.

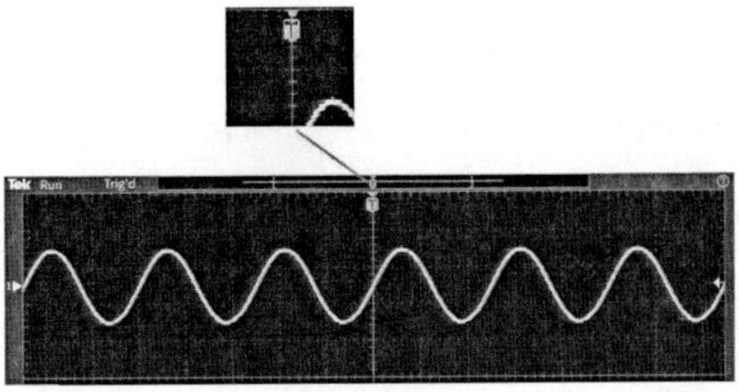

④ 파형 기록 보기는 전체 파형 기록을 기준으로 트리거 위치를 표시한다. 라인 색상은 선택한 파형 색상에 해당된다. 대괄호로 표시된 구역은 화면에 표시된 파형 기록의 일부이다.

⑤ 파일 저장 아이콘 은 오실로스코프가 파일을 USB 드라이브로 보내는 경우를 나타낸다.

⑥ 도움말 Everywhere 아이콘 은 메뉴를 열 때 오실로스코프 설정에 대한 정보를 표시하도록 도움말 Everywhere 기능이 활성화된 경우를 나타낸다.

⑦ 트리거 레벨 아이콘은 활성(선택한) 파형의 트리거 레벨을 표시한다. 트리거 레벨 노브를 사용하여 트리거 레벨을 조정할 수 있다. 트리거 레벨값은 화면 하단의 수평 및 트리거 판독값에 표시된다.

런트 파형에서 트리거할 경우 오실로스코프에는 두 가지 트리거 레벨 아이콘이 표시된다. 런트 트리거 모드일 경우 트리거 레벨 노브는 하단 트리거 임계값 레벨만 제어한다. 두 트리거 레벨을 모두 설정하려면 트리거 메뉴를 사용한다.

⑧ 시간 및 날짜 판독값은 오실로스코프 클럭 설정을 표시한다.

⑨ 수평 및 트리거 판독값은 트리거, 수평 스케일, 샘플링 속도, 트리거 지연 시간 및 기록 길이 정보를 표시한다.

트리거 판독값은 트리거 소스, 기울기 및 트리거 임계값 레벨을 표시한다. 또한 판독값은 측정된 신호 주파수를 표시한다. 다른 트리거 타입의 트리거 판독값은 다른 값을 표시한다. 이미지에는 에지 트리거에 대한 판독값이 표시되어 있다.

수평 위치/스케일 판독값은 수평 스케일 설정(주요 수평 계수선 구간당 시간(예: 400ns), 수평 스케일 노브로 조정) 및 샘플링 속도(초당 샘플 수(예:250MS/s))를 표시한다.

트리거 지연 모드 판독값은 T 기호에서 확장 포인트 아이콘(수평 위치 노브로 조정)까지의 시간이다. 수평 위치를 사용하여 트리거가 발생할 때와 실제로 데이터를 캡처할 때 사이에 지연을 추가할 수 있다. 더 많은 파형 데이터를 캡처하려면 트리거 이벤트 앞에 네거티브 시간을 삽입한다.

Delay Mode(지연 모드)가 꺼져 있는 경우 이 판독값은 파형 기록 내에 트리거 시간 위치를 백분율로 표시한다.

기록 길이 판독값은 현재 파형 기록에 대해 저장되고 있는 샘플 수를 표시한다(예: 2000 points).

⑩ 채널 판독값은 채널 스케일 요소(주요 수직 계수선 구간당 측정 단위 수), 입력 신호 커플링, 신호 반전 상태 및 오실로스코프 대역폭 설정을 표시한다. 이러한 설정은 수직 스케일 노브 및 채널 1 또는 2 메뉴를 사용하여 조정한다.

⑪ 측정 판독값은 선택한 측정을 표시한다. 한 번에 최대 6개의 측정을 표시하도록 선택할 수 있다.

Menu On/Off(메뉴 켜기/끄기) 버튼을 누르면 화면에서 측정 판독값 표시 켜기/끄기를 전환할 수 있다.

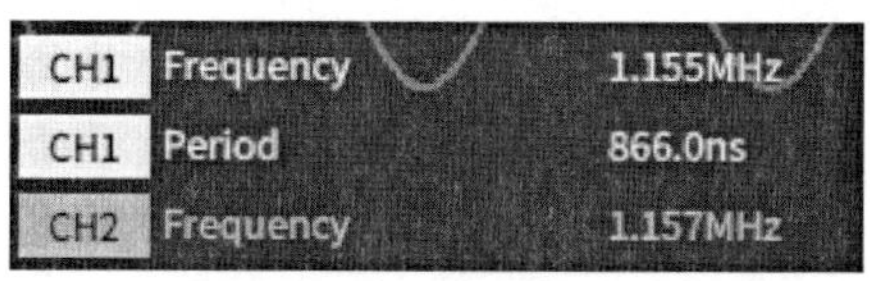

수직 클리핑 조건이 있는 경우 측정 옆에 기호 ⚠가 나타난다. 클리핑은 파형 일부가 디스플레이 위나 아래에 있는 경우 발생한다. 클리핑이 발생하면 오실로스코프 측정이 부정확해질 수 있다. 정확한 측정값을 얻으려면 수직 스케일 및 위치 노브를 사용하여 파형의 전체 수직 범위를 화면에 표시한다.

⑫ 파형 베이스라인 표시기(화면 왼쪽)는 파형의 영(0) 전압 레벨을 표시한다. 아이콘 색상은 파형 색상에 해당된다. 수직 위치 노브로 파형 위치를 조정한다.

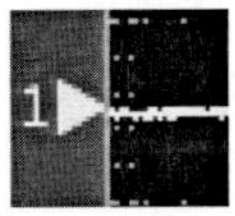

(3) 오실로스코프 신호 측정 요소

오실로스코프로 측정하는 신호의 정보는 주파수, 시간, 진폭이 있으며 측정하는 구역은 전체 또는 1 사이클이 있다.

① 진폭 측정

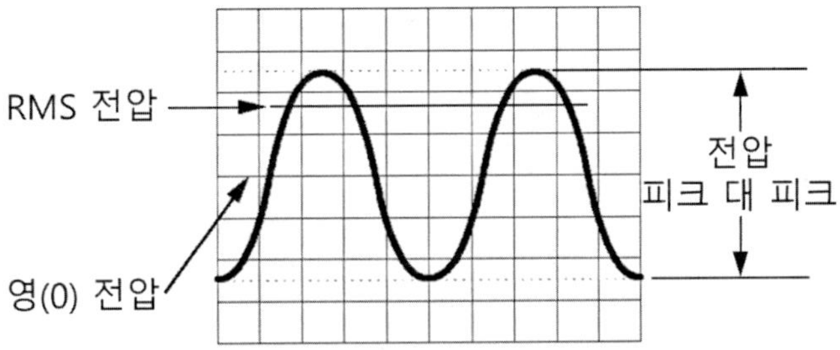

측정 유형	파형	설명
피크-피크 Peak-to-Peak		전체 파형 또는 게이트된 영역에서 최대 진폭 및 최소 진폭 사이의 절대적 차이다.
진폭 Amplitude		전체 파형 또는 게이트된 영역에서 측정된 평균 높은 값과 평균 낮은 값의 차이다.
최대 Max	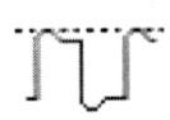	가장 포지티브한 피크 전압이다. 전체 파형 또는 게이트된 영역에서 최대값을 측정한다.
최소 Min	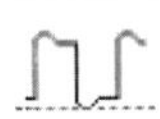	가장 네거티브한 피크 전압이다. 전체 파형 또는 게이트된 영역에서 최소값을 측정한다.
고 High	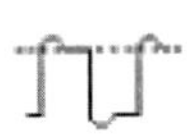	이 값은 하강 시간이나 상승 시간 측정에서와 같이 높은 기준값, 중간 기준값 또는 낮은 기준값이 필요할 때마다 100%로 사용된다. 최소/최대 또는 히스토그램 방법을 사용하여 계산된다. 최소/최대 방법에서는 발견된 최대값을 사용한다. 히스토그램 방법에서는 중간 지점 위에서 발견된 가장 일반적인 값을 사용한다. 이 값은 전체 파형이나 게이트된 영역에 대해 측정된다.
저 Low	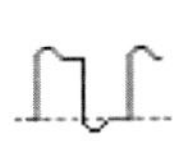	이 값은 하강 시간이나 상승 시간 측정에서와 같이 높은 기준값, 중간 기준값 또는 낮은 기준값이 필요할 때마다 0%로 사용된다. 최소/최대 또는 히스토그램 방법을 사용하여 계산된다. 최소/최대 방법에서는 발견된 최소값을 사용한다. 히스토그램 방법에서는 중간 지점 아래에서 발견된 가장 일반적인 값을 사용한다. 이 값은 전체 파형이나 게이트된 영역에 대해 측정된다

+오버 +Over		전체 파형이나 게이트된 영역에 대해 측정된다. 포지티브(+) 오버슈트 = (최대값 − 높은 값)/진폭 × 100%.
-오버 -Over		전체 파형이나 게이트된 영역에 대해 측정된다. 네거티브(-) 오버슈트 = (낮은 값 - 최소값)/진폭 × 100%.
평균 Mean		전체 파형 또는 게이트된 영역에 대한 산술 평균이다.
사이클 평균 Cycle Mean		파형의 첫 번째 사이클 또는 게이트된 영역의 첫 번째 사이클에 대한 산술 평균이다.
RMS		전체 파형이나 게이트된 영역에 대한 RMS 전압이다.
사이클 RMS Cycle RMS		파형의 첫 번째 사이클 또는 게이트된 영역의 첫 번째 사이클에 대한 RMS 전압이다.

② 주파수 측정

측정 유형	파형	설명
주파수 Frequency	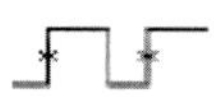	파형 또는 게이트된 영역의 첫 번째 사이클이다. 주파수는 주기의 역수로, 헤르츠(Hz) 단위로 측정되며 1 Hz는 초당 한 개의 사이클을 나타낸다.
+펄스 +Pulses	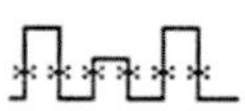	파형이나 게이트된 영역에서 교차하는 중간 기준보다 위로 상승하는 포지티브(+) 펄스의 수이다.
-펄스 -Pulse	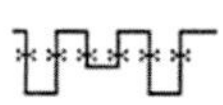	파형이나 게이트된 영역에서 교차하는 중간 기준보다 아래로 하강하는 네거티브(-) 펄스의 수이다
+에지 +Edges	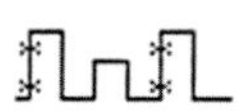	파형 또는 게이트된 영역에서, 낮은 기준값에서 높은 기준값으로 이동하는 포지티브(+) 트랜지션 수이다.
-에지 -Edges	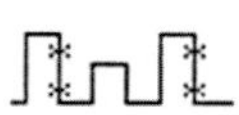	파형 또는 게이트된 영역에서, 높은 기준값에서 낮은 기준값으로 이동하는 네거티브(-) 트랜지션 수이다.

③ 시간 측정

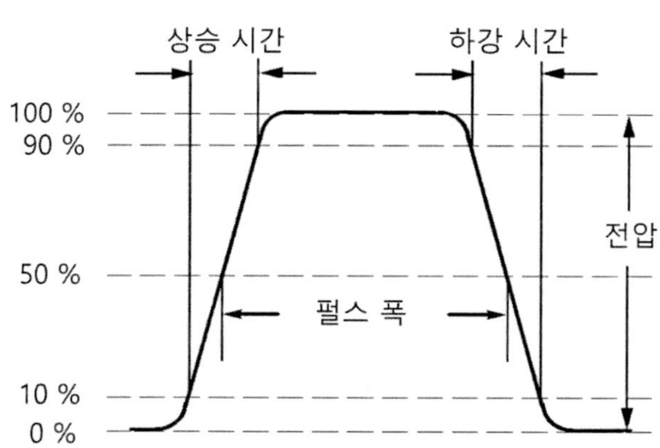

측정 유형	파형	설명
주기 Period	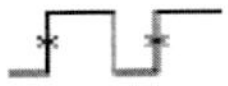	파형이나 게이트된 영역의 첫 번째 사이클을 완료하는 데 걸리는 시간이다. 주기는 주파수의 역수로, 초 단위로 측정된다.
상승 시간 Rise Time		파형 또는 게이트된 영역의 파형에서 첫 번째 펄스의 선행 에지가 최종값의 낮은 기준값에서 높은 기준값으로 상승하는 데 걸리는 시간이다.
하강 시간 Fall Time		파형 또는 게이트된 영역의 파형에서 첫 번째 펄스의 하강 에지가 최종값의 높은 기준값에서 낮은 기준값으로 하강하는 데 걸리는 시간이다.
지연 RR Delay RR	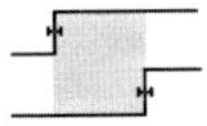	서로 다른 두 파형의 상승에지의 중간 기준(기본값 50%) 진폭 포인트 사이의 시간이다. 이 측정에는 두 채널의 입력이 필요하다.
지연 RF Delay RF	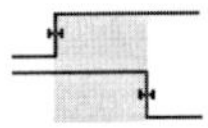	한 파형의 상승 에지와 두 번째 파형의 하강 에지의 중간 기준(기본값 50%) 진폭 포인트 사이의 시간이다. 이 측정에는 두 채널의 입력이 필요하다.
지연 FR Delay FR	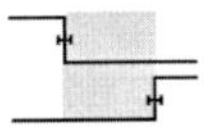	한 파형의 하강 에지와 두 번째 파형의 상승 에지의 중간 기준(기본값 50%) 진폭 포인트 사이의 시간이다. 이 측정에는 두 채널의 입력이 필요하다.
지연 FF Delay FF	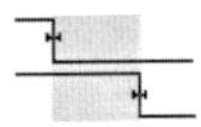	한 파형의 하강 에지와 두 번째 파형의 하강 에지의 중간 기준(기본값 50%) 진폭 포인트 사이의 시간이다. 이 측정에는 두 채널의 입력이 필요하다.
위상 Phase		한 파형이 다른 파형보다 빠르거나 느린 시간으로, 도(°)로 표시됩니다. 360°가 하나의 파형 사이클을 구성한다. 이 측정에는 두 채널의 입력이 필요하다.
+폭 +Width		포지티브(+) 펄스 폭. 포지티브 펄스의 중간 기준(기본값 50%) 진폭 포인트 사이의 거리(시간)이다. 파형 또는 게이트된 영역의 첫 번째 펄스에서 측정된다.
-폭 -Width	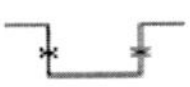	네거티브(-) 펄스 폭. 네거티브 펄스의 중간 기준(기본값 50%) 진폭 포인트 사이의 거리(시간)이다. 파형 또는 게이트된 영역의 첫 번째 펄스에서 측정된다
+듀티 +Duty	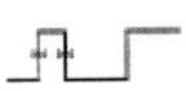	백분율로 표현된 신호 주기에 대한 포지티브(+) 펄스 폭의 비율이다. 듀티 사이클은 파형 또는 게이트된 영역의 첫 번째 사이클에서 측정된다.
-듀티 -Duty	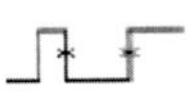	백분율로 표현된 신호 주기에 대한 네거티브(-) 펄스 폭의 비율이다. 듀티 사이클은 파형 또는 게이트된 영역의 첫 번째 사이클에서 측정된다.
버스트 폭 Burst Width		버스트(일련의 일시적 이벤트)의 기간으로, 전체 파형 또는 게이트된 영역에 대해 측정된다.

3) 전압 측정

오실로스코프를 이용하여 소자에 나타나는 전압을 측정한다. 그림 10-1은 소자 양쪽 단자에 디지털 멀티미터의 전압계를 이용하여 전압을 측정하는 방법이고, 그림 10-2는 오실로스코프로 전압을 측정하는 방법이다. 디지털 멀티미터는 직접적으로 소자의 양쪽 단자에 연결하여 소자에 나타나는 전압을 측정하게 되나, 오실로스코프는 기본적으로 기준 전압인 GND를 기준으로 전압을 측정하게 된다. 따라서 소자의 양쪽 단자의 전압을 측정하기 위해서는 소자의 각 단자의 전압을 측정한 후에 이를 차감하여야 한다. 디지털 멀티미터는 2개의 단자(+ 단자, - 단자)를 연결할 수 있는 전선이 각각 있으나, 오실로스코프는 1개 프로브(probe, 오실로스코프에서 신호를 측정할 때 사용하는 탐침기)에 신호를 측정하는 부분과 GND 연결용 부분이 함께 있으므로, 신호 측정을 위해서 프로브는 신호선에 연결하고 GND용 잭은 GND에 연결한다.

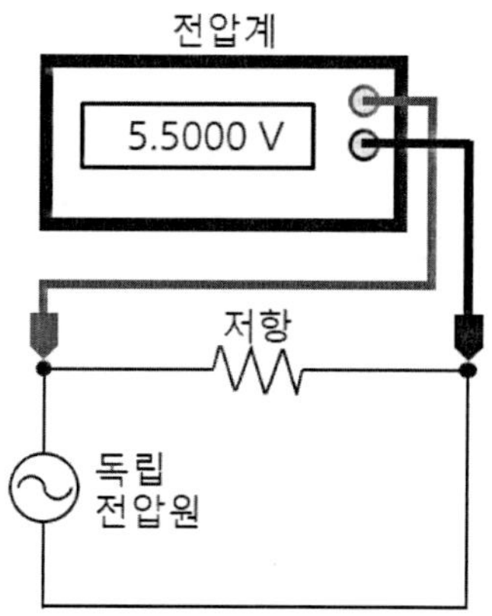

그림 10-1 디지털 멀티미터 연결

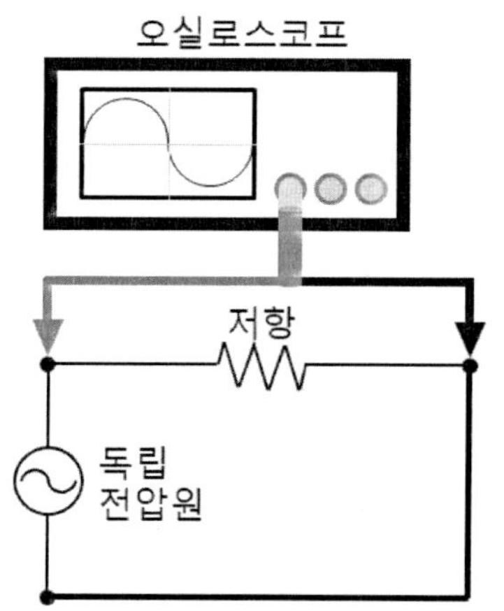

그림 10-2 오실로스코프 연결

10.3 시뮬레이션 및 실험

1) 사용 장비 및 부품

멀티심(multisim) 시뮬레이터

직류 전원공급장치 : 1대

디지털 멀티미터 : 1대

함수발생기 : 1대

오실로스코프 : 1대

저항 : 1 kΩ, 3 kΩ

2) 직류 전압 측정

(1) 시뮬레이션

① 1장 1.3 시뮬레이션 및 실험 2)와 3)의 시뮬레이션의 회로 설계 방법을 참조하여, 멀티심의 회로 설계 영역에 아래와 같은 회로를 구성한다.

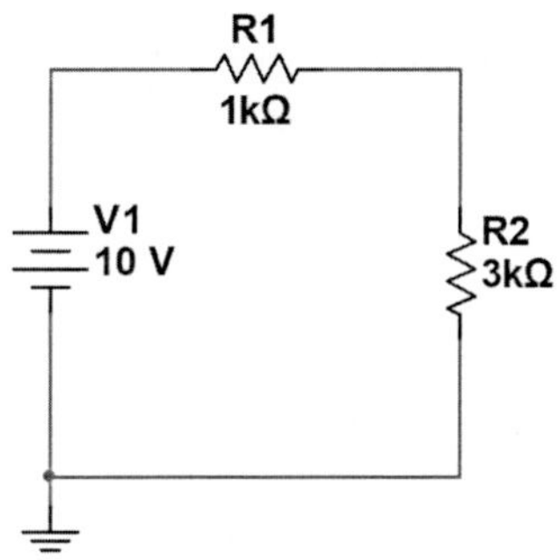

② 멀티심 오른쪽의 계측기 도구 모음(Instruments Toolbar)에서 'Tektronix Oscilloscope( )'를 선택하거나, 상단 메뉴에서 'Simulate → Instruments → Tektronix Oscilloscope'를 선택한다. 멀티심 회로 설계 영역에 Tektronix Oscilloscope( )가 나타나면 임의의 위치에 가지고 가서 클릭한다.

③ 저항 3 kΩ(R2) 양단에 발생하는 전압을 측정하기 위하여 아래 그림과 같이 회로에 오실로스코프의 채널 1(CH1)을 연결한다. 실제 오실로스코프는 GND를 연결하여야 하지만, 멀티심 시뮬레이터에서는 GND 연결 단자가 있지 않으므로 GND를 연결하지 않아도 된다.

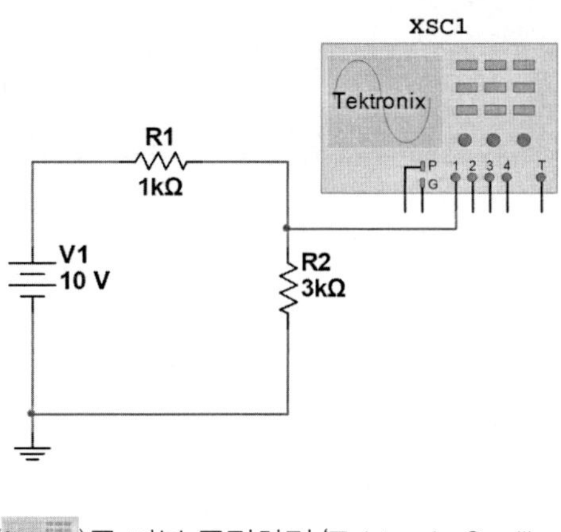

④ Tektronix Oscilloscope( )를 더블 클릭하면 'Tektronix Oscilloscope–XSC1' 창이 나타난

다. 'Power' 버튼을 클릭하고 'CH 1 MENU(CH1 MENU)' 버튼을 선택하면, LCD 화면에 'CH 1 Coupling DC, Volts/Div Course, Invert Off'가 나타난다.

⑤ 멀티심 상단의 시뮬레이션 도구 모음에서 '▷'를 선택한다(상단 메뉴에서 'Simulate → ▷ Run'을 선택해도 된다). 측정된 신호의 전압을 표 10-1에 작성한다.

- 신호 파형은 오실로스코프 화면에 나타나지 않는다. 이는 저항 3 kΩ(R2) 양단에 발생하는 전압이 $\frac{3\,\text{k}}{1\text{k}+3\,\text{k}} \times 10\,\text{V} = 7.5\,\text{V}$ 이고 오실로스코프 수직축 한 눈금이 1 V(오실로스코프 화면의 왼쪽 아래 'CH1 1V')이므로, 채널 1(CH1)의 GND 전압 위치를 나타내는 가운데(중앙) '1 ➔'(이곳이 채널 1 신호의 GND 위치이다)로부터 위쪽으로 최대 위치인 4번째 위치에도 신호 파형(전압)이 표시되지 못하는 것이다.

  신호 파형을 보이게 하기 위하여, 'CH1' 커넥터 위의 'VOLTS/DIV' 노브(●)를 움직여 'CH1 1V'를 'CH1 2V'로 변경한다. 즉, 오실로스코프 수직축 한 눈금 간격의 값을 변경하려면 'VOLTS/DIV' 노브(●)를 움직이면 된다.

  신호 파형이 가운데 '1' 위치에서부터 위로 3번째와 4번째 사이의 위치에 있다. 즉, 3번째와 4번째의 3/4 위치이다. 따라서 전압은 2 V(수직축 한 눈금) × 3 + 0.5 V(수직축 작은 한 눈금) × 3 = 7.5 V가 된다. 오실로스코프는 수직축 눈금이 8개 있고 각 눈금 사이에는 작은 눈금이 각각 4개가 있다.

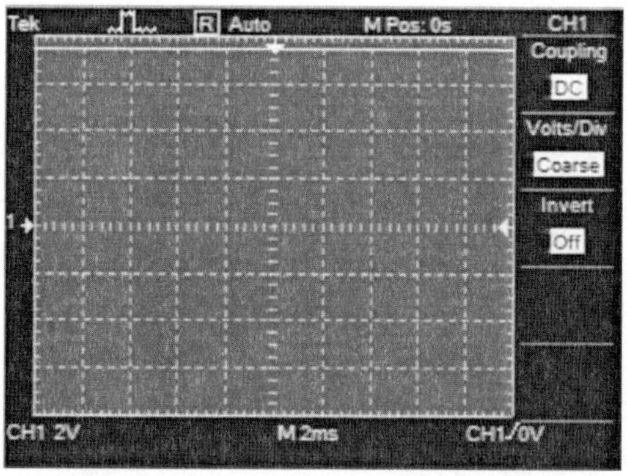

⑥ ① ~ ⑤를 참조하여, 입력 전압이 7 V일 때와 5 V일 때로 회로를 구성하여 시뮬레이션한 후 저항 3 kΩ(R2) 양단에 나타나는 전압을 표 10-1에 작성한다.

(2) 실험

① 아래 그림과 같이 직류 전원공급장치와 오실로스코프를 연결한다. 직류 전원공급장치의 전원 공급용 선들은 'CH1'에 연결하며, 오실로스코프 프로브의 BNC 커넥터는 '1'에 연결한다.

직류 전원공급장치 'CH1'의 '+'는 1 kΩ에, 'CH1'의 '−'는 3 kΩ에 각각 연결한다. 오실로스코프의 프로브는 1 kΩ과 3 kΩ이 연결되어 있는 마디에, GND선은 직류 전원공급장치의 'CH1'의 '−'와 3 kΩ가 연결되어 있는 마디에 접속한다.

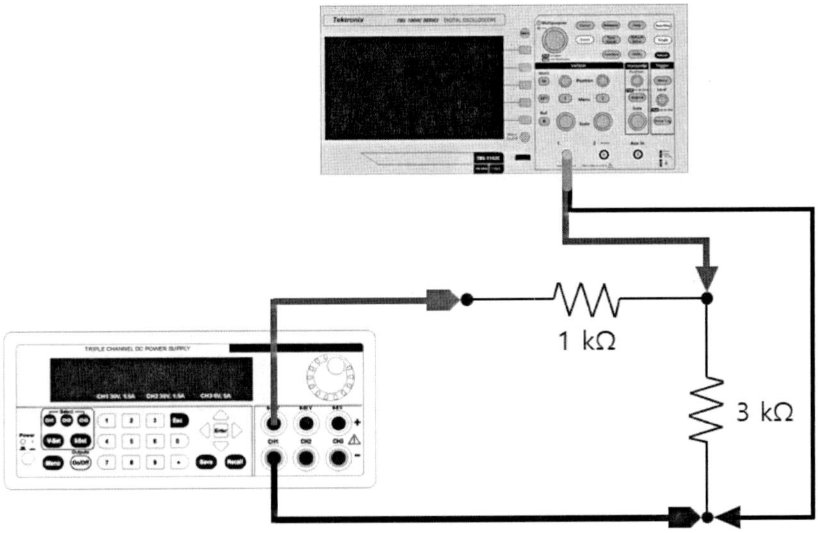

② 오실로스코프 왼쪽 위쪽에 전원 On/Off용 버튼을 누른다('I'는 전원이 on된 것으로 누른 상태이고 'O'는 전원이 off된 것으로 누름이 복구된 상태이다).

오실로스코프 화면의 왼쪽 끝 가운데에 '1 ▶'( )이 나타난다('1 ▶'( )이 나타나지 않으면 오실로스코프 오른쪽 가운데 'Vertical' 아래의 'Menu' 옆 ' 1 ' 버튼을 누른다).

- 오실로스코프 화면 오른쪽에 'Channel1', 'Position' 등이 나타나면, 오실로스코프 화면 오른쪽 끝 옆의 'Menu On/Off' 버튼( )을 누른다. 'Channel1', 'Position' 등이 사라지고 오실로스코프 화면에 신호만 나타나게 된다.

오실로스코프 프로브의 스위치를 감쇠 계수 '×10'으로 한다.

- 오실로스코프 화면에 파형으로 나타나는 신호는 '오실로스코프 프로브 감쇠비의 역수 × 오실로스코프의 신호 증폭비'가 된다. 오실로스코프의 기본 증폭 비율이 '10×'이기 때문에, 오실로스코프 프로브의 스위치를 감쇠 계수 '×10'으로 하면 입력 신호가 감쇠나 증폭 없이 오실로스코프 화면에 신호로 나타나게 된다.

  또 다른 방법은 오실로스코프 프로브의 스위치를 감쇠 계수 '×1'로 하고, 오실로스코프의 증폭 비율을 '1×'로 변경하면 입력 신호가 감쇠나 증폭 없이 오실로스코프 화면에 신호로 나타나게 된다.

③ 직류 전원공급장치의 'POWER' 버튼을 'I' 상태에 놓으면 전원이 켜져서 LCD 화면이 나타난다. 'SELECT'에서 'CH1'과 'V-Set'을 선택하고 '1 ~ 9'의 숫자 버튼이나 로터리 노브( )를

이용하여 전압을 10 V가 되게 한다.

④ 직류 전원공급장치의 'OUTPUT'의 'O I' 버튼을 누른다.

오실로스코프 화면에 신호 파형이 보이지 않는다. 신호 파형을 보이도록, 'Vertical' 아래쪽에 있는 'Scale' 옆 노브( )를 돌려서, 오실로스코프 화면 왼쪽 아래에 'CH1 1.00V'에서 'CH1 2.00V'로 바뀌게 한다(오실로스코프 화면의 수직축 한 눈금의 간격이 2V로 변한 것이다). 오실로스코프 화면에 신호 파형이 나타나면, 수직축 눈금 간격을 이용하여 신호 파형(전압)의 최댓값을 읽어서 표 10-1에 작성한다.

⑤ 직류 전원공급장치의 'OUTPUT'의 'O I' 버튼을 다시 눌러 출력을 차단한다.

⑥ ① ~ ⑤를 참조하여, 입력 전압이 7 V일 때와 5 V일 때로 회로를 구성하여 실험한 후 저항 3 kΩ(R2) 양단에 나타나는 전압을 읽어서 표 10-1에 작성한다.

3) 교류 전압 측정

아래 회로를 이용하여 교류 전압을 측정하고자 한다.

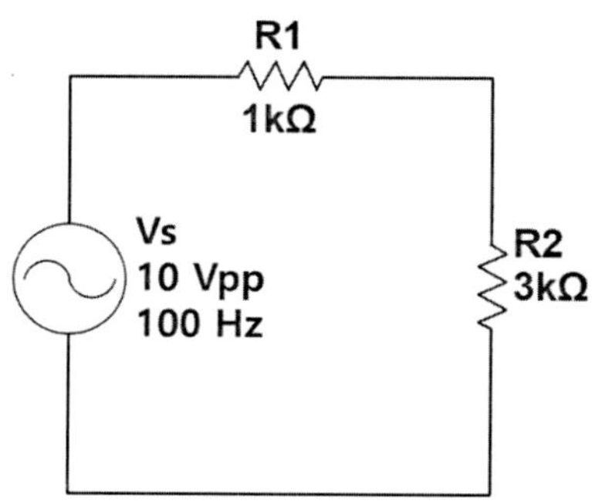

(1) 시뮬레이션

① 멀티심 오른쪽의 계측기 도구 모음(Instruments Toolbar)에서 'Agilent Function Generator ( )'를 선택하거나, 상단 메뉴에서 'Simulate → Instruments → Agilent Function Generator'를 선택한다. 멀티심 회로 설계 영역에 Agilent Function Generator( )가 나타나면 임의의 위치에 가지고 가서 클릭한다.

② 1장 1.3 시뮬레이션 및 실험 2)와 3)의 시뮬레이션의 회로 설계 방법을 참조하여, 멀티심 회로 설계 영역에, 'Agilent Function Generator, Agilent Multimeter, 저항 1 kΩ, 3 kΩ, GROUND'를 이용하여 아래 그림과 같은 회로를 구성한다.

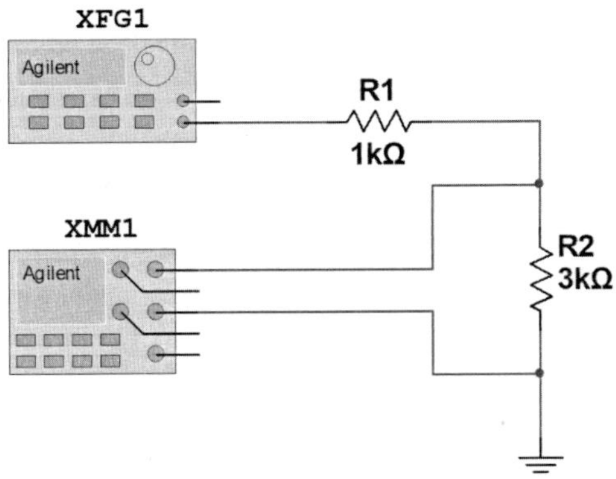

③ Agilent Function Generator( )를 더블 클릭하면 'Agilent Function Generator– XFG1' 창이 나타난다.

'Power' 버튼을 클릭한다. 정현파 신호인 ' ∿ ' 버튼을 선택하고 ' Ampl '을 클릭한 후 노브(knob,)를 돌려서 LCD 화면에 '10.00 Vpp~'가 나타나게 한다. Vpp (peak to peak)는 교류 전압의 최대와 최소의 차이값으로, 10.00 Vpp는 정현파의 진폭이 5 V인 신호이다.

정현파 신호의 주파수를 설정하기 위하여 ' Freq ' 버튼을 선택하고 노브(knob,)를 돌려서 LCD 화면에 '100.0 Hz~'가 나타나게 한다.

신호의 전압, 주파수 등을 변경할 때, 자릿수 이동은 ' > '와 ' < '를 사용하고 값의 변경은 노브( )를 이용하면 된다.

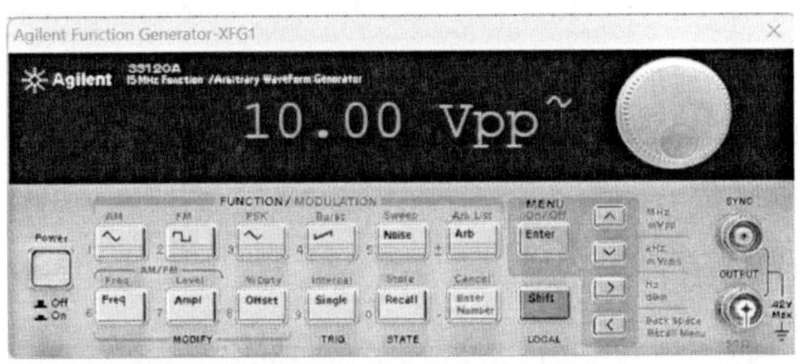

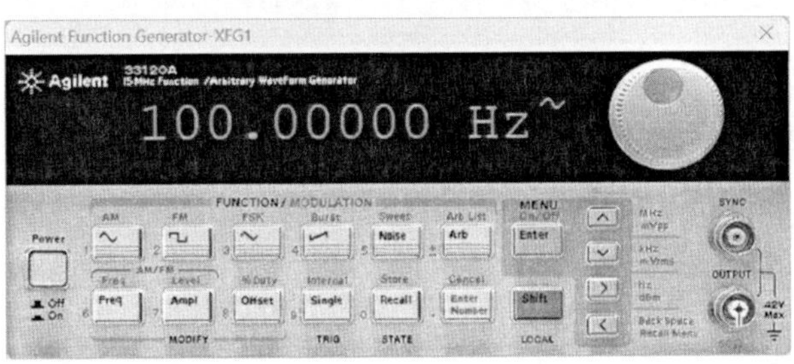

④ Agilent Multimeter( )를 더블 클릭하면 'Agilent Multimeter–XMM1' 창이 나타난다. 'Power' 버튼을 클릭하고 'AC V( )' 버튼을 선택하면, LCD 화면에 'VAC'가 나타난다.

⑤ 멀티심 상단의 시뮬레이션 도구 모음에서 ' '를 선택한다(상단 메뉴에서 'Simulate → Run'을 선택해도 된다). 측정된 전압값을 표 10–2에 작성한다.

- 교류 입력 신호에 대한 출력 전압은 RMS(Root Mean Square, 제곱 평균 제곱근)로 나타나게 된다. 입력 전압이 10 Vpp이면 진폭이 5 V이므로, 입력 전압은 RMS로 $\frac{5}{\sqrt{2}} \approx 3.53553\ \mathrm{V_{rms}}$가 된다. 따라서 저항 1 kΩ과 3 kΩ에 전압이 각각 분배되어, 저항 3 kΩ에 $\frac{3\mathrm{k}}{1\mathrm{k}+3\mathrm{k}} \times 3.53553 \approx 2.65164\ \mathrm{V_{rms}}$가 된다. 신호 파형의 진폭은 '(최대값–최소값)/2 = Vpp/2' 이다.

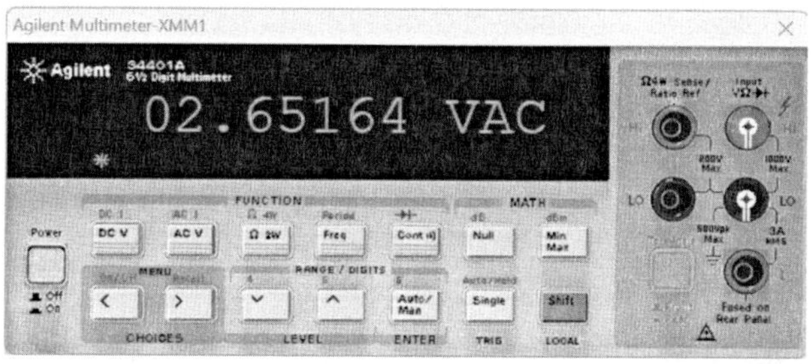

- RMS(Root Mean Square, 제곱 평균 제곱근)는 실효값(effective value)을 의미하는 것으로, 실효값의 개념은 정현파 전압(또는 전류)에 등가 직류(DC) 전압(또는 전류)과 같은 전력을 부하 저항에 전달하고자 하는 목적에서 만들어졌다. 즉, 실효값은 주어진 가변 전압(또는 전류)와 동일한 평균 전력을 전송하는 정상(직류, DC) 전압(또는 전류)로, 실효값 전압(RMS 전압)은 $V_{\mathrm{eff}}(V_{\mathrm{rms}})$로, 실효값 전류(RMS 전류)는 $I_{\mathrm{eff}}(I_{\mathrm{rms}})$로 표현한다. 실효값(또는 RMS) 전압과 전류를 구하는 수식은 아래와 같다.

$$V_{\mathrm{eff}} = V_{\mathrm{rms}} = \sqrt{\frac{1}{T}\int_0^T v^2 dt}\,, \qquad I_{\mathrm{eff}} = I_{\mathrm{rms}} = \sqrt{\frac{1}{T}\int_0^T i^2 dt}$$

정현파 신호(전압 또는 전류)의 실효값(또는 RMS)은 정현파 신호의 진폭이 A일 때, $\frac{\mathrm{A}}{\sqrt{2}}$가 된다.

⑥ 'Agilent Multimeter–XMM1' 창에서, 'Freq( )' 버튼을 선택하면, 아래와 같이 LCD 화면에 '100.0 Hz'가 나타난다. 측정된 주파수를 표 10–2에 작성한다.

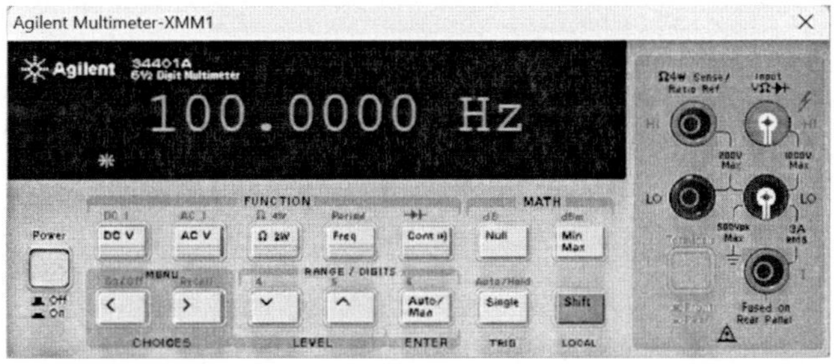

⑦ '2) 직류 전압 측정'을 참조하여, 멀티심 회로 설계 영역에 'Agilent Function Generator, Tektronix Oscilloscope, 저항 1 kΩ, 3 kΩ, GROUND'를 이용하여 아래 그림과 같은 회로를 구성한다.

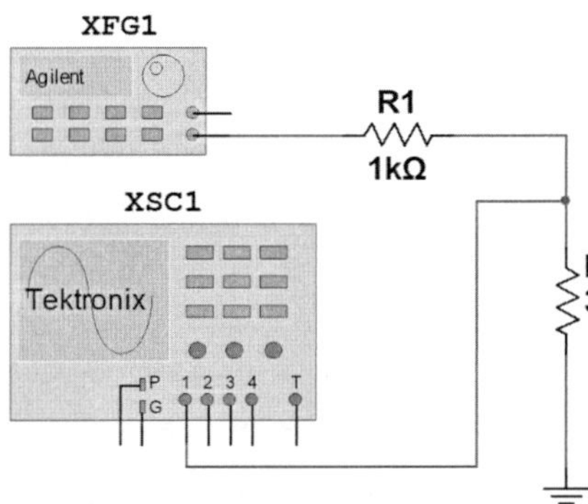

⑧ Tektronix Oscilloscope( )를 더블 클릭하면 'Tektronix Oscilloscope–XSC1' 창이 나타난다. 'Power' 버튼을 클릭하고 'CH 1 MENU( )' 버튼을 선택하면, LCD 화면에 'CH 1 Coupling DC, Volts/Div Course, Invert Off'가 나타난다.

- 입력 신호 파형이 DC 성분을 포함하고 있을 때 순수한 교류(AC) 성분만을 오실로스코프 화면에 나타내고 싶으면, 'CH 1 Coupling DC' 옆 버튼을 눌러서 'CH 1 Coupling AC'로 변경하면 된다.

⑨ ③을 참조하여, Agilent Function Generator 출력 전압이 '10.00 Vpp~', '100 Hz~'가 되게 한다.

⑩ 멀티심 상단의 시뮬레이션 도구 모음에서 ' '를 선택한다(상단 메뉴에서 'Simulate → Run'을 선택해도 된다). 측정된 오실로스코프 신호 파형(전압)의 Vpp(peak–to–peak, 최댓값과 최솟값의 차)와 주파수를 읽어서 표 10–2에 작성한다.

- 신호 파형(전압)의 Vpp는 수직축 눈금 간격을 이용하여 읽는다.

- 아래 그림과 같이 오실로스코프 화면에 신호 파형이 나타난다.

  저항 3 kΩ(R2) 양단에 발생하는 신호의 진폭은 $\frac{3\,\mathrm{k}}{1\mathrm{k}+3\mathrm{k}} \times 5\,\mathrm{V} = 3.75\,\mathrm{V}$가 된다. 오실로스코프 수직축 한 눈금이 1 V(오실로스코프 화면의 왼쪽 아래 'CH1 1V')이고, 신호 파형의 최대 위치는 가운데 '1 ➔' 위치에서부터 위로 3번째와 4번째의 3/4 위치에 있으므로 신호의 진폭은 1 V(수직축 한 눈금) × 3 + 0.25 V(수직축 작은 한 눈금) × 3 = 3.75 V가 된다.

  신호의 주파수는 수평축을 이용하여 읽을 수 있다. 수평축은 시간을 나타내고 있다. 오실로스코프 화면 아래 가운데에 '2ms'가 표시되어 있다. 이는 수평축 한 눈금이 '2ms'이라는 것이다. 따라서 신호 파형의 1 사이클(주기)를 읽으면 5칸이 된다(아래 그림에서, 수직축 가운데 위치의 처음 만나는 곳에서 세 번째 만나는 곳 까지가 1 사이클(주기)이다). 2 ms × 5 = 10 ms이며, 주파수는 시간의 역수이므로 $\frac{1}{10\,\mathrm{ms}} = \frac{1}{10 \times 10^{-3}} = 100\,\mathrm{Hz}$가 된다. 오실로스코프 수평축 한 눈금 간격의 값을 변경하려면 오실로스코프 오른쪽 끝에 있는 'SEC/DIV' 노브( )를 움직이면 된다.

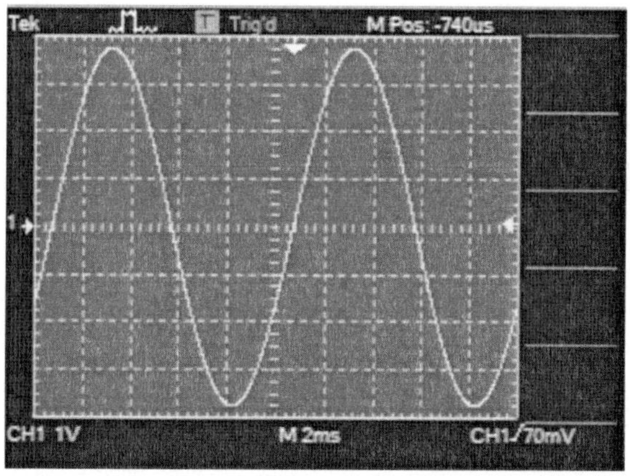

- 오실로스코프는 신호 파형의 진폭과 주파수 등에 대한 값을 숫자로 표시해주는 기능이 있다. 아래 그림과 같이 정현파 신호의 최대값과 최소값을 나타내는 peak to peak인 'Pk–Pk'와 주파수 'Freq' 및 신호의 1 사이클 동안에 대한 RMS 전압인 'Cyc RMS'를 표시할 수 있다.

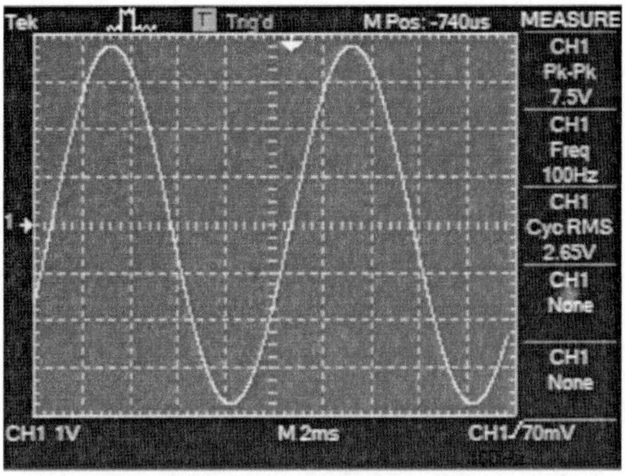

- 신호의 peak to peak 값의 표시는 다음 순서로 실행한다. 가운데 상단의 'MEASURE' 버튼를 누른다. → LCD 화면 오른쪽 끝에 'MEASURE'가 나타난다. 위에서 첫 번째 'CH1 None' 옆의 버튼을 누른다. → 'Source CH1' 아래의 'Type None' 옆의 버튼을 눌러서 Pk–Pk가 나타나게 한다. → 'MEASURE' 버튼을 누른다. → LCD 화면 오른쪽 끝의 'MEASURE' 아래에 'CH1 Pk–Pk 7.5V'가 표시된다.
- 주파수 표시는 다음 순서로 실행한다. 가운데 상단의 'MEASURE' 버튼를 누른다. → LCD 화면 오른쪽 끝에 'MEASURE'가 나타난다. 위에서 두 번째 'CH1 None' 옆의 버튼을 누른다. → 'Source CH1' 아래의 'Type None' 옆의 버튼을 눌러서 'Freq'가 나타나게 한다. → 'MEASURE' 버튼을 누른다. → LCD 화면 오른쪽 끝의 'MEASURE' 두 번째 아래에 'CH1 Freq 100Hz'가 표시된다.
- 사이클 RMS 표시는 다음 순서로 실행한다. 가운데 상단의 'MEASURE' 버튼을 누른다. → LCD 화면 오른쪽 끝에 'MEASURE'가 나타난다. 위에서 세 번째 'CH1 None' 옆의 버튼을 누른다. → 'Source CH1' 아래의 'Type None' 옆의 버튼을 눌러서 'Cyc RMS'가 나타나게 한다. → 'MEASURE' 버튼을 누른다. → LCD 화면 오른쪽 끝의 'MEASURE' 세 번째 아래에 'CH1 Cyc RMS 2.65V'가 표시된다.

⑪ ① ~ ⑩을 참조하여, 입력 전압이 7 Vpp와 5 Vpp일 때의 회로를 구성하여 시뮬레이션한 후 저항 3 kΩ(R2) 양단에 나타나는 전압과 주파수를 표 10–2에 작성한다.

⑫ ① ~ ⑪을 참조하여, 주파수가 1 kHz와 5 kHz일 때의 회로를 구성하여 시뮬레이션한 후 저항 3 kΩ(R2) 양단에 나타나는 전압과 주파수를 표 10–3에 작성한다.

(2) 실험

① 아래 그림과 같이 함수발생기와 디지털 멀티미터를 연결한다. 함수발생기 채널 1의 출력 단자 'Out1'에 악어 클립 케이블의 BNC 커넥터를 연결한다. 함수발생기의 신호선은 저항 1 kΩ에,

디지털 멀티미터의 'INPUT' 단자의 'HI'는 저항 1 kΩ과 3 kΩ이 연결되어 있는 마디에, 함수발생기의 GND선과 디지털 멀티미터의 'INPUT' 단자의 'LO'를 3 kΩ에 각각 연결한다.

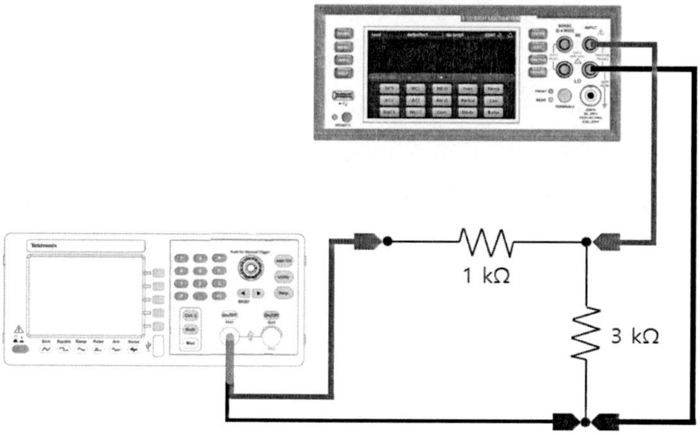

② 함수발생기 왼쪽 아래의 전원 버튼을 'I' 상태로 놓으면 전원이 켜져서 LCD 화면이 나타난다. 화면 아래의 'Sine (∿)' 버튼을 눌러 정현파 신호로 만든다. 화면 왼쪽에는 맨 위쪽에 'Sine', 그 아래쪽에는 'Freq Period', 'Start Phase', 'Ampl High', 'Offset Low'가 표시되어 있다.

Frequency(주파수)는 '100 Hz', Amplitude(신호 크기)는 '10.0 Vpp', 부하 임피던스는 'High Z'로 조정한다(Offset(오프셋), AC(교류)에 DC(직류) 성분을 추가할 때의 DC 값)은 '0 mV'이다).

- 주파수를 조정한다. 전원이 켜지면 기본적인 주파수는 '1 kHz'를 나타낸다. 주파수를 조정하는 방법은 함수발생기 오른쪽에 있는 노브(◉)를 돌리거나, 숫자 버튼을 눌러서 조정한다. 임의의 숫자 버튼을 누르면 'Set the frequency'라는 창이 나타난다. 창에 숫자 버튼을 이용하여 값을 넣은 후 주파수 단위 옆의 베젤(bezel) 버튼을 이용하여 주파수 단위를 맞춘다. 숫자를 잘못 입력한 경우에는 '◀ ▶' 버튼을 이용하여 수정하면 된다. 주파수 값의 조정 위치(1의 단위, 10의 단위 등)를 이동할 때는 '◀ ▶' 버튼을 이용하여 이동한 후 값을 변경할 수 있다.
- Amplitude를 조정한다. 'Ampl High' 옆의 베젤 버튼을 누른다. 주파수 조정과 유사하게, 노브를 이용하거나 숫자 버튼을 이용하여 amplitude를 조정한다. 임의의 숫자를 누르면 'Set the amplitude'라는 창이 나타난다.
- Offset 옆의 베젤 버튼을 누른다. 주파수 조정과 유사하게, 노브를 이용하거나 숫자 버튼을 이용하여 Offset을 조정한다. 임의의 숫자를 누르면 'Set the offset'라는 창이 나타난다.
- 부하 임피던스를 '50 ohm'(디폴트) 또는 'High Z'로 선택할 수 있다. 채널 1의 부하 임피던스를 '50 ohm'에서 'High Z'로 바꾸는 방법은 다음과 같다.

함수발생기 오른쪽에 있는 Utility 'Utility' 버튼을 누른다. → 화면 오른쪽 가운데에 'Output Setup'이 표시된다. 그 옆의 베젤 버튼을 누른다. → 'CH1Load 50 ohm'이 표시된다. 그 옆의 베젤 버튼을 누르면 'CH1Load High Z'로 변경된다. → Utility 버튼을 누른다. 함수발생기 화면 왼쪽 아래쪽에 'Load 50 ohm'이 'Load High Z'로 바뀐 것을 알 수 있다.

- 'Load 50 ohm'일 때는 조정할 수 있는 amplitude는 최대 '10 Vpp'이나 'High Z'일 때는 최대 '20 Vpp'가 된다.

③ 디지털 멀티미터의 'POWER' 버튼을 누르면 LCD 화면이 켜진다. 'FUNCTIONS'에서 'ACV ACV'를, Range는 'Auto'를 선택한다.

④ 함수발생기의 채널 1인 'Out1'의 'On/Off' 버튼을 누르면 신호가 출력된다.

⑤ 디지털 멀티미터 LCD에 나타나는 전압값을 표 10-2에 작성한다. 디지털 멀티미터에서 측정하는 'ACV'와 'ACI'는 RMS(Root Mean Square) 값이다.

⑥ 디지털 멀티미터의 'FUNCTIONS'에서 'Freq Freq'를, Range는 'Auto'를 선택한다.

⑦ 디지털 멀티미터 LCD에 나타나는 주파수를 표 10-2에 작성한다.

⑧ 함수발생기의 채널 1인 'Out1'의 'On/Off' 버튼을 눌러서 신호를 차단한다.

⑨ 디지털 멀티미터의 'POWER' 버튼을 눌러 전원을 차단한다.

⑩ 아래 그림과 같이 함수발생기와 오실로스코프를 연결한다. 함수발생기 채널 1의 출력 단자 'Out1'에 악어 클립 케이블의 BNC 커넥터를 연결하고, 오실로스코프 프로브의 BNC 커넥터는 '1'에 연결한다. 함수발생기의 신호선은 저항 1 kΩ에, 오실로스코프 프로브는 저항 1 kΩ과 3 kΩ이 연결되어 있는 마디에, 함수발생기의 GND선과 오실로스코프의 GND선은 3 kΩ에 각각 연결한다.

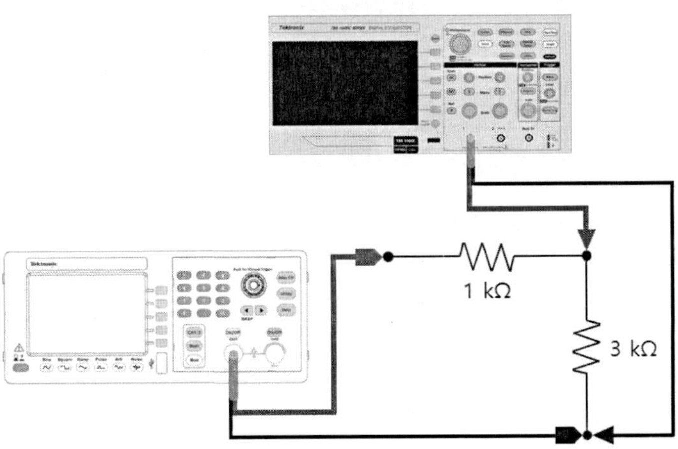

⑪ ②를 참조하여, 함수발생기의 출력 전압이 '10.00 Vpp~', '100 Hz~'가 되게 한다(부하 임피던스는 'High Z'로 설정한다).

⑫ 함수발생기의 채널 1인 'Out1'의 'On/Off' 버튼을 누르면 신호가 출력된다.

⑬ 오실로스코프 왼쪽 위쪽에 전원 On/Off용 버튼을 눌러 'I' 상태(on 상태)가 되게 한다.

오실로스코프 화면의 왼쪽 끝 가운데에 '1 ▶'( )이 나타난다('1 ▶'( )이 나타나지 않으면 오실로스코프 오른쪽 가운데 'Vertical' 아래의 'Menu' 옆 '1' 버튼을 누른다).

'Vertical' 아래쪽에 있는 'Scale' 옆 노브( )를 돌려서, 오실로스코프 화면 왼쪽 아래에 'CH1 1.00V'가 되게 한다.

'Vertical' 옆에 'Horizontal'이 있다. 'Horizontal' 아래쪽에 있는 'Scale' 아래의 노브( )를 돌려서, 수평축 한 눈금 간격을 '2.00ms'로 변경한다.

오실로스코프 화면에 신호 파형이 나타나면, 신호 파형(전압)의 Vpp(peak-to-peak, 최댓값과 최솟값의 차)와 주파수를 읽어서 표 10-2에 작성한다.

- 신호 파형(전압)의 Vpp는 수직축 눈금 간격을 이용하여 읽는다.
- 주파수는 수평축 한 눈금 간격을 이용하여 신호 파형의 1 사이클 시간을 구한 후 이를 역수로 환산하면 된다.

⑭ 오실로스코프 화면에 나타난 신호 파형의 크기와 주파수를 오실로스코프 화면에 숫자로 표시할 수 있다. 정현파 신호의 최대값과 최소값을 나타내는 peak to peak인 'Pk-to-Pk'와 주파수 'Frequency' 및 신호의 RMS 전압인 'RMS'를 표시할 수 있다.

- 오실로스코프 오른쪽 가운데 상단의 'Measure' 버튼을 누른다. → 오실로스코프 화면 오른쪽 끝에 'Measurement'가 나타난다. 위에서 첫 번째 'CH1' 옆의 버튼을 누른다. → 오실로스코프 화면은 'CH1 Measurement Selection' 화면으로 되고, 'Frequency', 'Time', 'Amplitude' 등이 나타난다.
- 신호의 peak to peak 값의 표시는 다음 순서로 실행한다. 'CH1 Measurement Selection' 화면에서, 오실로스코프 가운데 위쪽의 'Multipurpose' 노브( )를 돌려 'Amplitude'의 'Peak-to-Peak'를 선택한 후, 'Multipurpose' 노브( ) 가운데를 누르면 선택한 'Peak-to-Peak' 옆에 사각형 표시(■)가 나타나게 된다. 오실로스코프 화면 오른쪽 끝 아래의 옆에 있는 'Menu On/Off' 버튼( )을 누르면 'CH1 Measurement Selection' 화면이 사라지고 오실로스코프 화면 왼쪽 아래에 'CH1 Pk-to-Pk 7.400V'가 나타난다.
- 주파수 표시는 다음 순서로 실행한다. 'CH1 Measurement Selection' 화면에서, 오실로스코프 가운데 상단의 'Multipurpose' 노브( )를 돌려 'Frequency'의 'Frequency'를 선택

한 후, 'Multipurpose' 노브( ) 가운데를 누르면 선택한 'Frequency' 옆에 사각형 표시(■)가 나타나게 된다. 오실로스코프 화면 오른쪽 끝 아래의 옆에 있는 'Menu On/Off' 버튼( )을 누르면 'CH1 Measurement Selection' 화면이 사라지고 오실로스코프 왼쪽 아래에 'CH1 Frequency 100.0Hz'가 나타난다.

- RMS 표시는 다음 순서로 실행한다. 'CH1 Measurement Selection' 화면에서, 오실로스코프 가운데 상단의 'Multipurpose' 노브( )를 돌려 'Amplitude'의 'RMS'를 선택한 후, 'Multipurpose' 노브( ) 가운데를 누르면 선택한 'RMS' 옆에 사각형 표시(■)가 나타나게 된다. 오실로스코프 화면 오른쪽 끝 아래의 옆에 있는 'Menu On/Off' 버튼( )을 누르면 'CH1 Measurement Selection' 화면이 사라지고 오실로스코프 왼쪽 아래에 'CH1 RMS 2.601V'가 나타난다.

⑮ 함수발생기의 채널 1인 'Out1'의 'On/Off' 버튼을 눌러서 신호를 차단한다.

⑯ 오실로스코프 왼쪽 위 상단에 전원 On/Off용 버튼을 눌러 'O' 상태(off 상태)가 되게 한다.

⑰ ① ~ ⑯을 참조하여, 입력 전압이 7 Vpp와 5 Vpp일 때의 회로를 구성하여 실험한 후 저항 3 kΩ(R2) 양단에 나타나는 전압과 주파수를 표 10-2에 작성한다.

⑱ ① ~ ⑰을 참조하여, 주파수가 1 kHz와 5 kHz일 때의 회로를 구성하여 실험한 후 저항 3 kΩ(R2) 양단에 나타나는 전압과 주파수를 표 10-3에 작성한다.

4) 실험 결과 및 고찰

학과	학번	학년	이름

(1) 직류 전압

① 표 10-1에 직류 전압에 따른 시뮬레이션과 실험 측정값을 작성한다.

표 10-1

입력전압값	5 V	7 V	10 V
시뮬레이션값	V	V	V
실험 측정값	V	V	V

② 표 10-1에서, 이론값을 기준으로 시뮬레이션값과 실험 측정값에서 다르게 나타난다면 이유는 무엇인가요?

(2) 교류 전압

① 표 10-2에 입력 전압에 따른 시뮬레이션값과 실험 측정값을 작성한다.

표 10-2

입력 전압값	5 V		7 V		10 V	
	전압	주파수	전압	주파수	전압	주파수
시뮬레이션값 (멀티미터)	V_{rms}	Hz	V_{rms}	Hz	V_{rms}	Hz
실험 측정값 (멀티미터)	V_{rms}	Hz	V_{rms}	Hz	V_{rms}	Hz
시뮬레이션값 (오실로스코프)	Vpp	Hz	Vpp	Hz	Vpp	Hz
실험 측정값 (오실로스코프)	Vpp	Hz	Vpp	Hz	Vpp	Hz

② 표 10-2에서, 오실로스코프 측정값인 Vpp를 V_{rms}로 계산하시오.

③ 표 10-3에 1 kHz와 5 kHz 주파수에서 시뮬레이션과 실험 측정값을 작성한다.

표 10-3

입력 전압값		5 V		7 V		10 V	
		전압	주파수	전압	주파수	전압	주파수
1kHz	시뮬레이션값 (멀티미터)	V_{rms}	Hz	V_{rms}	Hz	V_{rms}	Hz
	실험 측정값 (멀티미터)	V_{rms}	Hz	V_{rms}	Hz	V_{rms}	Hz
	시뮬레이션값 (오실로스코프)	Vpp	Hz	Vpp	Hz	Vpp	Hz
	실험 측정값 (오실로스코프)	Vpp	Hz	Vpp	Hz	Vpp	Hz
5kHz	시뮬레이션값 (멀티미터)	V_{rms}	Hz	V_{rms}	Hz	V_{rms}	Hz
	실험 측정값 (멀티미터)	V_{rms}	Hz	V_{rms}	Hz	V_{rms}	Hz
	시뮬레이션값 (오실로스코프)	Vpp	Hz	Vpp	Hz	Vpp	Hz
	실험 측정값 (오실로스코프)	Vpp	Hz	Vpp	Hz	Vpp	Hz

④ 표 10-1, 표 10-2, 표 10-3에서, 주파수에 따른 시뮬레이션값 또는 실험값에 차이가 발생하는지요? 발생하지 않으면 그 이유는 무엇인가요? 발생한다면 그 이유는 무엇인가요?

⑤ 저항의 전압을 측정할 때, 오실로스코프로 연결하는 방법과 디지털 멀티미터로 연결하는 방법에 대하여 설명하세요.

11

커패시터와 RC 회로

11.1 실험 목적

수동소자의 하나인 커패시터가 갖고 있는 특성과 커패시터가 직렬 또는 병렬로 연결되어 있을 때 등가 커패시터로 변경하는 방법을 학습하여, 커패시터와 저항이 직렬 또는 병렬로 연결된 회로에서 정현파 교류 입력에 대한 커패시터의 전압과 전류 및 회로의 임피던스를 시뮬레이션과 실험으로 이해한다.

11.2 실험에 적용된 이론

1) 커패시터

커패시터(capacitor, 또는 콘덴서(condenser)라 한다)는 전기장 내에서 에너지를 저장하는 전기회로의 소자이며, 전기회로에 연결되어 직류(DC) 전류는 차단하고 교류(AC) 전류는 통과시키므로 필터 기능으로 사용할 수 있다. 커패시터는 양쪽 도체판 사이에 유전 물질을 갖고, 유전 분극에 의하여 양쪽 도체판에 전하가 축적되며, 커패시터에 저장되는 전하 Q는 $Q = CV$와 같이 표현된다. 여기서, C는 커패시턴스(capacitance, 정전용량, 단위: F(패럿))이고, V는 커패시터 양단에 가해진 전압이다. 또한, 커패시턴스는 분리된 전하의 형태로 또는 전기장의 형태로 에너지를 저장할 수 있는 소자의 능력의 척도를 나타낸다. 커패시터에 흐르는 전류는 커패시터의 커패시턴스와 커패시터에 생성되는 전압의 변화율에 의하여 생성된다.

$$i = C\frac{dv}{dt}$$

커패시터에 생성되는 전압이 순간적으로 변화하게 되면 커패시터에 흐르는 전류는 무한한 값이 되어 커패시터에 무한한 전력을 공급해야 하기 때문에, 커패시터에 생성되는 전압은 순간적으로 변할 수가 없다.

(1) 커패시터 종류

커패시터는 유전 물질의 종류와 제조 기술 등에 따라 분류한다. 가장 대표적인 유전 물질로는 세라믹, 전해질, 운모 등이 있으며, 그림 11-1은 여러 종류의 커패시터들을 나타낸 것이다.

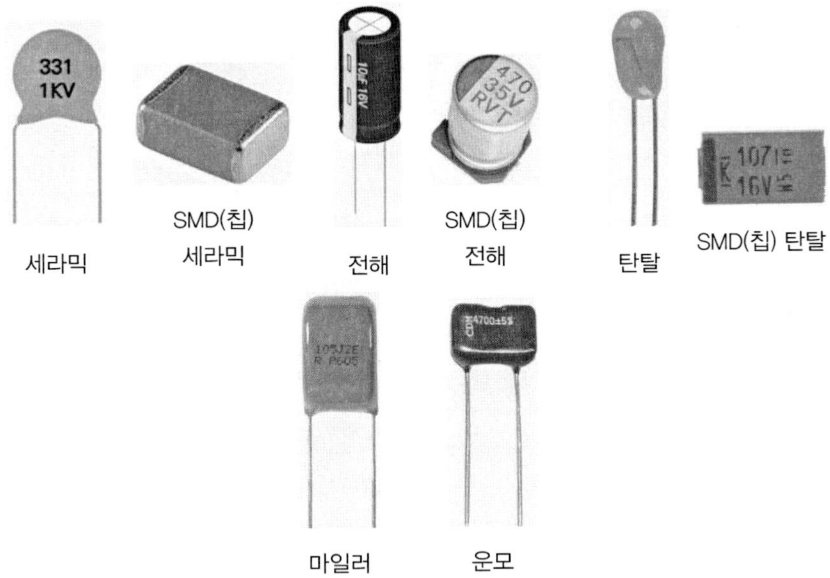

그림 11-1 커패시터 종류

① 세라믹 커패시터

세라믹 커패시터는 작은 크기로 높은 커패시터 값을 얻을 수 있으며 극성이 없다. 세라믹 커패시터는 고주파 특성이 양호하여 고주파 바이패스 회로에 사용된다. 대부분 전기회로에는 적층 구조로 되어 있는 MLCC(적층 세라믹 커패시터)를 사용한다.

② 전해 커패시터(알루미늄 전해 커패시터)

전해 커패시터에는 극성(무극성도 있음)과 용량 및 정격 전압이 표시되어 있으며, 전원의 평활 회로와 저주파 바이패스 회로에 사용된다. 극성 연결(긴 다리가 +, 짧은 다리가 –)과 정격 전압에 주의해서 사용하여야 한다.

③ 탄탈 커패시터(탄탈럼 전해 커패시터)

탄탈 커패시터는 극성이 표시되어 있으며 비교적 큰 용량을 얻을 수 있고 온도 특성과 주파수

특성이 전해 콘덴서보다 우수하다. 온도에 의한 용량 변화가 엄격한 회로와 고주파용 회로에 주로 사용된다.

④ 마일러 커패시터

마일러 커패시터는 폴리에스테르 필름 커패시터로서, 무극성이며 온도 특성이 좋고, 감는 횟수에 따라 고용량을 내는 것이 가능하다. 가격은 저렴하지만 정밀도가 낮다.

⑤ 운모 커패시터

운모 커패시터에는 겹겹이 쌓인 형태와 은–운모 형태가 있다. 절연성이 좋으며 고압회로나 고주파 회로에 사용된다.

(2) 커패시터 기호 및 표기법

커패시터를 나타내는 기호는 그림 11-2와 같이, 세라믹 커패시터처럼 극성이 없는 경우, 전해 커패시터처럼 극성이 있는 경우, 커패시터의 용량을 변화시킬 수 있는 가변 커패시터를 각각 나타내고 있다.

그림 11-2 커패시터 기호

커패시터의 크기는 아래와 같이 2가지 방법으로 나타낸다.

① 커패시터에 용량과 정격 전압을 직접 표시하는 방법으로, 전해 커패시터에 사용되고 있다. 예를 들어, '10μF 25V'가 표시되어 있다.

② 커패시터에 숫자와 문자로 표시하는 방법으로, 탄탈, 세라믹, 마일러 커패시터 등에서 사용되고 있다.

커패시터에 '103K'이라고 표기되어 있으면, '10'은 유효 숫자이고, '3'은 10의 승수를 나타내는 지수이며 'K'는 허용 오차(표 11–1 참조)를 의미한다. 단위는 pF이다. 따라서 커패시터의 값은 $103\,\mathrm{K} = 10 \times 10^3\ \mathrm{pF} \pm 10\ \% = 0.01\,\mu\mathrm{F} \pm 10\ \%$ 가 된다.

또한, 커패시터에 '2A473J'라고 표기되어 있으면 '2A'는 내압 100V(표 11–2 참조)를 의미하고 '473J'는 $473\,\mathrm{J} = 47 \times 10^3\ \mathrm{pF} \pm 5\ \% = 0.047\,\mu\mathrm{F} \pm 5\ \%$ 가 된다.

허용 오차는 10pF 이상의 커패시터에서는 오차를 %로, 10pF 이하에서는 pF로 나타내며 표 11–1과 같다.

표 11-1 허용 오차

허용 오차	B	C	D	F	G	J	K	M	N	V	X	Z	P
%	0.1	0.25	0.5	1	2	5	10	20	30	+20 −10	+40 −20	+80 −20	+100 0
pF	0.1	0.25	0.5	1	2								

커패시터의 내압은 표 11-2와 같이 나타낸다.

표 11-2 커패시터 내압

내압(V)	A	B	C	D	E	F	G	H	I	J
0	1	1.25	1.6	2.0	2.5	3.15	4.0	5.0	6.3	8.0
1	10	12.5	16	20	25	31.5	40	50	63	80
2	100	125	160	200	250	315	400	500	630	800
3	1000	1250	1600	2000	2500	3150	4000	5000	6300	8000

(3) 커패시터 리액턴스(reactance)

커패시터가 나타내는 정현파 교류 신호의 흐름을 방해하는 저항 성분을 용량성 리액턴스라고 하며 기호는 X_C이고 단위는 옴(Ω)이다. 용량성 리액턴스는 $X_C = \dfrac{1}{2\pi f C}$로 나타내며 주파수($f$)에 따라 변한다.

커패시터의 용량성 리액턴스는 주파수에 반비례하여, 주파수가 커지면 리액턴스는 작아지고 주파수가 작아지면 리액턴스는 커진다. 주파수가 영(0), $f = 0$인 직류(DC) 신호에서 용량성 리액턴스 X_C는 무한대가 되므로 커패시터는 개방 회로로 동작하게 된다. 따라서 커패시터는 직류(DC) 신호를 차단하게 된다.

커패시터의 용량성 리액턴스는 디지털 멀티미터의 교류 전압계와 교류 전류계를 이용하여 구할 수 있다. 즉, 커패시터가 연결되어 있는 전기회로에서, 커패시터에 흐르는 전류를 교류 전류계로 측정하고, 커패시터 양단의 전압을 교류 전압계로 측정한 후 옴의 법칙을 이용하여 용량성 리액턴스 X_C를 아래 수식과 같이 구하면 된다. $\mathbf{Z}$는 임피던스, $\mathbf{V}_C$와 $\mathbf{I}$는 커패시터 페이저 전압과 전류이고, V_{Crms}는 디지털 멀티미터로 측정한 커패시터 RMS 전압, I_{rms}는 디지털 멀티미터로 측정한 커패시터 RMS 전류이다.

$$\mathbf{Z} = \frac{\mathbf{V}_C}{\mathbf{I}} \Rightarrow X_C = \frac{\mathrm{V}_{C\mathrm{rms}}}{\mathrm{I}_{\mathrm{rms}}}$$

(4) 커패시터 등가 커패시턴스

커패시터들이 직렬로 연결되어 있을 때와 병렬로 연결되어 있을 때 1개의 커패시터로 변경할 수 있으며, 이때 전압 분배와 전류 분배를 각각 수행할 수 있다.

① 직렬 등가 커패시턴스와 전압 분배

여러 개의 커패시터가 직렬로 연결되어 있을 때, 각각의 커패시터의 커패시턴스를 병합하여 하나의 등가 커패시턴스 C_{eq}로 표현할 수 있다.

그림 11-3은 3개의 커패시터가 직렬로 연결되어 있다. 그림 11-3 (a)는 시간 영역에서의 전기회로이고, (b)는 (a)를 주파수 영역으로 변환한 전기회로이다. 그림 11-3 (b)에서 키르히호프의 전압 법칙(KVL)을 적용하면 아래 수식과 같다.

$$\mathbf{V}_1 + \mathbf{V}_2 + \mathbf{V}_3 = \mathbf{V}_S$$

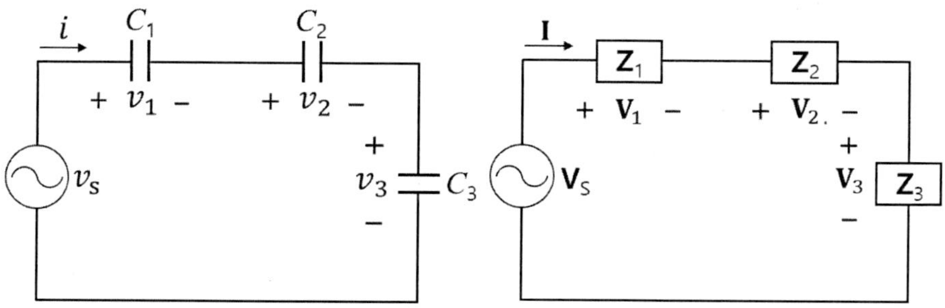

(a) 시간 영역의 전기회로　　(b) 주파수 영역의 전기회로

그림 11-3 커패시터의 직렬 연결

또한, 옴의 법칙에 의하여 $\mathbf{V}_i = \mathbf{Z}_i\mathbf{I}$이므로

$$(\mathbf{Z}_1 + \mathbf{Z}_2 + \mathbf{Z}_3)\mathbf{I} = \mathbf{V}_S \Rightarrow \frac{\mathbf{V}_S}{\mathbf{I}} = \mathbf{Z}_{eq} = \mathbf{Z}_1 + \mathbf{Z}_2 + \mathbf{Z}_3$$

이 된다. 커패시터 임피던스는 $\mathbf{Z} = -jX_C = -j\frac{1}{2\pi f C}$이므로

$$-j\frac{1}{2\pi f C_{eq}} = -j\frac{1}{2\pi f C_1} - j\frac{1}{2\pi f C_2} - j\frac{1}{2\pi f C_3} \Rightarrow \frac{1}{C_{eq}} = \frac{1}{C_1} + \frac{1}{C_2} + \frac{1}{C_3}$$

이 된다. 일반적으로 N 개의 커패시터가 직렬로 연결되어 있을 때 등가 커패시턴스는 아래 수식과 같다.

$$\frac{1}{C_{eq}} = \frac{1}{C_1} + \frac{1}{C_2} + \cdots + \frac{1}{C_N}$$

커패시터들이 직렬로 연결되어 있는 전기회로에 교류 전압이 인가되면, 각각의 커패시터의 전압은 교류 입력 전압이 분배되는 형태로 나타나게 된다. 그림 11-3 (b)에서 직렬 전류 $\mathbf{I}$는 $\mathbf{I} = \frac{\mathbf{V_S}}{\mathbf{Z_1} + \mathbf{Z_2} + \mathbf{Z_3}}$ 가 된다. 커패시터 C_1 양단 전압 $\mathbf{V_1}$은 전압 분배에 의하여 아래 수식과 같이 나타나게 된다.

$$\mathbf{V_1} = \mathbf{Z_1}\mathbf{I} = \mathbf{Z_1} \times \frac{\mathbf{V_S}}{\mathbf{Z_1} + \mathbf{Z_2} + \mathbf{Z_3}} = \frac{\mathbf{Z_1}}{\mathbf{Z_1} + \mathbf{Z_2} + \mathbf{Z_3}} \times \mathbf{V_S}$$

$$= \frac{-j\frac{1}{2\pi f C_1}}{-j\frac{1}{2\pi f C_1} - j\frac{1}{2\pi f C_2} - j\frac{1}{2\pi f C_3}} \times \mathbf{V_S}$$

$$= \frac{\frac{1}{C_1}}{\frac{1}{C_1} + \frac{1}{C_2} + \frac{1}{C_3}} \times \mathbf{V_S} = \frac{\frac{1}{C_1}}{\frac{1}{C_{eq}}} \times \mathbf{V_S} = \frac{C_{eq}}{C_1}\mathbf{V_S}$$

$\mathbf{V_1}$과 동일하게, 커패시터 C_2와 C_3 양단 전압 $\mathbf{V_2}$와 $\mathbf{V_3}$도 아래 수식과 같이 나타나게 된다.

$$\mathbf{V_2} = \frac{C_{eq}}{C_2}\mathbf{V_S}, \quad \mathbf{V_3} = \frac{C_{eq}}{C_3}\mathbf{V_S}$$

입력 교류 전압이 $\mathbf{V_S}$이고 N 개의 커패시터들이 직렬로 연결된 전기회로에서 각 커패시터의 전압은 $\mathbf{V_n} = \frac{C_{eq}}{C_n}\mathbf{V_S}$ 로 나타나게 된다. 여기서, n은 N 개의 커패시터 중에서 임의의 커패시터를 나타낸다.

② 병렬 등가 커패시턴스와 전류 분배

여러 개의 커패시터들이 병렬로 연결되어 있을 때, 각각의 커패시터의 커패시턴스를 병합하여 하나의 등가 커패시턴스 C_{eq}로 표현할 수 있다.

그림 11-4는 3개의 커패시터가 병렬로 연결되어 있다. 그림 11-4 (a)는 시간 영역에서의 전기

회로이고, (b)는 (a)를 주파수 영역으로 변환한 전기회로이다. 그림 11-4 (b)에서 키르히호프의 전류 법칙(KCL)을 적용하면 아래 수식과 같다.

$$\mathbf{I}_1 + \mathbf{I}_2 + \mathbf{I}_3 = \mathbf{I}$$

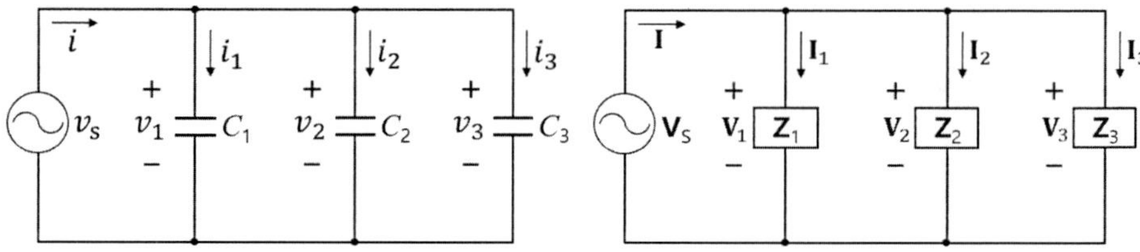

(a) 시간 영역의 전기회로 (b) 주파수 영역의 전기회로

그림 11-4 커패시터의 병렬 연결

또한 옴의 법칙에 의하여 $\mathbf{I}_i = \dfrac{\mathbf{V}_i}{\mathbf{Z}_i}$ 이므로($\mathbf{V}_i = \mathbf{V}_S$)

$$\left(\frac{1}{\mathbf{Z}_1} + \frac{1}{\mathbf{Z}_2} + \frac{1}{\mathbf{Z}_3}\right)\mathbf{V}_S = \mathbf{I} \Rightarrow \frac{\mathbf{I}}{\mathbf{V}_S} = \frac{1}{\mathbf{Z}_{eq}} = \frac{1}{\mathbf{Z}_1} + \frac{1}{\mathbf{Z}_2} + \frac{1}{\mathbf{Z}_3}$$

이 된다. 따라서

$$\frac{1}{-j\dfrac{1}{2\pi f C_{eq}}} = \frac{1}{-j\dfrac{1}{2\pi f C_1}} + \frac{1}{-j\dfrac{1}{2\pi f C_2}} + \frac{1}{-j\dfrac{1}{2\pi f C_3}} \Rightarrow C_{eq} = C_1 + C_2 + C_3$$

이 된다. 일반적으로 N 개의 커패시터가 병렬로 연결되어 있을 때 등가 커패시턴스는 아래 수식과 같다.

$$C_{eq} = C_1 + C_2 + \cdots + C_{\mathrm{N}}$$

커패시터들이 병렬로 연결되어 있는 전기회로에 교류 전류가 인가되면, 각각의 커패시터에 흐르는 전류는 교류 입력 전류가 분배되는 형태로 나타나게 된다. 그림 11-4 (b)에서 병렬 전압 $\mathbf{V}_i$ 는 $\mathbf{V}_i = \mathbf{V}_S = \dfrac{\mathbf{I}}{\dfrac{1}{\mathbf{Z}_1} + \dfrac{1}{\mathbf{Z}_2} + \dfrac{1}{\mathbf{Z}_3}}$ 가 된다. 커패시터 C_1에 흐르는 전류 $\mathbf{I}_1$은 전류 분배에 의하여 아래 수식과 같이 나타나게 된다.

$$\mathbf{I}_1 = \frac{1}{\mathbf{Z}_1}\mathbf{V}_S = \frac{1}{\mathbf{Z}_1} \times \frac{\mathbf{I}}{\frac{1}{\mathbf{Z}_1} + \frac{1}{\mathbf{Z}_2} + \frac{1}{\mathbf{Z}_3}} = \frac{\frac{1}{\mathbf{Z}_1}}{\frac{1}{\mathbf{Z}_1} + \frac{1}{\mathbf{Z}_2} + \frac{1}{\mathbf{Z}_3}} \times \mathbf{I}$$

$$= \frac{\frac{1}{-j\frac{1}{2\pi f C_1}}}{\frac{1}{-j\frac{1}{2\pi f C_1}} + \frac{1}{-j\frac{1}{2\pi f C_2}} + \frac{1}{-j\frac{1}{2\pi f C_3}}} \times \mathbf{I} = \frac{C_1}{C_1 + C_2 + C_3} \times \mathbf{I} = \frac{C_1}{C_{eq}}\mathbf{I}$$

$\mathbf{I}_1$과 동일하게, 커패시터 C_2와 C_3에 각각 흐르는 전류 $\mathbf{I}_2$와 $\mathbf{I}_3$도 아래 수식과 같이 나타나게 된다.

$$\mathbf{I}_2 = \frac{C_2}{C_{eq}}\mathbf{I}, \quad \mathbf{I}_3 = \frac{C_3}{C_{eq}}\mathbf{I}$$

교류 입력 전류가 $\mathbf{I}$ 이고 N 개의 커패시터들이 병렬로 연결된 전기회로에서 각 커패시터에 흐르는 전류는 $\mathbf{I}_n = \frac{C_n}{C_{eq}}\mathbf{I}$ 로 나타나게 된다. 여기서, n은 N 개의 커패시터 중에서 임의의 커패시터를 나타낸다.

2) RC 직렬 회로

(1) RC 직렬 회로 임피던스

교류 회로에서 전류의 흐름을 방해하는 성분을 임피던스(impedance)라고 하며 교류 전류에 대한 교류 전압의 비로 표현되고 단위는 옴(ohm)이다. 저항과 커패시터가 직렬로 연결되어 있는 그림 11-5와 같은 RC 직렬 회로에서 임피던스 $\mathbf{Z}$는 아래 수식처럼 저항 R과 용량성 리액턴스 X_C의 합으로 표현되고, 이를 직각 좌표계로 나타내면 그림 11-6과 같다.

$$\mathbf{Z} = R - jX_C = R - j\frac{1}{\omega C} = R - j\frac{1}{2\pi f C}$$

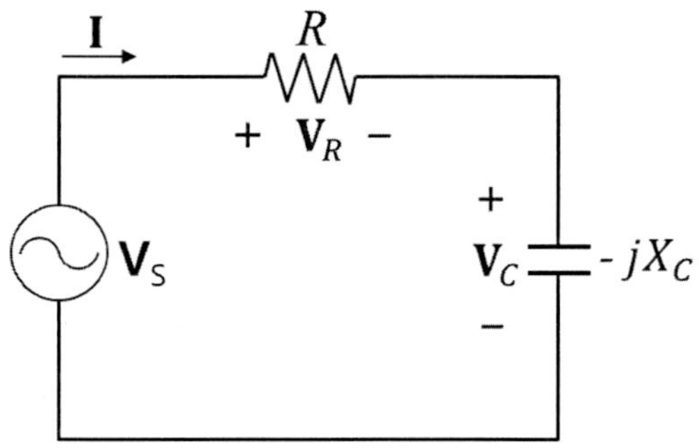

그림 11-5 RC 직렬 회로

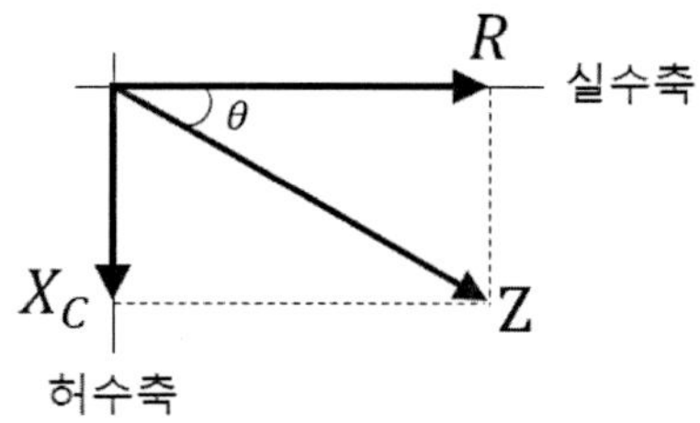

그림 11-6 직각 좌표계에서 $\mathbf{Z}$, R, X_C

직각 좌표로 되어 있는 위의 수식을 극좌표로 변환하면 아래 수식과 같이 된다.

$$\mathbf{Z} = \sqrt{R^2 + X_C^2}\ \angle -\tan^{-1}\left(\frac{X_C}{R}\right)$$

용량성 리액턴스 X_C는 $X_C = \dfrac{1}{2\pi f C}$이므로 C가 일정할 때, 주파수가 증가하면 X_C는 감소하고 주파수가 감소하면 X_C는 증가한다. 따라서 RC 직렬 회로에서 주파수가 감소하면 X_C는 증가하여 임피던스 $\mathbf{Z}$도 증가하게 되어 전류 $\mathbf{I}\left(= \dfrac{\mathbf{V}_S}{\mathbf{Z}}\right)$는 감소한다. 반대로 주파수가 증가하면 X_C는 감소하여 임피던스 $\mathbf{Z}$도 감소하게 되므로 전류 $\mathbf{I}$는 증가한다.

(2) RC 직렬 회로 위상각

그림 11-7은 그림 11-5의 RC 직렬 회로에서 저항 양단 전압 $\mathbf{V}_R$(시간 영역 : v_R)과 커패시터 양단 전압 $\mathbf{V}_C$ (시간 영역 : v_C) 및 직렬 회로의 전류 $\mathbf{I}$ (시간 영역 : i)를 각각 나타내고 있다. 그림 11-7 (a)는 시간 영역에서의 신호 파형이고 (b)는 주파수 영역에서의 페이저 도(phasor diagram)이다. 저항 양단 전압 $\mathbf{V}_R$은 전류 $\mathbf{I}$와 위상이 같으나, 커패시터 양단 전압 $\mathbf{V}_C$는 전류 $\mathbf{I}$보다 90° 위상이 지연된다.

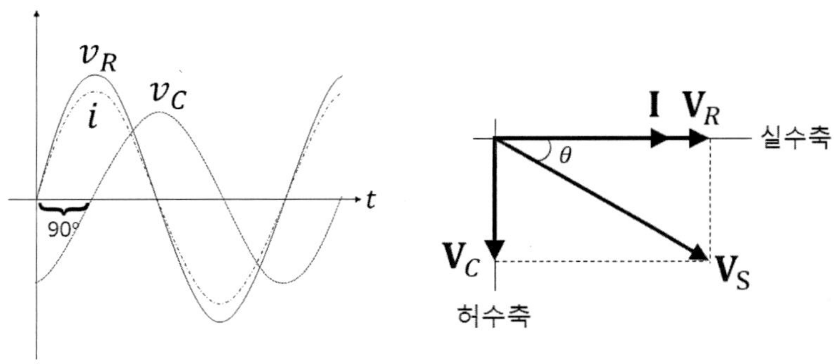

(a) 시간 영역 (b) 주파수 영역

그림 11-7 $\mathbf{V}_R$, $\mathbf{V}_C$, $\mathbf{I}$ 사이의 위상 관계

그림 11-5 회로를 키르히호프의 전압 법칙(KVL)을 적용하면 아래 수식($\mathbf{I}$의 위상각을 0°이라 가정)과 같다.

$$\mathbf{V}_S = \mathbf{V}_R + \mathbf{V}_C = R\mathbf{I} - jX_C\mathbf{I}$$

$$= \sqrt{(R\mathrm{I})^2 + (-X_C\mathrm{I})^2} \angle \tan^{-1}\left(\frac{-X_C\mathrm{I}}{R\mathrm{I}}\right) = -\tan^{-1}\left(\frac{X_C}{R}\right)$$

교류 입력 전압 $\mathbf{V}_S$와 커패시터 양단 전압 $\mathbf{V}_C$ 및 저항 양단 전압 $\mathbf{V}_R$과 커패시터 양단 전압 $\mathbf{V}_C$ 사이의 위상은 아래 수식과 같다.

$$\frac{\mathbf{V}_C}{\mathbf{V}_S} = \frac{-jX_C\mathbf{I}}{R\mathbf{I} - jX_C\mathbf{I}} = \frac{-jX_C}{R - jX_C}$$

$$= \frac{X_C}{\sqrt{R^2 + (-X_C)^2}} \angle \frac{-90°}{\tan^{-1}\left(\frac{-X_C}{R}\right)} = -90° + \tan^{-1}\left(\frac{X_C}{R}\right)$$

$$\frac{\mathbf{V}_C}{\mathbf{V}_R} = \frac{-jX_C\mathbf{I}}{R\mathbf{I}} = \frac{-jX_C}{R} = \frac{X_C}{R} \angle -90°$$

두 개의 교류 신호의 위상차는 그림 11-8과 같이 오실로스코프를 이용하여 아래의 방법에 따라 측정할 수 있다(그림 11-5와 같은 회로에서 교류 입력 전압 $\mathbf{V}_S$ (시간 영역 : v_S)와 커패시터 양단 전압 $\mathbf{V}_C$ (시간 영역 : v_C)의 위상차를 측정하는 경우).

① 오실로스코프 채널 1에 연결된 프로브의 단자와 접지 단자를 함수 발생기의 출력 단자와 회로의 접지에 각각 연결하고, 채널 2에 연결된 프로브의 단자와 접지 단자를 커패시터 양단에

각각 연결한다. 채널 1과 채널 2에 연결된 프로브의 접지 단자는 공통으로 연결되어야 한다.

② 교류 입력 전압 신호와 커패시터 양단 전압 신호의 크기가 작아서 잘 보이지 않으면 수직 스케일 간격을 조정한다.

③ 교류 입력 전압 신호와 커패시터 양단 전압 신호 파형이 잘 보이도록(약 1 ~ 2 사이클 정도) 수평 스케일 간격을 조정한다.

④ 그림 11-8에서 두 신호의 위상차를 계산하면 아래 수식과 같다.

두 신호 모두 한 주기(사이클, 360°)가 수평 스케일 10 눈금(ad 간격)이다.

따라서 수평 스케일 1 눈금의 각도는 $\frac{\text{각도}}{\text{눈금}} = \frac{360^\circ}{10} = 36^\circ$ 이며,

위상차는 아래 수식과 같다.

$$\theta = \text{두 신호의 수평 눈금 차} \times 36^\circ = \text{ab간격} \times 36^\circ = 1 \times 36^\circ = 36^\circ$$

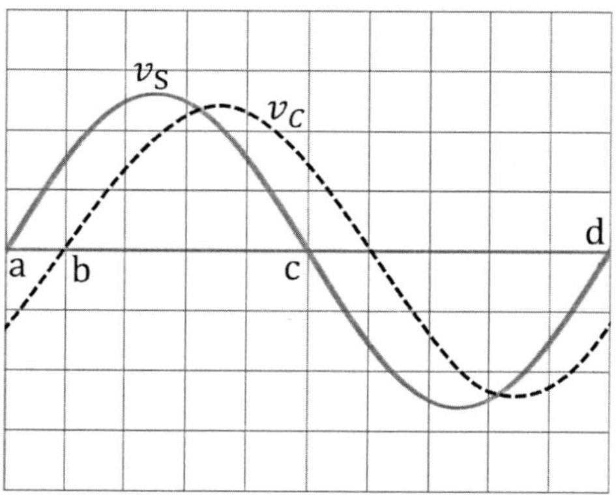

그림 11-8 2채널 오실로스코프를 이용한 위상차 측정

(v_S, v_C는 시간 영역에서 교류 입력 전압과 커패시터 양단 전압)

3) RC 병렬 회로

(1) RC 병렬 회로 임피던스

그림 11-9의 저항과 커패시터가 병렬로 연결되어 있는 RC 병렬 회로에서 임피던스의 역수 $\frac{1}{\mathbf{Z}}$(어드미턴스 $\mathbf{Y}$)는 아래 수식처럼 저항의 역수 $\frac{1}{R}$(컨덕턴스 G)과 용량성 리액턴스의 역수 $\frac{1}{X_C}$(용량성 서셉턴스 B_C)로 이루어져 있으며, 그림 11-10과 같이 직각 좌표계로 표현된다.

$$\frac{1}{\mathbf{Z}} = \frac{1}{R} + \frac{1}{-jX_C} = \frac{1}{R} + j\frac{1}{X_C} = G + jB_C = \mathrm{Y} = \sqrt{G^2 + B_C^2}\,\angle \tan^{-1}\left(\frac{B_C}{G}\right)$$

임피던스 $\mathbf{Z}$는 $R \parallel X_C$(저항과 용량성 리액턴스와 병렬)이므로 아래 수식과 같이 극좌표계로 표현된다.

$$\mathbf{Z} = \frac{1}{\frac{1}{R} + \frac{1}{-jX_C}} = \frac{R\times(-jX_C)}{R - jX_C} = \frac{RX_C}{\sqrt{R^2 + X_C^2}}\,\angle -90° + \tan^{-1}\left(\frac{X_C}{R}\right)$$

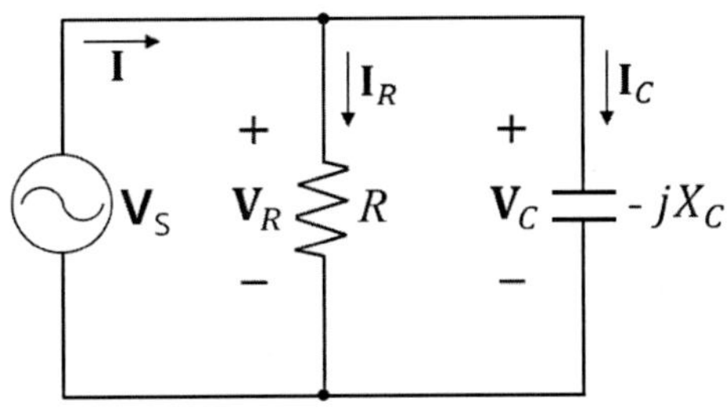

그림 11-9 RC 병렬 회로

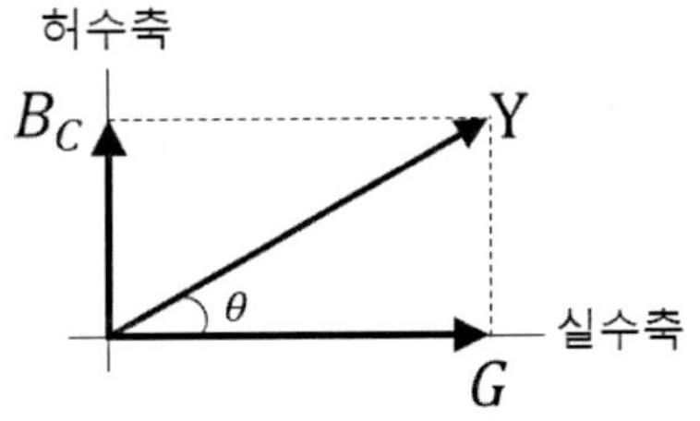

그림 11-10 직각 좌표계에서 $\mathbf{Y}$, G, B_C

용량성 리액턴스 X_C는 $X_C = \frac{1}{2\pi f C}$이므로 C가 일정할 때, 주파수가 증가하면 X_C는 감소하고 주파수가 감소하면 X_C는 증가한다. RC 병렬 회로에서 X_C가 저항 R보다 매우 크면 임피던스 $\mathbf{Z}$는 저항 R만 존재하는 회로처럼 동작하게 되고, X_C가 저항 R보다 매우 작으면 임피던스 $\mathbf{Z}$는 X_C만 존재하는 회로처럼 동작하게 된다.

(2) RC 병렬 회로 위상각

그림 11-9에서 키르히호프의 전류 법칙(KCL)을 적용하면 아래 수식($\mathbf{V}_S$의 위상각을 0°라 가정)과 같다. 병렬 회로이므로 교류 입력 전압 $\mathbf{V}_S$와 저항 양단 전압 $\mathbf{V}_R$과 커패시터 양단 전압 $\mathbf{V}_C$

는 동일하다. 저항에 흐르는 전류 $\mathbf{I}_R$과 저항 양단 전압 $\mathbf{V}_R$은 위상이 동일하고, 커패시터에 흐르는 전류 $\mathbf{I}_C$와 커패시터 양단 전압 $\mathbf{V}_C$는 90°의 위상차(전류가 선행)를 갖는다.

$$\mathbf{I} = \mathbf{I}_R + \mathbf{I}_C = \frac{\mathbf{V_S}}{R} + \frac{\mathbf{V_S}}{-jX_C} = \frac{\mathbf{V_S}}{R} + j\frac{\mathbf{V_S}}{X_C}$$

$$= \sqrt{\left(\frac{\mathrm{V_S}}{R}\right)^2 + \left(\frac{\mathrm{V_S}}{X_C}\right)^2} \angle \tan^{-1}\left(\frac{\frac{\mathrm{V_S}}{X_C}}{\frac{\mathrm{V_S}}{R}}\right) = \tan^{-1}\left(\frac{R}{X_C}\right)$$

그림 11-11은 교류 신호 $\mathbf{V_S}$에서 출력되는 전류 $\mathbf{I}$와 저항에 흐르는 전류 $\mathbf{I}_R$과 커패시터에 흐르는 전류 $\mathbf{I}_C$를 나타낸 페이저 도이다.

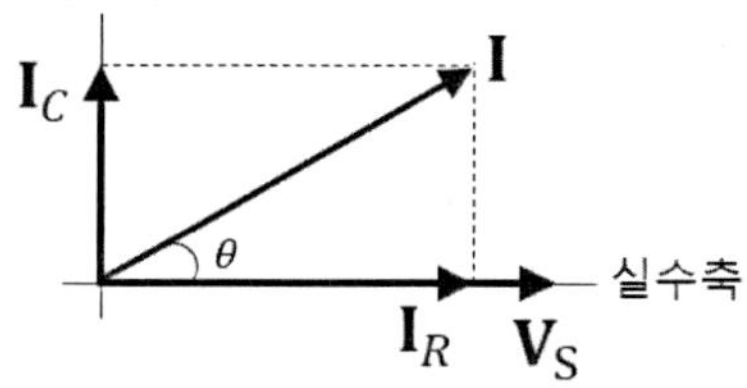

그림 11-11 $\mathbf{I}_R$, $\mathbf{I}_C$, $\mathbf{I}$ 사이의 위상 관계

교류 입력 전류 $\mathbf{I}$와 커패시터에 흐르는 전류 $\mathbf{I}_C$ 및 저항에 흐르는 전류 $\mathbf{I}_R$과 커패시터에 흐르는 전류 $\mathbf{I}_C$ 사이의 위상은 아래 수식과 같다.

$$\frac{\mathbf{I}_C}{\mathbf{I}} = \frac{j\frac{\mathbf{V_S}}{X_C}}{\frac{\mathbf{V_S}}{R} + j\frac{\mathbf{V_S}}{X_C}} = \frac{j\frac{1}{X_C}}{\frac{1}{R} + j\frac{1}{X_C}} = \frac{\frac{1}{X_C}}{\sqrt{\left(\frac{1}{R}\right)^2 + \left(\frac{1}{X_C}\right)^2}} \angle 90° - \tan^{-1}\left(\frac{R}{X_C}\right)$$

$$\frac{\mathbf{I}_C}{\mathbf{I}_R} = \frac{j\frac{\mathbf{V_S}}{X_C}}{\frac{\mathbf{V_S}}{R}} = \frac{j\frac{1}{X_C}}{\frac{1}{R}} = \frac{R}{X_C} \angle 90°$$

11.3 시뮬레이션 및 실험

1) 사용 장비 및 부품

멀티심(multisim) 시뮬레이터

함수발생기 : 1대

디지털 멀티미터 : 1대

오실로스코프 : 1대

브레드 보드 : 1대

저항 : 1 Ω, 10 Ω, 1 kΩ

커패시터 : 22 nF, 33 nF, 47 nF, 68 nF

2) 직렬로 연결된 커패시터들의 등가 커패시턴스

아래 회로를 이용하여 시뮬레이션과 실험을 한다.

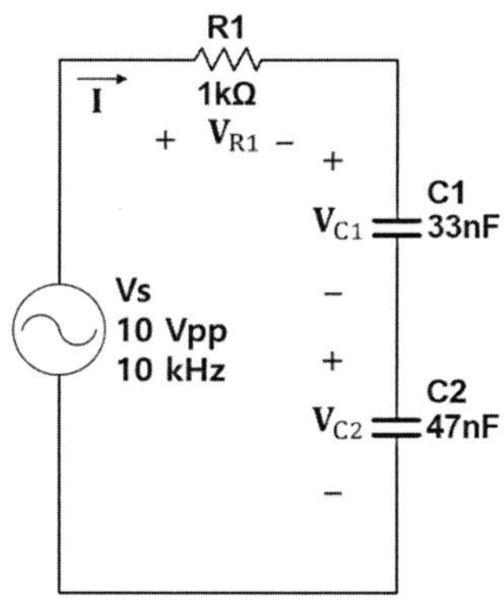

(1) 시뮬레이션

① 멀티심 상단의 부품 도구 모음(Components Toolbar)에서 ‘Place Basic( )’를 선택하거나, 상단 메뉴에서 ‘Place → Component’를 선택한다. ‘Select a Component’ 창 왼쪽에서 ‘Database:’는 ‘Master Database’, ‘Group:’은 ‘ Basic’, ‘Family:’는 ‘ CAPACITOR’를 선택하고, 가운데에서 ‘Component:’은 ‘33n’를 선택한 후 오른쪽에서 ‘OK’를 클릭한다.

멀티심 회로 설계 영역에 33 nF 커패시터( )가 나타나면 임의의 위치에 가지고 가서 클릭한다. 다시 ‘Select a Component’ 창이 나타나면 ‘×’를 클릭하여 창을 닫는다.

② 멀티심 회로 설계 영역에 'Agilent Function Generator, Agilent Multimeter, 저항 1 kΩ, 커패시터 33 nF, 47 nF, GROUND'를 이용하여 아래 그림과 같은 회로를 구성한다.

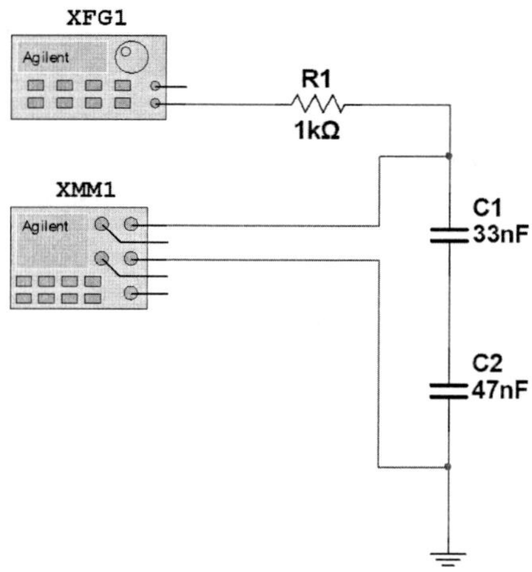

③ Agilent Function Generator( )를 더블 클릭하면 'Agilent Function Generator– XFG1' 창이 나타난다.

'Power' 버튼을 클릭한다. 정현파 신호인 ' ' 버튼을 선택하고 'Ampl'을 클릭한 후 노브( )를 돌려서 LCD 화면에 '10.00 Vpp~'가 나타나게 한다. 'Freq' 버튼을 선택하고 노브를 돌려서 LCD 화면에 '10.0 kHz~'가 나타나게 한다.

④ Agilent Multimeter( )를 더블 클릭하면 'Agilent Multimeter–XMM1' 창이 나타난다. 'Power' 버튼을 클릭하고 'AC V(AC V)' 버튼을 선택하면, LCD 화면에 'VAC'가 나타난다.

⑤ 멀티심 상단의 시뮬레이션 도구 모음에서 ' '를 선택한다(상단 메뉴에서 'Simulate → Run'을 선택해도 된다). 측정된 전압값(커패시터 33 nF(C1) 양단 전압 V_{C1} + 47 nF(C2) 양단 전압 V_{C2})을 표 11–1에 작성한다.

- 디지털 멀티미터로 측정한 전압과 전류는 RMS 값이다. 전압 또는 전류의 진폭으로 표시하기 위해서는 측정된 값에 $\sqrt{2}$를 곱해야 한다.

⑥ 멀티심 상단의 시뮬레이션 도구 모음에서 ' '를 선택하여(상단 메뉴에서 'Simulate → Stop'을 선택해도 된다) 시뮬레이션을 멈춘 후, Agilent Multimeter를 커패시터 33 nF(C1) 양단에 연결한다. ③ ~ ⑤를 참조하여, 커패시터 33 nF(C1) 양단 전압 V_{C1}을 측정하여 표 11–1에 작성한다.

동일하게 커패시터 47 nF(C2) 양단 전압 V_{C2}와 저항 1 kΩ(R1) 양단 전압 V_{R1}을 측정하여 표 11–1에 작성한다.

⑦ RC 직렬 회로에 흐르는 전류를 측정하기 위하여, Agilent Function Generator와 저항 1 kΩ 사이에 Agilent Multimeter를 아래 회로와 같이 연결한다.

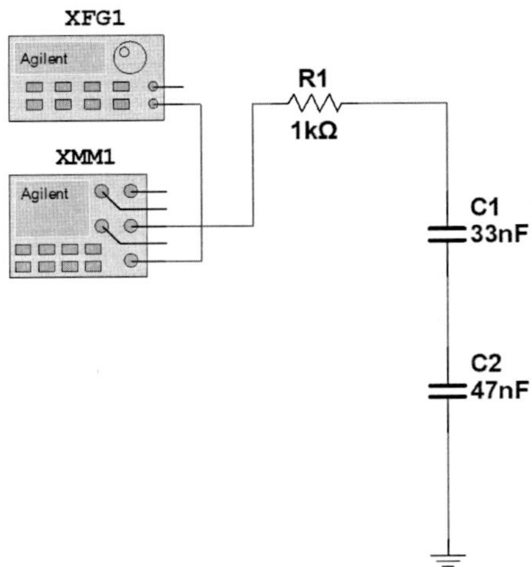

⑧ ③을 참조하여, Agilent Function Generator 출력 전압과 주파수를 '10.00 Vpp~, 10.0 kHz~' 가 되게 한다.

⑨ Agilent Multimeter( )를 더블 클릭한 후, 'Agilent Multimeter–XMM1' 창에서 'Power' 버튼을 클릭한다. 'Shift(Shift)' 버튼을 누른 후, 'AC V(AC V)' 버튼을 선택하면, LCD 화면에 'AAC'가 나타난다.

⑩ 멀티심 상단의 시뮬레이션 도구 모음에서 ' ▷ '를 선택한다(상단 메뉴에서 'Simulate → ▷ Run'을 선택해도 된다). 측정한 RC 직렬 회로의 전류 I를 표 11–1에 작성한다.

⑥에서 측정한 저항 1 kΩ 양단 전압 V_{R1}과 저항 1 kΩ을 옴의 법칙 이용하여 전류 I를 계산한 후, 표 11–1에 작성한다.

⑪ ⑤에서 측정된 커패시터 33 nF(C1) 양단 전압 V_{C1}과 47 nF(C2) 양단 전압 V_{C2}를 합성(+)한 전압과 ⑩에서 측정한 전류 I를 옴의 법칙 이용하여 용량성 리액턴스 X_C를 계산해서 표 11–1에 작성한다.

X_C로부터 전체 직렬 합성 커패시턴스 C_{eq}를 표 11–1에 작성한다.

- 2개의 커패시터 33 nF, 47 nF이 직렬로 연결된 전체 커패시턴스는 아래 같이 구할 수 있다.

$$C_{eq} = \frac{1}{\frac{1}{C_1} + \frac{1}{C_2}} = \frac{1}{\frac{1}{33 \times 10^{-9}} + \frac{1}{47 \times 10^{-9}}} = 19.3875 \text{ nF} \text{ 이 된다.}$$

⑫ ②를 참조하여, 저항 1 kΩ, 커패시터 33 nF, 47 nF, 68 nF이 직렬로 연결된 RC 직렬 회로를 구성한다.

③ ~ ⑪를 참조하여 저항 1 kΩ, 커패시터 33 nF, 47 nF, 68 nF에 나타나는 각각의 양단 전압들과 직렬 커패시터들의 합성 전압 및 회로에 흐르는 전류를 구하여 표 11–2에 작성한다.

전체 용량성 리액턴스 X_C와 직렬 합성 커패시턴스 C_{eq}를 계산해서 표 11–2에 작성한다.

- 3개의 커패시터 33 nF, 47 nF, 68 nF이 직렬로 연결된 전체 커패시턴스는 아래 같이 구할 수 있다.

$$C_{eq} = \frac{1}{\frac{1}{C_1} + \frac{1}{C_2} + \frac{1}{C_3}} = \frac{1}{\frac{1}{33 \times 10^{-9}} + \frac{1}{47 \times 10^{-9}} + \frac{1}{68 \times 10^{-9}}}$$

$$\approx 15.0862\ \mathrm{nF}$$ 이 된다.

⑬ 멀티심 회로 설계 영역에 'Agilent Function Generator, Tektronix Oscilloscope, 저항 1 kΩ, 커패시터 33 nF, 47 nF, GROUND'를 이용하여 아래 그림과 같은 회로를 구성한다.

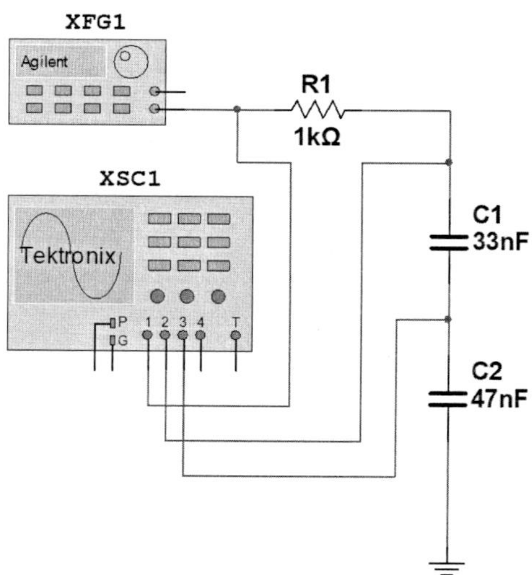

⑭ Tektronix Oscilloscope(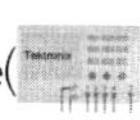)를 더블 클릭하면 'Tektronix Oscilloscope–XSC1' 창이 나타난다. 'Power' 버튼을 클릭하고 'CH 1 MENU()' 버튼을 선택하면, LCD 화면에 'CH 1 Coupling DC, Volts/Div Course, Invert Off'가 나타난다.

'CH 2 MENU()' 버튼을 선택하면, LCD 화면에 'CH 2 Coupling DC, Volts/Div Course, Invert Off'가 나타난다.

'CH 3 MENU()' 버튼을 선택하면, LCD 화면에 'CH 3 Coupling DC, Volts/Div Course, Invert Off'가 나타난다.

수직축과 수평축을 조절하여, 'CH1 2V', 'CH2 2V', 'CH3 2V', '20us'가 되게 한다.

- 오실로스코프 화면에 신호 파형의 전압(수직축)과 시간(수평축) 간격을 조정하는 방법은 아래와 같다.

  'CH1', 'CH2', 'CH3', 'CH4' 각각의 커넥터 위의 'VOLTS/DIV' 노브( )를 움직여서 각각의 신호의 전압(수직축) 한 눈금 간격을 조정한다.

  오실로스코프 화면의 시간(수평축) 한 눈금 간격은 오른쪽 끝에 있는 'SEC/DIV' 노브( )를 움직여서 조정한다.

⑮ 저항 1 kΩ 양단 전압 V_{R1}을 측정하기 위해서는 'CH1' 신호와 'CH2' 신호의 차(–)를 구해야 한다.

'MATH MENU( )' 버튼을 선택하면, LCD 화면 오른쪽에 'MATH'가 나타난다. 그 아래의 'Operation +' 옆의 버튼을 눌러 'Operation –'로 변경시킨다. 그 아래의 'CH1–CH2' 옆의 버튼을 눌러 'CH1–CH2'를 선택한다.

⑯ ③을 참조하여, Agilent Function Generator 출력 전압과 주파수가 '10.00 Vpp~', '10.0 kHz~'가 되게 한다.

⑰ 멀티심 상단의 시뮬레이션 도구 모음에서 '▷'를 선택한다(상단 메뉴에서 'Simulate → ▷ Run'을 선택해도 된다). 측정된 신호들의 전압 크기를 표 11–1에 작성한다.

- 전압은 수직축 눈금을 읽어서 측정하거나, '10장 10.3 시뮬레이션 및 실험 3) 교류 전압 측정 (1) 시뮬레이션 ⑩'을 참조하여, 'MEASURE' 기능을 이용해서 전압 'Pk–Pk'를 측정한다.
- 아래 그림과 같이 오실로스코프 화면에 신호 파형이 나타난다.

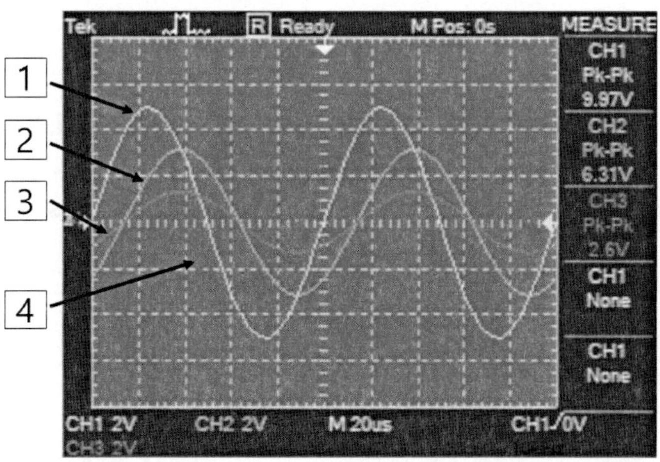

[1]은 'CH1' 신호, [2]는 'CH2' 신호($V_{C1}+V_{C2}$), [3]은 'CH3' 신호(V_{C2}), [4]는 'CH1–CH2' 신호(V_{R1})를 각각 나타낸다. 각각의 신호는 GROUND를 기준으로 한 전압이다.

⑱ ⑬을 참조하여 저항 1 kΩ, 커패시터 33 nF, 47 nF, 68 nF이 직렬로 연결된 RC 직렬 회로를 구성한다.

⑭ ~ ⑰을 참조하여, Agilent Function Generator와 저항 1 kΩ이 접속된 마디, 저항 1 kΩ과 커패시터 33 nF이 접속된 마디($V_{C1}+V_{C2}+V_{C3}$), 33 nF과 47 nF이 접속된 마디($V_{C2}+V_{C3}$), 47 nF과 68 nF이 접속된 마디(V_{C3})에서의 각각의 전압들(GND를 기준으로)을 이용하여 V_{C1}, V_{C2}, V_{C3}와 저항 1 kΩ 양단 전압을 구하여 표 11-2에 작성한다.

(2) 실험

① 아래 그림과 같이 함수발생기와 디지털 멀티미터를 연결한다. 함수발생기 채널 1의 출력 단자 'Out1'에 악어 클립 케이블의 BNC 커넥터를 연결한다. 함수발생기의 신호선은 저항 1 kΩ(R1)에, 디지털 멀티미터의 'INPUT' 단자의 'HI'는 저항 1 kΩ(R1)과 커패시터 33 nF(C1)이 연결되어 있는 마디에, 함수발생기의 GND선과 디지털 멀티미터의 'INPUT' 단자의 'LO'를 커패시터 47 nF(C2)에 각각 연결한다.

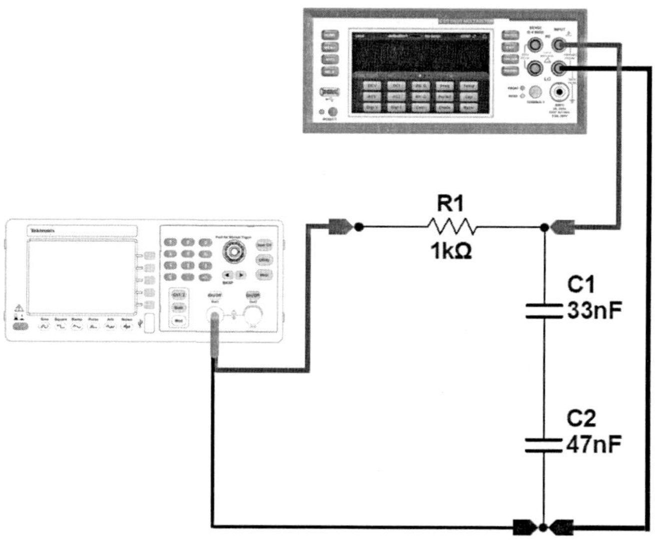

② 함수발생기 왼쪽 아래의 전원 버튼을 'I' 상태로 놓으면 전원이 켜져서 LCD 화면이 나타난다. 화면 아래의 'Sine' 버튼을 눌러 정현파 신호로 만든다. 화면 왼쪽에는 맨 위쪽에 'Sine', 그 아래쪽에는 'Freq Period', 'Start Phase', 'Ampl High', 'Offset Low'가 표시되어 있다.

Frequency(주파수)는 '100 Hz', Amplitude(신호의 크기)는 '10.0 Vpp'로 조정한다(Offset(오프셋)은 '0 mV'이고, 부하 임피던스는 'High Z'로 설정한다).

③ 디지털 멀티미터의 'POWER' 버튼을 누르면 LCD 화면이 켜진다. 'FUNCTIONS'에서 'ACV **ACV** '를, Range는 'Auto'를 선택한다.

④ 함수발생기의 채널 1인 'Out1'의 'On/Off' 버튼을 누르면 신호가 출력된다.

⑤ 디지털 멀티미터 LCD에 나타나는 전압값(커패시터 33 nF(C1) 양단 전압 V_{C1} + 47 nF(C2) 양단 전압 V_{C2})을 표 11-1에 작성한다.

⑥ 함수발생기의 채널 1인 'Out1'의 'On/Off' 버튼을 눌러서 신호를 차단한다.

⑦ ①에 연결되어 있던 디지털 멀티미터를 커패시터 33 nF(C1) 양단에 연결한다. ② ~ ④를 참조하여, 커패시터 33 nF(C1) 양단 전압 V_{C1}을 측정하여 표 11-1에 작성한다.

동일하게, 커패시터 47 nF(C2) 양단 전압 V_{C2}과 저항 1 kΩ(R1) 양단 전압 V_{R1}을 측정하여 표 11-1에 작성한다.

⑧ 함수발생기의 채널 1인 'Out1'의 'On/Off' 버튼을 눌러서 신호를 차단한다.

⑨ 디지털 멀티미터의 'POWER' 버튼을 눌러 전원을 차단한다.

⑩ 아래 그림과 같이 함수발생기와 디지털 멀티미터를 연결한다. 함수발생기 채널 1의 출력 단자 'Out1'에 악어 클립 케이블의 BNC 커넥터를 연결한다. 함수발생기의 신호선은 디지털 멀티미터의 'INPUT' 단자의 'AMPS'에, 디지털 멀티미터의 'INPUT' 단자의 'LO'는 저항 1 kΩ (R1)에, 함수발생기의 GND선은 커패시터 47 nF(C2)에 연결한다.

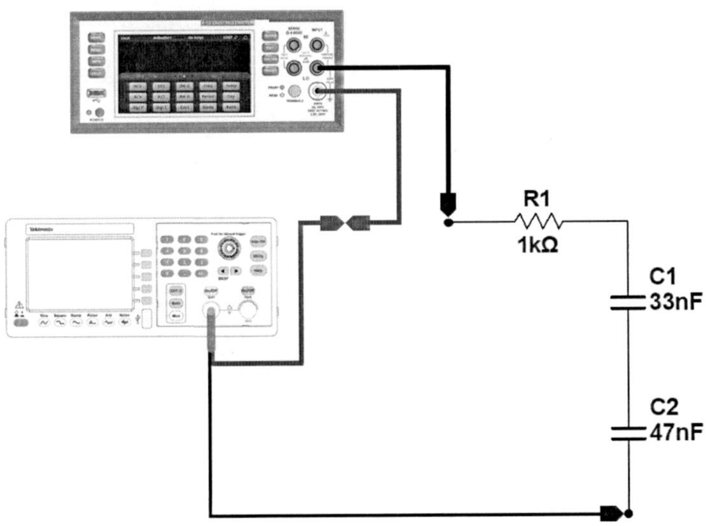

⑪ ②을 참조하여, 함수발생기의 교류 입력 신호의 전압과 주파수를 '10.00 Vpp, 10.0 kHz'가 되게 한다(부하 임피던스는 'High Z'로 설정한다).

⑫ 디지털 멀티미터의 'POWER' 버튼을 누른 후, 'FUNCTIONS'에서 'ACI ACI '를, Range는 'Auto'를 선택한다.

⑬ 함수발생기의 채널 1인 'Out1'의 'On/Off' 버튼을 누르면 신호가 출력된다.

⑭ 디지털 멀티미터 LCD에 나타나는 전류 I를 표 11-1에 작성한다.

⑦에서 측정한 저항 1 kΩ 양단 전압 V_{R1}과 저항 1 kΩ을 옴의 법칙 이용하여 계산한 전류 I를 표 11-1에 작성한다.

⑮ 함수발생기의 채널 1인 'Out1'의 'On/Off' 버튼을 눌러서 신호를 차단한다.

⑯ ⑤에서 측정된 커패시터 33 nF(C1) 양단 전압 V_{C1}과 47 nF(C2) 양단 전압 V_{C2}을 합성(+)한 전압과 ⑭에서 측정한 전류 I를 옴의 법칙 이용하여 용량성 리액턴스 X_C를 계산해서 표 11-1에 작성한다.

X_C로부터 전체 직렬 합성 커패시턴스 C_{eq}를 계산해서 표 11-1에 작성한다.

⑰ ①를 참조하여 저항 1 kΩ, 커패시터 33 nF, 47 nF, 68 nF이 직렬로 연결된 RC 직렬 회로를 구성한다.

② ~ ⑯를 참조하여 저항 1 kΩ, 커패시터 33 nF, 47 nF, 68 nF에 나타나는 각각의 양단 전압들과 직렬 커패시터들의 합성 전압 및 회로에 흐르는 전류를 구하여 표 11-2에 작성한다.

전체 용량성 리액턴스 X_C와 직렬 합성 커패시턴스 C_{eq}를 계산해서 표 11-2에 작성한다.

⑱ 아래 그림과 같이 함수발생기와 오실로스코프를 연결한다. 함수발생기 채널 1의 출력 단자 'Out1'에 악어 클립 케이블의 BNC 커넥터를 연결하고, 오실로스코프에 2개의 프로브의 BNC 커넥터들을 각각 '1'과 '2'에 연결한다. 함수발생기의 신호선과 오실로스코프 프로브 '1'은 저항 1 kΩ(R1)에, 오실로스코프 프로브 '2'는 저항 1 kΩ과 커패시터 33 nF(C1)이 연결되어 있는 마디에, 함수발생기의 GND선과 오실로스코프 프로브 '1'과 '2'의 GND선은 커패시터 47 nF(C2)에 각각 연결한다.

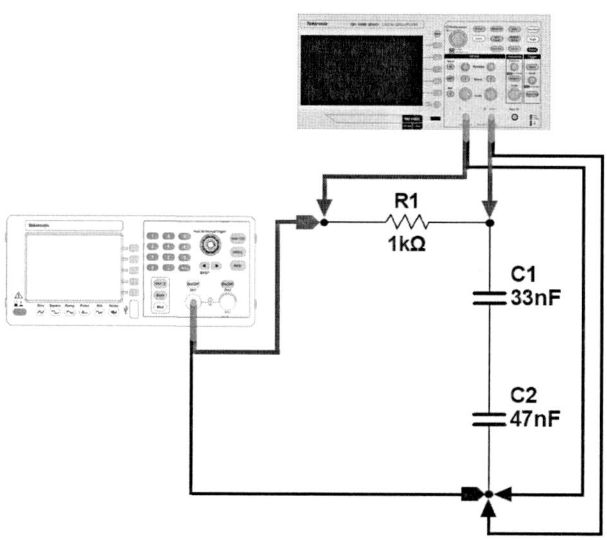

⑲ ②을 참조하여, 함수발생기 교류 입력 신호의 전압과 주파수를 '10.00 Vpp, 10.0 kHz'가 되게 설정(부하 임피던스는 'High Z'로 설정)한 후, 함수발생기의 채널 1인 'Out1'의 'On/Off' 버튼을 누르면 신호가 출력된다.

⑳ 오실로스코프 왼쪽 위 상단에 전원 On/Off용 버튼을 눌러 'I' 상태(on 상태)가 되게 한다.

오실로스코프 화면의 왼쪽 끝 가운데에 '1 ▶'(1▶)이 나타난다('1 ▶'(1▶)이 나타나지 않으면 오실로스코프 오른쪽 가운데 'Vertical' 아래의 'Menu' 옆 '1' 버튼을 누른다).

'Vertical' 아래쪽에 있는 'Scale' 옆 노브( )를 돌려서, 오실로스코 화면 왼쪽 아래에 'CH1 2.00V'가 되게 한다.

'Vertical' 옆에 'Horizontal'이 있다. 'Horizontal' 아래쪽에 있는 'Scale' 아래의 노브( )를 돌려서, 수평 스케일 간격(한 눈금 간격)을 '20.0μs'로 변경한다.

- '10장 10.3 시뮬레이션 및 실험 3) 교류 전압 측정 (2) 실험 ⑭'를 참조하여, 'Measure' 기능으로 전압 'Pk–to–Pk'를 수치적으로 표현할 수 있다.

㉑ ⑳을 참조하여, 오실로스코프 프로브 '2'로 측정한 커패시터 33 nF에 입력되는 신호 파형의 전압($V_{C1}+V_{C2}$)의 크기를 읽어서 표 11–1에 작성한다.

㉒ 저항 1 kΩ 양단 전압은 오실로스코프 프로브 '1'과 '2'의 신호의 차(–)이므로, 아래와 같이 오실로스코프를 조정하여 전압의 크기를 읽은 후 표 11–1에 작성한다.

오른쪽 가운데 'Vertical' 아래의 'Math' 아래 'M' 버튼을 누른다. 오실로스코프 화면 오른쪽 끝에 'Math'가 나타난다. 'Source 1'은 'CH1', 'Source 2'는 'CH2'로 선택한다. 'Operator +' 옆의 버튼을 누르면, 오실로스코프 화면에 'Operator' 창이 나타난다. 오실로스코프 가운데 위쪽의 'Multipurpose' 노브( )를 돌려 '–'를 선택하게 하고 'Multipurpose' 노브( ) 가운데를 누르면 'Operator +'가 'Operator –'로 변경된다. 오실로스코프 화면 오른쪽 끝 아래의 옆에 있는 'Menu On/Off' 버튼( )을 누르면 'Math' 화면이 사라지고 오실로스코프 화면 왼쪽 아래에 'Math 2.00V 20.0μs'가 나타난다.

- Math의 peak to peak 값의 표시는 다음 순서로 실행할 수 있다. 오실로스코프 오른쪽 가운데 상단의 'Measure' 버튼을 누른다. 오실로스코프 화면 오른쪽 끝에 'Measurement'가 나타난다. 가운데 'Math' 옆의 버튼을 누른다. 오실로스코프 화면은 'Math Measurement Selection' 화면이 나타난다. 오실로스코프 가운데 위쪽의 'Multipurpose' 노브( )를 돌려 'Amplitude'의 'Peak–to–Peak'를 선택한 후, 'Multipurpose' 노브( ) 가운데를 누르면 선택한 'Peak–to–Peak' 옆에 사각형 표시(■)가 나타나게 된다. 오실로스코프 화면 오른쪽 끝 아래의 옆에 있는 'Menu On/Off' 버튼( )을 누르면 'Math Measurement Selection'

화면이 사라지고 오실로스코프 화면 왼쪽 아래에 (예를 들어) 'Math Pk–to–Pk 7.680V'가 나타난다.

㉓ 오실로스코프 프로브 '1'을 커패시터 33 nF(C1)과 47 nF(C2)이 연결되어 있는 마디로 이동한 후, 신호 파형의 전압(V_{C2})을 읽어서 표 11–1에 작성한다.

㉔ 함수발생기의 채널 1인 'Out1'의 'On/Off' 버튼을 눌러서 신호를 차단한다.

오실로스코프 왼쪽 위 상단에 전원 On/Off용 버튼을 눌러 'O 상태(off 상태)'가 되게 한다.

㉕ ⑱을 참조하여 저항 1 kΩ, 커패시터 33 nF, 47 nF, 68 nF이 직렬로 연결된 RC 직렬 회로를 구성한다.

⑲ ~ ㉔를 참조하여, 저항 1 kΩ의 양단 전압과 직렬 커패시터들의 각각의 전압과 합성 전압을 구하여 표 11–2에 작성한다.

3) 병렬로 연결된 커패시터들의 등가 커패시턴스

아래 회로를 이용하여 시뮬레이션과 실험을 한다.

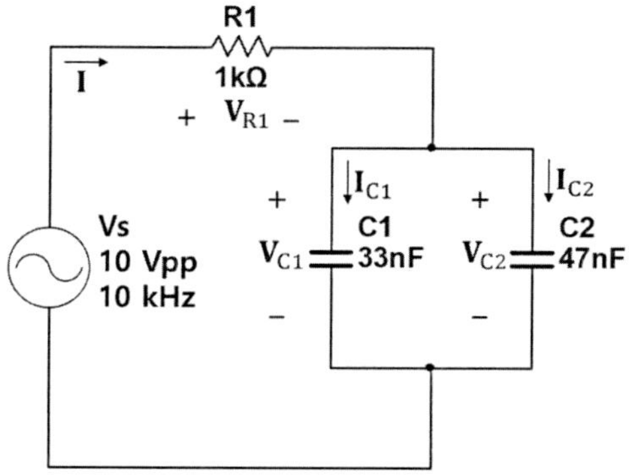

(1) 시뮬레이션

① 멀티심 회로 설계 영역에 'Agilent Function Generator, Agilent Multimeter, 저항 1 kΩ, 커패시터 33 nF, 47 nF, GROUND'를 이용하여 아래 그림과 같은 회로를 구성한다.

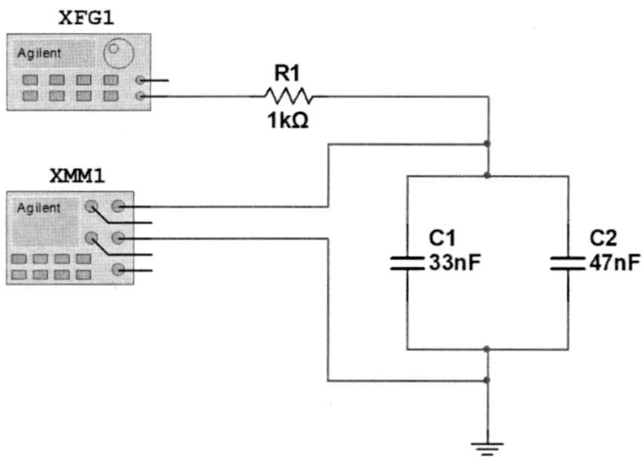

② 2)의 (1)의 ③을 참조하여, Agilent Function Generator 출력 전압이 '10.00 Vpp~, 10.0 kHz~' 가 되게 한다.

③ Agilent Multimeter( )를 더블 클릭하면 'Agilent Multimeter-XMM1' 창이 나타난다. 'Power' 버튼을 클릭하고 'AC V(AC V)' 버튼을 선택하면, LCD 화면에 'VAC'가 나타난다.

④ 멀티심 상단의 시뮬레이션 도구 모음에서 '▶'를 선택한다(상단 메뉴에서 'Simulate → ▶ Run'을 선택해도 된다). 측정된 전압값(커패시터 33 nF(C1) 양단 전압 V_{C1} 또는 47 nF(C2) 양단 전압 V_{C2})을 표 11-3에 작성한다.

⑤ 멀티심 상단의 시뮬레이션 도구 모음에서 '■'를 선택하여(상단 메뉴에서 'Simulate → ■ Stop'을 선택해도 된다) 시뮬레이션을 멈춘 후, Agilent Multimeter를 저항 1 kΩ(R1) 양단에 연결한다. ② ~ ④를 참조하여, 저항 1 kΩ(R1) 양단 전압 V_{R1}을 측정하여 표 11-3에 작성한다.

⑥ RC 회로에 흐르는 전체 전류 I를 측정하기 위하여, Agilent Function Generator와 저항 1 kΩ 사이에 Agilent Multimeter를 아래 회로와 같이 연결한다.

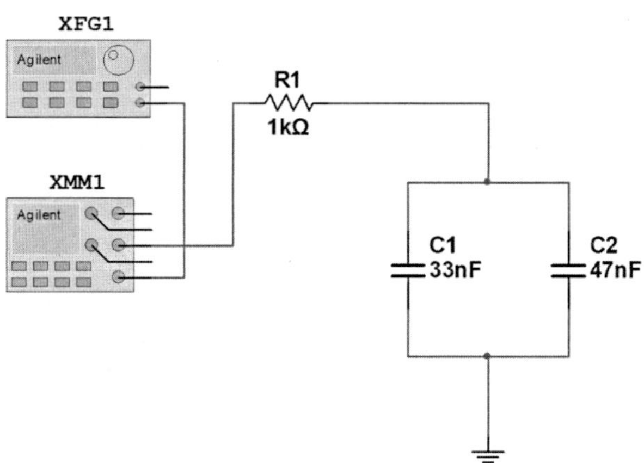

⑦ 2)의 (1)의 ③을 참조하여, Agilent Function Generator 출력 전압이 '10.00 Vpp~, 10.0 kHz~' 가 되게 한다.

⑧ Agilent Multimeter( )를 더블 클릭한 후, 'Agilent Multimeter–XMM1' 창에서 'Power' 버튼을 클릭한다. 'Shift(Shift)' 버튼을 누른 후, 'AC V(AC V)' 버튼을 선택하면, LCD 화면에 'AAC'가 나타난다.

⑨ 멀티심 상단의 시뮬레이션 도구 모음에서 ' ▶ '를 선택한다(상단 메뉴에서 'Simulate → ▶ Run'을 선택해도 된다). 측정된 RC 회로의 전체 전류 I를 표 11–3에 작성한다.

⑤에서 측정한 저항 1 kΩ 양단 전압 V_{R1}과 저항 1 kΩ을 옴의 법칙 이용하여 계산한 전류 I를 표 11–3에 작성한다.

⑩ ⑥ ~ ⑨를 참조하여, 커패시터 33 nF(C1)에 흐르는 전류 I_{C1}과 47 nF(C2)에 흐르는 전류 I_{C2}를 측정하여 표 11–3에 작성한다.

⑪ ④에서 측정된 커패시터 33 nF(C1) 양단 전압 V_{C1}(또는 47 nF(C2) 양단 전압 V_{C2})과 ⑨에서 측정한 전류 I를 옴의 법칙 이용하여 용량성 리액턴스 X_C를 계산해서 표 11–3에 작성한다.

X_C로부터 전체 병렬 합성 커패시턴스 C_{eq}를 계산해서 표 11–3에 작성한다.

- 2개의 커패시터 33 nF, 47 nF이 병렬로 연결된 전체 커패시턴스는 아래 같이 구할 수 있다.

  $C_{eq} = C_1 + C_2 = 33 \times 10^{-9} + 47 \times 10^{-9} = 80\ \mathrm{nF}$ 이 된다.

⑫ ①을 참조하여 ,커패시터 33 nF, 47 nF, 68 nF이 병렬로 연결되어 있고 여기에 저항 1 kΩ이 직렬로 연결되어 있는 RC 회로를 구성한다.

② ~ ⑪을 참조하여 저항 1 kΩ과 커패시터 33 nF에 나타나는 각각의 양단 전압들을 구하여 표 11–4에 작성한다. 또한 회로에 흐르는 전체 전류 및 커패시터 33 nF, 47 nF, 68 nF에 각각 흐르는 전류들을 구하여 표 11–4에 작성한다.

전체 용량성 리액턴스 X_C와 병렬 합성 커패시턴스 C_{eq}를 계산해서 표 11–4에 작성한다.

- 3개의 커패시터 33 nF, 47 nF, 68 nF이 병렬로 연결된 전체 커패시턴스는 아래 같이 구할 수 있다.

  $C_{eq} = C_1 + C_2 + C_3 = 33 \times 10^{-9} + 47 \times 10^{-9} + 68 \times 10^{-9} = 148\ \mathrm{nF}$ 이 된다.

⑬ 멀티심 회로 설계 영역에 'Agilent Function Generator, Tektronix Oscilloscope, 저항 1 kΩ, 커패시터 33 nF, 47 nF, GROUND'를 이용하여 아래 그림과 같은 회로를 구성한다.

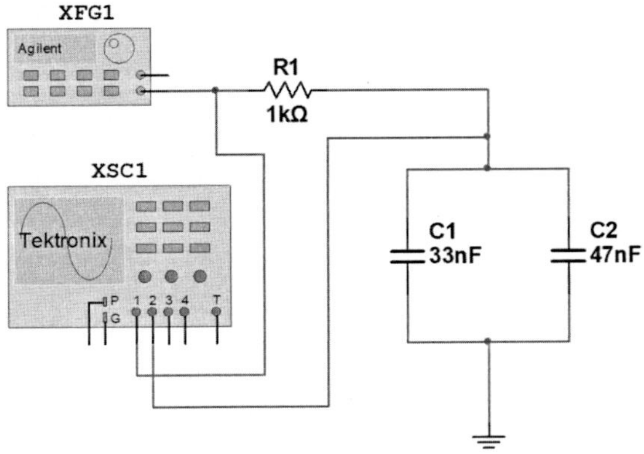

⑭ Tektronix Oscilloscope( )를 더블 클릭하면 'Tektronix Oscilloscope–XSC1' 창이 나타난다. 'Power' 버튼을 클릭하고 'CH 1 MENU( )' 버튼을 선택한다

'CH 2 MENU( )' 버튼을 선택한다.

수직축과 수평축을 조절하여, 'CH1 2V', 'CH2 500mV', '20us'가 되게 한다.

⑮ 2)의 (1)의 ③을 참조하여, Agilent Function Generator 출력 전압이 '10.00 Vpp~', '10.0 kHz~'가 되게 한다.

⑯ 멀티심 상단의 시뮬레이션 도구 모음에서 '▷'를 선택한다(상단 메뉴에서 'Simulate → ▷ Run'을 선택해도 된다).

'CH1' 신호와 'CH2' 신호의 차(–)를 이용하여('2)의 (1)의 ⑮' 참조), 저항 1 kΩ 양단 전압 V_{R1} 크기를 구한다. 이때 오실로스코프 'CH2'의 수직축 눈금 간격은 'CH2 2V'로 변경한 후 측정한다.

신호들의 전압 크기를 수직축 눈금을 읽어서 측정하여 표 11–3에 작성한다.

⑰ ⑬을 참조하여 커패시터 33 nF, 47 nF, 68 nF이 병렬로 연결되어 있고 여기에 저항 1 kΩ이 직렬로 연결되어 있는 RC 회로를 구성한다.

⑭ ~ ⑯을 참조하여, Agilent Function Generator와 저항 1 kΩ의 접속 마디, 저항 1 kΩ과 커패시터 33 nF과 47 nF과 68 nF의 접속 마디에서의 각각의 전압들과 저항 1 kΩ 양단 전압을 구하여 표 11–4에 작성한다.

(2) 실험

① 아래 그림과 같이 함수발생기와 디지털 멀티미터를 연결한다. 함수발생기 채널 1의 출력 단자 'Out1'에 악어 클립 케이블의 BNC 커넥터를 연결한다. 함수발생기의 신호선은 저항 1 kΩ(R1)에, 디지털 멀티미터의 'INPUT' 단자의 'HI'는 저항 1 kΩ(R1)과 커패시터 33 nF(C1)과 47 nF(C2)이 연결되어 있는 마디에, 함수발생기의 GND선과 디지털 멀티미터의 'INPUT' 단자의

'LO'를 반대쪽 커패시터 33 nF(C1)과 47 nF(C2)이 접속되어 있는 마디에 각각 연결한다.

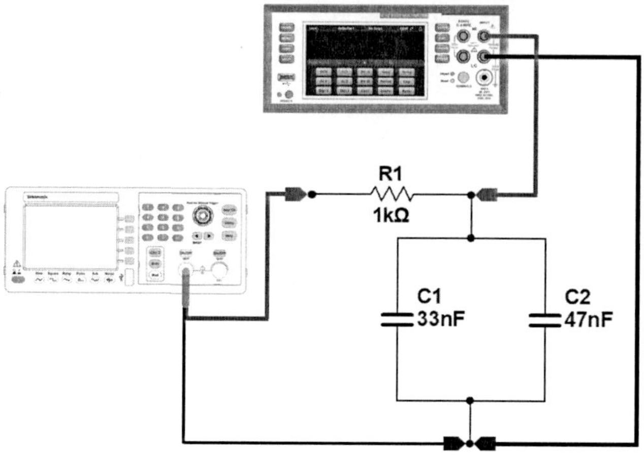

② 2)의 (2)의 ②를 참조하여, 함수발생기 교류 입력 신호의 전압과 주파수를 '10.00 Vpp, 10.0 kHz'가 되게 한다(부하 임피던스는 'High Z'로 설정한다).

③ 디지털 멀티미터의 'POWER' 버튼을 누르면 LCD 화면이 켜진다. 'FUNCTIONS'에서 'ACV ACV'를, Range는 'Auto'를 선택한다.

④ 함수발생기의 채널 1인 'Out1'의 'On/Off' 버튼을 누르면 신호가 출력된다.

⑤ 디지털 멀티미터 LCD에 나타나는 전압값(커패시터 33 nF(C1) 양단 전압 V_{C1} 또는 47 nF(C2) 양단 전압 V_{C2})을 표 11-3에 작성한다.

⑥ 함수발생기의 채널 1인 'Out1'의 'On/Off' 버튼을 눌러서 신호를 차단한다.

⑦ ①에 연결되어 있던 디지털 멀티미터를 저항 1 kΩ(R1) 양단에 연결한다. ② ~ ④를 참조하여, 저항 1 kΩ(R1) 양단 전압 V_{R1}을 측정해서 표 11-3에 작성한다.

⑧ 함수발생기의 채널 1인 'Out1'의 'On/Off' 버튼을 눌러서 신호를 차단한다.

⑨ 디지털 멀티미터의 'POWER' 버튼을 눌러 전원을 차단한다.

⑩ 아래 그림과 같이 함수발생기와 디지털 멀티미터를 연결한다. 함수발생기 채널 1의 출력 단자 'Out1'에 악어 클립 케이블의 BNC 커넥터를 연결한다. 함수발생기의 신호선은 디지털 멀티미터의 'INPUT' 단자의 'AMPS'에, 디지털 멀티미터의 'INPUT' 단자의 'LO'는 저항 1 kΩ(R1)에, 함수발생기의 GND선은 커패시터 33 nF(C1)과 47 nF(C2)이 접속되어 있는 마디에 연결한다.

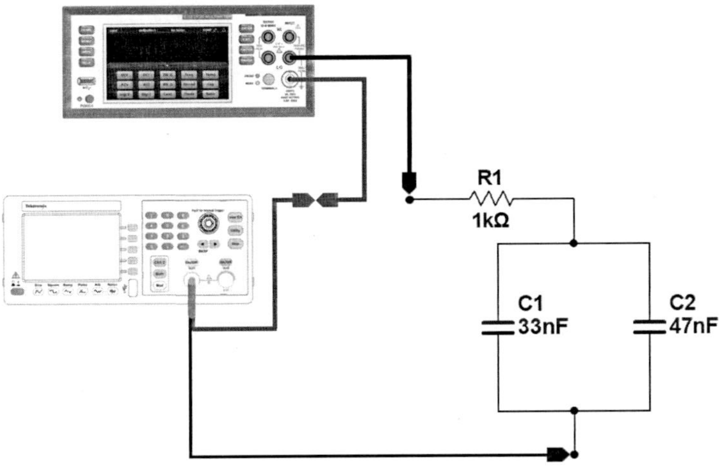

⑪ 2)의 (2)의 ②를 참조하여, 함수발생기 교류 입력 신호의 전압과 주파수를 '10.00 Vpp, 10.0 kHz'가 되게 한다(부하 임피던스는 'High Z'로 설정한다).

⑫ 디지털 멀티미터의 'POWER' 버튼을 누른 후, 'FUNCTIONS'에서 'ACI ACI'를, Range는 'Auto'를 선택한다.

⑬ 함수발생기의 채널 1인 'Out1'의 'On/Off' 버튼을 누르면 신호가 출력된다.

⑭ 디지털 멀티미터 LCD에 나타나는 전류값 I를 표 11-3에 작성한다.

⑦에서 측정한 저항 1 kΩ 양단 전압 V_{R1}과 저항 1 kΩ을 옴의 법칙 이용하여 계산한 전체 전류 I를 표 11-3에 작성한다.

⑮ 함수발생기의 채널 1인 'Out1'의 'On/Off' 버튼을 눌러서 신호를 차단한다.

⑯ ⑤에서 측정된 커패시터 33 nF(C1) 양단 전압 V_{C1}(또는 47 nF(C2) 양단 전압 V_{C2})과 ⑭에서 측정한 전류 I를 옴의 법칙 이용하여 용량성 리액턴스 X_C를 계산해서 표 11-3에 작성한다.

X_C로부터 전체 병렬 합성 커패시턴스 C_{eq}를 계산해서 표 11-3에 작성한다.

⑰ ①를 참조하여, 커패시터 33 nF, 47 nF, 68 nF이 병렬로 연결되어 있고 여기에 저항 1 kΩ이 직렬로 연결되어 있는 RC 회로를 구성한다.

② ~ ⑯를 참조하여, 저항 1 kΩ과 커패시터 33 nF에 나타나는 각각의 양단 전압들을 구하여 표 11-4에 작성한다. 또한, 회로에 흐르는 전체 전류 및 커패시터 33 nF, 47 nF, 68 nF에 각각 흐르는 전류들을 구하여 표 11-4에 작성한다.

전체 용량성 리액턴스 X_C와 병렬 합성 커패시턴스 C_{eq}를 계산해서 표 11-4에 작성한다.

⑱ 아래 그림과 같이 함수발생기와 오실로스코프를 연결한다. 함수발생기 채널 1의 출력 단자 'Out1'에 악어 클립 케이블의 BNC 커넥터를 연결하고, 오실로스코프에 2개의 프로브의 BNC

커넥터들을 각각 '1'과 '2'에 연결한다. 함수발생기의 신호선과 오실로스코프 프로브 '1'은 저항 1 kΩ(R1)에, 오실로스코프 프로브 '2'는 저항 1 kΩ(R1)과 커패시터 33 nF(C1)과 47 nF(C2)이 연결되어 있는 마디에, 함수발생기의 GND선과 오실로스코프 프로브 '1'과 '2'의 GND선은 커패시터 33 nF(C1)과 47 nF(C2)이 접속되어 있는 마디에 각각 연결한다.

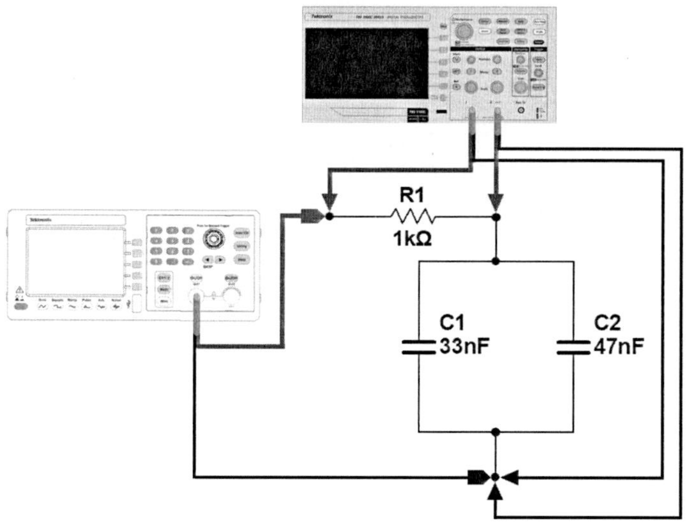

⑲ 2)의 (2)의 ②를 참조하여, 함수발생기 교류 입력 신호의 전압과 주파수를 '10.00 Vpp, 10.0 kHz'가 되게 설정(부하 임피던스는 'High Z'로 설정)한 후, 함수발생기의 채널 1인 'Out1'의 'On/Off' 버튼을 누르면 신호가 출력된다.

⑳ 오실로스코프 왼쪽 위 상단에 전원 On/Off용 버튼을 눌러 'I' 상태(on 상태)가 되게 한다.

2)의 (2)의 ⑳을 참조하여, 오실로스코프 화면의 수직축 한 눈금 간격은 'CH1 2.00V', 'CH2 500mV'에, 수평축 한 눈금 간격은 '20.0μs'가 되게 한다.

커패시터 33 nF(C1)에 입력되는 신호 파형의 전압 크기를 수직축 눈금을 읽어서 측정하여 표 11-3에 작성한다.

오실로스코프 프로브 '1'과 '2'의 신호의 차(−)를 이용하여, 저항 1 kΩ(R1) 양단 전압 크기를 수직축 눈금을 읽어서 측정한 후 표 11-3에 작성한다. 이때 오실로스코프 'CH2'의 수직축 눈금 간격은 'CH2 2V'로 변경한 후 측정한다.

㉑ 함수발생기의 채널 1인 'Out1'의 'On/Off' 버튼을 눌러서 신호를 차단한다.

㉒ ⑱을 참조하여, 커패시터 33 nF, 47 nF, 68 nF이 병렬로 연결되어 있고 여기에 저항 1 kΩ이 직렬로 연결되어 있는 RC 회로를 구성한다.

⑲ ~ ㉑을 참조하여, 저항 1 kΩ과 커패시터 33 nF에 나타나는 각각의 양단 전압들을 구하여

표 11–4에 작성한다. 또한 회로에 흐르는 전체 전류 및 커패시터 33 nF, 47 nF, 68 nF에 각각 흐르는 전류들을 구하여 표 11–4에 작성한다.

전체 용량성 리액턴스 X_C와 병렬 합성 커패시턴스 C_{eq}를 계산해서 표 11–4에 작성한다.

4) 커패시터와 저항이 직렬로 연결된 RC 직렬 회로의 임피던스와 위상각

아래 회로를 이용하여 시뮬레이션과 실험을 한다.

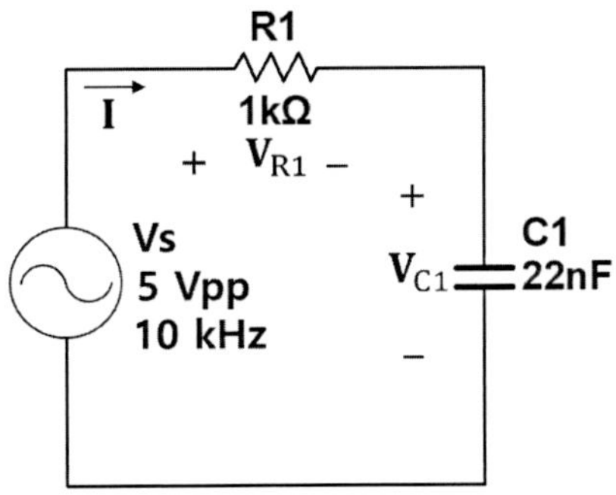

(1) 시뮬레이션

① 멀티심 회로 설계 영역에 'Agilent Function Generator, Agilent Multimeter, 저항 1 kΩ, 커패시터 22 nF, GROUND'를 이용하여 아래 그림과 같은 회로를 구성한다.

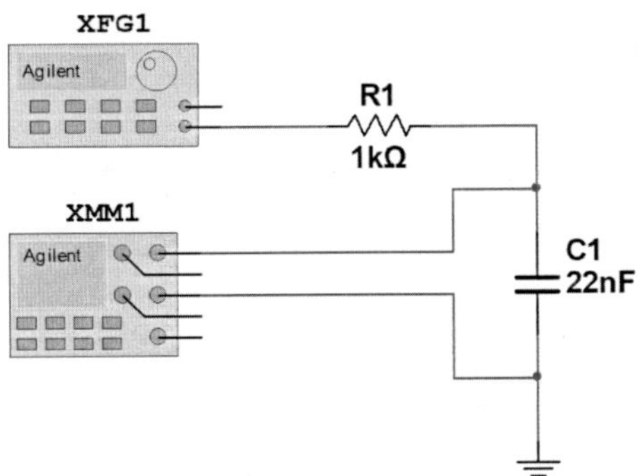

② 2)의 (1)의 ③을 참조하여, Agilent Function Generator 출력 전압이 '5.00 Vpp~, 10.0 kHz~'가 되게 한다.

③ Agilent Multimeter( )를 더블 클릭하면 'Agilent Multimeter–XMM1' 창이 나타난다. 'Power' 버튼을 클릭하고 'AC V(AC V)' 버튼을 선택하면, LCD 화면에 'VAC'가 나타난다.

④ 멀티심 상단의 시뮬레이션 도구 모음에서 ' ▷ '를 선택한다(상단 메뉴에서 'Simulate → ▷

Run'을 선택해도 된다). 측정된 전압값(커패시터 22 nF(C1) 양단 전압 V_{C1})을 표 11-5에 작성한다.

⑤ 멀티심 상단의 시뮬레이션 도구 모음에서 ' ■ '를 선택하여(상단 메뉴에서 'Simulate → ■ Stop'을 선택해도 된다) 시뮬레이션을 멈춘 후, Agilent Multimeter를 저항 1 kΩ(R1) 양단에 연결한다. ② ~ ④를 참조하여, 저항 1 kΩ(R1) 양단 전압 V_{R1}을 측정하여 표 11-5에 작성한다.

⑥ RC 직렬 회로에 흐르는 전류 I를 측정하기 위하여, Agilent Function Generator와 저항 1 kΩ 사이에 Agilent Multimeter를 아래 회로와 같이 연결한다.

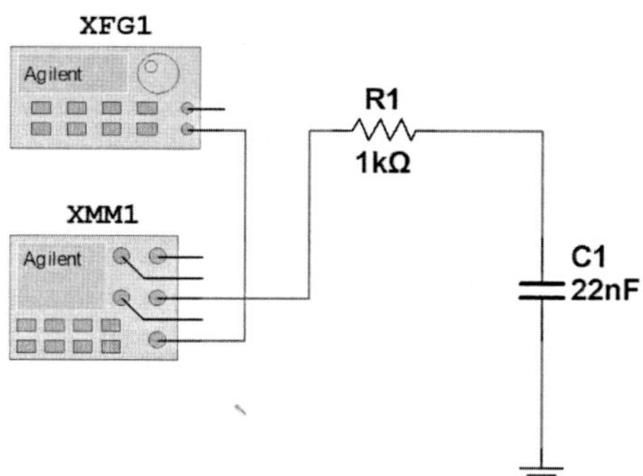

⑦ 2)의 (1)의 ③을 참조하여, Agilent Function Generator 출력 전압이 '5.00 Vpp~, 10.0 kHz~'가 되게 한다.

⑧ Agilent Multimeter( )를 더블 클릭한 후, 'Agilent Multimeter-XMM1' 창에서 'Power' 버튼을 클릭한다. 'Shift(Shift)' 버튼을 누른 후, 'AC V(AC V)' 버튼을 선택하면, LCD 화면에 'AAC'가 나타난다.

⑨ 멀티심 상단의 시뮬레이션 도구 모음에서 ' ▶ '를 선택한다(상단 메뉴에서 'Simulate → ▶ Run'을 선택해도 된다). 측정된 RC 직렬 회로의 전류 I를 표 11-5에 작성한다.

⑩ ④에서 측정된 커패시터 22 nF(C1) 양단 전압 V_{C1}과 ⑨에서 측정한 전류 I를 옴의 법칙 이용하여 용량성 리액턴스 X_C를 계산해서 표 11-5에 작성한다.

⑤에서 측정된 저항 1 kΩ(R1) 양단 전압 V_{R1}과 ⑨에서 측정한 전류 I를 옴의 법칙 이용하여 저항 R를 계산해서 표 11-5에 작성한다.

저항 R과 리액턴스 X_C를 이용하여 임피던스 Z를 계산해서 표 11-5에 작성한다.

- 전체 임피던스 크기 Z는 아래와 같이 표현된다.

$$Z = \sqrt{R^2 + X_C^2}$$

⑪ ④에서 측정된 커패시터 22 nF(C1) 양단 전압 V_{C1}과 ⑤에서 측정된 저항 1 kΩ(R1) 양단 전

압 V_{R1}을 이용하여 수동소자 전체 전압을 계산해서 표 11–5에 작성한다.

- 수동소자 전체 전압 크기는 인가 전압(V_S) 크기와 같으며 아래와 같이 표현된다.

$$V_S = \sqrt{V_{R1}^2 + V_{C1}^2}$$

⑫ 멀티심 회로 설계 영역에 'Agilent Function Generator, Tektronix Oscilloscope, 저항 1 kΩ, 커패시터 22 nF, GROUND'를 이용하여 아래 그림과 같은 회로를 구성한다.

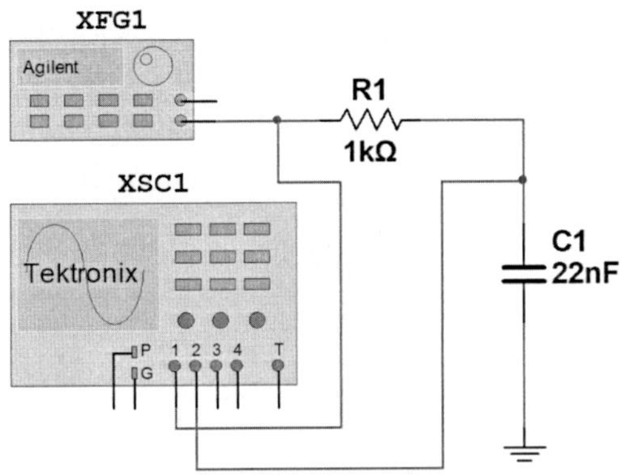

⑬ Tektronix Oscilloscope( )를 더블 클릭하면 'Tektronix Oscilloscope–XSC1' 창이 나타난다. 'Power' 버튼을 클릭하고 'CH 1 MENU(CH1 MENU)' 버튼을 선택한다.

'CH 2 MENU(CH2 MENU)' 버튼을 선택한다.

수직축을 조절하여, 'CH1 1V', 'CH2 500mV'가 되게 한다.

⑭ 2)의 (1)의 ③을 참조하여, Agilent Function Generator 출력 전압이 '5.00 Vpp~', '10.0 kHz~'가 되게 한다.

⑮ 멀티심 상단의 시뮬레이션 도구 모음에서 '▶'를 선택한다(상단 메뉴에서 'Simulate → ▶ Run'을 선택해도 된다).

⑯ 오실로스코프의 오른쪽 끝에 있는 'SEC/DIV' 노브( )를 움직여서, 오실로스코프 화면의 시간(수평축) 한 눈금 간격을 '20us'로 조정하면 아래 왼쪽 그림과 같이 나타난다. 두 신호의 위상차를 측정하기 위하여 시간(수평축) 한 눈금 간격을 '5us'로 다시 조정하면 아래 오른쪽 그림과 같이 나타난다. 수직축의 가운데 위치에서 두 신호의 간격을 수평축 눈금을 읽어서 측정한 후, 각도(°)로 위상차를 계산한다. 측정값과 계산값을 표 11–5에 각각 작성한다.

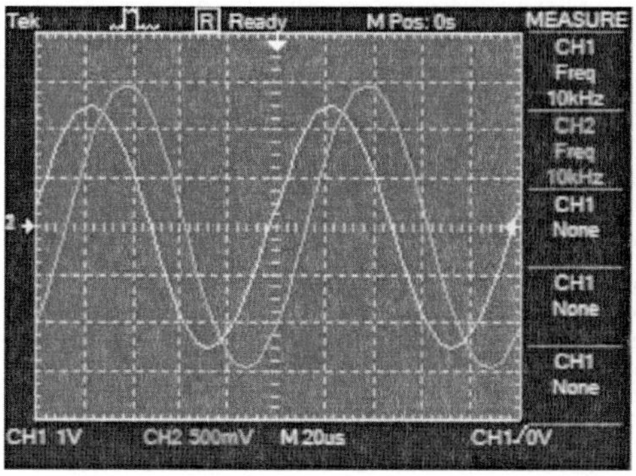

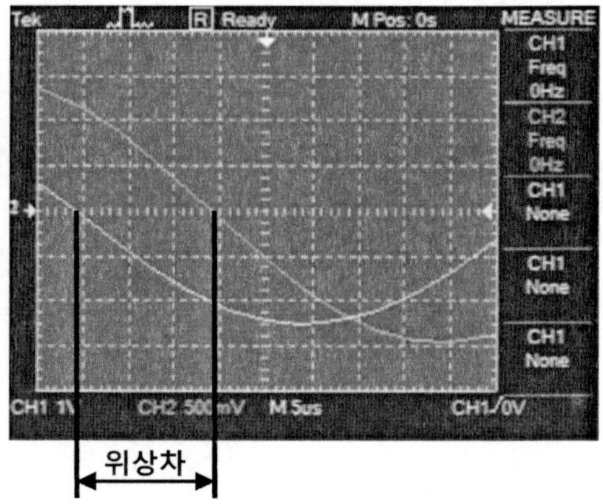

⑰ Agilent Function Generator 출력 전압이 '5.00 Vpp', '5.0 kHz'와 '5.00 Vpp', '15.0 kHz'인 경우에 대하여, ① ~ ⑯을 참조해서 시뮬레이션을 반복한다. 표 11-6에 각각 작성한다.

⑱ Agilent Function Generator 출력 전압이 '10.00 Vpp', '5.0 kHz'와 '10.00 Vpp', '10.0 kHz' 및 '10.00 Vpp', '15.0 kHz'인 경우에 대하여, ① ~ ⑯을 참조해서 시뮬레이션을 반복한다. 표 11-7에 각각 작성한다.

⑲ 커패시터를 '47 nF'으로 변경하고 ① ~ ⑯의 실행 순서를 반복한다. Agilent Function Generator 출력 전압은 '5.00 Vpp', '10.0 kHz'이다. 표 11-8에 각각 작성한다.

(2) 실험

① 아래 그림과 같이 함수발생기와 디지털 멀티미터를 연결한다. 함수발생기 채널 1의 출력 단자 'Out1'에 악어 클립 케이블의 BNC 커넥터를 연결한다. 함수발생기의 신호선은 저항 1 kΩ(R1)에, 디지털 멀티미터의 'INPUT' 단자의 'HI'는 저항 1 kΩ(R1)과 커패시터 22 nF(C1)이 연결되어 있는 마디에, 함수발생기의 GND선과 디지털 멀티미터의 'INPUT' 단자의 'LO'를 반대쪽 커패시터 22 nF(C1)에 각각 연결한다.

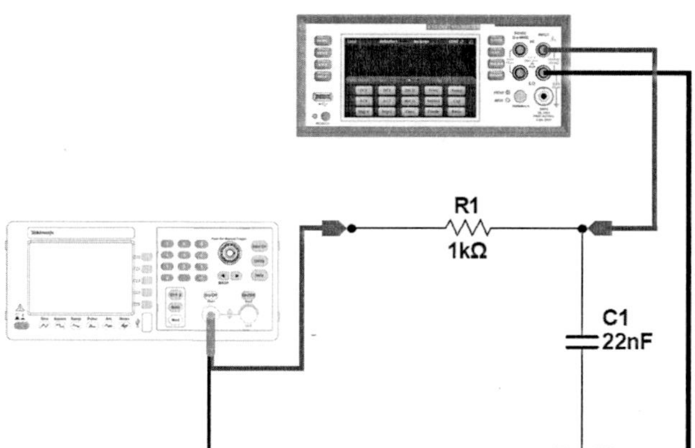

② 2)의 (2)의 ②를 참조하여, 함수발생기 교류 입력 신호의 전압과 주파수를 '5.00 Vpp, 10.0 kHz'가 되게 한다(부하 임피던스는 'High Z'로 설정한다).

③ 디지털 멀티미터의 'POWER' 버튼을 누르면 LCD 화면이 켜진다. 'FUNCTIONS'에서 'ACV ACV '를, Range는 'Auto'를 선택한다.

④ 함수발생기의 채널 1인 'Out1'의 'On/Off' 버튼을 누르면 신호가 출력된다.

⑤ 디지털 멀티미터 LCD에 나타나는 커패시터 22 nF(C1) 양단 전압 V_{C1}을 표 11-5에 작성한다.

⑥ 함수발생기의 채널 1인 'Out1'의 'On/Off' 버튼을 눌러서 신호를 차단한다.

⑦ ①에 연결되어 있던 디지털 멀티미터를 저항 1 kΩ(R1) 양단에 연결한다. ② ~ ④를 참조하여, 저항 1 kΩ(R1) 양단 전압 V_{R1}을 측정하여 표 11-5에 작성한다.

⑧ 함수발생기의 채널 1인 'Out1'의 'On/Off' 버튼을 눌러서 신호를 차단한다.

⑨ 디지털 멀티미터의 'POWER' 버튼을 눌러 전원을 차단한다.

⑩ 아래 그림과 같이 함수발생기와 디지털 멀티미터를 연결한다. 함수발생기 채널 1의 출력 단자 'Out1'에 악어 클립 케이블의 BNC 커넥터를 연결한다. 함수발생기의 신호선은 디지털 멀티미터의 'INPUT' 단자의 'AMPS'에, 디지털 멀티미터의 'INPUT' 단자의 'LO'는 저항 1 kΩ (R1)에, 함수발생기의 GND선은 커패시터 22 nF(C1)에 연결한다.

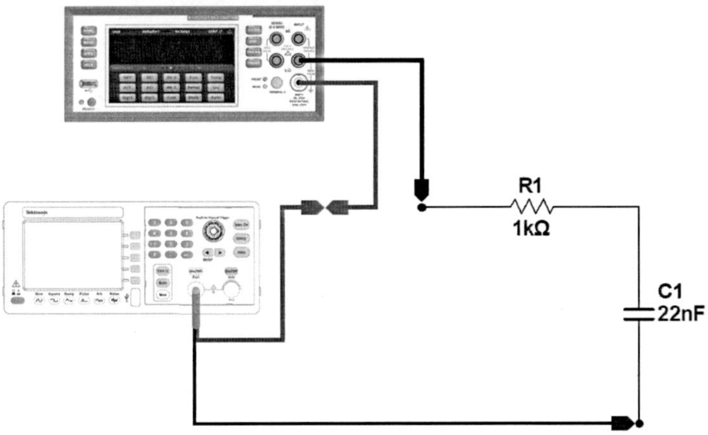

⑪ 2)의 (2)의 ②를 참조하여, 함수발생기 교류 입력 신호의 전압과 주파수를 '5.00 Vpp, 10.0 kHz'가 되게 한다(부하 임피던스는 'High Z'로 설정한다).

⑫ 디지털 멀티미터의 'POWER' 버튼을 누른 후, 'FUNCTIONS'에서 'ACI ACI '를, Range는 'Auto'를 선택한다.

⑬ 함수발생기의 채널 1인 'Out1'의 'On/Off' 버튼을 누르면 신호가 출력된다.

⑭ 디지털 멀티미터 LCD에 나타나는 전류값 I를 표 11-5에 작성한다.

⑮ 함수발생기의 채널 1인 'Out1'의 'On/Off' 버튼을 눌러서 신호를 차단한다.

⑯ ⑤에서 측정한 커패시터 22 nF(C1) 양단 전압 V_{C1}과 ⑭에서 측정한 전류 I를 옴의 법칙 이용하여 용량성 리액턴스 X_C를 계산해서 표 11-5에 작성한다.

⑦에서 측정한 저항 1 kΩ(R1) 양단 전압 V_{R1}과 ⑭에서 측정한 전류 I를 옴의 법칙 이용하여 저항 R를 계산해서 표 11-5에 작성한다.

저항 R과 리액턴스 X_C를 이용하여 임피던스 Z를 계산해서 표 11-5에 작성한다.

⑰ ⑤에서 측정된 커패시터 22 nF(C1) 양단 전압 V_{C1}과 ⑦에서 측정된 저항 1 kΩ(R1) 양단 전압 V_{R1}을 이용하여 수동소자 전체 전압을 계산해서 표 11-5에 작성한다.

⑱ 아래 그림과 같이 함수발생기와 오실로스코프를 연결한다. 함수발생기 채널 1의 출력 단자 'Out1'에 악어 클립 케이블의 BNC 커넥터를 연결하고, 오실로스코프에 2개의 프로브의 BNC 커넥터들을 각각 '1'과 '2'에 연결한다. 함수발생기의 신호선과 오실로스코프 프로브 '1'은 저항 1 kΩ(R1)에, 오실로스코프 프로브 '2'는 저항 1 kΩ과 커패시터 22 nF(C1)이 연결되어 있는 마디에, 함수발생기의 GND선과 오실로스코프 프로브 '1'과 '2'의 GND선은 커패시터 22 nF(C1)에 각각 연결한다.

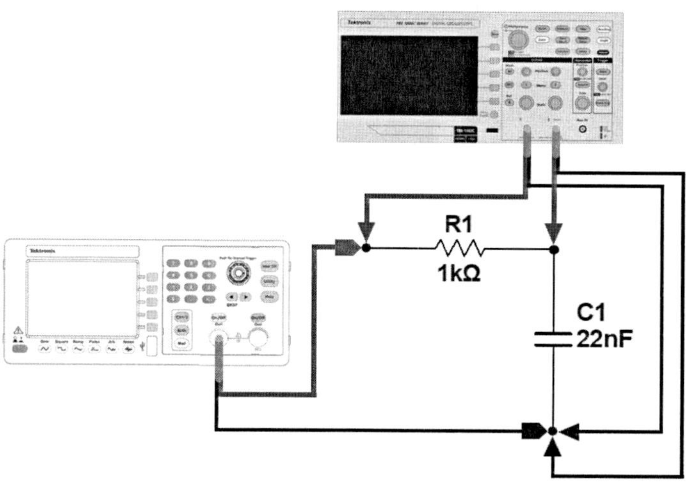

⑲ 2)의 (2)의 ②를 참조하여, 함수발생기 교류 입력 신호의 전압과 주파수를 '5.00 Vpp, 10.0 kHz'가 되게 설정(부하 임피던스는 'High Z'로 설정)한 후, 함수발생기의 채널 1인 'Out1'의 'On/Off' 버튼을 누르면 신호가 출력된다.

⑳ 오실로스코프 왼쪽 위 상단에 전원 On/Off용 버튼을 눌러 'I' 상태(on 상태)가 되게 한다.

2)의 (2)의 ⑳을 참조하여, 오실로스코프 화면의 수직축 한 눈금 간격은 'CH1 1.00V', 'CH2

500mV'에, 수평축 한 눈금 간격은 '20.0μs' 또는 '4.00μs'가 되게 한다.

수직축의 가운데 위치에서 두 신호의 간격을 수평축 눈금을 읽어서 측정한 후, 각도(°)로 위상 차를 계산한다. 측정값과 계산값을 표 11-5에 각각 작성한다.

㉑ 함수발생기의 채널 1 인 'Out1'의 'On/Off' 버튼을 눌러서 신호를 차단한다.

㉒ 함수발생기 출력 전압이 '5.00 Vpp', '5.0 kHz'와 '5.00 Vpp', '15.0 kHz'인 경우에 대하여, ① ~ ㉑을 참조해서 실험을 반복한다. 표 11-6에 각각 작성한다.

㉓ 함수발생기 출력 전압이 '10.00 Vpp', '5.0 kHz'와 '10.00 Vpp', '10.0 kHz' 및 '10.00 Vpp', '15.0 kHz'인 경우에 대하여, ① ~ ㉑을 참조해서 실험을 반복한다. 표 11-7에 각각 작성한다.

㉔ 커패시터를 '47 nF'으로 변경하고 ① ~ ㉑의 실행 순서를 반복한다. 함수발생기 출력 전압은 '5.00 Vpp', '10.0 kHz'이다. 표 11-8에 각각 작성한다.

5) 커패시터와 저항이 병렬로 연결된 RC 병렬 회로의 임피던스와 위상각

아래 회로를 이용하여 시뮬레이션과 실험을 한다.

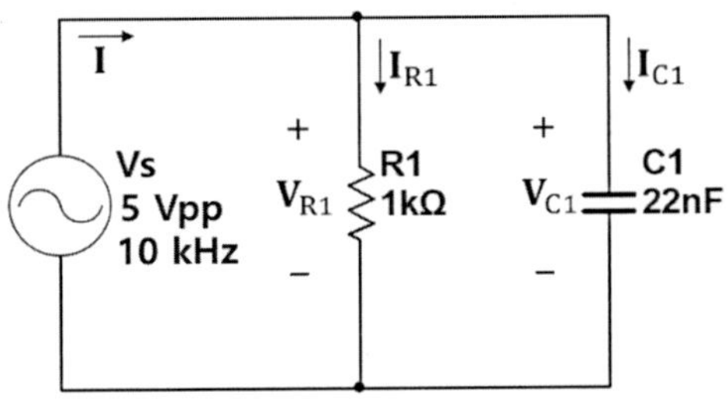

(1) 시뮬레이션

① 멀티심 회로 설계 영역에 'Agilent Function Generator, Agilent Multimeter, 저항 1 kΩ, 커패시터 22 nF, GROUND'를 이용하여 아래 그림과 같은 회로를 구성한다.

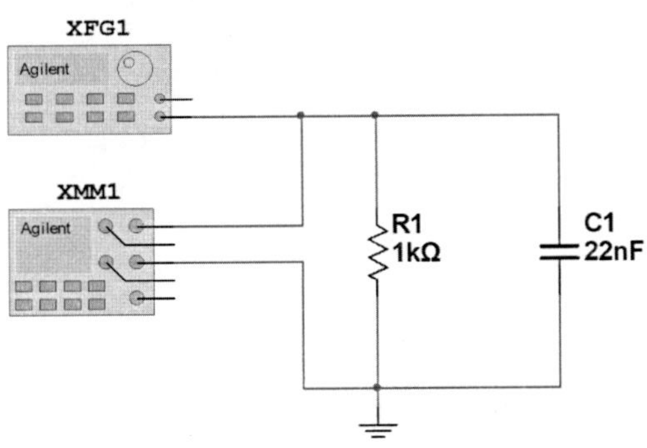

② 2)의 (1)의 ③을 참조하여, Agilent Function Generator 출력 전압이 '5.00 Vpp~, 10.0 kHz~' 가 되게 한다.

③ Agilent Multimeter( )를 더블 클릭하면 'Agilent Multimeter–XMM1' 창이 나타난다. 'Power' 버튼을 클릭하고 'AC V(AC V)' 버튼을 선택하면, LCD 화면에 'VAC'가 나타난다.

④ 멀티심 상단의 시뮬레이션 도구 모음에서 ' ▷ '를 선택한다(상단 메뉴에서 'Simulate → ▷ Run'을 선택해도 된다). 측정된 전압값(커패시터 22 nF(C1) 양단 전압 V_{C1} 또는 저항 1 kΩ (R1) 양단 전압 V_{R1})을 표 11–9에 작성한다.

⑤ RC 병렬 회로에 흐르는 전체 전류 I를 측정하기 위하여, Agilent Function Generator와 저항 1 kΩ 사이에 Agilent Multimeter를 아래 회로와 같이 연결한다.

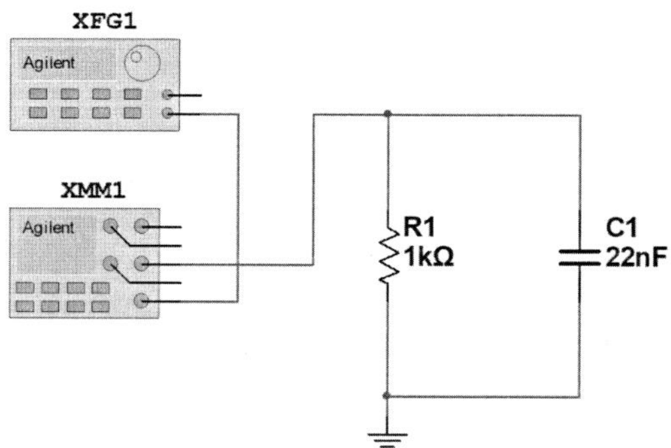

⑥ 2)의 (1)의 ③을 참조하여, Agilent Function Generator 출력 전압이 '5.00 Vpp~, 10.0 kHz~' 가 되게 한다.

⑦ Agilent Multimeter( )를 더블 클릭한 후, 'Agilent Multimeter–XMM1' 창에서 'Power' 버튼을 클릭한다. 'Shift(Shift)' 버튼을 누른 후, 'AC V(AC V)' 버튼을 선택하면, LCD 화면에 'AAC'가 나타난다.

⑧ 멀티심 상단의 시뮬레이션 도구 모음에서 ' ▷ '를 선택한다(상단 메뉴에서 'Simulate → ▷ Run'을 선택해도 된다). 측정된 RC 병렬 회로의 전체 전류 I를 표 11–9에 작성한다.

⑨ ⑤ ~ ⑧을 참조하여, 저항 1 kΩ(R1)에 흐르는 전류 I_{R1}과 커패시터 22 nF(C1)에 흐르는 전류 I_{C1}을 측정하여 표 11–9에 작성한다.

⑩ ④에서 측정한 커패시터 22 nF(C1) 양단 전압 V_{C1}과 ⑨에서 측정한 커패시터 22 nF(C1)에 흐르는 전류 I_{C1}을 옴의 법칙 이용하여 용량성 리액턴스 X_C를 계산해서 표 11–9에 작성한다.

④에서 측정한 저항 1 kΩ(R1) 양단 전압 V_{R1}과 ⑨에서 측정한 저항 1 kΩ(R1)에 흐르는 전류 I_{R1}을 옴의 법칙 이용하여 저항 R을 계산해서 표 11–9에 작성한다.

저항 R과 리액턴스 X_C를 이용해서 임피던스 Z를 계산해서 표 11-9에 작성한다.

- 전체 임피던스 크기 Z는 아래와 같이 표현된다.

$$Z = \frac{1}{\sqrt{\left(\frac{1}{R}\right)^2 + \left(\frac{1}{X_C}\right)^2}}$$

⑪ ⑨에서 측정한 저항 1 kΩ(R1)에 흐르는 전류 $\mathrm{I_{R1}}$과 커패시터 22 nF(C1)에 흐르는 전류 $\mathrm{I_{C1}}$을 이용하여 병렬 회로 전체에 흐르는 전류 I를 계산해서 표 11-9에 작성한다.

- RC 병렬 회로 전체에 흐르는 전류의 크기는 ⑧에서 측정한 전류 I와 같으며 아래 식으로 표현된다.

$$\mathrm{I} = \sqrt{\mathrm{I_{R1}^2} + \mathrm{I_{C1}^2}}$$

⑫ 멀티심 회로 설계 영역에 'Agilent Function Generator, Tektronix Oscilloscope, 저항 1 kΩ, 1 Ω, 커패시터 22 nF, GROUND'를 이용하여 아래 그림과 같은 회로를 구성한다. 오실로스코프를 이용하여 전류를 직접적으로 측정할 수 없으므로(전류 프로브를 연결하여 측정하는 방법이 있음), 저항 1 Ω을 커패시터 22 nF에 직렬로 연결하여 간단하게(회로에 미치는 영향이 미약함으로 가능) 커패시터 22 nF에 흐르는 전류(= $\frac{전압}{1\,\Omega}$)를 오실로스코프로 측정한다.

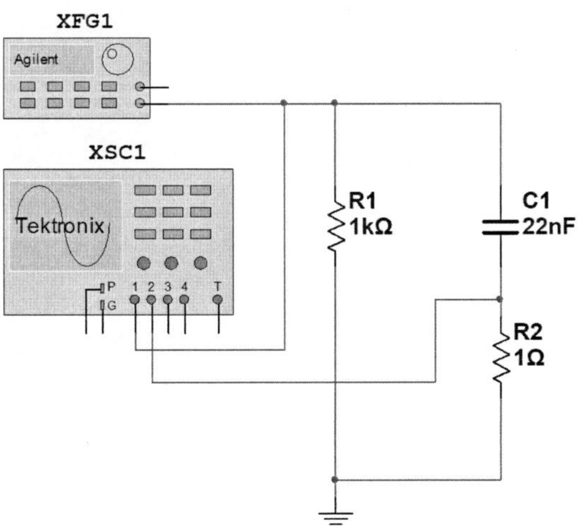

⑬ Tektronix Oscilloscope(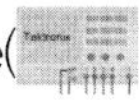)를 더블 클릭하면 'Tektronix Oscilloscope-XSC1' 창이 나타난다. 'Power' 버튼을 클릭하고 'CH 1 MENU()' 버튼을 선택한다.

'CH 2 MENU()' 버튼을 선택한다.

⑭ 2)의 (1)의 ③을 참조하여, Agilent Function Generator 출력 전압이 '5.00 Vpp~, 10.0 kHz~' 가 되게 한다.

⑮ 멀티심 상단의 시뮬레이션 도구 모음에서 '▷'를 선택한다(상단 메뉴에서 'Simulate → ▷ Run'을 선택해도 된다).

⑯ 'CH1', 'CH2' 각각의 커넥터 위의 'VOLTS/DIV' 노브( )를 움직여서 각각의 신호의 전압(수직축) 한 눈금 간격을 'CH1 1V', 'CH2 2mV'로 조정한다.

오실로스코프의 오른쪽 끝에 있는 'SEC/DIV' 노브( )를 움직여서, 오실로스코프 화면의 시간(수평축) 한 눈금 간격을 '20us'로 조정하면 아래 왼쪽 그림과 같이 나타난다. 두 신호의 위상차를 측정하기 위하여 시간(수평축) 한 눈금 간격을 '5us'로 다시 조정하면 아래 오른쪽 그림과 같이 나타난다. 수직축의 가운데 위치에서 두 신호의 간격을 수평축 눈금을 읽어서 측정한 후, 각도(°)로 위상차를 계산한다. 측정값과 계산값을 표 11-9에 각각 작성한다.

'CH1'은 커패시터 22 nF(C1) 양단 전압이고, 'CH2'는 전압 신호이지만 옴의 법칙에 의하여 커패시터 22 nF(C1)에 흐르는 전류가 된다.

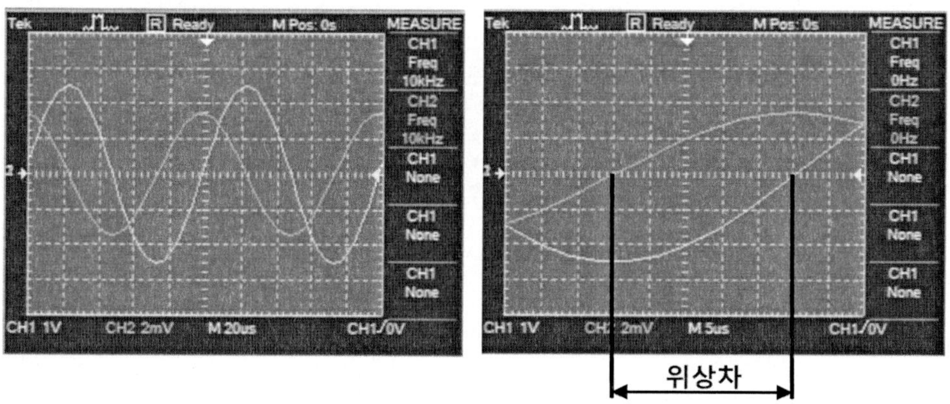

⑰ Agilent Function Generator 출력 전압이 '5.00 Vpp', '5.0 kHz'와 '5.00 Vpp', '15.0 kHz'인 경우에 대하여, ① ~ ⑯을 참조해서 시뮬레이션을 반복한다. 표 11-10에 각각 작성한다.

⑱ Agilent Function Generator 출력 전압이 '10.00 Vpp', '5.0 kHz'와 '10.00 Vpp', '10.0 kHz' 및 '10.00 Vpp', '15.0 kHz'인 경우에 대하여, ① ~ ⑯을 참조해서 시뮬레이션을 반복한다. 표 11-11에 각각 작성한다.

⑲ 커패시터를 '47 nF'으로 변경하고 ① ~ ⑯의 실행 순서를 반복한다. Agilent Function Generator 출력 전압은 '5.00 Vpp', '10.0 kHz'이다. 표 11-12에 각각 작성한다.

(2) 실험

① 아래 그림과 같이 함수발생기와 디지털 멀티미터를 연결한다. 함수발생기 채널 1의 출력 단자 'Out1'에 악어 클립 케이블의 BNC 커넥터를 연결한다. 함수발생기의 신호선과 디지털 멀티미터의 'INPUT' 단자의 'HI'는 저항 1 kΩ(R1)과 커패시터 22 nF(C1)이 연결되어 있는 마디에, 함수발생기의 GND선과 디지털 멀티미터의 'INPUT' 단자의 'LO'는 저항 1 kΩ(R1)과 커패시터 22 nF(C1)이 연결되어 있는 반대쪽 마디에 각각 연결한다.

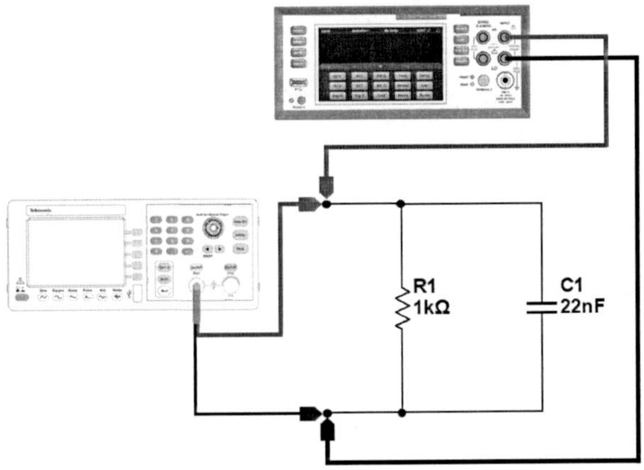

② 2)의 (2)의 ②를 참조하여, 함수발생기 교류 입력 신호의 전압과 주파수를 '5.00 Vpp, 10.0 kHz'가 되게 한다(부하 임피던스는 'High Z'로 설정한다).

③ 디지털 멀티미터의 'POWER' 버튼을 누르면 LCD 화면이 켜진다. 'FUNCTIONS'에서 'ACV ACV '를, Range는 'Auto'를 선택한다.

④ 함수발생기의 채널 1인 'Out1'의 'On/Off' 버튼을 누르면 신호가 출력된다.

⑤ 디지털 멀티미터 LCD에 나타나는 커패시터 22 nF(C1) 양단 전압 V_{C1}(또는 저항 1 kΩ(R1) 양단 전압 V_{R1})을 표 11-9에 작성한다.

⑥ 함수발생기의 채널 1인 'Out1'의 'On/Off' 버튼을 눌러서 신호를 차단한다.

⑦ 디지털 멀티미터의 'POWER' 버튼을 눌러 전원을 차단한다.

⑧ 아래 그림과 같이 함수발생기와 디지털 멀티미터를 연결한다. 함수발생기 채널 1의 출력 단자 'Out1'에 악어 클립 케이블의 BNC 커넥터를 연결한다. 함수발생기의 신호선은 디지털 멀티미터의 'INPUT' 단자의 'AMPS'에, 디지털 멀티미터의 'INPUT' 단자의 'LO'는 저항 1 kΩ(R1)과 커패시터 22 nF(C1)이 연결되어 있는 마디에, 함수발생기의 GND선은 저항 1 kΩ(R1)과 커패시터 22 nF(C1)이 연결되어 있는 반대쪽 마디에 연결한다.

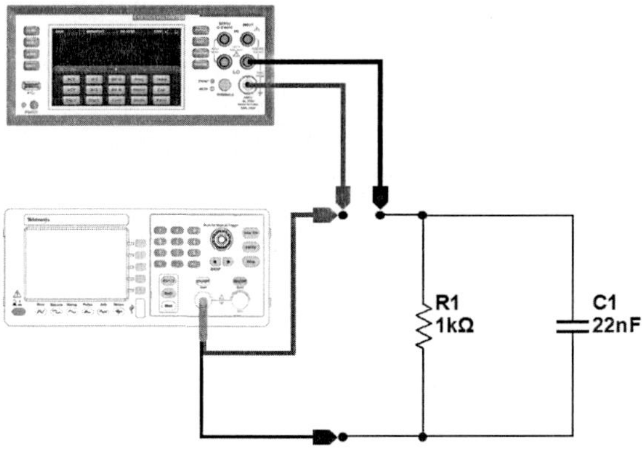

⑨ 2)의 (2)의 ②를 참조하여, 함수발생기 교류 입력 신호의 전압과 주파수를 '5.00 Vpp, 10.0 kHz'가 되게 한다(부하 임피던스는 'High Z'로 설정한다).

⑩ 디지털 멀티미터의 'POWER' 버튼을 누른 후, 'FUNCTIONS'에서 'ACI [ACI]'를, Range는 'Auto'를 선택한다.

⑪ 함수발생기의 채널 1인 'Out1'의 '[On/Off]' 버튼을 누르면 신호가 출력된다.

⑫ 디지털 멀티미터 LCD에 나타나는 전류값 I를 표 11-9에 작성한다.

⑬ 함수발생기의 채널 1인 'Out1'의 '[On/Off]' 버튼을 눌러서 신호를 차단한다.

⑭ ⑧ ~ ⑬을 참조하여, 저항 1 kΩ(R1)에 흐르는 전류 I_{R1}과 커패시터 22 nF(C1)에 흐르는 전류 I_{C1}을 측정하여 표 11-9에 작성한다.

⑮ ⑤에서 측정한 커패시터 22 nF(C1) 양단 전압 V_{C1}과 ⑭에서 측정한 커패시터 22 nF(C1)에 흐르는 전류 I_{C1}을 옴의 법칙을 이용하여 용량성 리액턴스 X_C를 계산해서 표 11-9에 작성한다.

⑤에서 측정한 저항 1 kΩ(R1) 양단 전압 V_{R1}과 ⑭에서 측정한 저항 1 kΩ(R1)에 흐르는 전류 I_{R1}을 옴의 법칙 이용하여 저항 R을 계산해서 표 11-9에 작성한다.

저항 R과 리액턴스 X_C를 이용해서 임피던스 Z를 계산해서 표 11-9에 작성한다.

⑯ ⑭에서 측정한 저항 1 kΩ(R1)에 흐르는 전류 I_{R1}와 커패시터 22 nF(C1)에 흐르는 전류 I_{C1}을 이용하여 병렬 회로 전체에 흐르는 전류를 계산해서 표 11-9에 작성한다.

⑰ 아래 그림과 같이 함수발생기와 오실로스코프를 연결한다. 함수발생기 채널 1의 출력 단자 'Out1'에 악어 클립 케이블의 BNC 커넥터를 연결하고, 오실로스코프에 2개의 프로브의 BNC 커넥터들을 각각 '1'과 '2'에 연결한다. 함수발생기의 신호선과 오실로스코프 프로브 '1'은 저항 1 kΩ(R1)과 커패시터 22 nF(C1)이 연결되어 있는 마디에, 오실로스코프 프로브 '2'는 커패시터 22 nF(C1)과 저항 1 Ω(R2)이 연결되어 있는 마디에, 함수발생기의 GND선과 오실로스코

프 프로브 '1'과 '2'의 GND선은 저항 1 kΩ(R1)과 저항 1 Ω(R2)이 연결되어 있는 마디에 각각 연결한다.

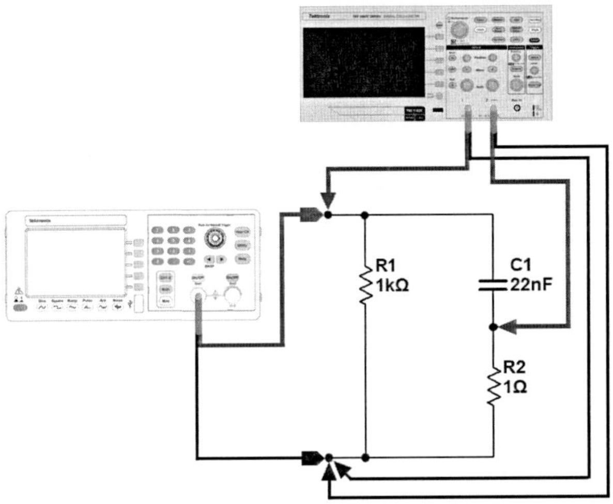

⑱ 2)의 (2)의 ②를 참조하여, 함수발생기 교류 입력 신호의 전압과 주파수를 '5.00 Vpp, 10.0 kHz'가 되게 설정(부하 임피던스는 'High Z'로 설정)한 후, 함수발생기의 채널 1인 'Out1'의 'On/Off' 버튼을 누르면 신호가 출력된다.

⑲ 오실로스코프 왼쪽 위 상단에 전원 On/Off용 버튼을 눌러 'I' 상태(on 상태)가 되게 한다.

2)의 (2)의 ⑳을 참조하여, 오실로스코프 화면의 수직축 한 눈금 간격은 'CH1 1.00V', 'CH2 10.0mV'에, 수평축 한 눈금 간격은 '20.0μs' 또는 '4.00μs'가 되게 한다.

⇒ 'CH2'의 신호가 잘 나타나지 않으면 저항 R2를 '10Ω'으로 변경하여 실험한다(R2를 '10Ω'으로 변경하여도 위상차에는 크게 영향(이론상 약 1°)을 주지 않는다).

수직축의 가운데 위치에서 두 신호의 간격을 수평축 눈금을 읽어서 측정한 후, 각도(°)로 위상차를 계산한다. 측정값과 계산값을 표 11-9에 각각 작성한다.

⑳ 함수발생기의 채널 1인 'Out1'의 'On/Off' 버튼을 눌러서 신호를 차단한다.

㉑ 함수발생기 출력 전압이 '5.00 Vpp', '5.0 kHz'와 '5.00 Vpp', '15.0 kHz'인 경우에 대하여, ① ~ ⑳을 참조해서 실험을 반복한다. 표 11-10에 각각 작성한다.

㉒ 함수발생기 출력 전압이 '10.00 Vpp', '5.0 kHz'와 '10.00 Vpp', '10.0 kHz' 및 '10.00 Vpp', '15.0 kHz'인 경우에 대하여, ① ~ ⑳을 참조해서 실험을 반복한다. 표 11-11에 각각 작성한다.

㉓ 커패시터를 '47 nF'으로 변경하고 ① ~ ⑳의 실행 순서를 반복한다. 함수발생기 출력 전압은 '5.00 Vpp', '10.0 kHz'이다. 표 11-12에 각각 작성한다.

6) 실험 결과 및 고찰

학과	학번	학년	이름

(1) 직렬로 연결된 커패시터들의 등가 커패시턴스

① 함수발생기 교류 전압이 10.00 Vpp, 10.0 kHz이고 커패시터가 2개가 직렬일 때, 표 11-1에 시뮬레이션값과 실험 측정값을 입력하고, 전류 I와 X_C 및 C_{eq}의 계산과정과 결과값을 작성한다.

표 11-1

	V_{R1}	V_{C1}	V_{C2}	$V_{C1}+V_{C2}$	전류 I
시뮬레이션값 (멀티미터)	V_{rms}	V_{rms}	V_{rms}	V_{rms}	A_{rms}
실험 측정값 (멀티미터)	V_{rms}	V_{rms}	V_{rms}	V_{rms}	A_{rms}
시뮬레이션값 (오실로스코프)	Vpp	Vpp (계산 또는 측정)	Vpp	Vpp	
실험 측정값 (오실로스코프)	Vpp	Vpp (계산 또는 측정)	Vpp	Vpp	
옴의 법칙으로 전류 I 계산	시뮬레이션 :				
	실험 :				
용량성 리액턴스 X_C 계산	시뮬레이션 :				
	실험 :				
직렬 합성 커패시턴스 C_{eq} 계산	시뮬레이션 :				
	실험 :				

② 함수발생기 교류 전압이 10.00 Vpp, 10.0 kHz이고 커패시터가 3개가 직렬일 때, 표 11-2에 시뮬레이션값과 실험 측정값을 입력하고, 전류 I와 X_C 및 C_{eq}의 계산과정과 결과값을 작성한다.

표 11-2

<table>
<tr><th></th><th>V_{R1}</th><th>V_{C1}</th><th>V_{C2}</th><th>V_{C3}</th><th>$V_{C1}+V_{C2}+V_{C3}$</th><th>전류 I</th></tr>
<tr><td>시뮬레이션값
(멀티미터)</td><td>V_{rms}</td><td>V_{rms}</td><td>V_{rms}</td><td>V_{rms}</td><td>V_{rms}</td><td>A_{rms}</td></tr>
<tr><td>실험 측정값
(멀티미터)</td><td>V_{rms}</td><td>V_{rms}</td><td>V_{rms}</td><td>V_{rms}</td><td>V_{rms}</td><td>A_{rms}</td></tr>
<tr><td>시뮬레이션값
(오실로스코프)</td><td>Vpp</td><td>Vpp
(계산 또는 측정)</td><td>Vpp
(계산 또는 측정)</td><td>Vpp</td><td>Vpp</td><td></td></tr>
<tr><td>실험 측정값
(오실로스코프)</td><td>Vpp</td><td>Vpp
(계산 또는 측정)</td><td>Vpp
(계산 또는 측정)</td><td>Vpp</td><td>Vpp</td><td></td></tr>
<tr><td rowspan="2">옴의 법칙으로
전류 I 계산</td><td colspan="6">시뮬레이션 :</td></tr>
<tr><td colspan="6">실험 :</td></tr>
<tr><td rowspan="2">용량성 리액턴스
X_C 계산</td><td colspan="6">시뮬레이션 :</td></tr>
<tr><td colspan="6">실험 :</td></tr>
<tr><td rowspan="2">직렬 합성
커패시턴스
C_{eq} 계산</td><td colspan="6">시뮬레이션 :</td></tr>
<tr><td colspan="6">실험 :</td></tr>
</table>

③ 표 11-1에서, 오실로스코프를 이용하여 저항 양단 전압 V_{R1}, 커패시터 양단 전압 V_{C1}과 V_{C2}를 측정하는 방법에 대하여 설명하시오.

④ 직렬로 연결된 커패시터에서, 각각의 커패시터 양단 전압의 합이 전체 커패시터 전압이 되는 이유를 설명하시오.

⑤ 이론적으로 계산한 직렬 등가 커패시턴스 C_{eq}와 표 11-1와 표 11-2의 실험값을 이용한 C_{eq}에 오차가 발생했다면 이유는 무엇인가요?

⑥ 표 11-1과 표 11-2에서, 오실로스코프로 측정한 전압들로부터 V_{C1}, V_{C2}를 구하는 방법을 수식을 이용하여 설명하시오.

⑦ 표 11-1과 표 11-2로부터, 커패시터가 직렬로 추가되었을 때 RC 직렬 회로에 흐르는 전체 전류 I와 합성 커패시턴스 C_{eq}의 변화에 대하여 설명하시오.

(2) 병렬로 연결된 커패시터들의 등가 커패시턴스

① 함수발생기 교류 전압이 10.00 Vpp, 10.0 kHz이고 커패시터가 2개가 병렬일 때, 표 11-3에 시뮬레이션값과 실험 측정값을 입력하고, 전체 전류 I와 X_C 및 C_{eq}의 계산과정과 결과값을 작성한다.

표 11-3

	V_{R1}	V_{C1}	전체 전류 I	I_{C1}	I_{C2}
시뮬레이션값 (멀티미터)	V_{rms}	V_{rms}	A_{rms}	A_{rms}	A_{rms}
실험 측정값 (멀티미터)	V_{rms}	V_{rms}	A_{rms}	A_{rms}	A_{rms}
시뮬레이션값 (오실로스코프)	Vpp	Vpp			
실험 측정값 (오실로스코프)	Vpp	Vpp			
옴의 법칙으로 전체 전류 I 계산	시뮬레이션 :				
	실험 :				
용량성 리액턴스 X_C 계산	시뮬레이션 :				
	실험 :				
병렬 합성 커패시턴스 C_{eq} 계산	시뮬레이션 :				
	실험 :				

② 함수발생기 교류 전압이 10.00 Vpp, 10.0 kHz이고 커패시터가 3개가 병렬일 때, 표 11-4에 시뮬레이션값과 실험 측정값을 입력하고, 전체 전류 I와 X_C 및 C_{eq}의 계산과정과 결과값을 작성한다.

표 11-4

	V_{R1}	V_{C1}	전체 전류 I	I_{C1}	I_{C2}	I_{C3}
시뮬레이션값 (멀티미터)	V_{rms}	V_{rms}	A_{rms}	A_{rms}	A_{rms}	A_{rms}
실험 측정값 (멀티미터)	V_{rms}	V_{rms}	A_{rms}	A_{rms}	A_{rms}	A_{rms}
시뮬레이션값 (오실로스코프)	Vpp	Vpp				
실험 측정값 (오실로스코프)	Vpp	Vpp				
옴의 법칙으로 전체 전류 I 계산	시뮬레이션 :					
	실험 :					
용량성 리액턴스 X_C 계산	시뮬레이션 :					
	실험 :					
병렬 합성 커패시턴스 C_{eq} 계산	시뮬레이션 :					
	실험 :					

③ 병렬로 연결된 커패시터에서, 각각의 커패시터에 흐르는 전류의 합이 전체 커패시터에 흐른 전류가 되는 이유를 설명하시오.

④ 이론적으로 계산한 병렬 등가 커패시턴스 C_{eq}와 표 11-3과 표 11-4의 실험값을 이용한 C_{eq}에 오차가 발생했다면 이유는 무엇인가요?

⑤ 오실로스코프를 이용하여 전류를 측정할 수 있는 방법에 대하여 설명하시오.

⑥ 표 11-3과 표 11-4로부터, 커패시터가 병렬로 추가되었을 때 RC 병렬 회로에 흐르는 전체 전류 I와 합성 커패시턴스 C_{eq}의 변화에 대하여 설명하시오.

(3) 커패시터와 저항이 직렬로 연결된 RC 직렬 회로의 임피던스와 위상각

① RC 직렬 회로에서 함수발생기 교류 전압이 5.00 Vpp, 10.0 kHz일 때, 표 11-5에 시뮬레이션값과 실험 측정값을 입력하고, R, X_C, Z, $\sqrt{V_{R1}^2 + V_{C1}^2}$ 및 V_S와 V_{C1}의 위상차(°) 계산 과정과 결과값을 작성한다.

표 11-5

<table>
<tr><th></th><th>V_{R1}</th><th>V_{C1}</th><th>전류 I</th><th>위상차(시간)</th></tr>
<tr><td>시뮬레이션값</td><td>V_{rms}</td><td>V_{rms}</td><td>A_{rms}</td><td>μs</td></tr>
<tr><td>실험 측정값</td><td>V_{rms}</td><td>V_{rms}</td><td>A_{rms}</td><td>μs</td></tr>
<tr><td rowspan="2">저항 R 계산</td><td colspan="4">시뮬레이션 :</td></tr>
<tr><td colspan="4">실험 :</td></tr>
<tr><td rowspan="2">용량성 리액턴스
X_C 계산</td><td colspan="4">시뮬레이션 :</td></tr>
<tr><td colspan="4">실험 :</td></tr>
<tr><td rowspan="2">임피던스 Z 계산</td><td colspan="4">시뮬레이션 :</td></tr>
<tr><td colspan="4">실험 :</td></tr>
<tr><td rowspan="2">$\sqrt{V_{R1}^2 + V_{C1}^2}$
계산</td><td colspan="4">시뮬레이션 :</td></tr>
<tr><td colspan="4">실험 :</td></tr>
<tr><td rowspan="2">V_S와 V_{C1} 위상차(°)
계산</td><td colspan="4">시뮬레이션 :</td></tr>
<tr><td colspan="4">실험 :</td></tr>
</table>

② RC 직렬 회로에서 함수발생기 교류 전압이 5.00 Vpp, 5.0 kHz와 5.00 Vpp, 15.0 kHz일 때, 표 11-6을 작성한다.

표 11-6

	V_{R1}	V_{C1}	전류 I	위상차(시간)
시뮬레이션값 (5.0 kHz)	V_{rms}	V_{rms}	A_{rms}	μs
실험 측정값 (5.0 kHz)	V_{rms}	V_{rms}	A_{rms}	μs
시뮬레이션값 (15.0 kHz)	V_{rms}	V_{rms}	A_{rms}	μs
실험 측정값 (15.0 kHz)	V_{rms}	V_{rms}	A_{rms}	μs
저항 R 계산	시뮬레이션 :			
	실험 :			
용량성 리액턴스 X_C 계산	시뮬레이션 :			
	실험 :			
임피던스 Z 계산	시뮬레이션 :			
	실험 :			
$\sqrt{V_{R1}^2 + V_{C1}^2}$ 계산	시뮬레이션 :			
	실험 :			
V_S와 V_{C1} 위상차(°) 계산	시뮬레이션 :			
	실험 :			

③ RC 직렬 회로에서 함수발생기 교류 전압이 10.00 Vpp, 5.0 kHz와 10.00 Vpp, 10.0 kHz 및 10.00 Vpp, 15.0 kHz일 때, 표 11-7을 작성한다.

표 11-7

	V_{R1}	V_{C1}	전류 I	위상차(시간)
시뮬레이션값 (5.0 kHz)	V_{rms}	V_{rms}	A_{rms}	μs
실험 측정값 (5.0 kHz)	V_{rms}	V_{rms}	A_{rms}	μs
시뮬레이션값 (10.0 kHz)	V_{rms}	V_{rms}	A_{rms}	μs
실험 측정값 (10.0 kHz)	V_{rms}	V_{rms}	A_{rms}	μs
시뮬레이션값 (15.0 kHz)	V_{rms}	V_{rms}	A_{rms}	μs
실험 측정값 (15.0 kHz)	V_{rms}	V_{rms}	A_{rms}	μs
저항 R 계산	시뮬레이션 :			
	실험 :			
용량성 리액턴스 X_C 계산	시뮬레이션 :			
	실험 :			
임피던스 Z 계산	시뮬레이션 :			
	실험 :			
$\sqrt{V_{R1}^2 + V_{C1}^2}$ 계산	시뮬레이션 :			
	실험 :			
V_S와 V_{C1} 위상차(°) 계산	시뮬레이션 :			
	실험 :			

④ RC 직렬 회로에서 함수발생기 교류 전압이 5.00 Vpp, 10.0 kHz이고 커패시터가 47 nF일 때, 표 11-8을 작성한다.

표 11-8

	V_{R1}	V_{C1}	전류 I	위상차(시간)
시뮬레이션값	V_{rms}	V_{rms}	A_{rms}	μs
실험 측정값	V_{rms}	V_{rms}	A_{rms}	μs
저항 R 계산	시뮬레이션 :			
	실험 :			
용량성 리액턴스 X_C 계산	시뮬레이션 :			
	실험 :			
임피던스 Z 계산	시뮬레이션 :			
	실험 :			
$\sqrt{V_{R1}^2 + V_{C1}^2}$ 계산	시뮬레이션 :			
	실험 :			
V_S와 V_{C1} 위상차(°) 계산	시뮬레이션 :			
	실험 :			

⑤ 표 11-5와 표 11-6에서, 주파수 변화에 따른 V_{R1}, V_{C1}, 임피던스 Z와 위상차(°)에 대하여 설명하시오.

⑥ 표 11–5와 표 11–7에서, 함수발생기 교류 전압이 10 kHz, 5.00 Vpp와 10 kHz, 10.00 Vpp 일 때 전압의 변화에 따른 V_{R1}, V_{C1}, 임피던스 Z와 위상차(°)에 대하여 설명하시오.

⑦ 표 11–5와 표 11–8에서, 커패시터가 22 nF에서 47 nF로의 변화에 따른 V_{R1}, V_{C1}, 임피던스 Z와 위상차(°)에 대하여 설명하시오.

(4) 커패시터와 저항이 병렬로 연결된 RC 병렬회로의 임피던스와 위상각

① RC 병렬 회로에서 함수발생기 교류 전압이 5.00 Vpp, 10.0 kHz일 때, 표 11–9에 시뮬레이션값과 실험 측정값을 입력하고, R, X_C, Z, $\sqrt{I_{R1}^2 + I_{C1}^2}$ 및 I_{C1}과 V_{C1}의 위상차(°) 계산과정과 결과값을 작성한다.

표 11–9

	$V_{C1}(V_{R1})$	전류 I	I_{R1}	I_{C1}	위상차(시간)
시뮬레이션값	V_{rms}	A_{rms}	A_{rms}	A_{rms}	μs
실험 측정값	V_{rms}	A_{rms}	A_{rms}	A_{rms}	μs
저항 R 계산	시뮬레이션 :				
	실험 :				
용량성 리액턴스 X_C 계산	시뮬레이션 :				
	실험 :				

표 11-9 계속

임피던스 Z 계산	시뮬레이션 :
	실험 :
$\sqrt{I_{R1}^2 + I_{C1}^2}$ 계산	시뮬레이션 :
	실험 :
V_{C1}과 I_{C1} 위상차(°) 계산	시뮬레이션 :
	실험 :

② RC 병렬 회로에서 함수발생기 교류 전압이 5.00 Vpp, 5.0 kHz와 5.00 Vpp, 15.0 kHz일 때, 표 11-10을 작성한다.

표 11-10

	$V_{C1}(V_{R1})$	전류 I	I_{R1}	I_{C1}	위상차(시간)
시뮬레이션값 (5 kHz)	V_{rms}	A_{rms}	A_{rms}	A_{rms}	μs
실험 측정값 (5 kHz)	V_{rms}	A_{rms}	A_{rms}	A_{rms}	μs
시뮬레이션값 (15 kHz)	V_{rms}	A_{rms}	A_{rms}	A_{rms}	μs
실험 측정값 (15 kHz)	V_{rms}	A_{rms}	A_{rms}	A_{rms}	μs
저항 R 계산	시뮬레이션 :				
	실험 :				
용량성 리액턴스 X_C 계산	시뮬레이션 :				
	실험 :				

표 11-10 계속

임피던스 Z 계산	시뮬레이션 :
	실험 :
$\sqrt{I_{R1}^2 + I_{C1}^2}$ 계산	시뮬레이션 :
	실험 :
V_{C1}과 I_{C1} 위상차(°) 계산	시뮬레이션 :
	실험 :

③ RC 병렬 회로에서 함수발생기 교류 전압이 10.00 Vpp, 5.0 kHz와 10.00 Vpp, 10.0 kHz 및 10.00 Vpp, 15.0 kHz일 때, 표 11-11을 작성한다.

표 11-11

	$V_{C1}(V_{R1})$	전류 I	I_{R1}	I_{C1}	위상차(시간)
시뮬레이션값 (5 kHz)	V_{rms}	A_{rms}	A_{rms}	A_{rms}	μs
실험 측정값 (5 kHz)	V_{rms}	A_{rms}	A_{rms}	A_{rms}	μs
시뮬레이션값 (10 kHz)	V_{rms}	A_{rms}	A_{rms}	A_{rms}	μs
실험 측정값 (10 kHz)	V_{rms}	A_{rms}	A_{rms}	A_{rms}	μs
시뮬레이션값 (15 kHz)	V_{rms}	A_{rms}	A_{rms}	A_{rms}	μs
실험 측정값 (15 kHz)	V_{rms}	A_{rms}	A_{rms}	A_{rms}	μs
저항 R 계산	시뮬레이션 :				
	실험 :				

표 11-11 계속

용량성 리액턴스 X_C 계산	시뮬레이션 :
	실험 :
임피던스 Z 계산	시뮬레이션 :
	실험 :
$\sqrt{I_{R1}^2 + I_{C1}^2}$ 계산	시뮬레이션 :
	실험 :
V_{C1}과 I_{C1} 위상차(°) 계산	시뮬레이션 :
	실험 :

④ RC 병렬 회로에서 함수발생기 교류 전압이 5.00 Vpp, 10.0 kHz이고 커패시터가 47 nF일 때, 표 11-12을 작성한다.

표 11-12

	$V_{C1}(V_{R1})$	전류 I	I_{R1}	I_{C1}	위상차(시간)
시뮬레이션값	V_{rms}	A_{rms}	A_{rms}	A_{rms}	μs
실험 측정값	V_{rms}	A_{rms}	A_{rms}	A_{rms}	μs
저항 R 계산	시뮬레이션 :				
	실험 :				
용량성 리액턴스 X_C 계산	시뮬레이션 :				
	실험 :				
임피던스 Z 계산	시뮬레이션 :				
	실험 :				

표 11-12 계속

$\sqrt{I_{R1}^2 + I_{C1}^2}$ 계산	시뮬레이션 :
	실험 :
V_{C1}과 I_{C1} 위상차(°) 계산	시뮬레이션 :
	실험 :

⑤ 표 11-9와 표 11-10에서, 주파수 변화에 따른 I_{R1}, I_{C1}, 임피던스 Z와 위상차(°)에 대하여 설명하시오.

⑥ 표 11-9와 표 11-11에서, 함수발생기 교류 전압이 10 kHz, 5.00 Vpp와 10 kHz, 10.00 Vpp일 때 전압의 변화에 따른 I_{R1}, I_{C1}, 임피던스 Z와 위상차(°)에 대하여 설명하시오.

⑦ 표 11-9와 표 11-12에서, 커패시터가 22 nF에서 47 nF로의 변화에 따른 I_{R1}, I_{C1}, 임피던스 Z와 위상차(°)에 대하여 설명하시오.

12

인덕터와 RL 회로

12.1 실험 목적

수동소자의 하나인 인덕터가 갖고 있는 특성과 인덕터가 직렬 또는 병렬로 연결되어 있을 때 등가 인덕터로 변경하는 방법을 학습하여, 인덕터와 저항이 직렬 또는 병렬로 연결된 회로에서 정현파 교류 입력에 대한 인덕터의 전압과 전류 및 회로의 임피던스를 시뮬레이션과 실험으로 이해한다.

12.2 실험에 적용된 이론

1) 인덕터

인덕터(inductor)는 코일(coil)이라고도 하며, 자기 코어에 전선을 나선 모양으로 감아서 만든다. 자기장에서 에너지를 저장하는 수동 소자 중 하나로서, 교류 회로에서 전류의 흐름을 방해하는 소자이며 시간적으로 변화하는 전류에 대하여 그 변화를 억제하는 방향으로 유도 전압을 생성하는 특징을 가지고 있다. 인덕터에 유도되는 전압은 인덕터의 인덕턴스(inductance)와 인덕터에 흐르는 전류의 변화율에 의하여 생성된다.

$$v = L\frac{di}{dt} \text{ (}L\text{: 인덕턴스, 단위: 헨리(Henry), H)}$$

인덕터에 흐르는 전류가 순간적으로 변하게 되면 인덕터 전압은 무한한 값이 되어 인덕터에 무한한 전력을 공급해야 하기 때문에, 인덕터에 흐르는 전류는 순간적으로 변할 수가 없다.

(1) 인덕터 종류

인덕터는 제조 기술과 코어의 재료 등에 따라 분류한다. 인덕터는 여러 가지 모양과 크기로 만들어지며, 그림 12-1과 같이 색코드가 표시되어 있는 형태와 숫자로 용량을 표시하는 형태 등이 있고 SMD(칩) 형태의 인덕터와 가변 인덕터도 있다.

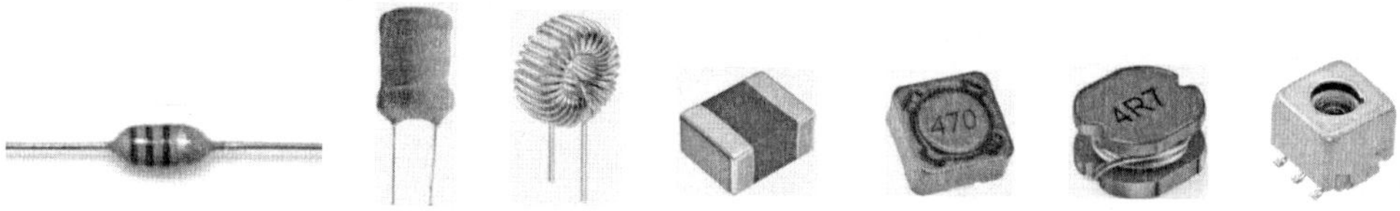

그림 12-1 인덕터 종류

(2) 인덕터 기호 및 표기법

커패시터를 나타내는 기호는 그림 12-2와 같이, 인덕터의 용량이 고정인 인덕터와 인덕터의 용량을 변화시킬 수 있는 가변 인덕터를 각각 나타내고 있다. 일반적으로 전기회로에서는 고정 인덕터와 가변 인덕터 모두 각각 2가지 형태 중 하나를 기호로 사용한다. 그림 12-2는 인덕터에 사용되는 코어의 종류가 공기, 철심 페라이트인 경우의 인덕터를 표시하는 기호를 각각 나타낸다.

(a) 고정 인덕터 (b) 가변 인덕터

인덕터 기호

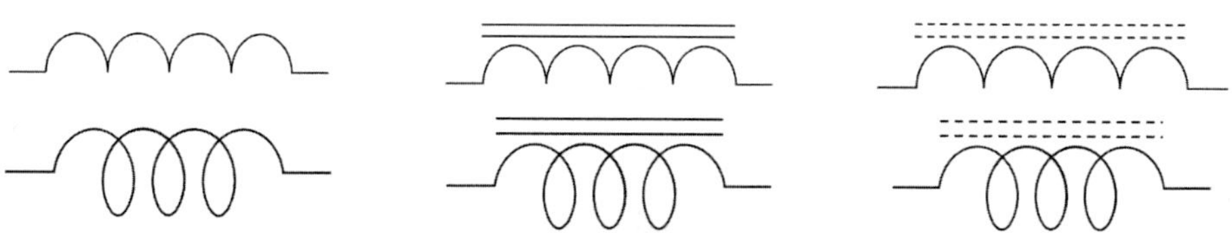

(a) 공기 (b) 철심 (c) 페라이트

그림 12-2 코어에 따른 인덕터 기호

인덕터의 크기는 아래와 같이 2가지 방법으로 나타내며, 기본 단위는 μH 이다.

① 색코드로 되어 있는 인덕터는 저항의 색코드와 동일하게 읽어서 용량을 표시한다.

갈색 검은색 빨간색 은색 $\Rightarrow 102, 10\% \rightarrow 10^3\mu H \pm 10\% \rightarrow 1mH \pm 10\%$

② 인덕터에 숫자와 문자로 표시하는 방법은 저항 또는 커패시터와 유사하게 읽어서 용량을 표시한다.

$$101K \rightarrow 10^2\mu H \pm 10\% \rightarrow 100\mu H \pm 10\%$$

(3) 인덕터 리액턴스(reactance)

인덕터가 나타내는, 정현파 교류 신호의 흐름을 방해하는 저항 성분을 유도성 리액턴스라고 하며 기호는 X_L이고 단위는 옴(Ω)이다. 유도성 리액턴스는 $X_L = 2\pi f L$로 나타내며 주파수(f)에 따라 변한다.

인덕터의 유도성 리액턴스는 주파수에 비례하여, 주파수가 커지면 리액턴스는 커지고 주파수가 작아지면 리액턴스는 작아진다. 주파수가 영(0), $f = 0$인 직류(DC) 신호에서 유도성 리액턴스 X_L은 영(0)이 되므로 인덕터는 단락 회로로 동작하게 되고, 주파수가 매우 높은 교류 신호에서는 X_L은 무한대에 가까워지면서 인덕터는 개방 회로처럼 동작하게 된다.

인덕터의 유도성 리액턴스는 디지털 멀티미터의 교류 전압계와 교류 전류계를 이용하여 구할 수 있다. 즉, 인덕터가 연결되어 있는 전기회로에서, 인덕터에 흐르는 전류를 교류 전류계로 측정하고, 인덕터 양단의 전압을 교류 전압계로 측정한 후 옴의 법칙을 이용하여 유도성 리액턴스 X_L을 아래 수식과 같이 구하면 된다. **Z**는 임피던스, $\mathbf{V}_L$과 **I**는 인덕터 페이저 전압과 전류이고, V_{Lrms}는 디지털 멀티미터로 측정한 인덕터 RMS 전압, I_{rms}는 디지털 멀티미터로 측정한 인덕터 RMS 전류이다.

$$\mathbf{Z} = \frac{\mathbf{V}_L}{\mathbf{I}} \quad \Rightarrow X_L = \frac{\mathrm{V}_{Lrms}}{\mathrm{I}_{rms}}$$

(4) 인덕터 등가 인덕턴스

인덕터들이 직렬로 연결되어 있을 때와 병렬로 연결되어 있을 때 1개의 인덕터로 변경할 수 있으며, 이때 전압 분배와 전류 분배를 각각 수행할 수 있다.

① 직렬 등가 인덕턴스와 전압 분배

여러 개의 인덕터가 직렬로 연결되어 있을 때, 각각의 인덕터의 인덕턴스를 병합하여 하나의 등가 인덕턴스 L_{eq}로 표현할 수 있다.

그림 12-3은 3개의 인덕터가 직렬로 연결되어 있다. 그림 12-3 (a)는 시간 영역에서의 전기회로이고, (b)는 (a)를 주파수 영역으로 변환한 전기회로이다. 그림 12-3 (b)에서 키르히호프의 전압 법칙(KVL)을 적용하면 아래 수식과 같다.

$$\mathbf{V}_1 + \mathbf{V}_2 + \mathbf{V}_3 = \mathbf{V}_\mathrm{S}$$

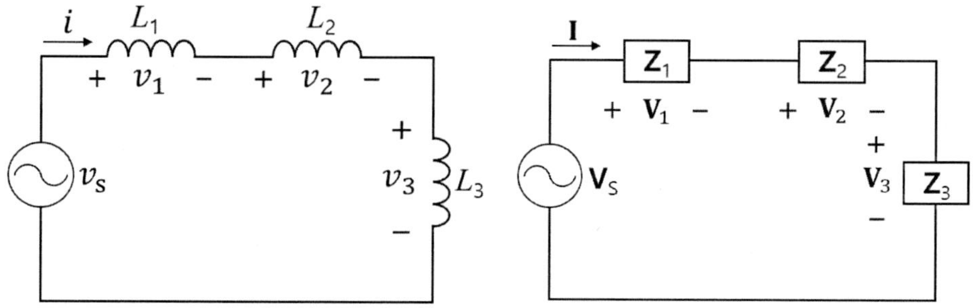

(a) 시간 영역의 전기회로　　(b) 주파수 영역의 전기회로

그림 12-3 인덕터의 직렬 연결

또한, 옴의 법칙에 의하여 $\mathbf{V}_i = \mathbf{Z}_i\mathbf{I}$이므로

$$(\mathbf{Z}_1 + \mathbf{Z}_2 + \mathbf{Z}_3)\mathbf{I} = \mathbf{V}_\mathrm{S} \;\Rightarrow\; \frac{\mathbf{V}_\mathrm{S}}{\mathbf{I}} = \mathbf{Z}_{eq} = \mathbf{Z}_1 + \mathbf{Z}_2 + \mathbf{Z}_3$$

이 된다. 인덕터 임피던스는 $\mathbf{Z} = jX_L = j2\pi fL$이므로

$$j2\pi fL_{eq} = j2\pi fL_1 + j2\pi fL_2 + j2\pi fL_3 \quad\Rightarrow\quad L_{eq} = L_1 + L_2 + L_3$$

이 된다. 일반적으로 N개의 인덕터가 직렬로 연결되어 있을 때 등가 인덕턴스는 아래 수식과 같다.

$$L_{eq} = L_1 + L_2 + \cdots + L_\mathrm{N}$$

인덕터들이 직렬로 연결되어 있는 전기회로에 교류 전압이 인가되면, 각각의 인덕터의 전압은 교류 입력 전압이 분배되는 형태로 나타나게 된다. 그림 12-3 (b)에서 직렬 전류 $\mathbf{I}$는 $\mathbf{I} = \dfrac{\mathbf{V}_\mathrm{S}}{\mathbf{Z}_1 + \mathbf{Z}_2 + \mathbf{Z}_3}$가 된다. 인덕터 L_1 양단 전압 $\mathbf{V}_1$은 전압 분배에 의하여 아래 수식과 같이 나타나게 된다.

$$\mathbf{V}_1 = \mathbf{Z}_1\mathbf{I} = \mathbf{Z}_1 \times \frac{\mathbf{V}_\mathrm{S}}{\mathbf{Z}_1 + \mathbf{Z}_2 + \mathbf{Z}_3} = \frac{\mathbf{Z}_1}{\mathbf{Z}_1 + \mathbf{Z}_2 + \mathbf{Z}_3} \times \mathbf{V}_\mathrm{S}$$

$$= \frac{j2\pi f L_1}{j2\pi f L_1 + j2\pi f L_2 + j2\pi f L_3} \times \mathbf{V_S} = \frac{L_1}{L_1 + L_2 + L_3} \times \mathbf{V_S} = \frac{L_1}{L_{eq}} \times \mathbf{V_S}$$

입력 교류 전압이 $\mathbf{V_S}$ 이고 N 개의 인덕터들이 직렬로 연결된 전기회로에서 각 인덕터의 전압은 $\mathbf{V}_n = \frac{L_n}{L_{eq}}\mathbf{V_S}$ 로 나타나게 된다. 여기서, n은 N 개의 인덕터 중에서 임의의 인덕터를 나타낸다.

② 병렬 등가 인덕턴스와 전류 분배

여러 개의 인덕터들이 병렬로 연결되어 있을 때, 각각의 인덕터의 인덕턴스를 병합하여 하나의 등가 인덕턴스 L_{eq}로 표현할 수 있다.

그림 12-4는 3개의 인덕터가 병렬로 연결되어 있다. 그림 12-4 (a)는 시간 영역에서의 전기회로이고, (b)는 (a)를 주파수 영역으로 변환한 전기회로이다. 그림 12-4 (b)에서 키르히호프의 전류 법칙(KCL)을 적용하면 아래 수식과 같다.

$$\mathbf{I}_1 + \mathbf{I}_2 + \mathbf{I}_3 = \mathbf{I}$$

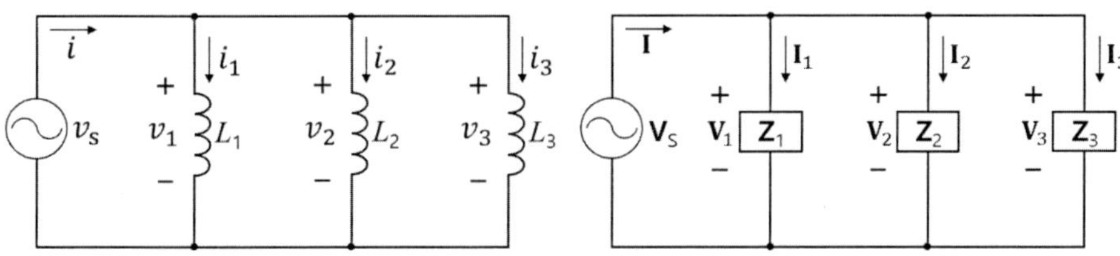

(a) 시간 영역의 전기회로 (b) 주파수 영역의 전기회로

그림 12-4 인덕터의 병렬 연결

또한 옴의 법칙에 의하여 $\mathbf{I}_i = \frac{\mathbf{V}_i}{\mathbf{Z}_i}$ 이므로($\mathbf{V}_i = \mathbf{V_S}$)

$$\left(\frac{1}{\mathbf{Z}_1} + \frac{1}{\mathbf{Z}_2} + \frac{1}{\mathbf{Z}_3}\right)\mathbf{V_S} = \mathbf{I} \Rightarrow \frac{\mathbf{I}}{\mathbf{V_S}} = \frac{1}{\mathbf{Z}_{eq}} = \frac{1}{\mathbf{Z}_1} + \frac{1}{\mathbf{Z}_2} + \frac{1}{\mathbf{Z}_3}$$

이 된다. 따라서

$$\frac{1}{j2\pi f L_{eq}} = \frac{1}{j2\pi f L_1} + \frac{1}{j2\pi f L_2} + \frac{1}{j2\pi f L_3} \quad \Rightarrow \quad \frac{1}{L_{eq}} = \frac{1}{L_1} + \frac{1}{L_2} + \frac{1}{L_3}$$

이 된다. 일반적으로 N 개의 인덕터가 병렬로 연결되어 있을 때 등가 인덕턴스는 아래 수식과

같다.

$$\frac{1}{L_{eq}} = \frac{1}{L_1} + \frac{1}{L_2} + \cdots + \frac{1}{L_N}$$

인덕터들이 병렬로 연결되어 있는 전기회로에 교류 전류가 인가되면, 각각의 인덕터에 흐르는 전류는 교류 입력 전류가 분배되는 형태로 나타나게 된다. 그림 12-4 (b)에서 병렬 전압 $\mathbf{V}_i$ 는 $\mathbf{V}_i = \mathbf{V}_S = \dfrac{\mathbf{I}}{\dfrac{1}{\mathbf{Z}_1}+\dfrac{1}{\mathbf{Z}_2}+\dfrac{1}{\mathbf{Z}_3}}$ 가 된다. 인덕터 L_1에 흐르는 전류 $\mathbf{I_1}$은 전류 분배에 의하여 아래 수식과 같이 나타나게 된다.

$$\mathbf{I}_1 = \frac{1}{\mathbf{Z}_1}\mathbf{V}_S = \frac{1}{\mathbf{Z}_1} \times \frac{\mathbf{I}}{\dfrac{1}{\mathbf{Z}_1}+\dfrac{1}{\mathbf{Z}_2}+\dfrac{1}{\mathbf{Z}_3}} = \frac{\dfrac{1}{\mathbf{Z}_1}}{\dfrac{1}{\mathbf{Z}_1}+\dfrac{1}{\mathbf{Z}_2}+\dfrac{1}{\mathbf{Z}_3}} \times \mathbf{I}$$

$$= \frac{\dfrac{1}{j2\pi f L_1}}{\dfrac{1}{j2\pi f L_1}+\dfrac{1}{j2\pi f L_2}+\dfrac{1}{j2\pi f L_3}} \times \mathbf{I}$$

$$= \frac{\dfrac{1}{L_1}}{\dfrac{1}{L_1}+\dfrac{1}{L_2}+\dfrac{1}{L_3}} \times \mathbf{I} = \frac{\dfrac{1}{L_1}}{\dfrac{1}{L_{eq}}} \times \mathbf{I} = \frac{L_{eq}}{L_1}\mathbf{I}$$

$\mathbf{I_1}$과 동일하게, 커패시터 L_2와 L_3에 각각 흐르는 전류 $\mathbf{I_2}$와 $\mathbf{I_3}$도 아래 수식과 같이 나타나게 된다.

$$\mathbf{I}_2 = \frac{L_{eq}}{L_2}\mathbf{I}\ , \quad \mathbf{I}_3 = \frac{L_{eq}}{L_3}\mathbf{I}$$

교류 입력 전류가 $\mathbf{I}$ 이고 N 개의 인덕터들이 병렬로 연결된 전기회로에서 각 인덕터에 흐르는 전류는 $\mathbf{I}_n = \dfrac{L_{eq}}{L_n}\mathbf{I}$ 로 나타나게 된다. 여기서, n은 N 개의 인덕터 중에서 임의의 인덕터를 나타낸다.

2) RL 직렬 회로

(1) RL 직렬 회로 임피던스

저항과 인덕터가 직렬로 연결되어 있는 그림 12-5와 같은 RL 직렬 회로에서 임피던스 $\mathbf{Z}$는 아래 수식처럼 저항 R과 유도성 리액턴스 X_L의 합으로 표현되고, 이를 직각 좌표계로 나타내면 그림 12-6과 같다.

$$\mathbf{Z} = R + jX_L = R + j\omega L = R + j2\pi f L$$

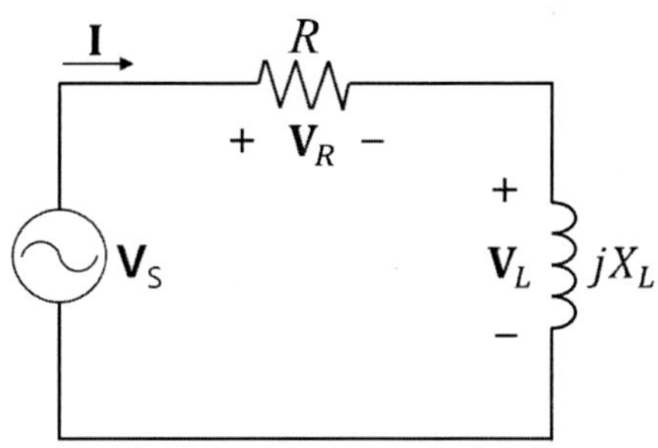

그림 12-5 RL 직렬 회로

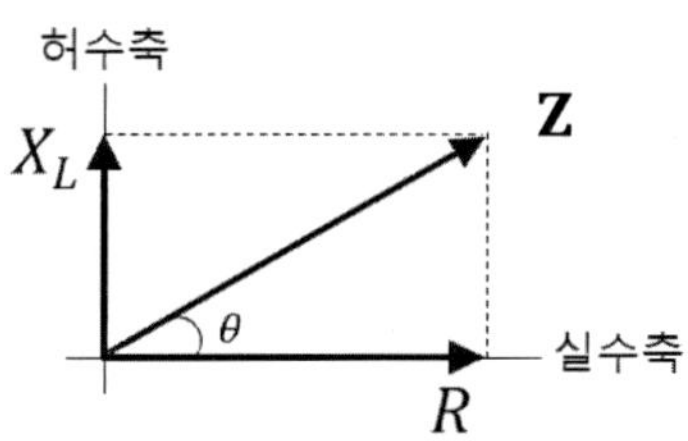

그림 12-6 직각 좌표계에서 $\mathbf{Z}$, R, X_L

직각 좌표로 되어 있는 위의 수식을 극좌표로 변환하면 아래 수식과 같이 된다.

$$\mathbf{Z} = \sqrt{R^2 + X_L^2}\ \angle \tan^{-1}\left(\frac{X_L}{R}\right)$$

유도성 리액턴스 X_L는 $X_L = 2\pi f L$이므로 L이 일정할 때, 주파수가 증가하면 X_L은 증가하고 주파수가 감소하면 X_L은 감소한다. 따라서 RC 직렬 회로에서 주파수가 감소하면 X_L이 감소하여 임피던스 $\mathbf{Z}$도 감소하게 되어 전류 $\mathbf{I}\left(= \frac{\mathbf{V_S}}{\mathbf{Z}}\right)$는 증가한다. 반대로 주파수가 증가하면 X_L은 증가하여 임피던스 $\mathbf{Z}$도 증가하게 되므로 전류 $\mathbf{I}$는 감소한다.

(2) RL 직렬 회로 위상각

그림 12-7은 그림 12-5의 RL 직렬 회로에서 저항 양단 전압 $\mathbf{V}_R$(시간 영역 : v_R)과 인덕터 양단 전압 $\mathbf{V}_L$ (시간 영역 : v_C) 및 직렬 회로의 전류 $\mathbf{I}$ (시간 영역 : i)를 각각 나타내고 있다. 그림 12-7 (a)는 시간 영역에서의 신호 파형이고 (b)는 주파수 영역에서의 페이저 도이다. 저항 양단 전압 $\mathbf{V}_R$은 전류 $\mathbf{I}$와 위상이 같으나, 인덕터 양단 전압 $\mathbf{V}_L$ 은 전류 $\mathbf{I}$ 보다 90° 위상이 선행한다.

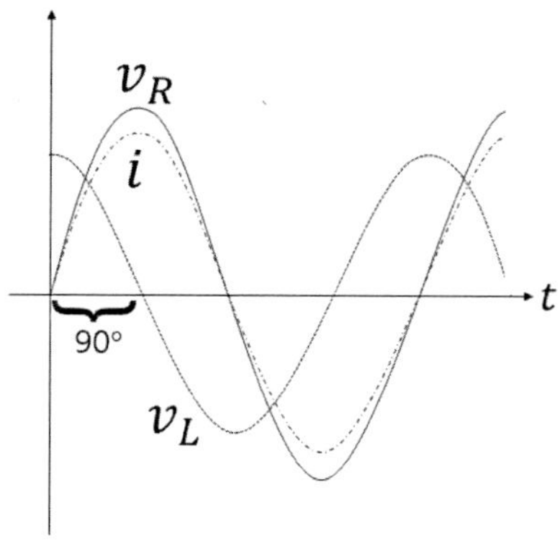

(a) 시간 영역

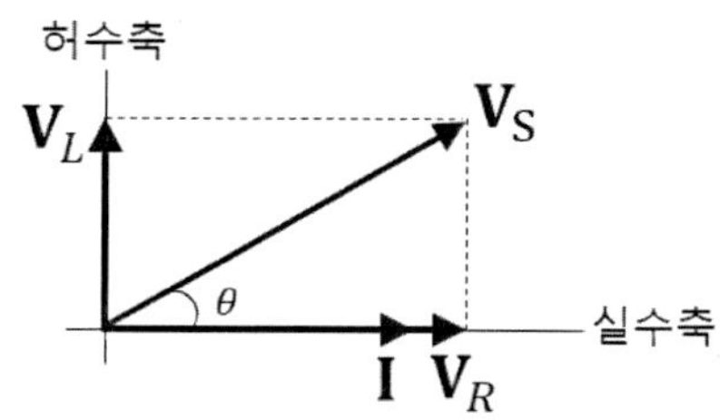

(b) 주파수 영역

그림 12-7 $\mathbf{V}_R$, $\mathbf{V}_L$, $\mathbf{I}$ 사이의 위상 관계

그림 12-5 회로를 키르히호프의 전압 법칙(KVL)을 적용하면 아래 수식($\mathbf{I}$ 의 위상각을 0°이라 가정)과 같다.

$$\mathbf{V}_S = \mathbf{V}_R + \mathbf{V}_L = R\mathbf{I} + jX_L\mathbf{I} = \sqrt{(R\mathrm{I})^2 + (X_L\mathrm{I})^2} \angle \tan^{-1}\left(\frac{X_L\mathrm{I}}{R\mathrm{I}}\right) = \tan^{-1}\left(\frac{X_L}{R}\right)$$

교류 입력 전압 $\mathbf{V}_S$ 와 인덕터 양단 전압 $\mathbf{V}_L$ 및 저항 양단 전압 $\mathbf{V}_R$과 인덕터 양단 전압 $\mathbf{V}_L$ 사이의 위상은 아래 수식과 같다.

$$\frac{\mathbf{V}_L}{\mathbf{V}_S} = \frac{jX_L\mathbf{I}}{R\mathbf{I} + jX_L\mathbf{I}} = \frac{jX_L}{R + jX_L} = \frac{X_L}{\sqrt{R^2 + X_L^2}} \angle \frac{90^\circ}{\tan^{-1}\left(\frac{X_L}{R}\right)} = 90^\circ - \tan^{-1}\left(\frac{X_L}{R}\right)$$

$$\frac{\mathbf{V}_L}{\mathbf{V}_R} = \frac{jX_L\mathbf{I}}{R\mathbf{I}} = \frac{jX_L}{R} = \frac{X_L}{R} \angle 90^\circ$$

3) RL 병렬 회로

(1) RL 병렬 회로 임피던스

그림 12-8의 저항과 인덕터가 병렬로 연결되어 있는 RL 병렬 회로에서 임피던스의 역수 $\frac{1}{\mathbf{Z}}$ (어드미턴스 $\mathbf{Y}$)는 아래 수식처럼 저항의 역수 $\frac{1}{R}$(컨덕턴스 G)과 유도성 리액턴스의 역수 $\frac{1}{X_L}$(유도성 서셉턴스 B_L)로 이루어져 있으며, 그림 12-9와 같이 직각 좌표계로 표현된다.

$$\frac{1}{\mathbf{Z}} = \frac{1}{R} + \frac{1}{jX_L} = \frac{1}{R} - j\frac{1}{X_L} = G - jB_L = \mathrm{Y} = \sqrt{G^2 + B_L^2} \angle -\tan^{-1}\left(\frac{B_L}{G}\right)$$

임피던스 $\mathbf{Z}$는 $R \parallel X_L$(저항과 유도성 리액턴스가 병렬)이므로 아래 수식과 같이 극좌표계로 표현된다.

$$\mathbf{Z} = \frac{1}{\frac{1}{R} + \frac{1}{jX_L}} = \frac{R \times (jX_L)}{R + jX_L} = \frac{RX_L}{\sqrt{R^2 + X_L^2}} \angle 90° - \tan^{-1}\left(\frac{X_L}{R}\right)$$

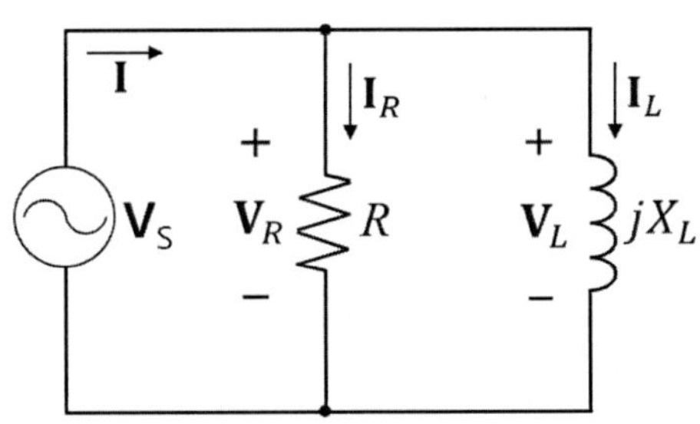

그림 12-8 RL 병렬 회로

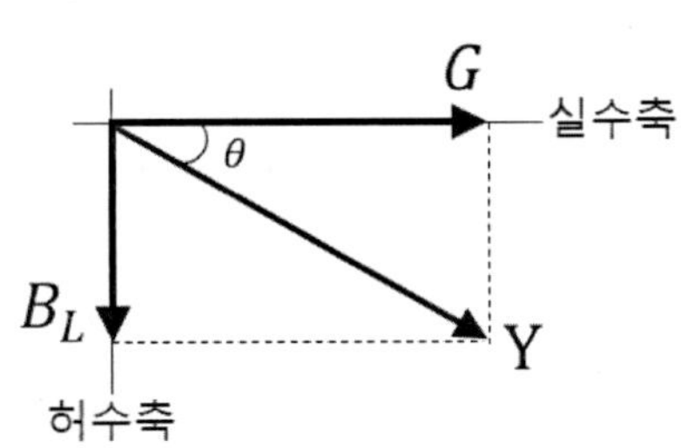

그림 12-9 직각 좌표계에서 $\mathbf{Y}$, G, B_L

유도성 리액턴스 X_L은 $X_L = 2\pi f L$이므로 L이 일정할 때, 주파수에 비례한다. RL 병렬 회로에서 X_L이 저항 R보다 매우 크면 임피던스 $\mathbf{Z}$는 저항 R만 존재하는 회로처럼 동작하게 되고, X_L이 저항 R보다 매우 작으면 임피던스 $\mathbf{Z}$는 리액턴스 X_L만 존재하는 회로처럼 동작하게 된다.

(2) RL 병렬 회로 위상각

그림 12-8에서 키르히호프의 전류 법칙(KCL)을 적용하면 아래 수식($\mathbf{V_S}$의 위상각을 0°라 가정)과 같다. 병렬 회로이므로 교류 입력 전압 $\mathbf{V_S}$와 저항 양단 전압 $\mathbf{V}_R$과 인덕터 양단 전압 $\mathbf{V}_L$은 동일하다. 저항에 흐르는 전류 $\mathbf{I}_R$과 저항 양단 전압 $\mathbf{V}_R$은 위상이 동일하고, 인덕터에 흐르는 전류 $\mathbf{I}_L$과 인덕터 양단 전압 $\mathbf{V}_L$은 90°의 위상차(전압이 선행)를 갖는다.

$$\mathbf{I} = \mathbf{I}_R + \mathbf{I}_L = \frac{\mathbf{V_S}}{R} + \frac{\mathbf{V_S}}{jX_L} = \frac{\mathbf{V_S}}{R} - j\frac{\mathbf{V_S}}{X_L}$$

$$= \sqrt{\left(\frac{\mathrm{V_S}}{R}\right)^2 + \left(-\frac{\mathrm{V_S}}{X_L}\right)^2} \angle \tan^{-1}\left(\frac{-\frac{\mathrm{V_S}}{X_L}}{\frac{\mathrm{V_S}}{R}}\right) = -\tan^{-1}\left(\frac{R}{X_L}\right)$$

그림 12-10은 교류 신호에서 출력되는 전류 $\mathbf{I}$와 저항에 흐르는 전류 $\mathbf{I}_R$과 인덕터에 흐르는 전류 $\mathbf{I}_L$를 나타낸 페이저 도이다.

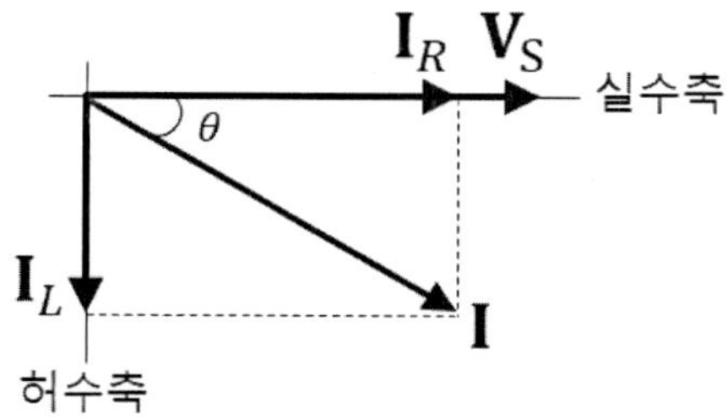

그림 12-10 $\mathbf{I}_R$, $\mathbf{I}_L$, $\mathbf{I}$ 사이의 위상 관계

교류 입력 전류 $\mathbf{I}$와 인덕터에 흐르는 전류 $\mathbf{I}_L$ 및 저항에 흐르는 전류 $\mathbf{I}_R$과 인덕터에 흐르는 전류 $\mathbf{I}_L$ 사이의 위상은 아래 수식과 같다.

$$\frac{\mathbf{I}_L}{\mathbf{I}} = \frac{-j\dfrac{\mathbf{V_S}}{X_L}}{\dfrac{\mathbf{V_S}}{R} - j\dfrac{\mathbf{V_S}}{X_L}} = \frac{-j\dfrac{1}{X_L}}{\dfrac{1}{R} - j\dfrac{1}{X_L}} = \frac{\dfrac{1}{X_L}}{\sqrt{\left(\dfrac{1}{R}\right)^2 + \left(-\dfrac{1}{X_L}\right)^2}} \angle -90^\circ + \tan^{-1}\left(\frac{R}{X_L}\right)$$

$$\frac{\mathbf{I}_L}{\mathbf{I}_R} = \frac{-j\dfrac{\mathbf{V_S}}{X_L}}{\dfrac{\mathbf{V_S}}{R}} = \frac{-j\dfrac{1}{X_L}}{\dfrac{1}{R}} = \frac{R}{X_L}\angle -90^\circ$$

12.3 시뮬레이션 및 실험

1) 사용 장비 및 부품

멀티심(multisim) 시뮬레이터

함수발생기 : 1대

디지털 멀티미터 : 1대

오실로스코프 : 1대

브레드 보드 : 1대

저항 : 1 Ω, 10 Ω, 1 kΩ

인덕터 : 2.2 mH, 4.7 mH, 10 mH

2) 직렬로 연결된 인덕터들의 등가 인덕턴스

아래 회로를 이용하여 시뮬레이션과 실험을 한다.

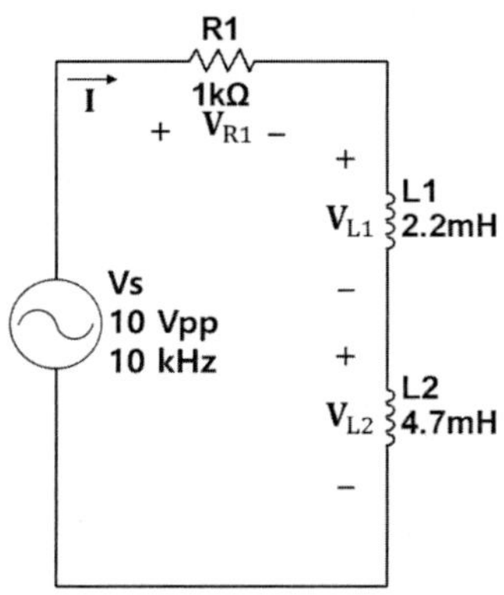

(1) 시뮬레이션

① 멀티심 상단의 부품 도구 모음(Components Toolbar)에서 'Place Basic( )'를 선택하거나, 상단 메뉴에서 'Place → Component'를 선택한다. 'Select a Component' 창 왼쪽에서 'Database:'는 'Master Database', 'Group:'은 ' Basic', 'Family:'는 ' INDUCTOR'를 선택하고, 가운데에서 'Component:'은 '2.2m'를 선택한 후 오른쪽에서 'OK'를 클릭한다.

멀티심 회로 설계 영역에 2.2 mH 인덕터(L1 2.2mH)가 나타나면 임의의 위치에 가지고 가서 클릭한다. 다시 'Select a Component' 창이 나타나면 '×'를 클릭하여 창을 닫는다.

② 멀티심 회로 설계 영역에 'Agilent Function Generator, Agilent Multimeter, 저항 1 kΩ, 인덕터 2.2 mH, 4.7 mH, GROUND'를 이용하여 아래 그림과 같은 회로를 구성한다.

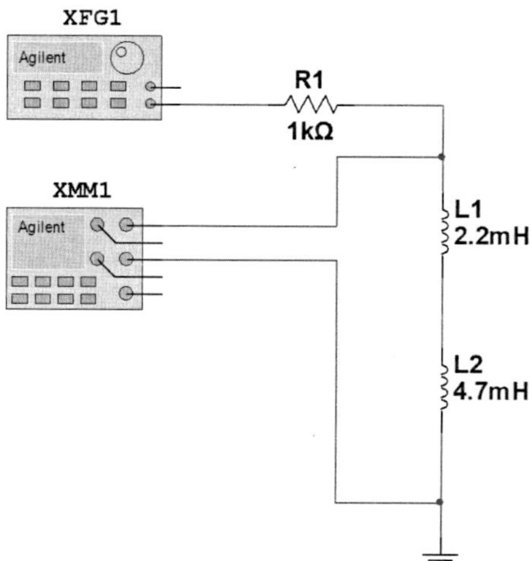

③ Agilent Function Generator( )를 더블 클릭하면 'Agilent Function Generator– XFG1' 창이 나타난다.

'Power' 버튼을 클릭한 후, 정현파 신호인 ' ' 버튼을 선택하고 'Ampl'을 클릭한 후 노브( )를 돌려서 LCD 화면에 '10.00 Vpp~'가 나타나게 한다. 'Freq' 버튼을 선택하고 노브를 돌려서 LCD 화면에 '10.0 kHz~'가 나타나게 한다.

④ Agilent Multimeter( )를 더블 클릭하면 'Agilent Multimeter–XMM1' 창이 나타난다. 'Power' 버튼을 클릭하고 'AC V(AC V)' 버튼을 선택하면, LCD 화면에 'VAC'가 나타난다.

⑤ 멀티심 상단의 시뮬레이션 도구 모음에서 ' '를 선택한다(상단 메뉴에서 'Simulate → Run'을 선택해도 된다). 측정된 전압값(인덕터 2.2 mH(L1) 양단 전압 V_{L1} + 4.7 mH(L2) 양단 전압 V_{L2})을 표 12–1에 작성한다.

⑥ 멀티심 상단의 시뮬레이션 도구 모음에서 '■'를 선택하여(상단 메뉴에서 'Simulate → ■ Stop'을 선택해도 된다) 시뮬레이션을 멈춘 후, Agilent Multimeter를 인덕터 2.2 mH(L1) 양단에 연결한다. ③ ~ ⑤를 참조하여, 인덕터 2.2 mH(L1) 양단 전압 V_{L1}을 측정하여 표 12-1에 작성한다.

동일하게, 인덕터 4.7 mH(L2) 양단 전압 V_{L2}과 저항 1 kΩ(R1) 양단 전압 V_{R1}을 측정하여 표 12-1에 작성한다.

⑦ RL 직렬 회로에 흐르는 전류를 측정하기 위하여, Agilent Function Generator와 저항 1 kΩ 사이에 Agilent Multimeter를 아래 회로와 같이 연결한다.

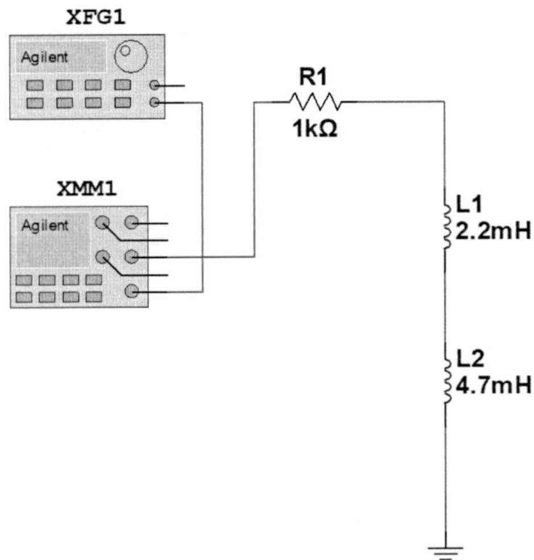

⑧ ③을 참조하여 교류 입력 신호의 전압과 주파수를 '10.00 Vpp~, 10.0 kHz~'가 되게 한다.

⑨ Agilent Multimeter( )를 더블 클릭한 후, 'Agilent Multimeter-XMM1' 창에서 'Power' 버튼을 클릭한다. 'Shift(Shift)' 버튼을 누른 후, 'AC V(AC V)' 버튼을 선택하면, LCD 화면에 'AAC'가 나타난다.

⑩ 멀티심 상단의 시뮬레이션 도구 모음에서 '▶'를 선택한다(상단 메뉴에서 'Simulate → ▶ Run'을 선택해도 된다). 측정된 RL 직렬 회로의 전류 I를 표 12-1에 작성한다.

⑥에서 측정한 저항 1 kΩ 양단 전압 V_{R1}과 저항 1 kΩ을 옴의 법칙 이용하여 전류 I를 계산한 후, 표 12-1에 작성한다.

⑪ ⑤에서 측정된 인덕터 2.2 mH(L1) 양단 전압 V_{L1}과 4.7 mH(L2) 양단 전압 V_{L2}를 합성(+)한 전압과 ⑩에서 측정한 전류 I를 옴의 법칙을 이용하여 유도성 리액턴스 X_L를 계산해서 표 12-1에 작성한다.

X_L로부터 전체 직렬 합성 인덕턴스 L_{eq}를 계산해서 표 12-1에 작성한다.

- 2개의 인덕터 2.2 mH, 4.7 mH가 직렬로 연결된 전체 인덕턴스는 아래 같이 구할 수 있다.

$L_{eq} = L_1 + L_2 = 2.2 \times 10^{-3} + 4.7 \times 10^{-3} = 6.9\ \mathrm{mH}$가 된다.

⑫ ②를 참조하여, 저항 1 kΩ, 인덕터 2.2 mH, 4.7 mH, 10 mH가 직렬로 연결된 RL 직렬 회로를 구성한다.

③ ~ ⑪를 참조하여 저항 1 kΩ, 인덕터 2.2 mH, 4.7 mH, 10 mH에 나타나는 각각의 양단 전압들과 직렬 인덕터들의 합성 전압 및 회로에 흐르는 전류를 구하여 표 12-2에 작성한다.

전체 유도성 리액턴스 X_L와 직렬 합성 인덕턴스 L_{eq}를 계산해서 표 12-2에 작성한다.

- 3개의 인덕터 2.2 mH, 4.7 mH, 10 mH가 직렬로 연결된 전체 인덕턴스는 아래 같이 구할 수 있다.

$L_{eq} = L_1 + L_2 + L_3 = 2.2 \times 10^{-3} + 4.7 \times 10^{-3} + 10 \times 10^{-3} = 16.9\ \mathrm{mH}$ 가 된다.

⑬ 멀티심 회로 설계 영역에 'Agilent Function Generator, Tektronix Oscilloscope, 저항 1 kΩ, 인덕터 2.2 mH, 4.7 mH, GROUND'를 이용하여 아래 그림과 같은 회로를 구성한다.

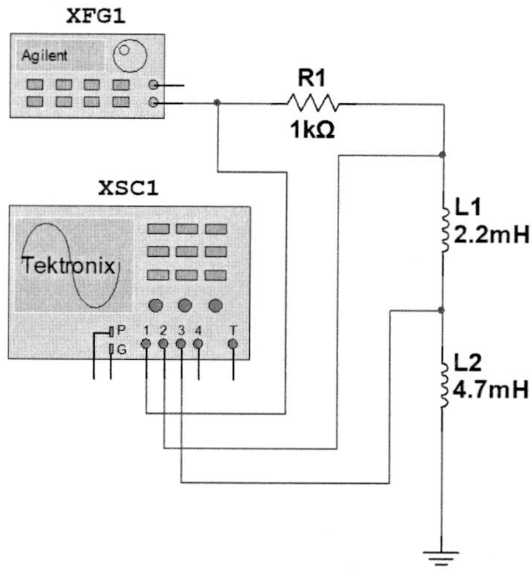

⑭ Tektronix Oscilloscope()를 더블 클릭하면 'Tektronix Oscilloscope–XSC1' 창이 나타난다. 'Power' 버튼을 클릭하고 'CH 1 MENU(CH1 MENU)' 버튼을 선택한다.

'CH 2 MENU(CH2 MENU)' 버튼을 선택한다.

'CH 3 MENU(CH3 MENU)' 버튼을 선택한다.

수직축과 수평축을 조절하여, 'CH1 2V', 'CH2 2V', 'CH3 2V', '20us'가 되게 한다.

- 'CH1', 'CH2', 'CH3', 'CH4' 각각의 커넥터 위의 'VOLTS/DIV' 노브( )를 움직여서 각각의 신호의 전압(수직축) 한 눈금 간격을 조정한다.
- 오실로스코프 화면의 시간(수평축) 한 눈금 간격은 오른쪽 끝에 있는 'SEC/DIV' 노브( )를 움직여서 조정한다.

⑮ 저항 1 kΩ 양단 전압을 측정하기 위해서는 'CH1' 신호와 'CH2' 신호의 차(−)를 구해야 한다.

'MATH MENU(MATH MENU)' 버튼을 선택하면, LCD 화면 오른쪽에 'MATH'가 나타난다. 그 아래의 'Operation +' 옆의 버튼을 눌러 'Operation −'로 변경시킨다. 그 아래의 'CH1−CH2' 옆의 버튼을 눌러 'CH1−CH2'를 선택한다.

⑯ ③을 참조하여, Agilent Function Generator 출력 전압이 '10.00 Vpp~', '10.0 kHz~'가 되게 한다.

⑰ 멀티심 상단의 시뮬레이션 도구 모음에서 '▷'를 선택한다(상단 메뉴에서 'Simulate → ▷ Run'을 선택해도 된다). 신호들의 전압 크기를 수직축 눈금을 읽어서 측정하여 표 12–2에 작성한다.

- 전압은 수직축 눈금을 읽어서 측정하거나, '10장 10.3 시뮬레이션 및 실험 3) 교류 전압 측정 (1) 시뮬레이션 ⑩'을 참조하여 'MEASURE' 기능을 이용해서 전압 'Pk–Pk'를 측정한다.
- 아래 그림과 같이 오실로스코프 화면에 신호 파형이 나타난다.

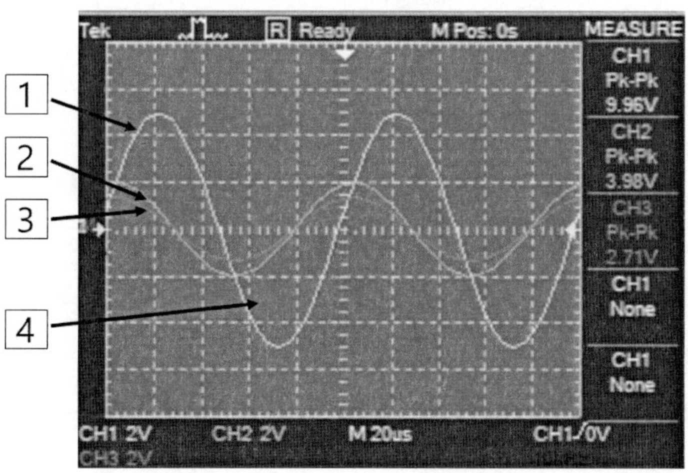

[1]은 'CH1' 신호, [2]는 'CH2' 신호($V_{L1}+V_{L2}$), [3]은 'CH3(V_{L2})' 신호, [4]는 'CH1−CH2' 신호(V_{R1})를 각각 나타낸다. 각각의 신호는 GROUND를 기준으로 한 전압이다.

⑱ ⑬을 참조하여, 저항 1 kΩ, 인덕터 2.2 mH, 4.7 mH, 10 mH이 직렬로 연결된 RL 직렬 회로

를 구성한다.

⑭ ~ ⑰을 참조하여, Agilent Function Generator와 저항 1 kΩ의 접속 마디, 저항 1 kΩ과 인덕터 2.2 mH의 접속 마디($V_{L1}+V_{L2}+V_{L3}$), 2.2 mH과 4.7 mH의 접속 마디($V_{L2}+V_{L3}$), 4.7 mH과 10 mH의 접속 마디(V_{L3})에서의 각각의 전압들(GND를 기준으로)을 이용하여 V_{L1}, V_{L2}, V_{L3}와 저항 1 kΩ 양단 전압을 구하여 표 12-2에 작성한다.

(2) 실험

① 아래 그림과 같이 함수발생기와 디지털 멀티미터를 연결한다. 함수발생기 채널 1의 출력 단자 'Out1'에 악어 클립 케이블의 BNC 커넥터를 연결한다. 함수발생기의 신호선은 저항 1 kΩ(R1)에, 디지털 멀티미터의 'INPUT' 단자의 'HI'는 저항 1 kΩ(R1)과 인덕터 2.2 mH(L1)이 연결되어 있는 마디에, 함수발생기의 GND선과 디지털 멀티미터의 'INPUT' 단자의 'LO'를 인덕터 4.7 mH(L2)에 각각 연결한다.

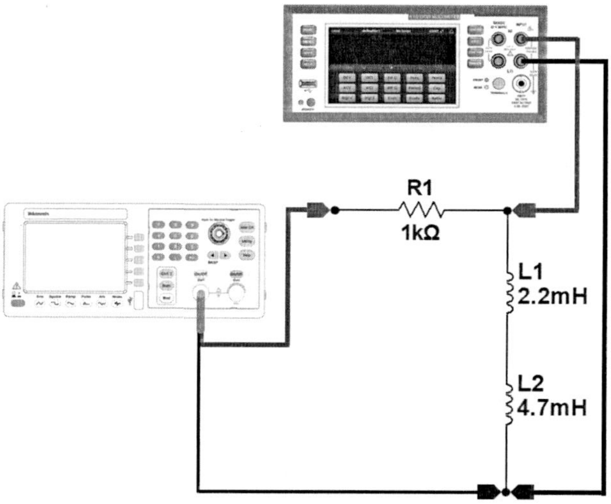

② 함수발생기 왼쪽 아래의 전원 버튼을 'I' 상태로 놓으면 전원이 켜져서 LCD 화면이 나타난다. 화면 아래의 'Sine (∿)' 버튼을 눌러 정현파 신호로 만든다. 화면 왼쪽에는 맨 위쪽에 'Sine', 그 아래쪽에는 'Freq Period', 'Start Phase', 'Ampl High', 'Offset Low'가 표시되어 있다.

Frequency(주파수)는 '100 Hz', Amplitude(신호의 크기)는 '10.0 Vpp'로 조정한다(Offset(오프셋)은 '0 mV'이고, 부하 임피던스는 'High Z'로 설정한다).

③ 디지털 멀티미터의 'POWER' 버튼을 누르면 LCD 화면이 켜진다. 'FUNCTIONS'에서 'ACV [ACV]'를, Range는 'Auto'를 선택한다.

④ 함수발생기의 채널 1인 'Out1'의 '(On/Off)' 버튼을 누르면 신호가 출력된다.

⑤ 디지털 멀티미터 LCD에 나타나는 전압값(인덕터 2.2 mH(L1) 양단 전압 V_{L1} + 4.7 mH(L2) 양단 전압 V_{L2})을 표 12-1에 작성한다.

⑥ 함수발생기의 채널 1인 'Out1'의 'On/Off' 버튼을 눌러서 신호를 차단한다.

⑦ ①에 연결되어 있던 디지털 멀티미터를 인덕터 2.2 mH(L1) 양단에 연결한다. ② ~ ④를 참조하여, 인덕터 2.2 mH(L1) 양단 전압 V_{L1}을 측정하여 표 12-1에 작성한다.

동일하게, 인덕터 4.7 mH(L2) 양단 전압 V_{L2}과 저항 1 kΩ(R1) 양단 전압 V_{R1}을 측정하여 표 12-1에 작성한다.

⑧ 함수발생기의 채널 1인 'Out1'의 'On/Off' 버튼을 눌러서 신호를 차단한다.

⑨ 디지털 멀티미터의 'POWER' 버튼을 눌러 전원을 차단한다.

⑩ 아래 그림과 같이 함수발생기와 디지털 멀티미터를 연결한다. 함수발생기 채널 1의 출력 단자 'Out1'에 악어 클립 케이블의 BNC 커넥터를 연결한다. 함수발생기의 신호선은 디지털 멀티미터의 'INPUT' 단자의 'AMPS'에, 디지털 멀티미터의 'INPUT' 단자의 'LO'는 저항 1 kΩ (R1)에, 함수발생기의 GND선은 인덕터 4.7 mH(L2)에 연결한다.

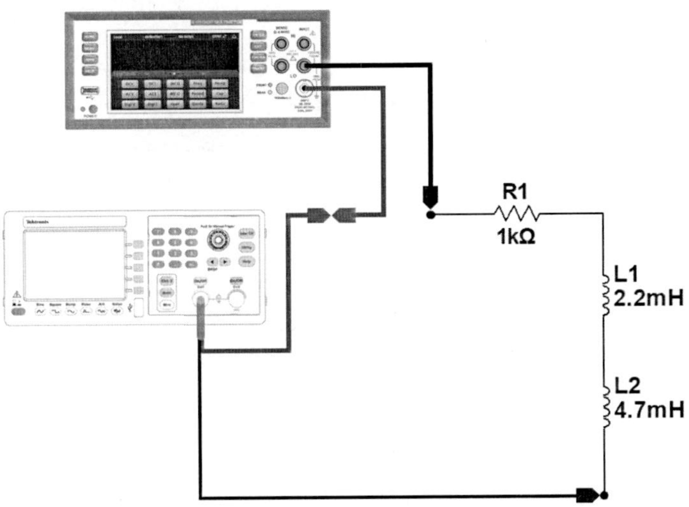

⑪ ②을 참조하여, 함수발생기의 교류 입력 신호의 전압과 주파수를 '10.00 Vpp, 10.0 kHz'가 되게 한다(부하 임피던스는 'High Z'로 설정한다).

⑫ 디지털 멀티미터의 'POWER' 버튼을 누른 후, 'FUNCTIONS'에서 'ACI ACI'를, Range는 'Auto'를 선택한다.

⑬ 함수발생기의 채널 1인 'Out1'의 'On/Off' 버튼을 누르면 신호가 출력된다.

⑭ 디지털 멀티미터 LCD에 나타나는 전류 I를 표 12-1에 작성한다.

⑦에서 측정한 저항 1 kΩ 양단 전압 V_{R1}과 저항 1 kΩ을 옴의 법칙 이용하여 계산한 전류 I를 표 12-1에 작성한다.

⑮ 함수발생기의 채널 1인 'Out1'의 'On/Off' 버튼을 눌러서 신호를 차단한다.

⑯ ⑤에서 측정된 인덕터 2.2 mH(L1) 양단 전압 V_{L1}과 4.7 mH(L2) 양단 전압 V_{L2}를 합성(+)한 전압과 ⑭에서 측정한 전류를 옴의 법칙 이용하여 유도성 리액턴스 X_L를 계산해서 표 12-1에 작성한다.

X_L로부터 전체 직렬 합성 인덕턴스 L_{eq}를 계산해서 표 12-1에 작성한다.

⑰ ①를 참조하여 저항 1 kΩ, 인덕터 2.2 mH, 4.7 mH, 10 mH가 직렬로 연결된 RL 직렬 회로를 구성한다.

② ~ ⑯를 참조하여 저항 1 kΩ, 인덕터 2.2 mH, 4.7 mH, 10 mH에 나타나는 각각의 양단 전압들과 직렬 인덕터들의 합성 전압 및 회로에 흐르는 전류를 구하여 표 12-2에 작성한다.

전체 유도성 리액턴스 X_L과 직렬 합성 인덕턴스 L_{eq}를 계산해서 표 12-2에 작성한다.

⑱ 아래 그림과 같이 함수발생기와 오실로스코프를 연결한다. 함수발생기 채널 1의 출력 단자 'Out1'에 악어 클립 케이블의 BNC 커넥터를 연결하고, 오실로스코프에 2개의 프로브의 BNC 커넥터들을 각각 '1'과 '2'에 연결한다. 함수발생기의 신호선과 오실로스코프 프로브 '1'은 저항 1 kΩ(R1)에, 오실로스코프 프로브 '2'는 저항 1 kΩ과 인덕터 2.2 mH(L1)이 연결되어 있는 마디에, 함수발생기의 GND선과 오실로스코프 프로브 '1'과 '2'의 GND선은 인덕터 4.7 mH(L2)에 각각 연결한다.

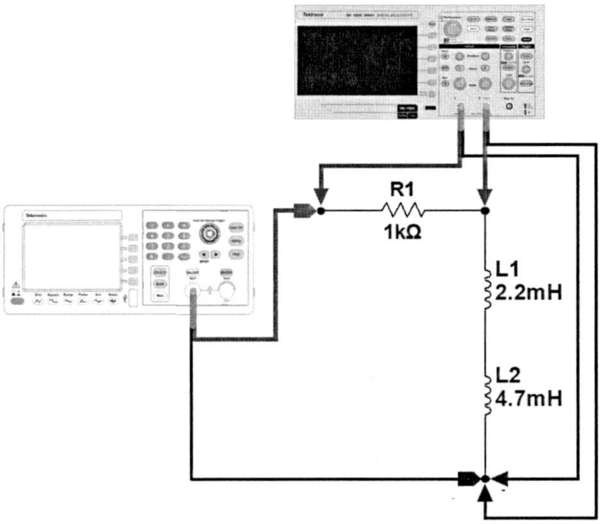

⑲ ②을 참조하여, 함수발생기 교류 입력 신호의 전압과 주파수를 '10.00 Vpp, 10.0 kHz'가 되

게 설정(부하 임피던스는 'High Z'로 설정)한 후, 함수발생기의 채널 1인 'Out1'의 'On/Off' 버튼을 누르면 신호가 출력된다.

⑳ 오실로스코프 왼쪽 위 상단에 전원 On/Off용 버튼을 눌러 'I' 상태(on 상태)가 되게 한다.

오실로스코프 화면의 왼쪽 끝 가운데에 '1 ▶'( )이 나타난다('1 ▶'( )이 나타나지 않으면 오실로스코프 오른쪽 가운데 'Vertical' 아래의 'Menu' 옆 '1' 버튼을 누른다).

'Vertical' 아래쪽에 있는 'Scale' 옆 노브( )를 돌려서, 오실로스코프 화면 아래 왼쪽에 'CH1 2.00V'가 되게 한다.

'Vertical' 옆에 'Horizontal'이 있다. 'Horizontal' 아래쪽에 있는 'Scale' 아래의 노브( )를 돌려서, 수평 스케일 간격(한 눈금 간격)을 '20.0μs'로 변경한다.

- '10장 10.3 시뮬레이션 및 실험 3) 교류 전압 측정 (2) 실험 ⑭'를 참조하여, 'Measure' 기능으로 전압 'Pk-to-Pk'를 수치적으로 표현할 수 있다.

㉑ ⑳을 참조하여, 오실로스코프 프로브 '2'로 측정한 인덕터 2.2 mH에 입력되는 신호 파형의 전압($V_{L1}+V_{L2}$)의 크기를 읽어서 표 12-1에 작성한다.

㉒ 저항 1 kΩ 양단 전압은 오실로스코프 '1'과 '2'의 신호의 차(-)이므로, '11장 11.3 시뮬레이션 및 실험 2) 직렬로 연결된 커패시터들의 등가 커패시턴스 (2) 실험 ㉒'를 참조하여, 오실로스코프를 조정해서 전압의 크기를 읽은 후 표 12-1에 작성한다.

㉓ 오실로스코프 프로브 '1'을 커패시터 2.2 mH(L1)와 4.7 mH(L2)가 연결되어 있는 마디로 이동한 후, 신호 파형의 전압(V_{L2})을 읽어서 표 12-1에 작성한다.

㉔ 함수발생기의 채널 1인 'Out1'의 'On/Off' 버튼을 눌러서 신호를 차단한다.

오실로스코프 왼쪽 위 상단에 전원 On/Off용 버튼을 눌러 'O 상태(off 상태)가 되게 한다.

㉕ ⑱을 참조하여, 저항 1 kΩ, 인덕터 2.2 mH, 4.7 mH, 10 mH가 직렬로 연결된 RL 직렬 회로를 구성한다.

⑲ ~ ㉔를 참조하여, 저항 1 kΩ의 양단 전압과 직렬 인덕터들의 합성 전압 및 회로에 흐르는 전류를 구하여 표 12-2에 작성한다.

전체 유도성 리액턴스 X_L와 직렬 합성 인덕턴스 L_{eq}를 계산해서 표 12-2에 작성한다.

3) 병렬로 연결된 인덕터들의 등가 인덕턴스

아래 회로를 이용하여 시뮬레이션과 실험을 한다.

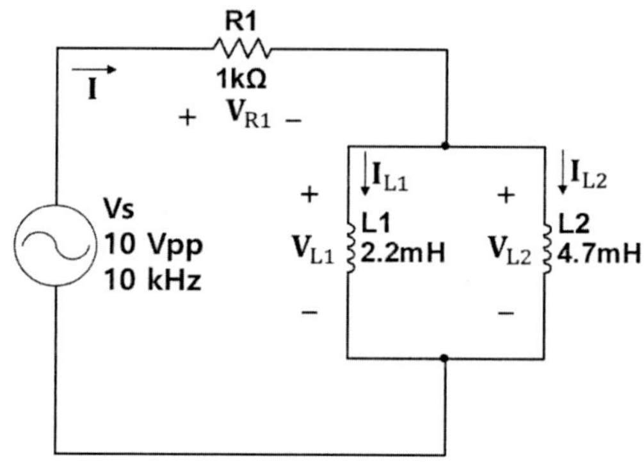

(1) 시뮬레이션

① 멀티심 회로 설계 영역에 'Agilent Function Generator, Agilent Multimeter, 저항 1 kΩ, 인덕터 2.2 mH, 4.7 mH, GROUND'를 이용하여 아래 그림과 같은 회로를 구성한다.

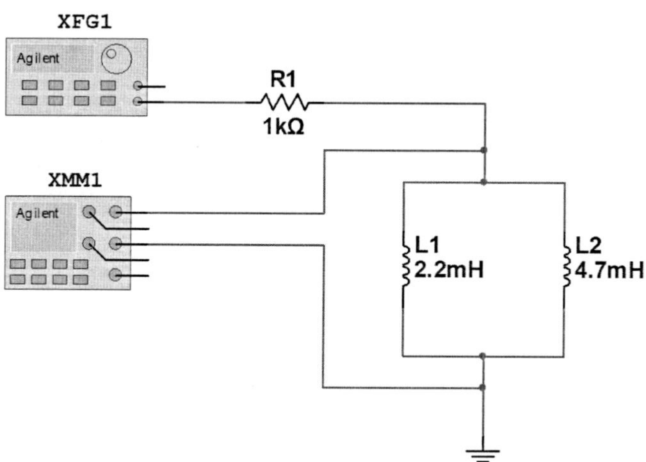

② 2)의 (1)의 ③을 참조하여, Agilent Function Generator 출력 전압이 '10.00 Vpp~, 10.0 kHz~'가 되게 한다.

③ Agilent Multimeter( )를 더블 클릭하면 'Agilent Multimeter–XMM1' 창이 나타난다. 'Power' 버튼을 클릭하고 'AC V(AC V)' 버튼을 선택하면, LCD 화면에 'VAC'가 나타난다.

④ 멀티심 상단의 시뮬레이션 도구 모음에서 ' ▶ '를 선택한다(상단 메뉴에서 'Simulate → ▶ Run'을 선택해도 된다). 측정된 전압값(인덕터 2.2 mH(L1) 양단 전압 V_{L1} 또는 4.7 mH(L2) 양단 전압 V_{L2})을 표 12–3에 작성한다.

⑤ 멀티심 상단의 시뮬레이션 도구 모음에서 ' ■ '를 선택하여(상단 메뉴에서 'Simulate → ■

Stop'을 선택해도 된다) 시뮬레이션을 멈춘 후, Agilent Multimeter를 저항 1 kΩ(R1) 양단에 연결한다. ② ~ ④를 참조하여, 저항 1 kΩ(R1) 양단 전압 V_{R1}을 측정하여 표 12-3에 작성한다.

⑥ RL 회로에 흐르는 전체 전류 I를 측정하기 위하여, Agilent Function Generator와 저항 1 kΩ 사이에 Agilent Multimeter를 아래 회로와 같이 연결한다.

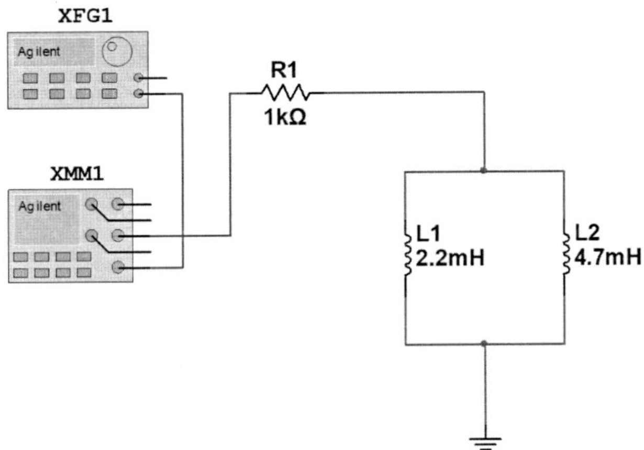

⑦ 2)의 (1)의 ③을 참조하여, Agilent Function Generator 출력 전압이 '10.00 Vpp~, 10.0 kHz~'가 되게 한다.

⑧ Agilent Multimeter()를 더블 클릭한 후, 'Agilent Multimeter-XMM1' 창에서 'Power' 버튼을 클릭한다. 'Shift()' 버튼을 누른 후, 'AC V(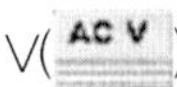)' 버튼을 선택하면, LCD 화면에 'AAC'가 나타난다.

⑨ 멀티심 상단의 시뮬레이션 도구 모음에서 ''를 선택한다(상단 메뉴에서 'Simulate →  Run'을 선택해도 된다). 측정된 RC 회로의 전체 전류 I을 표 12-3에 작성한다.

⑤에서 측정한 저항 1 kΩ 양단 전압 V_{R1}과 저항 1 kΩ을 옴의 법칙 이용하여 계산한 전류 I를 표 12-3에 작성한다.

⑩ ⑥ ~ ⑨를 참조하여, 인덕터 2.2 mH(L1)에 흐르는 전류 I_{L1}과 4.7 mH(L2)에 흐르는 전류 I_{L2}를 측정하여 표 12-3에 작성한다.

⑪ ④에서 측정된 인덕터 2.2 mH(L1) 양단 전압 V_{L1}(또는 4.7 mH(L2) 양단 전압 V_{L2})과 ⑨에서 측정한 전류 I를 옴의 법칙 이용하여 유도성 리액턴스 X_L를 계산해서 표 12-3에 작성한다.

X_L로부터 전체 병렬 합성 인덕턴스 L_{eq}를 계산해서 표 12-3에 작성한다.

- 2개의 인덕터 2.2 mH, 4.7 mH이 병렬로 연결된 전체 인덕턴스는 아래 같이 구할 수 있다.

$$L_{eq} = \frac{1}{\frac{1}{L_1}+\frac{1}{L_2}} = \frac{1}{\frac{1}{2.2\times10^{-3}}+\frac{1}{4.7\times10^{-3}}} \approx 1.498\ \mathrm{mH}$$ 가 된다.

⑫ ①을 참조하여 인덕터 2.2 mH, 4.7 mH, 10 mH이 병렬로 연결되어 있고 여기에 저항 1 kΩ이 직렬로 연결되어 있는 RL 회로를 구성한다.

② ~ ⑪을 참조하여 저항 1 kΩ과 인덕터 2.2 mH에 나타나는 각각의 양단 전압들을 구하여 표 12-4에 작성한다. 또한 회로에 흐르는 전체 전류 및 인덕터 2.2 mH, 4.7 mH, 10 mH에 각각 흐르는 전류들을 구하여 표 12-4에 작성한다.

전체 유도성 리액턴스 X_L와 병렬 합성 인덕턴스 L_{eq}를 계산해서 표 12-4에 작성한다.

- 3개의 인덕터 2.2 mH, 4.7 mH, 10 mH이 병렬로 연결된 전체 인덕턴스는 아래 같이 구할 수 있다.

$$L_{eq} = \frac{1}{\frac{1}{L_1}+\frac{1}{L_2}+\frac{1}{L_3}} = \frac{1}{\frac{1}{2.2\times10^{-3}}+\frac{1}{4.7\times10^{-3}}+\frac{1}{10\times10^{-3}}} \approx 1.303\ \mathrm{mH}$$ 가 된다.

⑬ 멀티심 회로 설계 영역에 'Agilent Function Generator, Tektronix Oscilloscope, 저항 1 kΩ, 인덕터 2.2 mH, 4.7 mH, GROUND'를 이용하여 아래 그림과 같은 회로를 구성한다.

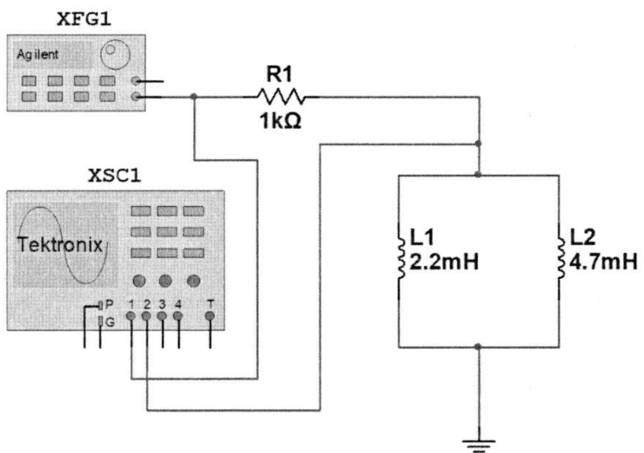

⑭ Tektronix Oscilloscope( )를 더블 클릭하면 'Tektronix Oscilloscope–XSC1' 창이 나타난다. 'Power' 버튼을 클릭하고 'CH 1 MENU(CH1 MENU)' 버튼을 선택한다

'CH 2 MENU(CH2 MENU)' 버튼을 선택한다.

수직축과 수평축을 조절하여, 'CH1 2V', 'CH2 200mV', '20us'가 되게 한다.

⑮ 2)의 (1)의 ③을 참조하여, Agilent Function Generator 출력 전압이 '10.00 Vpp~', '10.0 kHz~'

가 되게 한다.

⑯ 멀티심 상단의 시뮬레이션 도구 모음에서 '▷'를 선택한다(상단 메뉴에서 'Simulate → ▷ Run'을 선택해도 된다).

'CH1' 신호와 'CH2' 신호의 차(-)를 이용하여('2)의 (1)의 ⑮' 참조), 저항 1 kΩ 양단 전압 V_{R1} 크기를 구한다. 이때 오실로스코프 'CH2'의 수직축 눈금 간격은 'CH2 2V'로 변경한 후 측정한다.

신호들의 전압 크기를 수직축 눈금을 읽어서 측정하여 표 12-3에 작성한다.

⑰ ⑬을 참조하여, 인덕터 2.2 mH, 4.7 mH, 10 mH가 병렬로 연결되어 있고 여기에 저항 1 kΩ이 직렬로 연결되어 있는 RL 회로를 구성한다.

⑭ ~ ⑯을 참조하여, Agilent Function Generator와 저항 1 kΩ의 접속 마디, 저항 1 kΩ과 인덕터 2.2 mH과 4.7 mH과 10 mH의 접속 마디에서의 각각의 전압들과 저항 1 kΩ 양단 전압을 구하여 표 12-4에 작성한다.

(2) 실험

① 아래 그림과 같이 함수발생기와 디지털 멀티미터를 연결한다. 함수발생기 채널 1의 출력 단자 'Out1'에 악어 클립 케이블의 BNC 커넥터를 연결한다. 함수발생기의 신호선은 저항 1 kΩ(R1)에, 디지털 멀티미터의 'INPUT' 단자의 'HI'는 저항 1 kΩ(R1)과 인덕터 2.2 mH(L1)와 4.7 mH(L2)가 연결되어 있는 마디에, 함수발생기의 GND선과 디지털 멀티미터의 'INPUT' 단자의 'LO'를 반대쪽 인덕터 2.2 mH(L1)와 4.7 mH(L2)가 접속되어 있는 마디에 각각 연결한다.

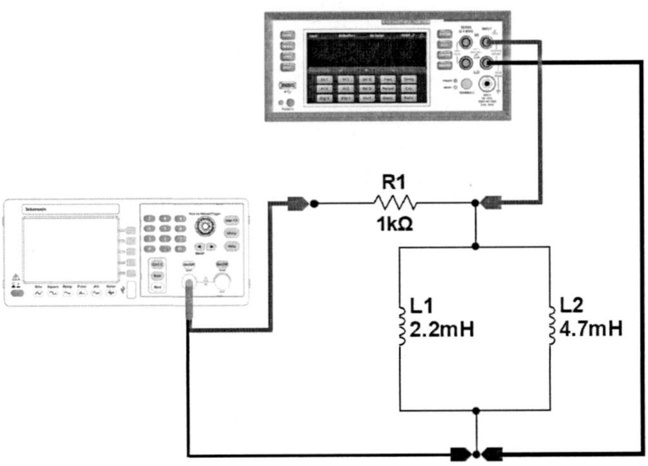

② 2)의 (2)의 ②를 참조하여, 함수발생기 교류 입력 신호의 전압과 주파수를 '10.00 Vpp, 10.0 kHz'가 되게 한다(부하 임피던스는 'High Z'로 설정한다).

③ 디지털 멀티미터의 'POWER' 버튼을 누르면 LCD 화면이 켜진다. 'FUNCTIONS'에서 'ACV

'ACV'를, Range는 'Auto'를 선택한다.

④ 함수발생기의 채널 1인 'Out1'의 'On/Off' 버튼을 누르면 신호가 출력된다.

⑤ 디지털 멀티미터 LCD에 나타나는 전압값(인덕터 2.2 mH(L1) 양단 전압 V_{L1} 또는 4.7 mH(L2) 양단 전압 V_{L2})을 표 12-3에 작성한다.

⑥ 함수발생기의 채널 1인 'Out1'의 'On/Off' 버튼을 눌러서 신호를 차단한다.

⑦ ①에 연결되어 있던 디지털 멀티미터를 저항 1 kΩ(R1) 양단에 연결한다. ② ~ ④를 참조하여, 저항 1 kΩ(R1) 양단 전압 V_{R1}을 측정하여 표 12-3에 작성한다.

⑧ 함수발생기의 채널 1인 'Out1'의 'On/Off' 버튼을 눌러서 신호를 차단한다.

⑨ 디지털 멀티미터의 'POWER' 버튼을 눌러 전원을 차단한다.

⑩ 아래 그림과 같이 함수발생기와 디지털 멀티미터를 연결한다. 함수발생기 채널 1의 출력 단자 'Out1'에 악어 클립 케이블의 BNC 커넥터를 연결한다. 함수발생기의 신호선은 디지털 멀티미터의 'INPUT' 단자의 'AMPS'에, 디지털 멀티미터의 'INPUT' 단자의 'LO'는 저항 1 kΩ(R1)에, 함수발생기의 GND선은 인덕터 2.2 mH(L1)와 4.7 mH(L2)가 접속되어 있는 마디에 각각 연결한다.

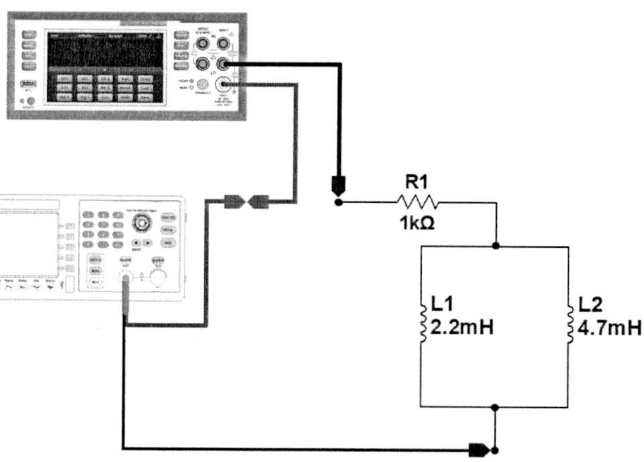

⑪ 2)의 (2)의 ②를 참조하여, 함수발생기 교류 입력 신호의 전압과 주파수를 '10.00 Vpp, 10.0 kHz'가 되게 한다(부하 임피던스는 'High Z'로 설정한다).

⑫ 디지털 멀티미터의 'POWER' 버튼을 누른 후, 'FUNCTIONS'에서 'ACI ACI'를, Range는 'Auto'를 선택한다.

⑬ 함수발생기의 채널 1인 'Out1'의 'On/Off' 버튼을 누르면 신호가 출력된다.

⑭ 디지털 멀티미터 LCD에 나타나는 전류값 I를 표 12-3에 작성한다.

⑦에서 측정한 저항 1 kΩ 양단 전압 V_{R1}과 저항 1 kΩ을 옴의 법칙 이용하여 계산한 전체 전류 I를 표 12-3에 작성한다.

⑮ 함수발생기의 채널 1인 'Out1'의 'On/Off' 버튼을 눌러서 신호를 차단한다.

⑯ ⑤에서 측정된 인덕터 2.2 mH(L1) 양단 전압 V_{L1}(또는 4.7 mH(L2) 양단 전압 V_{L2})과 ⑭에서 측정한 전류 I를 옴의 법칙 이용하여 유도성 리액턴스 X_L를 계산해서 표 12-3에 작성한다.

X_L로부터 전체 병렬 합성 인덕턴스 L_{eq}를 계산해서 표 12-3에 작성한다.

⑰ ①를 참조하여, 인덕터 2.2 mH, 4.7 mH, 10 mH가 병렬로 연결되어 있고 여기에 저항 1 kΩ이 직렬로 연결되어 있는 RL 회로를 구성한다.

② ~ ⑯를 참조하여, 저항 1 kΩ과 인덕터 2.2 mH에 나타나는 각각의 양단 전압들을 구하여 표 12-4에 작성한다. 또한, 회로에 흐르는 전체 전류 및 인덕터 2.2 mH, 4.7 mH, 10 mH에 각각 흐르는 전류들을 구하여 표 12-4에 작성한다.

전체 유도성 리액턴스 X_L과 병렬 합성 인덕턴스 L_{eq}를 계산해서 표 12-4에 작성한다.

⑱ 아래 그림과 같이 함수발생기와 오실로스코프를 연결한다. 함수발생기 채널 1의 출력 단자 'Out1'에 악어 클립 케이블의 BNC 커넥터를 연결하고, 오실로스코프에 2개의 프로브의 BNC 커넥터들을 각각 '1'과 '2'에 연결한다. 함수발생기의 신호선과 오실로스코프 프로브 '1'은 저항 1 kΩ(R1)에, 오실로스코프 프로브 '2'는 저항 1 kΩ과 인덕터 2.2 mH(L1)와 4.7 mH(L2)가 연결되어 있는 마디에, 함수발생기의 GND선과 오실로스코프 프로브 '1'과 '2'의 GND선은 인덕터 2.2 mH(L1)와 4.7 mH(L2)가 접속되어 있는 마디에 각각 연결한다.

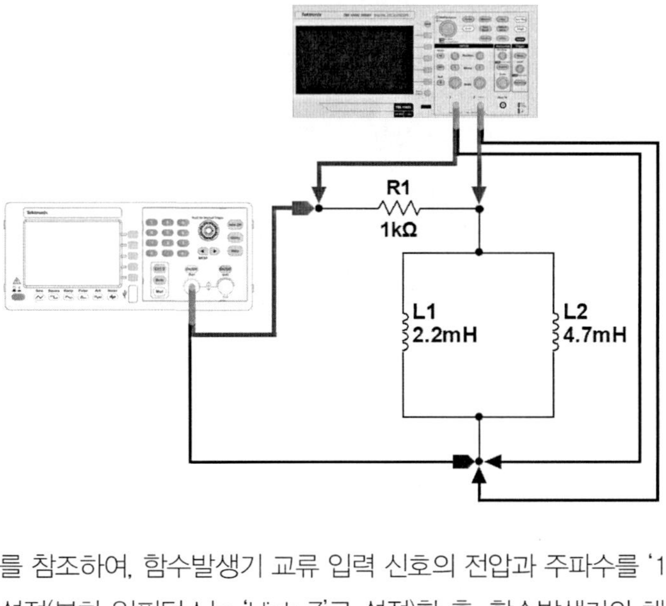

⑲ 2)의 (2)의 ②를 참조하여, 함수발생기 교류 입력 신호의 전압과 주파수를 '10.00 Vpp, 10.0 kHz'가 되게 설정(부하 임피던스는 'High Z'로 설정)한 후, 함수발생기의 채널 1인 'Out1'의

'On/Off' 버튼을 누르면 신호가 출력된다.

⑳ 오실로스코프 왼쪽 위 상단에 전원 On/Off용 버튼을 눌러 'I' 상태(on 상태)가 되게 한다.

2)의 (2)의 ⑳을 참조하여, 오실로스코프 화면의 수직축 한 눈금 간격은 'CH1 2.00V', 'CH2 200mV'에, 수평축 한 눈금 간격은 '20.0μs'가 되게 한다.

인덕터 2.2 mH(L1)에 입력되는 신호 파형의 전압 크기를 수직축 눈금을 읽어서 측정하여 표 12-3에 작성한다.

오실로스코프 '1'과 '2'의 신호의 차(−)를 이용하여, 저항 1 kΩ(R1) 양단 전압 크기를 읽은 후 표 12-3에 작성한다. 이때 오실로스코프 'CH2'의 수직축 눈금 간격은 'CH2 2V'로 변경한 후 측정한다.

㉑ 함수발생기의 채널 1인 'Out1'의 'On/Off' 버튼을 눌러서 신호를 차단한다.

㉒ ⑱을 참조하여, 인덕터 2.2 mH, 4.7 mH, 10 mH이 병렬로 연결되어 있고 여기에 저항 1 kΩ이 직렬로 연결되어 있는 RL 회로를 구성한다.

⑲ ~ ㉑을 참조하여, 저항 1 kΩ과 인덕터 2.2 mH에 나타나는 각각의 양단 전압들을 구하여 표 12-4에 작성한다. 또한, 회로에 흐르는 전체 전류 및 인덕터 2.2 mH, 4.7 mH, 10 mH에 각각 흐르는 전류들을 구하여 표 12-4에 작성한다.

전체 유도성 리액턴스 X_L과 병렬 합성 인덕턴스 L_{eq}를 계산해서 표 12-4에 작성한다.

4) 인덕터와 저항이 직렬로 연결된 RL 직렬 회로의 임피던스와 위상각

아래 회로를 이용하여 시뮬레이션과 실험을 한다.

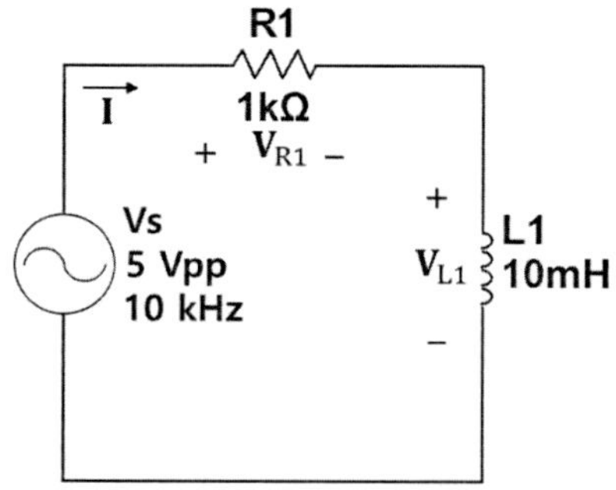

(1) 시뮬레이션

① 멀티심 회로 설계 영역에 'Agilent Function Generator, Agilent Multimeter, 저항 1 kΩ, 인덕터 10 mH, GROUND'를 이용하여 아래 그림과 같은 회로를 구성한다.

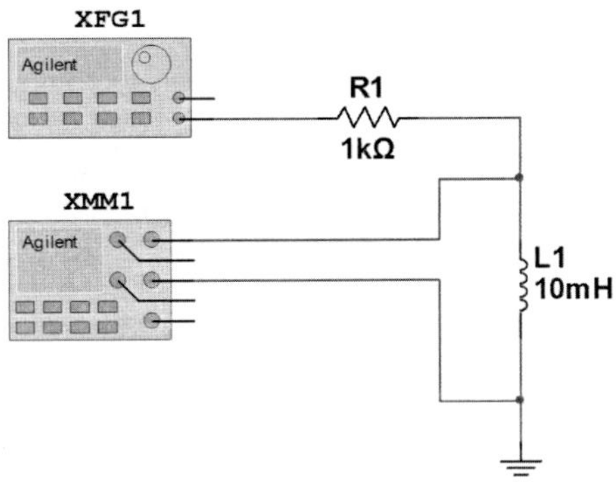

② 2)의 (1)의 ③을 참조하여, Agilent Function Generator 출력 전압이 '5.00 Vpp~, 10.0 kHz~' 가 되게 한다.

③ Agilent Multimeter()를 더블 클릭하면 'Agilent Multimeter–XMM1' 창이 나타난다. 'Power' 버튼을 클릭하고 'AC V(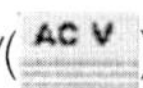)' 버튼을 선택하면, LCD 화면에 'VAC'가 나타난다.

④ 멀티심 상단의 시뮬레이션 도구 모음에서 ''를 선택한다(상단 메뉴에서 'Simulate →  Run'을 선택해도 된다). 측정된 전압값(인덕터 10 mH(L1) 양단 전압 V_{L1})을 표 12–5에 작성한다.

⑤ 멀티심 상단의 시뮬레이션 도구 모음에서 ''를 선택하여(상단 메뉴에서 'Simulate →  Stop'을 선택해도 된다) 시뮬레이션을 멈춘 후, Agilent Multimeter를 저항 1 kΩ(R1) 양단에 연결한다. ② ~ ④를 참조하여, 저항 1 kΩ(R1) 양단 전압 V_{R1}을 측정하여 표 12–5에 작성한다.

⑥ RL 직렬 회로에 흐르는 전류 I를 측정하기 위하여, Agilent Function Generator와 저항 1 kΩ 사이에 Agilent Multimeter를 아래 회로와 같이 연결한다.

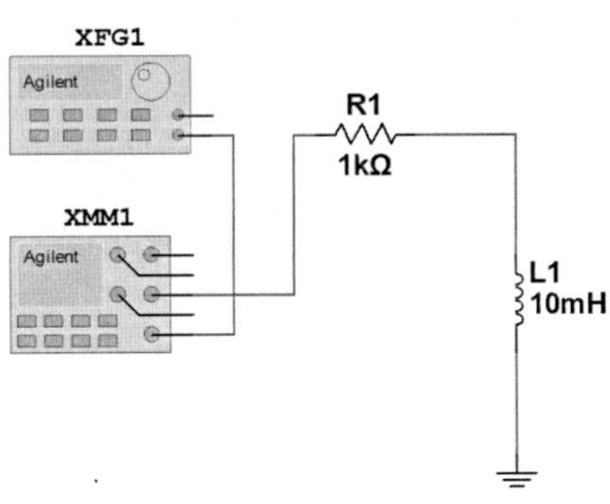

⑦ 2)의 (1)의 ③을 참조하여, Agilent Function Generator 출력 전압이 '5.00 Vpp~, 10.0 kHz~' 가 되게 한다.

⑧ Agilent Multimeter( )를 더블 클릭한 후, 'Agilent Multimeter–XMM1' 창에서 'Power' 버튼을 클릭한다. 'Shift(Shift)' 버튼을 누른 후, 'AC V(AC V)' 버튼을 선택하면, LCD 화면에 'AAC'가 나타난다.

⑨ 멀티심 상단의 시뮬레이션 도구 모음에서 '▷'를 선택한다(상단 메뉴에서 'Simulate → ▷ Run'을 선택해도 된다). 측정된 RC 직렬 회로의 전류 I를 표 12–5에 작성한다.

⑩ ④에서 측정된 인덕터 10 mH(L1) 양단 전압 $\mathrm{V_{L1}}$과 ⑨에서 측정한 전류 I를 옴의 법칙 이용하여 유도성 리액턴스 X_L을 계산해서 표 12–5에 작성한다.

⑤에서 측정된 저항 1 kΩ(R1) 양단 전압 $\mathrm{V_{R1}}$과 ⑨에서 측정한 전류 I를 옴의 법칙 이용하여 저항 R을 계산해서 표 12–5에 작성한다.

저항 R과 리액턴스 X_L을 이용해서 임피던스 Z를 계산해서 표 12–5에 작성한다.

함수발생기 교류 입력 전압 $\mathrm{V_S}$와 전류 I를 이용해서 임피던스 Z를 계산해서 표 12–5에 작성한다.

- 전체 임피던스 크기 Z는 아래와 같이 표현된다.

$$Z = \sqrt{R^2 + X_L^2}$$

⑪ ④에서 측정된 인덕터 10 mH(L1) 양단 전압 $\mathrm{V_{L1}}$과 ⑤에서 측정된 저항 1 kΩ(R1) 양단 전압 $\mathrm{V_{R1}}$을 이용하여 수동소자 전체 전압을 계산해서 표 12–5에 작성한다.

- 수동소자 전체 전압 크기는 인가 전압($\mathrm{V_S}$) 크기와 같으며 아래와 같이 표현된다.

$$\mathrm{V_S} = \sqrt{\mathrm{V_{R1}^2} + \mathrm{V_{L1}^2}}$$

⑫ 멀티심 회로 설계 영역에 'Agilent Function Generator, Tektronix Oscilloscope, 저항 1 kΩ, 인덕터 10 mH, GROUND'를 이용하여 아래 그림과 같은 회로를 구성한다.

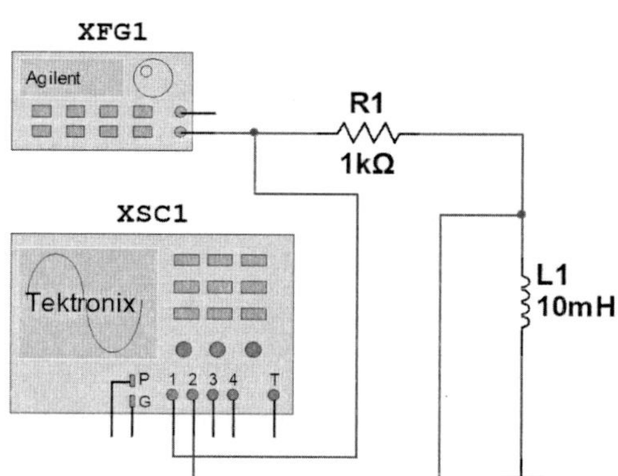

⑬ Tektronix Oscilloscope( )를 더블 클릭하면 'Tektronix Oscilloscope–XSC1' 창이 나타난다. 'Power' 버튼을 클릭하고 'CH 1 MENU(CH1 MENU)' 버튼을 선택한다.

'CH 2 MENU(CH2 MENU)' 버튼을 선택한다.

수직축을 조절하여, 'CH1 1V', 'CH2 500mV'가 되게 한다.

⑭ 2)의 (1)의 ③을 참조하여, Agilent Function Generator 출력 전압이 '5.00 Vpp~', '10.0 kHz~'가 되게 한다.

⑮ 멀티심 상단의 시뮬레이션 도구 모음에서 ' ▶ '를 선택한다(상단 메뉴에서 'Simulate → ▶ Run'을 선택해도 된다).

⑯ 오실로스코프의 오른쪽 끝에 있는 'SEC/DIV' 노브( )를 움직여서, 오실로스코프 화면의 시간(수평축) 한 눈금 간격을 '20us'로 조정하면 아래 왼쪽 그림과 같이 나타난다. 두 신호의 위상차를 측정하기 위하여 시간(수평축) 한 눈금 간격을 '5us'로 다시 조정하면 아래 오른쪽 그림과 같이 나타난다. 수직축의 가운데 위치에서 두 신호의 간격을 수평축 눈금을 읽어서 측정한 후, 각도(°)로 위상차를 계산한다. 측정값과 계산값을 표 12–5에 각각 작성한다.

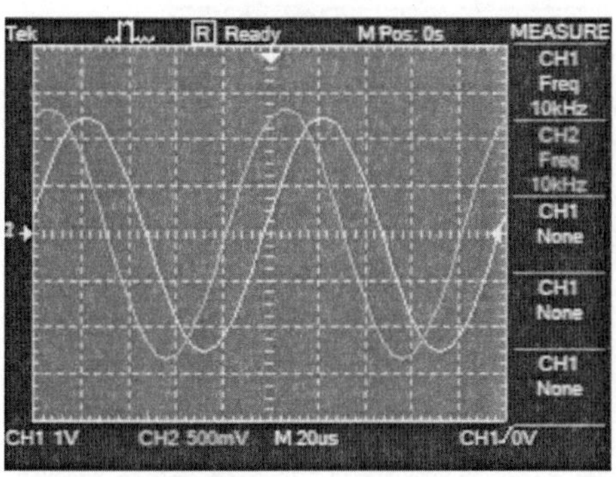

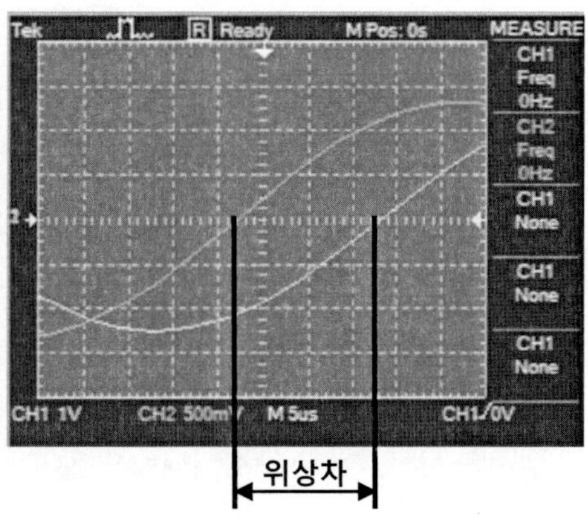

⑰ Agilent Function Generator 출력 전압이 '5.00 Vpp', '5.0 kHz'와 '5.00 Vpp', '15.0 kHz'인 경우에 대하여, ① ~ ⑯을 참조해서 시뮬레이션을 반복한다. 표 12–6에 각각 작성한다.

⑱ Agilent Function Generator 출력 전압이 '10.00 Vpp', '5.0 kHz'와 '10.00 Vpp', '10.0 kHz' 및 '10.00 Vpp', '15.0 kHz'인 경우에 대하여, ① ~ ⑯을 참조해서 시뮬레이션을 반복한다. 표 12–7에 각각 작성한다.

⑲ 인덕터를 '4.7 mH'으로 변경하고 ① ~ ⑯의 실행 순서를 반복한다. Agilent Function Generator 출력 전압은 '5.00 Vpp', '10.0 kHz'이다. 표 12–8에 각각 작성한다.

(2) 실험

① 아래 그림과 같이 함수발생기와 디지털 멀티미터를 연결한다. 함수발생기 채널 1의 출력 단자 'Out1'에 악어 클립 케이블의 BNC 커넥터를 연결한다. 함수발생기의 신호선은 저항 1 kΩ(R1)에, 디지털 멀티미터의 'INPUT' 단자의 'HI'는 저항 1 kΩ(R1)과 인덕터 10 mH(L1)이 연결되어 있는 마디에, 함수발생기의 GND선과 디지털 멀티미터의 'INPUT' 단자의 'LO'를 반대쪽 인덕터 10 mH(L1)에 각각 연결한다.

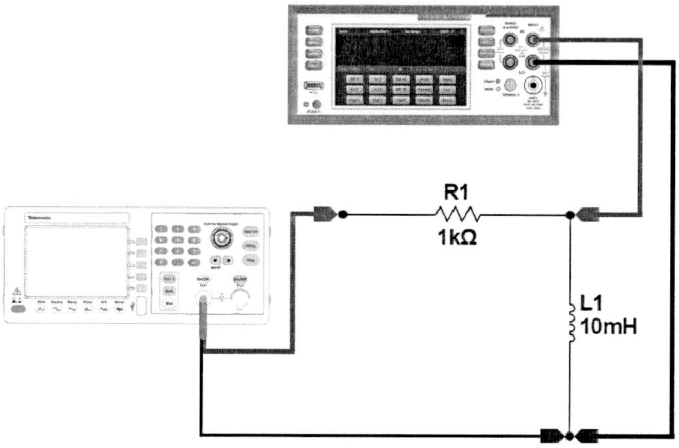

② 2)의 (2)의 ②를 참조하여, 함수발생기 교류 입력 신호의 전압과 주파수를 '5.00 Vpp, 10.0 kHz'가 되게 한다(부하 임피던스는 'High Z'로 설정한다).

③ 디지털 멀티미터의 'POWER' 버튼을 누르면 LCD 화면이 켜진다. 'FUNCTIONS'에서 'ACV ACV '를, Range는 'Auto'를 선택한다.

④ 함수발생기의 채널 1인 'Out1'의 'On/Off' 버튼을 누르면 신호가 출력된다.

⑤ 디지털 멀티미터 LCD에 나타나는 인덕터 10 mH(L1) 양단 전압 V_{L1}을 표 12-5에 작성한다.

⑥ 함수발생기의 채널 1인 'Out1'의 'On/Off' 버튼을 눌러서 신호를 차단한다.

⑦ ①에 연결되어 있던 디지털 멀티미터를 저항 1 kΩ(R1) 양단에 연결한다. ② ~ ④를 참조하여, 저항 1 kΩ(R1) 양단 전압 V_{R1}을 측정하여 표 12-5에 작성한다.

⑧ 함수발생기의 채널 1인 'Out1'의 'On/Off' 버튼을 눌러서 신호를 차단한다.

⑨ 디지털 멀티미터의 'POWER' 버튼을 눌러 전원을 차단한다.

⑩ 아래 그림과 같이 함수발생기와 디지털 멀티미터를 연결한다. 함수발생기 채널 1의 출력 단자 'Out1'에 악어 클립 케이블의 BNC 커넥터를 연결한다. 함수발생기의 신호선은 디지털 멀티미터의 'INPUT' 단자의 'AMPS'에, 디지털 멀티미터의 'INPUT' 단자의 'LO'는 저항 1 kΩ

(R1)에, 함수발생기의 GND선은 인덕터 10 mH(L1)에 연결한다.

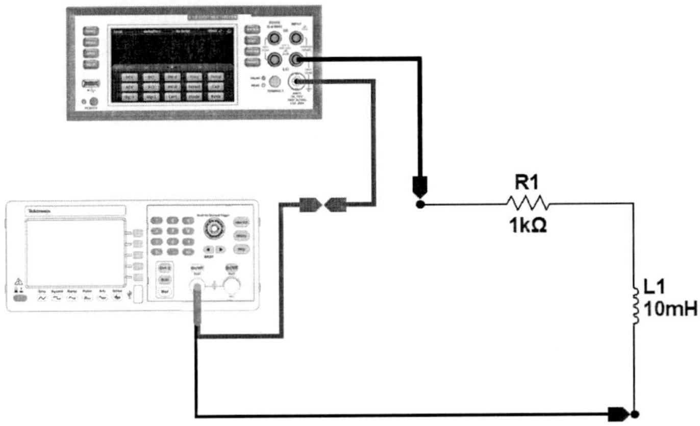

⑪ 2)의 (2)의 ②를 참조하여, 함수발생기 교류 입력 신호의 전압과 주파수를 '5.00 Vpp, 10.0 kHz'가 되게 한다(부하 임피던스는 'High Z'로 설정한다).

⑫ 디지털 멀티미터의 'POWER' 버튼을 누른 후, 'FUNCTIONS'에서 'ACI ACI '를, Range는 'Auto'를 선택한다.

⑬ 함수발생기의 채널 1인 'Out1'의 'On/Off' 버튼을 누르면 신호가 출력된다.

⑭ 디지털 멀티미터 LCD에 나타나는 전류값 I를 표 12-5에 작성한다.

⑮ 함수발생기의 채널 1인 'Out1'의 'On/Off' 버튼을 눌러서 신호를 차단한다.

⑯ ⑤에서 측정한 인덕터 10 mH(L1) 양단 전압 V_{L1}과 ⑭에서 측정한 전류 I를 옴의 법칙 이용하여 유도성 리액턴스 X_L을 계산해서 표 12-5에 작성한다.

⑦에서 측정한 저항 1 kΩ(R1) 양단 전압 V_{R1}과 ⑭에서 측정한 전류 I를 옴의 법칙 이용하여 저항 R을 계산해서 표 12-5에 작성한다.

저항 R과 리액턴스 X_L을 이용해서 임피던스 Z를 계산해서 표 12-5에 작성한다.

⑰ ⑤에서 측정된 인덕터 10 mH(L1) 양단 전압 V_{L1}과 ⑦에서 측정된 저항 1 kΩ(R1) 양단 전압 V_{R1}을 이용하여 수동소자 전체 전압을 계산해서 표 12-5에 작성한다.

⑱ 아래 그림과 같이 함수발생기와 오실로스코프를 연결한다. 함수발생기 채널 1의 출력 단자 'Out1'에 악어 클립 케이블의 BNC 커넥터를 연결하고, 오실로스코프에 2개의 프로브의 BNC 커넥터들을 각각 '1'과 '2'에 연결한다. 함수발생기의 신호선과 오실로스코프 프로브 '1'은 저항 1 kΩ(R1)에, 오실로스코프 프로브 '2'는 저항 1 kΩ과 인덕터 10 mH(L1)이 연결되어 있는 마디에, 함수발생기의 GND선과 오실로스코프 프로브 '1'과 '2'의 GND선은 인덕터 10 mH(L1)에 각각 연결한다.

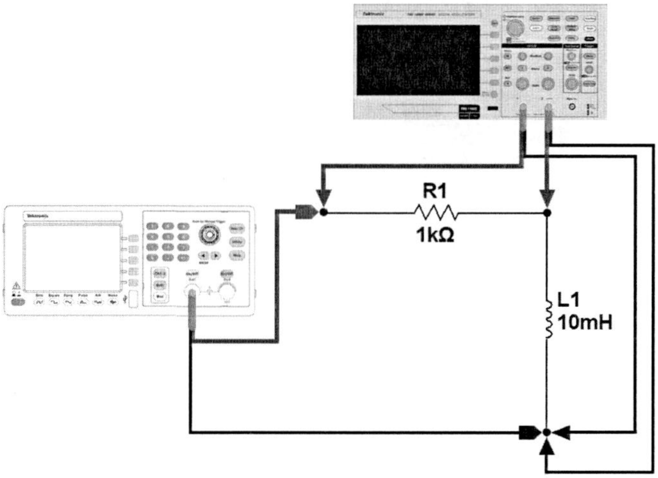

⑲ 2)의 (2)의 ②를 참조하여, 함수발생기 교류 입력 신호의 전압과 주파수를 '5.00 Vpp, 10.0 kHz'가 되게 설정(부하 임피던스는 'High Z'로 설정)한 후, 함수발생기의 채널 1인 'Out1'의 'On/Off' 버튼을 누르면 신호가 출력된다.

⑳ 오실로스코프 왼쪽 위 상단에 전원 On/Off용 버튼을 눌러 'I' 상태(on 상태)가 되게 한다.

2)의 (2)의 ⑳을 참조하여, 오실로스코프 화면의 수직축 한 눈금 간격은 'CH1 1.00V', 'CH2 500mV'에, 수평축 한 눈금 간격은 '20.0μs' 또는 '4.00μs'가 되게 한다.

수직축의 가운데 위치에서 두 신호의 간격을 수평축 눈금을 읽어서 측정한 후, 각도(°)로 위상차를 계산한다. 측정값과 계산값을 표 12-5에 각각 작성한다.

㉑ 함수발생기의 채널 1인 'Out1'의 'On/Off' 버튼을 눌러서 신호를 차단한다.

㉒ 함수발생기 출력 전압이 '5.00 Vpp', '5.0 kHz'와 '5.00 Vpp', '15.0 kHz'인 경우에 대하여, ① ~ ㉑을 참조해서 실험을 반복한다. 표 12-6에 각각 작성한다.

㉓ 함수발생기 출력 전압이 '10.00 Vpp', '5.0 kHz'와 '10.00 Vpp', '10.0 kHz' 및 '10.00 Vpp', '15.0 kHz'인 경우에 대하여, ① ~ ㉑을 참조해서 실험을 반복한다. 표 12-7에 각각 작성한다.

㉔ 인덕터를 '4.7 mH'으로 변경하고 ① ~ ㉑의 실행 순서를 반복한다. 함수발생기 출력 전압은 '5.00 Vpp', '10.0 kHz'이다. 표 12-8에 각각 작성한다.

5) 인덕터와 저항이 병렬로 연결된 RL 병렬회로의 임피던스와 위상각

아래 회로를 이용하여 시뮬레이션과 실험을 한다.

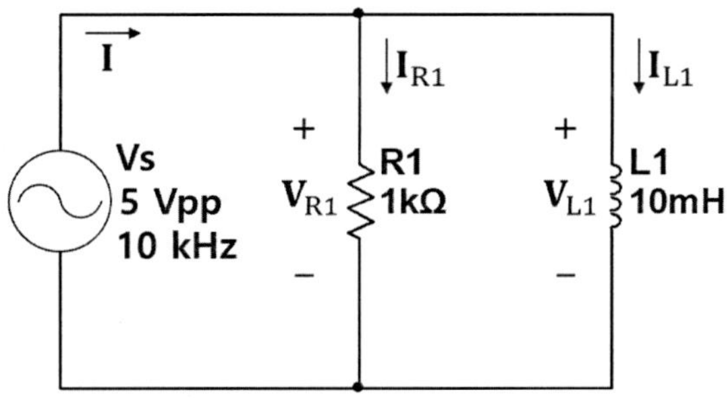

(1) 시뮬레이션

① 멀티심 회로 설계 영역에 'Agilent Function Generator, Agilent Multimeter, 저항 1 kΩ, 인덕터 10 mH, GROUND'를 이용하여 아래 그림과 같은 회로를 구성한다.

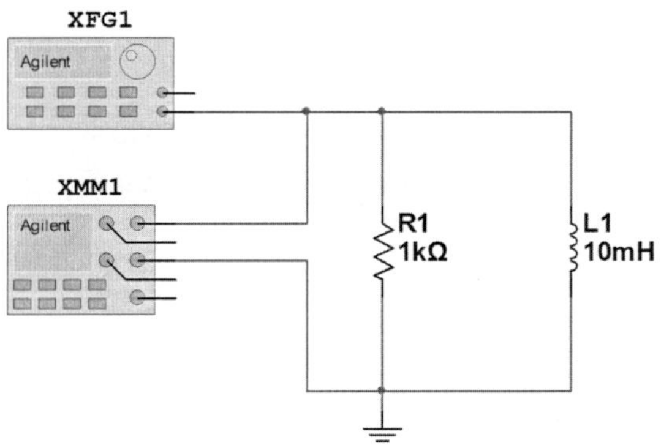

② 2)의 (1)의 ③을 참조하여, Agilent Function Generator 출력 전압이 '5.00 Vpp~, 10.0 kHz~'가 되게 한다.

③ Agilent Multimeter( )를 더블 클릭하면 'Agilent Multimeter–XMM1' 창이 나타난다. 'Power' 버튼을 클릭하고 'AC V(AC V)' 버튼을 선택하면, LCD 화면에 'VAC'가 나타난다.

④ 멀티심 상단의 시뮬레이션 도구 모음에서 ' ▷ '를 선택한다(상단 메뉴에서 'Simulate → ▷ Run'을 선택해도 된다). 측정된 전압값(인덕터 10 mH(L1) 양단 전압 V_{L1} 또는 저항 1 kΩ (R1) 양단 전압 V_{R1})을 표 12–9에 작성한다.

⑤ RL 병렬회로에 흐르는 전체 전류 I를 측정하기 위하여, Agilent Function Generator와 저항 1 kΩ 사이에 Agilent Multimeter를 아래 회로와 같이 연결한다.

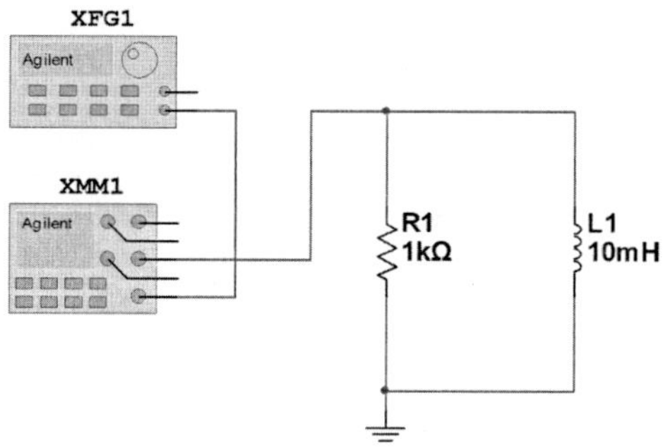

⑥ 2)의 (1)의 ③을 참조하여, Agilent Function Generator 출력 전압이 '5.00 Vpp~, 10.0 kHz~' 가 되게 한다.

⑦ Agilent Multimeter( )를 더블 클릭한 후, 'Agilent Multimeter-XMM1' 창에서 'Power' 버튼을 클릭한다. 'Shift( )' 버튼을 누른 후, 'AC V( )' 버튼을 선택하면, LCD 화면에 'AAC'가 나타난다.

⑧ 멀티심 상단의 시뮬레이션 도구 모음에서 ' '를 선택한다(상단 메뉴에서 'Simulate → Run'을 선택해도 된다). 측정된 병렬 회로의 전체 전류 I를 표 12-9에 작성한다.

⑨ ⑤ ~ ⑧을 참조하여, 저항 1 kΩ(R1)에 흐르는 전류 I_{R1}과 인덕터 10 mH(L1)에 흐르는 전류 I_{L1}을 측정하여 표 12-9에 작성한다.

⑩ ④에서 측정한 인덕터 10 mH(L1) 양단 전압 V_{L1}과 ⑨에서 측정한 인덕터 10 mH(L1)에 흐르는 전류 I_{L1}을 옴의 법칙을 이용하여 유도성 리액턴스 X_L를 계산해서 표 12-7에 작성한다.

④에서 측정된 저항 1 kΩ(R1) 양단 전압 V_{R1}과 ⑨에서 측정한 저항 1 kΩ(R1)에 흐르는 전류 I_{R1}을 옴의 법칙 이용하여 저항 R을 계산해서 표 12-9에 작성한다.

저항 R과 리액턴스 X_L을 이용해서 임피던스 Z를 계산해서 표 12-9에 작성한다.

- 전체 임피던스 크기 Z는 아래와 같이 표현된다.

$$Z = \frac{1}{\sqrt{\left(\frac{1}{R}\right)^2 + \left(\frac{1}{X_L}\right)^2}}$$

⑪ ⑨에서 측정한 저항 1 kΩ(R1)에 흐르는 전류 I_{R1}과 인덕터 10 mH(L1)에 흐르는 전류 I_{L1}을 이용하여 병렬 회로 전체에 흐르는 전류 I를 계산해서 표 12-9에 작성한다.

- 병렬 회로 전체에 흐르는 전류 I의 크기는 ⑧에서 측정한 전류 I와 같으며 아래 식으로 표현된다.

$$I = \sqrt{I_{R1}^2 + I_{L1}^2}$$

⑫ 멀티심 회로 설계 영역에 'Agilent Function Generator, Tektronix Oscilloscope, 저항 1 kΩ, 1 Ω, 인덕터 10 mH, GROUND'를 이용하여 아래 그림과 같은 회로를 구성한다. 오실로스코프를 이용하여 전류를 직접적으로 측정할 수 없으므로(전류 프로브를 연결하여 측정하는 방법이 있음), 저항 1 Ω을 인덕터 10 mH에 직렬로 연결하여 간단하게(회로에 미치는 영향이 미약함으로 가능) 인덕터 10 mH에 흐르는 전류$\left(=\dfrac{\text{전압}}{1\,\Omega}\right)$를 오실로스코프로 측정한다.

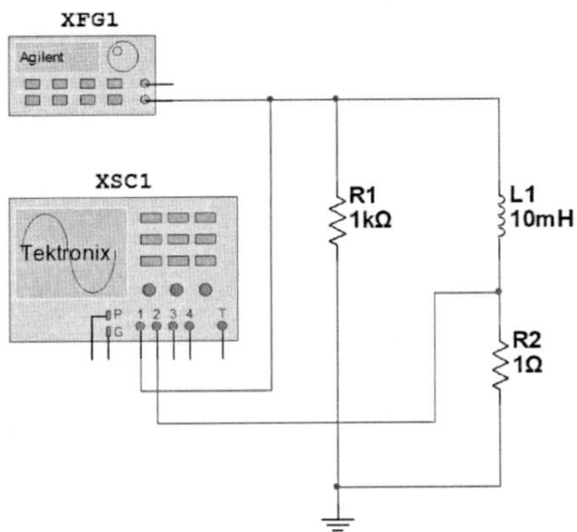

⑬ Tektronix Oscilloscope( )를 더블 클릭하면 'Tektronix Oscilloscope–XSC1' 창이 나타난다. 'Power' 버튼을 클릭하고 'CH 1 MENU( )' 버튼을 선택한다.

'CH 2 MENU( )' 버튼을 선택한다.

⑭ 2)의 (1)의 ③을 참조하여, Agilent Function Generator 출력 전압이 '5.00 Vpp', '10.0 kHz'가 되게 한다.

⑮ 멀티심 상단의 시뮬레이션 도구 모음에서 ' '를 선택한다(상단 메뉴에서 'Simulate → Run'을 선택해도 된다).

⑯ 'CH1', 'CH2' 각각의 커넥터 위의 'VOLTS/DIV' 노브( )를 움직여서 각각의 신호의 전압(수직축) 한 눈금 간격을 'CH1 1V', 'CH2 2mV'로 조정한다.

오실로스코프의 오른쪽 끝에 있는 'SEC/DIV' 노브( )를 움직여서, 오실로스코프 화면의 시간(수평축) 한 눈금 간격을 '20us'로 조정하면 아래 왼쪽 그림과 같이 나타난다. 두 신호의 위상차를 측정하기 위하여 시간(수평축) 한 눈금 간격을 '5us'로 다시 조정하면 아래 오른쪽 그림과 같이 나타난다. 수직축의 가운데 위치에서 두 신호의 간격을 수평축 눈금을 읽어서 측정한 후, 각도(°)로 위상차를 계산한다. 측정값과 계산값을 표 12–9에 각각 작성한다.

'CH1'은 인덕터 10 mH(L1) 양단 전압이고, 'CH2'는 전압 신호이나 옴의 법칙에 의하여 인덕터 10 mH(L1)에 흐르는 전류가 된다.

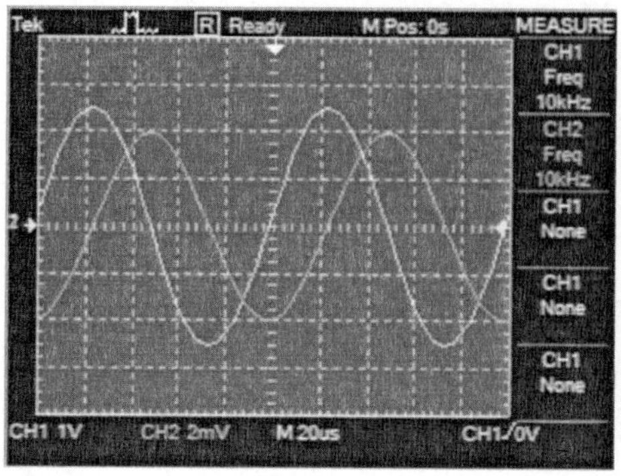

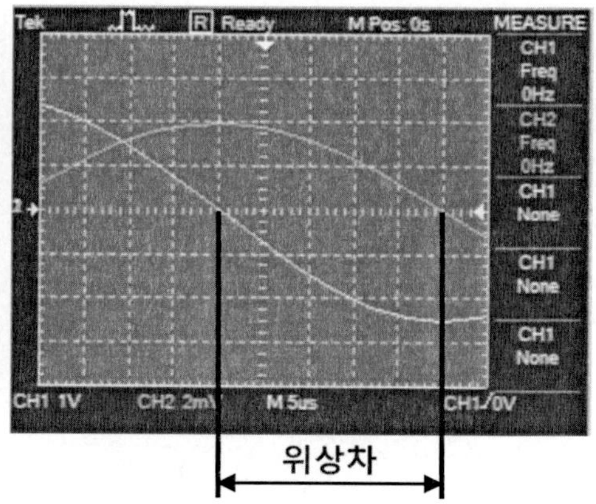

⑰ Agilent Function Generator 출력 전압이 '5.00 Vpp', '5.0 kHz'와 '5.00 Vpp', '15.0 kHz'인 경우에 대하여, ① ~ ⑯을 참조해서 시뮬레이션을 반복한다. 표 12-10에 각각 작성한다.

⑱ Agilent Function Generator 출력 전압이 '10.00 Vpp', '5.0 kHz'와 '10.00 Vpp', '10.0 kHz' 및 '10.00 Vpp', '15.0 kHz'인 경우에 대하여, ① ~ ⑯을 참조해서 시뮬레이션을 반복한다. 표 12-11에 각각 작성한다.

⑲ 인덕터를 '4.7 mH'으로 변경하고 ① ~ ⑯의 실행 순서를 반복한다. Agilent Function Generator 출력 전압은 '5.00 Vpp', '10.0 kHz'이다. 표 12-12에 각각 작성한다.

(2) 실험

① 아래 그림과 같이 함수발생기와 디지털 멀티미터를 연결한다. 함수발생기 채널 1의 출력 단자 'Out1'에 악어 클립 케이블의 BNC 커넥터를 연결한다. 함수발생기의 신호선과 디지털 멀티미터의 'INPUT' 단자의 'HI'는 저항 1 kΩ(R1)과 인덕터 10 mH(L1)이 연결되어 있는 마디에, 함수발생기의 GND선과 디지털 멀티미터의 'INPUT' 단자의 'LO'는 저항 1 kΩ(R1)과 인덕터 10 mH(L1)이 연결되어 있는 반대쪽 마디에 각각 연결한다.

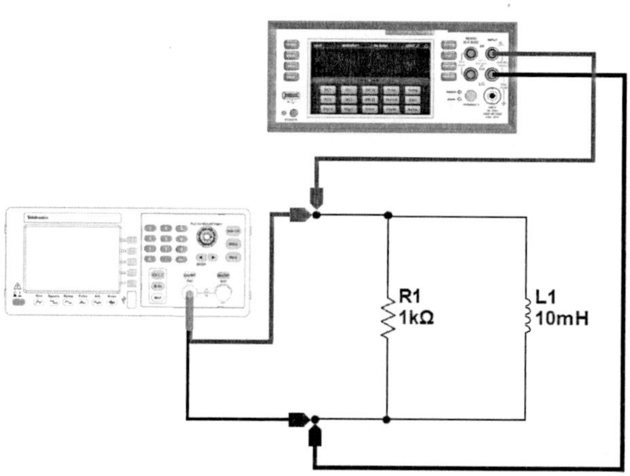

② 2)의 (2)의 ②를 참조하여, 함수발생기 교류 입력 신호의 전압과 주파수를 '5.00 Vpp, 10.0 kHz'가 되게 한다(부하 임피던스는 'High Z'로 설정한다).

③ 디지털 멀티미터의 'POWER' 버튼을 누르면 LCD 화면이 켜진다. 'FUNCTIONS'에서 'ACV ACV'를, Range는 'Auto'를 선택한다.

④ 함수발생기의 채널 1인 'Out1'의 'On/Off' 버튼을 누르면 신호가 출력된다.

⑤ 디지털 멀티미터 LCD에 나타나는 인덕터 10 mH(L1) 양단 전압 V_{L1}(또는 저항 1 kΩ(R1) 양단 전압 V_{R1})을 표 12-9에 작성한다.

⑥ 함수발생기의 채널 1인 'Out1'의 'On/Off' 버튼을 눌러서 신호를 차단한다.

⑦ 디지털 멀티미터의 'POWER' 버튼을 눌러 전원을 차단한다.

⑧ 아래 그림과 같이 함수발생기와 디지털 멀티미터를 연결한다. 함수발생기 채널 1의 출력 단자 'Out1'에 악어 클립 케이블의 BNC 커넥터를 연결한다. 함수발생기의 신호선은 디지털 멀티미터의 'INPUT' 단자의 'AMPS'에, 디지털 멀티미터의 'INPUT' 단자의 'LO'는 저항 1 kΩ(R1)과 인덕터 10 mH(L1)이 연결되어 있는 마디에, 함수발생기의 GND선은 저항 1 kΩ(R1)과 인덕터 10 mH(L1)이 연결되어 있는 반대쪽 마디에 연결한다.

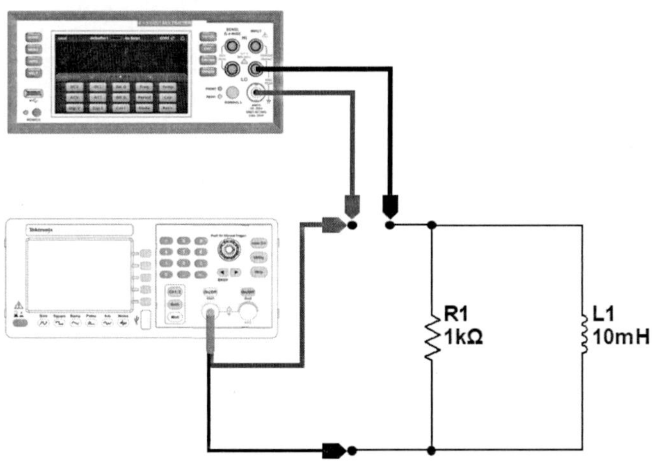

⑨ 2)의 (2)의 ②를 참조하여, 함수발생기 교류 입력 신호의 전압과 주파수를 '5.00 Vpp, 10.0 kHz'가 되게 한다(부하 임피던스는 'High Z'로 설정한다).

⑩ 디지털 멀티미터의 'POWER' 버튼을 누른 후, 'FUNCTIONS'에서 'ACI ACI'를, Range는 'Auto'를 선택한다.

⑪ 함수발생기의 채널 1인 'Out1'의 'On/Off' 버튼을 누르면 신호가 출력된다.

⑫ 디지털 멀티미터 LCD에 나타나는 전류값 I를 표 12-9에 작성한다.

⑬ 함수발생기의 채널 1인 'Out1'의 'On/Off' 버튼을 눌러서 신호를 차단한다.

⑭ ⑧ ~ ⑬을 참조하여, 저항 1 kΩ(R1)에 흐르는 전류 I_{R1}과 인덕터 10 mH(L1)에 흐르는 전류 I_{L1}을 측정하여 표 12-9에 작성한다.

⑮ ⑤에서 측정한 인덕터 10 mH(L1) 양단 전압 V_{L1}과 ⑭에서 측정한 인덕터 10 mH(L1)에 흐르는 전류 I_{L1}을 옴의 법칙 이용하여 유도성 리액턴스 X_L를 계산해서 표 12-9에 작성한다.

⑤에서 측정된 저항 1 kΩ(R1) 양단 전압 V_{R1}과 ⑭에서 측정한 저항 1 kΩ(R1)에 흐르는 전류 I_{R1}을 옴의 법칙 이용하여 저항 R를 계산해서 표 12-9에 작성한다.

저항 R과 리액턴스 X_L를 이용해서 임피던스 Z를 계산해서 표 12-9에 작성한다.

⑯ ⑭에서 측정한 저항 1 kΩ(R1)에 흐르는 전류 I_{R1}과 인덕터 10 mH(L1)에 흐르는 전류 I_{L1}을 이용하여 병렬 회로 전체에 흐르는 전류를 계산해서 표 12-9에 작성한다.

⑰ 아래 그림과 같이 함수발생기와 오실로스코프를 연결한다. 함수발생기 채널 1의 출력 단자 'Out1'에 악어 클립 케이블의 BNC 커넥터를 연결하고, 오실로스코프에 2개의 프로브의 BNC 커넥터들을 각각 '1'과 '2'에 연결한다. 함수발생기의 신호선과 오실로스코프 프로브 '1'은 저항 1 kΩ(R1)과 인덕터 10 mH(L1)이 연결되어 있는 마디에, 오실로스코프 프로브 '2'는 인덕터 10 mH(L1)과 저항 1 Ω(R2)이 연결되어 있는 마디에, 함수발생기의 GND선과 오실로스코프 프로브 '1'과 '2'의 GND선은 저항 1 kΩ(R1)과 저항 1 Ω(R2)이 연결되어 있는 마디에 각각 연결한다.

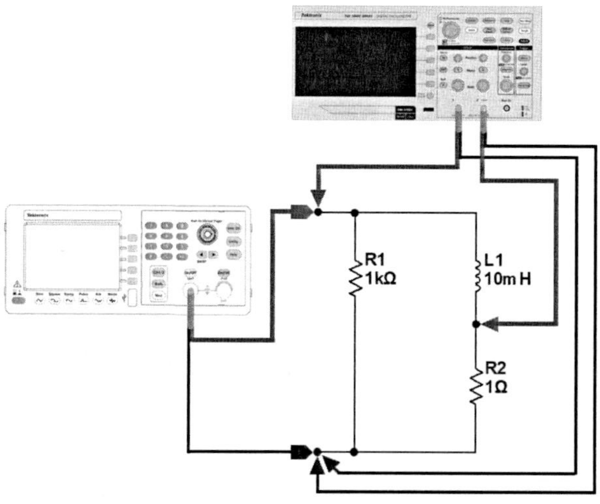

⑱ 2)의 (2)의 ②를 참조하여, 함수발생기 교류 입력 신호의 전압과 주파수를 '5.00 Vpp, 10.0 kHz'가 되게 설정(부하 임피던스는 'High Z'로 설정)한 후, 함수발생기의 채널 1인 'Out1'의 'On/Off' 버튼을 누르면 신호가 출력된다.

⑲ 오실로스코프 왼쪽 위 상단에 전원 On/Off용 버튼을 눌러 'I' 상태(on 상태)가 되게 한다.

2)의 (2)의 ⑳을 참조하여, 오실로스코프 화면의 수직축 한 눈금 간격은 'CH1 1.00V', 'CH2 10.0mV'에, 수평축 한 눈금 간격은 '20.0μs' 또는 '4.00μs'가 되게 한다.

⇒ 'CH2'의 신호가 잘 나타나지 않으면 저항 R2를 '10Ω'으로 변경하여 실험한다(R2를 '10Ω'으로 변경하여도 위상차에는 크게 영향(이론상 약 1°)을 주지 않는다).

수직축의 가운데 위치에서 두 신호의 간격을 수평축 눈금을 읽어서 측정한 후, 각도(°)로 위상차를 계산한다. 측정값과 계산값을 표 12-9에 각각 작성한다.

⑳ 함수발생기의 채널 1인 'Out1'의 'On/Off' 버튼을 눌러서 신호를 차단한다.

㉑ 함수발생기 출력 전압이 '5.00 Vpp', '5.0 kHz'와 '5.00 Vpp', '15.0 kHz'인 경우에 대하여, ① ~ ⑳을 참조해서 실험을 반복한다. 표 12-10에 각각 작성한다.

㉒ 함수발생기 출력 전압이 '10.00 Vpp', '5.0 kHz'와 '10.00 Vpp', '10.0 kHz' 및 '10.00 Vpp', '15.0 kHz'인 경우에 대하여, ① ~ ⑳을 참조해서 실험을 반복한다. 표 12-11에 각각 작성한다.

㉓ 인덕터를 '4.7 mH'으로 변경하고 ① ~ ⑳의 실행 순서를 반복한다. 함수발생기 출력 전압은 '5.00 Vpp', '10.0 kHz'이다. 표 12-12에 각각 작성한다.

6) 실험 결과 및 고찰

학과	학번	학년	이름

(1) 직렬로 연결된 인덕터들의 등가 인덕턴스

① 함수발생기 교류 전압이 10.00 Vpp, 10.0 kHz이고 인덕터가 2개가 직렬일 때, 표 12-1에 시뮬레이션값과 실험 측정값을 입력하고, 전류 I와 X_L 및 L_{eq}의 계산과정과 결과값을 작성한다.

표 12-1

<table>
<tr><th></th><th>V_{R1}</th><th>V_{L1}</th><th>V_{L2}</th><th>$V_{L1}+V_{L2}$</th><th>전류 I</th></tr>
<tr><td>시뮬레이션값
(멀티미터)</td><td>V_{rms}</td><td>V_{rms}</td><td>V_{rms}</td><td>V_{rms}</td><td>A_{rms}</td></tr>
<tr><td>실험 측정값
(멀티미터)</td><td>V_{rms}</td><td>V_{rms}</td><td>V_{rms}</td><td>V_{rms}</td><td>A_{rms}</td></tr>
<tr><td>시뮬레이션값
(오실로스코프)</td><td>Vpp</td><td>Vpp
(계산 또는 측정)</td><td>Vpp</td><td>Vpp</td><td></td></tr>
<tr><td>실험 측정값
(오실로스코프)</td><td>Vpp</td><td>Vpp
(계산 또는 측정)</td><td>Vpp</td><td>Vpp</td><td></td></tr>
<tr><td rowspan="2">옴의 법칙으로
전류 I 계산</td><td colspan="5">시뮬레이션 :</td></tr>
<tr><td colspan="5">실험 :</td></tr>
<tr><td rowspan="2">유도성 리액턴스
X_L 계산</td><td colspan="5">시뮬레이션 :</td></tr>
<tr><td colspan="5">실험 :</td></tr>
<tr><td rowspan="2">직렬 합성
인덕턴스 L_{eq} 계산</td><td colspan="5">시뮬레이션 :</td></tr>
<tr><td colspan="5">실험 :</td></tr>
</table>

② 함수발생기 교류 전압이 10.00 Vpp, 10.0 kHz이고 인덕터가 3개가 직렬일 때, 표 12-2에 시뮬레이션값과 실험 측정값을 입력하고, 전류 I와 X_L 및 L_{eq}의 계산과정과 결과값을 작성한다.

표 12-2

	V_{R1}	V_{L1}	V_{L2}	V_{L3}	$V_{L1}+V_{L2}+V_{L3}$	전류 I
시뮬레이션값 (멀티미터)	V_{rms}	V_{rms}	V_{rms}	V_{rms}	V_{rms}	A_{rms}
실험 측정값 (멀티미터)	V_{rms}	V_{rms}	V_{rms}	V_{rms}	V_{rms}	A_{rms}
시뮬레이션값 (오실로스코프)	Vpp	Vpp (계산 또는 측정)	Vpp (계산 또는 측정)	Vpp	Vpp	
실험 측정값 (오실로스코프)	Vpp	Vpp (계산 또는 측정)	Vpp (계산 또는 측정)	Vpp	Vpp	
옴의 법칙으로 전류 I 계산	시뮬레이션 :					
	실험 :					
유도성 리액턴스 X_L 계산	시뮬레이션 :					
	실험 :					
직렬 합성 인덕턴스 L_{eq} 계산	시뮬레이션 :					
	실험 :					

③ 표 12-1에서, 오실로스코프를 이용하여 저항 양단 전압 V_{R1}, 인덕터 양단 전압 V_{L1}과 V_{L2}를 측정하는 방법에 대하여 설명하시오.

④ 직렬로 연결된 인덕터에서, 각각의 인덕터 양단 전압의 합이 전체 인덕터 전압이 되는 이유를 설명하시오.

⑤ 이론적으로 계산한 직렬 등가 인덕턴스 L_{eq}와 표 12-1와 표 12-2의 실험값을 이용한 L_{eq},에 오차가 발생했다면 이유는 무엇인가요?

⑥ 표 12-1와 표 12-2에서, 오실로스코프로 측정한 전압들로부터 V_{L1}, V_{L2}를 구하는 방법을 수식을 이용하여 설명하시오.

⑦ 표 12-1과 표 12-2로부터, 인덕터가 직렬로 추가되었을 때 RL 직렬 회로에 흐르는 전체 전류 I와 합성 인덕턴스 L_{eq}의 변화에 대하여 설명하시오.

(2) 병렬로 연결된 인덕터들의 등가 인덕턴스

① 함수발생기 교류 전압이 10.00 Vpp, 10.0 kHz이고 인덕터가 2개가 병렬일 때, 표 12-3에 시뮬레이션값과 실험 측정값을 입력하고, 전체 전류 I와 X_L 및 L_{eq}의 계산과정과 결과값을 작성한다.

표 12-3

	V_{R1}	V_{L1}	전체 전류 I	I_{L1}	I_{L2}
시뮬레이션값 (멀티미터)	V_{rms}	V_{rms}	A_{rms}	A_{rms}	A_{rms}
실험 측정값 (멀티미터)	V_{rms}	V_{rms}	A_{rms}	A_{rms}	A_{rms}
시뮬레이션값 (오실로스코프)	Vpp	Vpp			
실험 측정값 (오실로스코프)	Vpp	Vpp			
옴의 법칙으로 전체 전류 I 계산	시뮬레이션 :				
	실험 :				
유도성 리액턴스 X_L 계산	시뮬레이션 :				
	실험 :				
병렬 합성 인덕턴스 L_{eq} 계산	시뮬레이션 :				
	실험 :				

② 함수발생기 교류 전압이 10.00 Vpp, 10.0 kHz이고 인덕터가 3개가 병렬일 때, 표 12-4에 시뮬레이션값과 실험 측정값을 입력하고, 전체 전류 I와 X_L 및 L_{eq}의 계산과정과 결과값을 작성한다.

표 12-4

	V_{R1}	V_{L1}	전체 전류 I	I_{L1}	I_{L2}	I_{L3}
시뮬레이션값 (멀티미터)	V_{rms}	V_{rms}	A_{rms}	A_{rms}	A_{rms}	A_{rms}
실험 측정값 (멀티미터)	V_{rms}	V_{rms}	A_{rms}	A_{rms}	A_{rms}	A_{rms}
시뮬레이션값 (오실로스코프)	Vpp	Vpp				
실험 측정값 (오실로스코프)	Vpp	Vpp				
옴의 법칙으로 전체 전류 I 계산	시뮬레이션 :					
	실험 :					
유도성 리액턴스 X_L 계산	시뮬레이션 :					
	실험 :					
병렬 합성 인덕턴스 L_{eq} 계산	시뮬레이션 :					
	실험 :					

③ 병렬로 연결된 인덕터에서, 각각의 인덕터에 흐르는 전류의 합이 전체 인덕터에 흐른 전류가 되는 이유를 설명하시오.

④ 이론적으로 계산한 병렬 등가 인덕턴스 L_{eq}와 표 12-3과 표 12-4의 실험값을 이용한 L_{eq}에 오차가 발생했다면 이유는 무엇인가요?

⑤ 표 12-3과 표 12-4로부터, 인덕터가 병렬로 추가되었을 때 RL 병렬 회로에 흐르는 전체 전류 I와 합성 인덕턴스 L_{eq}의 변화에 대하여 설명하시오.

(3) 인덕터와 저항이 직렬로 연결된 RL 직렬 회로의 임피던스와 위상각

① RL 직렬 회로에서 함수발생기 교류 전압이 5.00 Vpp, 10.0 kHz일 때, 표 12-5에 시뮬레이션값과 실험 측정값을 입력하고, R, X_L, Z, $\sqrt{V_{R1}^2 + V_{L1}^2}$ 및 V_S와 V_{L1}의 위상차(°) 계산 과정과 결과값을 작성한다.

표 12-5

	V_{R1}	V_{L1}	전류 I	위상차(시간)
시뮬레이션값	V_{rms}	V_{rms}	A_{rms}	μs
실험 측정값	V_{rms}	V_{rms}	A_{rms}	μs
저항 R 계산	시뮬레이션 :			
	실험 :			
유도성 리액턴스 X_L 계산	시뮬레이션 :			
	실험 :			

표 12-5 계속

임피던스 Z 계산	시뮬레이션 :
	실험 :
$\sqrt{V_{R1}^2 + V_{L1}^2}$ 계산	시뮬레이션 :
	실험 :
V_S와 V_{L1} 위상차(°) 계산	시뮬레이션 :
	실험 :

② RL 직렬 회로에서 함수발생기 교류 전압이 5.00 Vpp, 5.0 kHz와 5.00 Vpp, 15.0 kHz일 때, 표 12-6을 작성한다.

표 12-6

	V_{R1}	V_{L1}	전류 I	위상차(시간)
시뮬레이션값 (5.0 kHz)	V_{rms}	V_{rms}	A_{rms}	μs
실험 측정값 (5.0 kHz)	V_{rms}	V_{rms}	A_{rms}	μs
시뮬레이션값 (15.0 kHz)	V_{rms}	V_{rms}	A_{rms}	μs
실험 측정값 (15.0 kHz)	V_{rms}	V_{rms}	A_{rms}	μs
저항 R 계산	시뮬레이션 :			
	실험 :			
유도성 리액턴스 X_L 계산	시뮬레이션 :			
	실험 :			

표 12-6 계속

임피던스 Z 계산	시뮬레이션 :
	실험 :
$\sqrt{V_{R1}^2 + V_{L1}^2}$ 계산	시뮬레이션 :
	실험 :
V_S와 V_{L1} 위상차(°) 계산	시뮬레이션 :
	실험 :

③ RL 직렬 회로에서 함수발생기 교류 전압이 10.00 Vpp, 5.0 kHz와 10.00 Vpp, 10.0 kHz 및 10.00 Vpp, 15.0 kHz일 때, 표 12-7을 작성한다.

표 12-7

	V_{R1}	V_{L1}	전류 I	위상차(시간)
시뮬레이션값 (5.0 kHz)	V_{rms}	V_{rms}	A_{rms}	μs
실험 측정값 (5.0 kHz)	V_{rms}	V_{rms}	A_{rms}	μs
시뮬레이션값 (10.0 kHz)	V_{rms}	V_{rms}	A_{rms}	μs
실험 측정값 (10.0 kHz)	V_{rms}	V_{rms}	A_{rms}	μs
시뮬레이션값 (15.0 kHz)	V_{rms}	V_{rms}	A_{rms}	μs
실험 측정값 (15.0 kHz)	V_{rms}	V_{rms}	A_{rms}	μs
저항 R 계산	시뮬레이션 :			
	실험 :			

표 12-7 계속

유도성 리액턴스 X_L 계산	시뮬레이션 :
	실험 :
임피던스 Z 계산	시뮬레이션 :
	실험 :
$\sqrt{V_{R1}^2 + V_{L1}^2}$ 계산	시뮬레이션 :
	실험 :
V_S와 V_{L1} 위상차(°) 계산	시뮬레이션 :
	실험 :

④ RL 직렬 회로에서 함수발생기 교류 전압이 5.00 Vpp, 10.0 kHz이고 인덕터가 4.7 mH일 때, 표 12-8을 작성한다.

표 12-8

	V_{R1}	V_{L1}	전류 I	위상차(시간)
시뮬레이션값	V_{rms}	V_{rms}	A_{rms}	μs
실험 측정값	V_{rms}	V_{rms}	A_{rms}	μs
저항 R 계산	시뮬레이션 :			
	실험 :			
유도성 리액턴스 X_L 계산	시뮬레이션 :			
	실험 :			

표 12-8 계속

임피던스 Z 계산	시뮬레이션 :
	실험 :
$\sqrt{V_{R1}^2 + V_{L1}^2}$ 계산	시뮬레이션 :
	실험 :
V_S와 V_{L1} 위상차(°) 계산	시뮬레이션 :
	실험 :

⑤ 표 12-5와 표 12-6에서, 주파수 변화에 따른 V_{R1}, V_{L1}, 임피던스 Z와 위상차(°)에 대하여 설명하시오.

⑥ 표 12-5와 표 12-7에서, 함수발생기 교류 전압이 10 kHz, 5.00 Vpp와 10 kHz, 10.00 Vpp 일 때 전압의 변화에 따른 V_{R1}, V_{L1}, 임피던스 Z와 위상차(°)에 대하여 설명하시오.

⑦ 표 12-5와 표 12-8에서, 인덕터가 10 mH에서 4.7 mH로의 변화에 따른 V_{R1}, V_{L1}, 임피던스 Z와 위상차(°)에 대하여 설명하시오.

(4) 인덕터와 저항이 병렬로 연결된 RL 병렬회로의 임피던스와 위상각

① RL 병렬 회로에서 함수발생기 교류 전압이 5.00 Vpp, 10.0 kHz일 때, 표 12-9에 시뮬레이션값과 실험 측정값을 입력하고, R, X_L, Z, $\sqrt{\mathrm{I}_{\mathrm{R1}}^2+\mathrm{I}_{\mathrm{L1}}^2}$ 및 I_{L1}과 V_{L1}의 위상차(°) 계산과정과 결과값을 작성한다.

표 12-9

	$\mathrm{V}_{\mathrm{L1}}(\mathrm{V}_{\mathrm{R1}})$	전류 I	I_{R1}	I_{L1}	위상차(시간)
시뮬레이션값	$\mathrm{V}_{\mathrm{rms}}$	$\mathrm{A}_{\mathrm{rms}}$	$\mathrm{A}_{\mathrm{rms}}$	$\mathrm{A}_{\mathrm{rms}}$	μs
실험 측정값	$\mathrm{V}_{\mathrm{rms}}$	$\mathrm{A}_{\mathrm{rms}}$	$\mathrm{A}_{\mathrm{rms}}$	$\mathrm{A}_{\mathrm{rms}}$	μs
저항 R 계산	시뮬레이션 :				
	실험 :				
유도성 리액턴스 X_L 계산	시뮬레이션 :				
	실험 :				
임피던스 Z 계산	시뮬레이션 :				
	실험 :				
$\sqrt{\mathrm{I}_{\mathrm{R1}}^2+\mathrm{I}_{\mathrm{L1}}^2}$ 계산	시뮬레이션 :				
	실험 :				
V_{L1}과 I_{L1} 위상차(°) 계산	시뮬레이션 :				
	실험 :				

② RL 병렬 회로에서 함수발생기 교류 전압이 5.00 Vpp, 5.0 kHz와 5.00 Vpp, 15.0 kHz일 때, 표 12-10을 작성한다.

표 12-10

<table>
<tr><th></th><th>$V_{L1}(V_{R1})$</th><th>전류 I</th><th>I_{R1}</th><th>I_{L1}</th><th>위상차(시간)</th></tr>
<tr><td>시뮬레이션값
(5 kHz)</td><td>V_{rms}</td><td>A_{rms}</td><td>A_{rms}</td><td>A_{rms}</td><td>μs</td></tr>
<tr><td>실험 측정값
(5 kHz)</td><td>V_{rms}</td><td>A_{rms}</td><td>A_{rms}</td><td>A_{rms}</td><td>μs</td></tr>
<tr><td>시뮬레이션값
(15 kHz)</td><td>V_{rms}</td><td>A_{rms}</td><td>A_{rms}</td><td>A_{rms}</td><td>μs</td></tr>
<tr><td>실험 측정값
(15 kHz)</td><td>V_{rms}</td><td>A_{rms}</td><td>A_{rms}</td><td>A_{rms}</td><td>μs</td></tr>
<tr><td rowspan="2">저항 R 계산</td><td colspan="5">시뮬레이션 :</td></tr>
<tr><td colspan="5">실험 :</td></tr>
<tr><td rowspan="2">유도성 리액턴스
X_L 계산</td><td colspan="5">시뮬레이션 :</td></tr>
<tr><td colspan="5">실험 :</td></tr>
<tr><td rowspan="2">임피던스 Z 계산</td><td colspan="5">시뮬레이션 :</td></tr>
<tr><td colspan="5">실험 :</td></tr>
<tr><td rowspan="2">$\sqrt{I_{R1}^2 + I_{L1}^2}$ 계산</td><td colspan="5">시뮬레이션 :</td></tr>
<tr><td colspan="5">실험 :</td></tr>
<tr><td rowspan="2">V_{L1}과 I_{L1} 위상차(°)
계산</td><td colspan="5">시뮬레이션 :</td></tr>
<tr><td colspan="5">실험 :</td></tr>
</table>

③ RL 병렬 회로에서 함수발생기 교류 전압이 10.00 Vpp, 5.0 kHz와 10.00 Vpp, 10.0 kHz 및 10.00 Vpp, 15.0 kHz일 때, 표 12-11을 작성한다.

표 12-11

	$V_{L1}(V_{R1})$	전류 I	I_{R1}	I_{L1}	위상차(시간)
시뮬레이션값 (5 kHz)	V_{rms}	A_{rms}	A_{rms}	A_{rms}	μs
실험 측정값 (5 kHz)	V_{rms}	A_{rms}	A_{rms}	A_{rms}	μs
시뮬레이션값 (10 kHz)	V_{rms}	A_{rms}	A_{rms}	A_{rms}	μs
실험 측정값 (10 kHz)	V_{rms}	A_{rms}	A_{rms}	A_{rms}	μs
시뮬레이션값 (15 kHz)	V_{rms}	A_{rms}	A_{rms}	A_{rms}	μs
실험 측정값 (15 kHz)	V_{rms}	A_{rms}	A_{rms}	A_{rms}	μs
저항 R 계산	시뮬레이션 :				
	실험 :				
유도성 리액턴스 X_L 계산	시뮬레이션 :				
	실험 :				
임피던스 Z 계산	시뮬레이션 :				
	실험 :				
$\sqrt{I_{R1}^2 + I_{L1}^2}$ 계산	시뮬레이션 :				
	실험 :				

표 12-11 계속

V_{L1}과 I_{L1} 위상차(°) 계산	시뮬레이션 :
	실험 :

④ RL 병렬 회로에서 함수발생기 교류 전압이 5.00 Vpp, 10.0 kHz이고 인덕터가 4.7 mH일 때, 표 12-12를 작성한다.

표 12-12

	$V_{L1}(V_{R1})$	전류 I	I_{R1}	I_{L1}	위상차(시간)
시뮬레이션값	V_{rms}	A_{rms}	A_{rms}	A_{rms}	μs
실험 측정값	V_{rms}	A_{rms}	A_{rms}	A_{rms}	μs
저항 R 계산	시뮬레이션 :				
	실험 :				
유도성 리액턴스 X_L 계산	시뮬레이션 :				
	실험 :				
임피던스 Z 계산	시뮬레이션 :				
	실험 :				
$\sqrt{I_{R1}^2 + I_{L1}^2}$ 계산	시뮬레이션 :				
	실험 :				
V_{L1}과 I_{L1} 위상차(°) 계산	시뮬레이션 :				
	실험 :				

⑤ 표 12-9와 표 12-10에서, 주파수 변화에 따른 I_{R1}, I_{L1}, 임피던스 Z와 위상차(°)에 대하여 설명하시오.

⑥ 표 12-9와 표 12-11에서, 함수발생기 교류 전압이 10 kHz, 5.00 Vpp와 10 kHz, 10.00 Vpp일 때 전압의 변화에 따른 I_{R1}, I_{L1}, 임피던스 Z와 위상차(°)에 대하여 설명하시오.

⑦ 표 12-9와 표 12-12에서, 인덕터가 10 mH에서 4.7 mH로의 변화에 따른 I_{R1}, I_{L1}, 임피던스 Z와 위상차(°)에 대하여 설명하시오.

13

RLC 직렬 회로

13.1 실험 목적

저항과 인덕터와 커패시터가 직렬로 연결되어 있는 RLC 직렬 회로의 임피던스를 찾고 리액턴스 성분을 통하여 회로가 유도성인지 용량성인지 파악한다. 주파수 대역에 따른 임피던스와 전류의 변화 및 공진주파수에서의 RLC 직렬 회로의 특성을 시뮬레이션과 실험으로 이해한다.

13.2 실험에 적용된 이론

1) RLC 직렬 회로의 임피던스

그림 13-1은 저항과 인덕터와 커패시터가 직렬로 연결되어 있는 RLC 직렬 회로를 나타낸 것이다. 그림 13-1 (a)는 시간 영역에서의 RLC 직렬 회로이며, 그림 13-1 (b)는 그림 13-1 (a) 회로를 주파수 영역으로 변환한 RLC 직렬 회로이다.

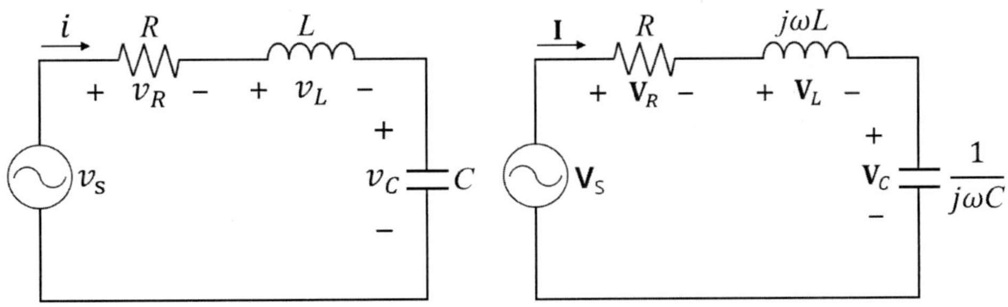

(a) 시간 영역　　　　(b) 주파수 영역

그림 13-1 RLC 직렬 회로

그림 13-1 (b)에서 RLC 직렬 회로의 임피던스 **Z**를 표현하면 아래 수식과 같다.

$$\mathbf{Z} = R + jX_L - jX_C = R + j\left(\omega L - \frac{1}{\omega C}\right) = R + j\left(2\pi f L - \frac{1}{2\pi f C}\right)$$

위의 수식을 극좌표계 형태로 나타내면 아래 수식과 같다.

$$\mathbf{Z} = \sqrt{R^2 + (X_L - X_C)^2} \angle \tan^{-1}\left(\frac{X_L - X_C}{R}\right)$$

위의 수식에서 $X_L = X_C$가 되면, 즉 유도성 리액턴스와 용량성 리액턴스가 서로 같으면, 전체 리액턴스는 영(0)이 되어 RLC 직렬 회로의 임피던스 **Z**는 **Z** = R이 된다. 따라서 RLC 직렬 회로는 저항만의 회로처럼 동작한다. RLC 직렬 회로의 임피던스는 $X_L = X_C$일 때 임피던스 **Z**가 가장 작게 된다.

그림 13-2는 유도성 리액턴스 X_L과 용량성 리액턴스 X_C의 상대적인 크기에 따른 임피던스 **Z**의 위상을 나타낸 것이다. 그림 13-2 (a)는 X_L이 X_C보다 더 크므로 리액턴스 부분이 양(+)의 값을 갖게 되어 임피던스 **Z**의 위상은 저항 R(위상이 없으므로 0°라 가정)을 기준으로 양(+)의 위상을 갖는다. 그림 13-2 (b)는 X_L이 X_C보다 더 작으므로 리액턴스 부분이 음(-)의 값을 갖게 되어 임피던스 **Z**의 위상은 저항 R(위상이 없으므로 0°라 가정)을 기준으로 음(-)의 위상을 갖는다.

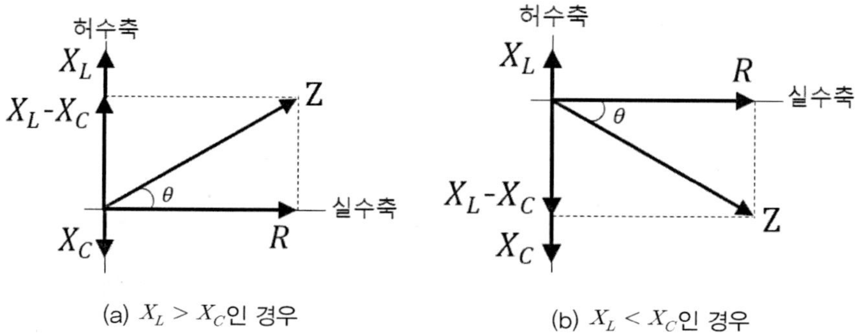

(a) $X_L > X_C$인 경우　　(b) $X_L < X_C$인 경우

그림 13-2 직각 좌표계에서 **Z**, R, X_L, X_C

그림 13-1 (b) 회로에서 키르히호프의 전압 법칙(KVL)을 적용하면 아래 수식과 같다(**I**의 위상각을 0°로 가정).

$$\mathbf{V_S} = \mathbf{V}_R + \mathbf{V}_L + \mathbf{V}_C = R\mathbf{I} + jX_L\mathbf{I} - jX_C\mathbf{I}$$
$$= \sqrt{(R\mathrm{I})^2 + (X_L\mathrm{I} - X_C\mathrm{I})^2} \;\angle \tan^{-1}\left(\frac{X_L\mathrm{I} - X_C\mathrm{I}}{R\mathrm{I}}\right)$$
$$= \left(\sqrt{R^2 + (X_L - X_C)^2}\right)\mathrm{I} \;\angle \tan^{-1}\left(\frac{X_L - X_C}{R}\right)$$

위의 수식에서 $X_L = X_C$가 되면, RLC 직렬 회로는 저항만의 회로로 동작하여 $\mathbf{V_S} = R\mathbf{I}$가 된다. 그림 13-3은 유도성 리액턴스 X_L과 용량성 리액턴스 X_C의 상대적인 크기로 인하여 인덕터 양단 전압 $\mathbf{V}_L$ 과 커패시터 양단 전압 $\mathbf{V}_C$ 의 합이 양(+)인 경우와 음(-)인 경우를 나타낸 것이다. 인덕터 양단 전압 $\mathbf{V}_L$ 은 전류 $\mathbf{I}$ 보다 항상 90° 선행하며, 커패시터 양단 전압 $\mathbf{V}_C$ 는 전류 $\mathbf{I}$ 보다 항상 90° 지연되어 나타난다. 그림 13-3 (a)는 $X_L > X_C$로 인하여 $\mathrm{V}_L > \mathrm{V}_C$($\mathrm{V}_L$은 $\mathbf{V}_L$ 의 크기, V_C는 $\mathbf{V}_C$ 의 크기)이 되므로, 저항과 인덕터와 커패시터의 전체 전압($\mathbf{V_S}$, $\mathbf{V}_R + \mathbf{V}_L + \mathbf{V}_C$)이 RLC 직렬 회로의 전류 $\mathbf{I}$보다 선행되어 나타난다(위상이 앞선다). 그림 13-2 (b)는 $X_L < X_C$로 인하여 $\mathrm{V}_L < \mathrm{V}_C$이 되므로 저항과 인덕터와 커패시터의 전체 전압($\mathbf{V_S}$, $\mathbf{V}_R + \mathbf{V}_L + \mathbf{V}_C$)이 RLC 직렬 회로의 전류 $\mathbf{I}$ 보다 지연되어 나타난다(위상이 늦다).

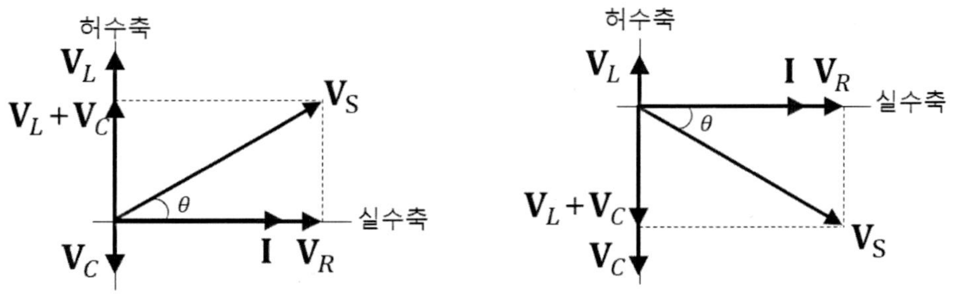

(a) $X_L > X_C$로 인하여 $\mathrm{V}_L > \mathrm{V}_C$인 경우 (b) $X_L < X_C$로 인하여 $\mathrm{V}_L < \mathrm{V}_C$인 경우

그림 13-3 RLC 직렬 회로의 $\mathbf{V}_R$, $\mathbf{V}_L$, $\mathbf{V}_C$, $\mathbf{I}$

2) RLC 직렬 회로의 전류와 주파수

(1) RLC 직렬 회로 전류와 주파수 상관 관계

그림 13-1과 같은 RLC 직렬 회로에서 전류 $\mathbf{I}$는 임피던스 $\mathbf{Z}$에 대한 교류 입력 전압 $\mathbf{V_S}$로 아래 수식과 같다.

$$\mathbf{I} = \frac{\mathbf{V_S}}{\mathbf{Z}} = \frac{\mathbf{V_S}}{R + jX_L - jX_C} = \frac{\mathbf{V_S}}{R + j(X_L - X_C)} = \frac{\mathbf{V_S}}{R + j\left(2\pi fL - \frac{1}{2\pi fC}\right)}$$

유도성 리액턴스 X_L과 용량성 리액턴스 X_C는 주파수 f에 따라 변화한다. $X_L = X_C$일 때의 주파수 f를 f_o라 하면, 주파수 f가 $f < f_o$일 때에는 임피던스의 리액턴스는 $X_L < X_C$이 되어 용량성 리액턴스로 동작하고 $f > f_o$일 때에는 임피던스의 리액턴스는 $X_L > X_C$이 되어 유도성 리액턴스로 동작한다.

전류 **I**는 주파수 f가 $0 \sim f_o \sim \infty$로 변할 때, 점점 증가하다가 f_o에서 최대 전류($\frac{\mathbf{V_S}}{R}$)가 된 후 감소한다. 그림 13-4는 RLC 직렬 회로에서, 주파수 변화에 따른 임피던스 크기 Z와 전류 크기 I의 변화를 나타낸 것으로, 임피던스의 크기(Z)가 최소일 때 전류의 크기(I)는 최대가 된다.

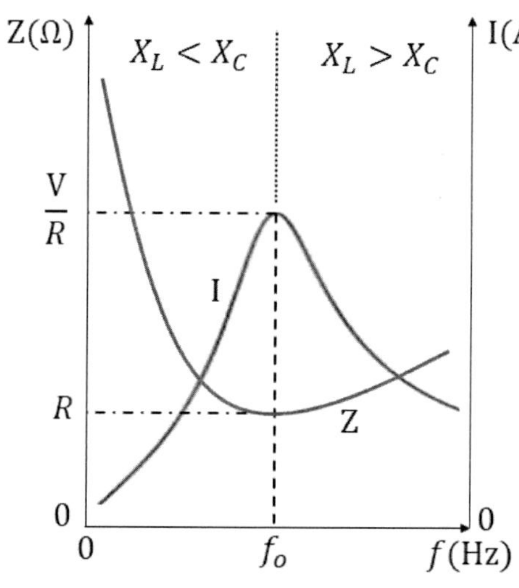

그림 13-4 주파수 변화에 따른 **Z**, **I** 특성

RLC 직렬 회로에서는 주파수가 증가하면서, 용량성 회로에서 유도성 회로로 변하고 위상은 전류가 교류 입력 전압보다 선행하다가 주파수가 높아지면서 지연된다. 또한, 피던스 크기는 저항값과 같아질 때까지 감소하다가 다시 증가하며, 전류의 크기는 임피던스 크기가 저항값과 같아질 때까지 증가하다가 감소한다.

(2) RLC 직렬 회로의 공진 주파수(resonant frequency)

그림 13-1의 RLC 직렬 회로에서 유도성 리액턴스 X_L과 용량성 리액턴스 X_C가 $X_L = X_C$일

때를 공진 상태라 하며, 이때 X_L과 X_C는 상쇄되어 회로의 임피던스 **Z**는 저항만 존재하는 회로처럼 동작한다. 공진 상태에서의 주파수를 공진 주파수 f_o라고 하면, 아래 수식과 같이 구할 수 있다.

$$X_L = X_C \Rightarrow 2\pi f_o L = \frac{1}{2\pi f_o C} \Rightarrow f_o = \frac{1}{2\pi\sqrt{LC}}$$

공진 상태에서 RLC 직렬 회로의 임피던스 **Z**는 최소인 저항 R이 되고 전류 **I**는 최대인 $\mathbf{I} = \frac{\mathbf{V_S}}{Z} = \frac{\mathbf{V_S}}{R}$ 가 된다.

13.3 시뮬레이션 및 실험

1) 사용 장비 및 부품

멀티심(multisim) 시뮬레이터

함수발생기 : 1대

디지털 멀티미터 : 1대

오실로스코프 : 1대

브레드 보드 : 1대

저항 : 1 Ω, 10 Ω, 1 kΩ

인덕터 : 22 mH, 10 mH

커패시터 : 47 nF, 100 nF

2) RLC 직렬 회로의 임피던스

아래 회로를 이용하여 시뮬레이션과 실험을 한다.

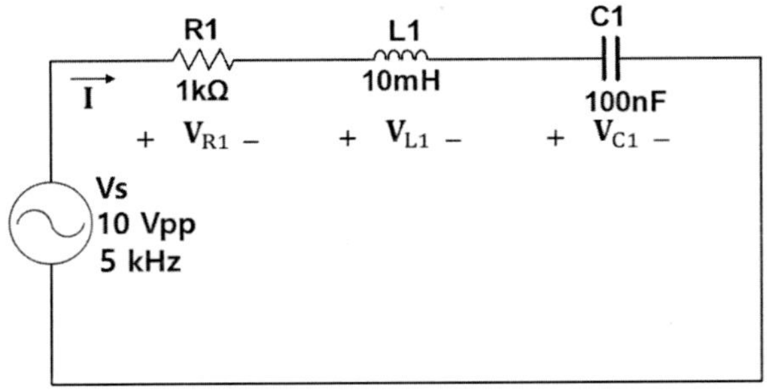

(1) 시뮬레이션

① 멀티심 회로 설계 영역에 'Agilent Function Generator, Agilent Multimeter, 저항 1 kΩ, 인덕터 10 mH, 커패시터 100 nF, GROUND'를 이용하여 아래 그림과 같은 회로를 구성한다.

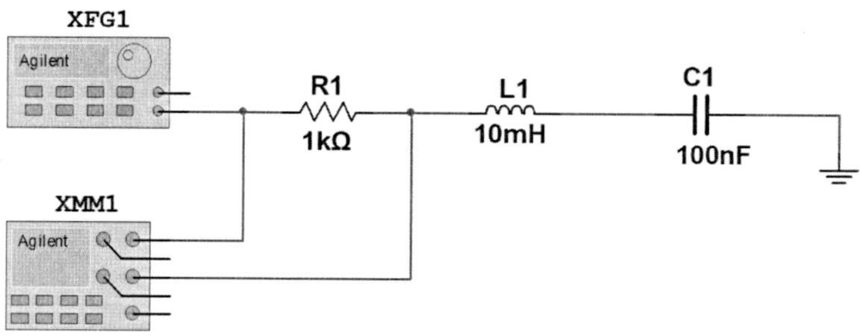

② Agilent Function Generator( )를 더블 클릭하면 'Agilent Function Generator– XFG1' 창이 나타난다.

'Power' 버튼을 클릭한 후, 정현파 신호인 ' ' 버튼을 선택하고 'Ampl'을 클릭한 후 노브( )를 돌려서 LCD 화면에 '10.00 Vpp~'가 나타나게 한다. 'Freq' 버튼을 선택하고 노브를 돌려서 LCD 화면에 '5.0 kHz~'가 나타나게 한다.

③ Agilent Multimeter( )를 더블 클릭하면 'Agilent Multimeter–XMM1' 창이 나타난다. 'Power' 버튼을 클릭하고 'AC V(AC V)' 버튼을 선택하면, LCD 화면에 'VAC'가 나타난다.

④ 멀티심 상단의 시뮬레이션 도구 모음에서 '▷'를 선택한다(상단 메뉴에서 'Simulate → ▷ Run'을 선택해도 된다). 측정된 전압값(저항 1 kΩ(R1) 양단 전압 V_{R1})을 표 13–1에 작성한다.

⑤ 멀티심 상단의 시뮬레이션 도구 모음에서 '■'를 선택하여(상단 메뉴에서 'Simulate → ■ Stop'을 선택해도 된다) 시뮬레이션을 멈춘 후, Agilent Multimeter를 인덕터 10 mH(L1) 양단에 연결한다. ② ~ ④를 참조하여, 인덕터 10 mH(L1) 양단 전압 V_{L1}을 측정하여 표 13–1에 작성한다.

동일하게, 커패시터 100 nF(C1) 양단 전압 V_{C1}을 측정하여 표 13–1에 작성한다.

⑥ 멀티심 상단의 시뮬레이션 도구 모음에서 '■'를 선택하여(상단 메뉴에서 'Simulate → ■ Stop'을 선택해도 된다) 시뮬레이션을 멈춘 후, Agilent Multimeter를 아래 그림과 같이 인덕터 10 mH(L1) 양단 전압 V_{L1}과 커패시터 100 nF(C1) 양단 전압 V_{C1}의 합성 전압 $V_{L1} - V_{C1}$을 측정하여 표 13–1에 작성한다.

- 인덕터와 커패시터의 양단 전압은 180° 위상차를 갖고 있어 합성 전압은 차(–)로 나타난다.

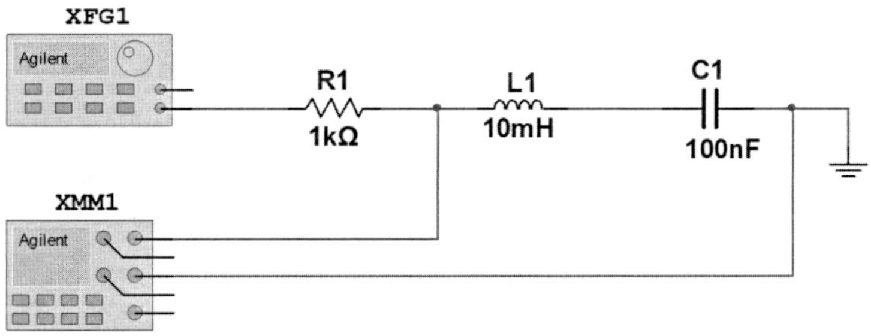

⑦ RLC 직렬 회로에 흐르는 전류를 측정하기 위하여, Agilent Function Generator와 저항 1 kΩ 사이에 Agilent Multimeter를 아래 회로와 같이 연결한다.

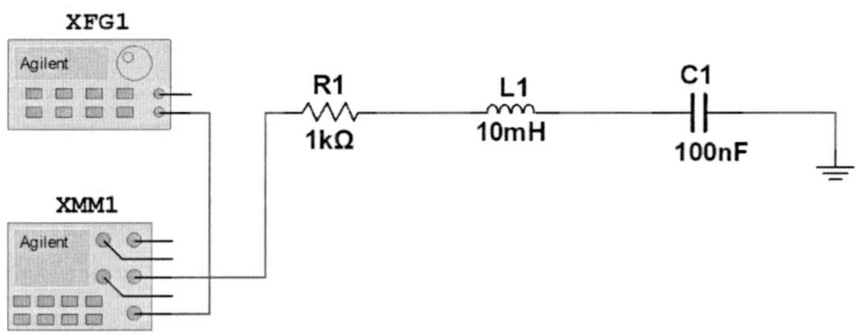

⑧ ②를 참조하여 교류 입력 신호의 전압과 주파수를 '10.00 Vpp~, 5.0 kHz~'가 되게 한다.

⑨ Agilent Multimeter( )를 더블 클릭한 후, 'Agilent Multimeter–XMM1' 창에서 'Power' 버튼을 클릭한다. 'Shift(Shift)' 버튼을 누른 후, 'AC V(AC V)' 버튼을 선택하면, LCD 화면에 'AAC'가 나타난다.

⑩ 멀티심 상단의 시뮬레이션 도구 모음에서 ' ▷ '를 선택한다(상단 메뉴에서 'Simulate → ▷ Run'을 선택해도 된다). 측정된 RLC 직렬 회로의 전류 I를 표 13–1에 작성한다.

④에서 측정한 저항 1 kΩ 양단 전압 V_{R1}과 저항 1 kΩ을 옴의 법칙 이용하여 계산하여 전류 I를 표 13–1에 작성한다.

⑪ ⑤에서 측정된 인덕터 10 mH(L1) 양단 전압 V_{L1}과 ⑩에서 측정한 전류 I를 옴의 법칙 이용하여 유도성 리액턴스 X_L를 계산해서 표 13–1에 작성한다.

⑤에서 측정된 커패시터 100 nF(C1) 양단 전압 V_{C1}과 ⑩에서 측정한 전류 I를 옴의 법칙 이용하여 용량성 리액턴스 X_C를 계산해서 표 13–1에 작성한다.

⑥에서 측정된 인덕터 10 mH(L1) 양단 전압 V_{L1}과 커패시터 100 nF(C1) 양단 전압 V_{C1}의 합성 전압 $V_{L1} - V_{C1}$과 ⑩에서 측정한 전류 I를 옴의 법칙 이용하여 리액턴스 $X(= X_L - X_C)$를 계산해서 표 13–1에 작성한다.

- 인덕터 10 mH와 커패시터 100 nF에 의한 리액턴스들은 아래와 같이 각각 구할 수 있다.

$X_L = 2\times\pi\times f\times L = 2\times\pi\times 5000\times 0.01 \approx 314\ \Omega$ 이 된다.

$X_C = \dfrac{1}{2\times\pi\times f\times C} = \dfrac{1}{2\times\pi\times 5000\times 100\times 10^{-9}} \approx 318\ \Omega$ 이 된다.

⑫ 저항 1 kΩ(R1)을 Agilent Multimeter로 저항값 R을 측정한다. 측정한 저항값과 ⑪에서 계산한 리액턴스를 이용하여 RLC 직렬 회로의 임피던스 $Z(=\sqrt{R^2+(X_L-X_C)^2})$를 계산한 후 표 13–1에 작성한다.

저항 1 kΩ 양단 전압 V_{R1}과 인덕터 10 mH(L1) 양단 전압 V_{L1} 및 커패시터 100 nF(C1) 양단 전압 V_{C1}를 이용하여 교류 입력 신호 $V_S\left(=\sqrt{V_{R1}^2+(V_{L1}-V_{C1})^2}\right)$를 계산하여 표 13–1에 작성한다.

⑬ 멀티심 회로 설계 영역에 'Agilent Function Generator, Tektronix Oscilloscope, 저항 1 kΩ, 인덕터 10 mH, 커패시터 100 nF, GROUND'를 이용하여 아래 그림과 같은 회로를 구성한다.

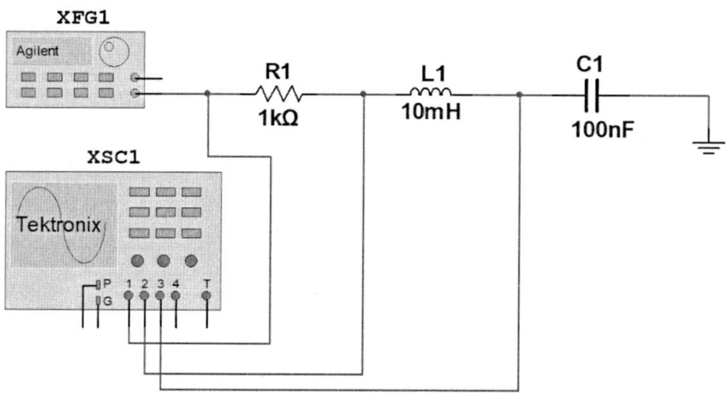

⑭ Tektronix Oscilloscope( )를 더블 클릭하면 'Tektronix Oscilloscope–XSC1' 창이 나타난다. 'Power' 버튼을 클릭하고 'CH 1 MENU( )' 버튼을 선택한다.

'CH 2 MENU( )' 버튼을 선택한 후, 'CH 3 MENU( )' 버튼을 선택한다.

'CH1', 'CH2', 'CH3' 각각의 커넥터 위의 'VOLTS/DIV' 노브( )를 움직여서 각각의 신호의 전압(수직축) 한 눈금 간격을 각각 'CH1 2V', 'CH2 2mV', 'CH3 2V'로 조정한다.

오실로스코프 화면의 시간(수평축) 한 눈금 간격은 오른쪽 끝에 있는 'SEC/DIV' 노브( )를 움직여서 '50us'로 조정한다.

⑮ ②를 참조하여, Agilent Function Generator 출력 전압이 '10.00 Vpp', '5.0 kHz'가 되게 한다.

⑯ 멀티심 상단의 시뮬레이션 도구 모음에서 '▷'를 선택한다(상단 메뉴에서 'Simulate → ▷ Run'을 선택해도 된다). 측정된 신호들(V_S, $V_{L1} - V_{C1}$, V_{C1})의 전압 크기를 수직축 눈금을 읽어서 측정하여 표 13-1에 작성한다.

- 전압은 수직축 눈금을 읽어서 측정하거나, '10장 10.3 시뮬레이션 및 실험 3) 교류 전압 측정 (1) 시뮬레이션 ⑩'을 참조하여 'MEASURE' 기능을 이용해서 전압 'Pk-Pk'를 측정한다.
- 아래 그림과 같이 오실로스코프 화면에 신호 파형이 나타난다.

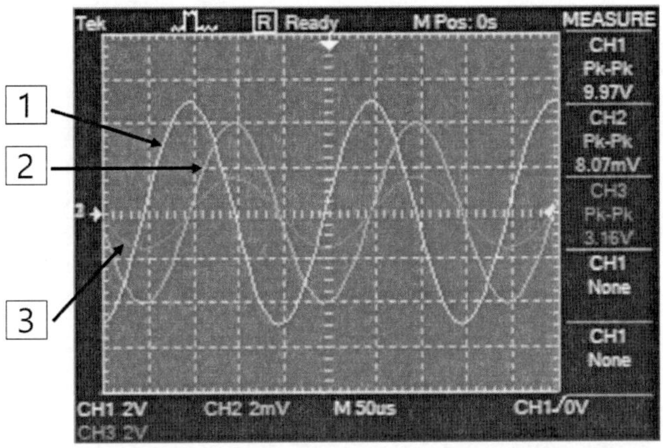

[1]은 'CH1' 신호(V_S), [2]는 'CH2' 신호($V_{L1} - V_{C1}$), [3]은 'CH3' 신호(V_{C1})를 각각 나타낸다. 각각의 신호는 GROUND를 기준으로 한 전압이다.

⑰ 함수발생기 교류 입력 신호 V_S와 인덕터 10 mH(L1)와 커패시터 100 nF(C1)의 양단 전압 $V_{L1} - V_{C1}$를 이용하여 저항 1 kΩ 양단 전압 $V_{R1}\left(= \sqrt{V_S^2 - (V_{L1} - V_{C1})^2}\right)$를 계산하여 표 13-1에 작성한다.

⑱ ①를 참조하여, 저항 1 kΩ, 인덕터 22 mH, 커패시터 100 nF이 직렬로 연결된 RLC 직렬 회로를 구성한다.

② ~ ⑰을 참조하여 시뮬레이션한 후, 측정한 값들과 계산한 값들을 표 13-2에 작성한다.

⑲ ①를 참조하여, 저항 1 kΩ, 인덕터 10 mH, 커패시터 47 nF이 직렬로 연결된 RLC 직렬 회로를 구성한다.

② ~ ⑰을 참조하여 시뮬레이션한 후, 측정한 값들과 계산한 값들을 표 13-3에 작성한다.

(2) 실험

① 아래 그림과 같이 함수발생기와 디지털 멀티미터를 연결한다. 함수발생기 채널 1의 출력 단자 'Out1'에 악어 클립 케이블의 BNC 커넥터를 연결한다. 함수발생기의 신호선과 디지털 멀

티미터의 'INPUT' 단자의 'HI'는 저항 1 kΩ(R1)에, 디지털 멀티미터의 'INPUT' 단자의 'LO'는 저항 1 kΩ(R1)과 인덕터 10 mH(L1)이 접속되어 있는 마디에, 함수발생기의 GND선은 커패시터 100 nF(C1)에 각각 연결한다.

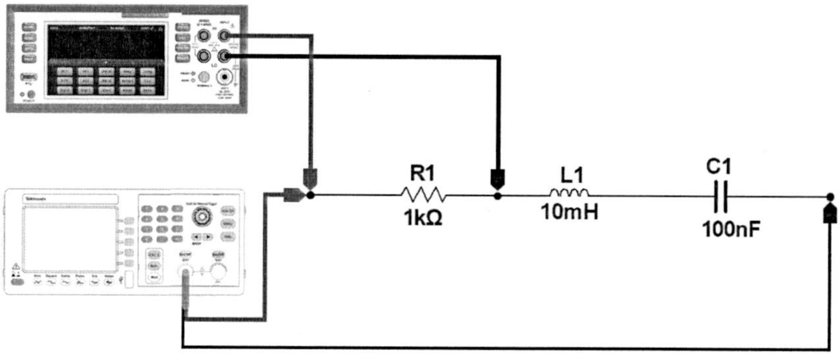

② 함수발생기 왼쪽 아래의 전원 버튼을 'I' 상태로 놓으면 전원이 켜져서 LCD 화면이 나타난다. 화면 아래의 'Sine (∿)' 버튼을 눌러 정현파 신호로 만든다.

Frequency(주파수)는 '5.0 kHz', Amplitude(신호의 크기)는 '10.0 Vpp'로 조정한다(Offset(오프셋)은 '0 mV'이고, 부하 임피던스는 'High Z'로 설정한다).

③ 디지털 멀티미터의 'POWER' 버튼을 누르면 LCD 화면이 켜진다. 'FUNCTIONS'에서 'ACV [ACV]'를, Range는 'Auto'를 선택한다.

④ 함수발생기의 채널 1인 'Out1'의 '(On/Off)' 버튼을 누르면 신호가 출력된다.

⑤ 디지털 멀티미터 LCD에 나타나는 전압값(저항 1 kΩ(R1) 양단 전압 V_{R1})을 표 13-1에 작성한다.

⑥ 함수발생기의 채널 1인 'Out1'의 '(On/Off)' 버튼을 눌러서 신호를 차단한다.

⑦ ①에 연결되어 있던 디지털 멀티미터를 인덕터 10 mH(L1) 양단에 연결한다. ② ~ ⑥을 참조하여, 인덕터 10 mH(L1) 양단 전압 V_{L1}을 측정하여 표 13-1에 작성한다.

동일하게, 커패시터 100 nF(C1) 양단 전압 V_{C1}을 측정하여 표 13-1에 작성한다.

⑧ ①에 연결되어 있던 디지털 멀티미터를 아래 그림과 같이 인덕터 10 mH(L1)와 커패시터 100 nF(C1) 양단에 연결한다. ② ~ ⑥을 참조하여, 인덕터 10 mH(L1) 양단 전압 V_{L1}과 커패시터 100 nF(C1) 양단 전압 V_{C1}의 합성 전압 $V_{L1} - V_{C1}$을 측정하여 표 13-1에 작성한다.

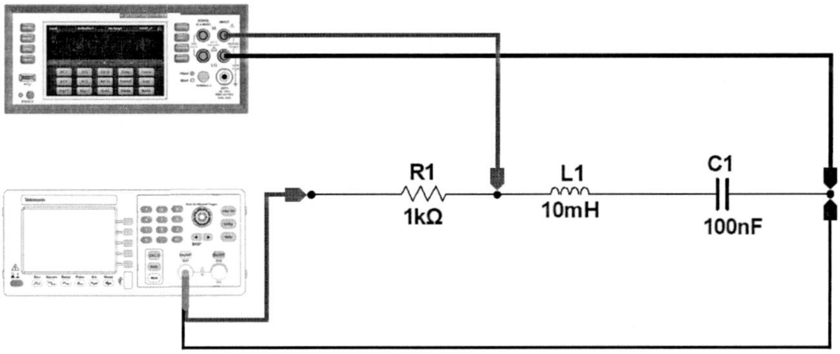

⑨ 디지털 멀티미터의 'POWER' 버튼을 눌러 전원을 차단한다.

⑩ 아래 그림과 같이 함수발생기와 디지털 멀티미터를 연결한다. 함수발생기 채널 1의 출력 단자 'Out1'에 악어 클립 케이블의 BNC 커넥터를 연결한다. 함수발생기의 신호선은 디지털 멀티미터의 'INPUT' 단자의 'AMPS'에, 디지털 멀티미터의 'INPUT' 단자의 'LO'는 저항 1 kΩ(R1)에, 함수발생기의 GND선은 커패시터 100 nF(C1)에 연결한다.

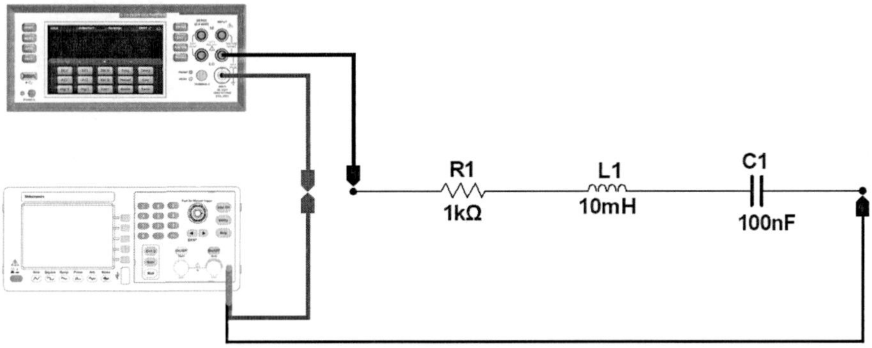

⑪ ②을 참조하여, 함수발생기의 교류 입력 신호의 전압과 주파수를 '10.00 Vpp, 5.0 kHz'가 되게 한다(부하 임피던스는 'High Z'로 설정한다).

⑫ 디지털 멀티미터의 'POWER' 버튼을 누른 후, 'FUNCTIONS'에서 'ACI ACI '를, Range는 'Auto'를 선택한다.

⑬ 함수발생기의 채널 1인 'Out1'의 'On/Off' 버튼을 누르면 신호가 출력된다.

⑭ 디지털 멀티미터 LCD에 나타나는 전류 I를 표 13-1에 작성한다.

⑤에서 측정한 저항 1 kΩ 양단 전압 V_{R1}과 저항 1 kΩ을 옴의 법칙 이용하여 계산한 전류 I를 표 13-1에 작성한다.

⑮ 함수발생기의 채널 1인 'Out1'의 'On/Off' 버튼을 눌러서 신호를 차단한다.

⑯ ⑦에서 측정된 인덕터 10 mH(L1) 양단 전압 V_{L1}과 ⑭에서 측정한 전류 I를 옴의 법칙 이용

하여 유도성 리액턴스 X_L를 계산해서 표 13–1에 작성한다.

⑦에서 측정된 커패시터 100 nF(C1) 양단 전압 $\mathrm{V_{C1}}$과 ⑭에서 측정한 전류 I를 옴의 법칙 이용하여 용량성 리액턴스 X_C를 계산해서 표 13–1에 작성한다.

⑧에서 측정된 인덕터 10 mH(L1) 양단 전압 $\mathrm{V_{L1}}$과 커패시터 100 nF(C1) 양단 전압 $\mathrm{V_{C1}}$의 합성 전압 $\mathrm{V_{L1} - V_{C1}}$과 ⑭에서 측정한 전류 I를 옴의 법칙 이용하여 리액턴스 $X(= X_L - X_C)$를 계산해서 표 13–1에 작성한다.

⑰ 저항 1 kΩ(R1)을 디지털 멀티미터로 저항값(R)을 측정한다(이때 저항을 회로에서 분리하여 측정하여야 한다). 측정한 저항값과 ⑯에서 계산한 리액턴스를 이용하여 RLC 직렬 회로의 임피던스 $Z(= \sqrt{R^2 + (X_L - X_C)^2}\,)$를 계산한 후 표 13–1에 작성한다.

⑤와 ⑦에서 측정한 저항 1 kΩ 양단 전압 $\mathrm{V_{R1}}$과 인덕터 10 mH(L1) 양단 전압 $\mathrm{V_{L1}}$ 및 커패시터 100 nF(C1) 양단 전압 $\mathrm{V_{C1}}$을 이용하여 교류 입력 신호 $\mathrm{V_S}(= \sqrt{\mathrm{V_{R1}^2} + (\mathrm{V_{L1} - V_{C1}})^2}\,)$를 계산하여 표 13–1에 작성한다.

⑱ 아래 그림과 같이 함수발생기와 오실로스코프를 연결한다. 함수발생기 채널 1의 출력 단자 'Out1'에 악어 클립 케이블의 BNC 커넥터를 연결하고, 오실로스코프에 2개의 프로브의 BNC 커넥터들을 각각 '1'과 '2'에 연결한다. 함수발생기의 신호선과 오실로스코프 프로브 '1'은 저항 1 kΩ(R1)에, 오실로스코프 프로브 '2'는 저항 1 kΩ과 인덕터 10 mH(L1)이 접속되어 있는 마디에, 함수발생기의 GND선과 오실로스코프 프로브 '1'과 '2'의 GND선은 커패시터 100nF(C1)에 각각 연결한다.

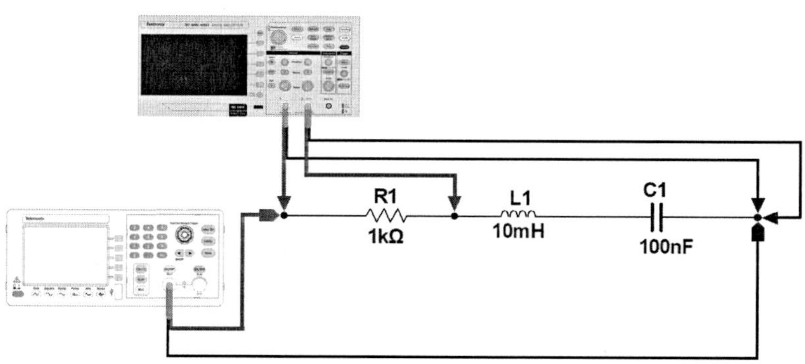

⑲ ②을 참조하여 함수발생기 교류 입력 신호의 전압과 주파수를 '10.00 Vpp, 5.0 kHz'가 되게 설정(부하 임피던스는 'High Z'로 설정)한 후, 함수발생기의 채널 1인 'Out1'의 'On/Off' 버튼을 누르면 신호가 출력된다.

⑳ 오실로스코프 왼쪽 위 상단에 전원 On/Off용 버튼을 눌러 'I' 상태(on 상태)가 되게 한다.

오실로스코프 화면의 왼쪽 끝 가운데에 '1 ▶'(1▶)이 나타난다('1 ▶'(1▶)이 나타나지 않으면 오실로스코프 오른쪽 가운데 'Vertical' 아래의 'Menu' 옆 '1' 버튼을 누른다).

'Vertical' 아래쪽에 있는 'Scale' 옆 노브( )를 돌려서, 오실로스코프 화면 아래 왼쪽에 'CH1 2.00V'가 되게 한다.

'Vertical' 옆에 'Horizontal'이 있다. 'Horizontal' 아래쪽에 있는 'Scale' 아래의 노브( )를 돌려서, 수평 스케일 간격(한 눈금 간격)을 '40.0μs'로 변경한다. 함수발생기 교류 입력 신호의 전압 V_S의 크기를 수직축 눈금을 읽어서 측정한 후, 표 13-1에 작성한다.

- '10장 10.3 시뮬레이션 및 실험 3) 교류 전압 측정 (2) 실험 ⑭'를 참조하여, 'Measure' 기능으로 전압 'Pk-to-Pk'를 수치적으로 표현할 수 있다.

㉑ ⑳을 참조하여, 오실로스코프 프로브 '2'로 측정한 인덕터 10 mH(L1) 양단 전압 V_{L1}과 커패시터 100 nF(C1) 양단 전압 V_{C1}의 합성 전압 $V_{L1} - V_{C1}$의 크기를 수직축 눈금을 (조절하면서) 읽어서 측정한 후, 표 13-1에 작성한다.

㉒ 교류 입력 신호 V_S와 인덕터 10 mH(L1)와 커패시터 100 nF(C1)의 양단 전압 $V_{L1} - V_{C1}$를 이용하여 저항 1 kΩ 양단 전압 $V_{R1}\left(= \sqrt{V_S^2 - (V_{L1} - V_{C1})^2}\right)$을 계산하여 표 13-1에 작성한다.

㉓ 함수발생기의 채널 1인 'Out1'의 'On/Off' 버튼을 눌러서 신호를 차단한다.

오실로스코프 왼쪽 위 상단에 전원 On/Off용 버튼을 눌러 'O 상태(off 상태)'가 되게 한다.

㉔ ①를 참조하여, 저항 1 kΩ, 인덕터 22 mH, 커패시터 100 nF이 직렬로 연결된 RLC 직렬 회로를 구성한다.

② ~ ㉓을 참조하여 실험한 후, 측정한 값들과 계산한 값들을 표 13-2에 작성한다.

㉕ ①를 참조하여, 저항 1 kΩ, 인덕터 10 mH, 커패시터 47 nF이 직렬로 연결된 RLC 직렬 회로를 구성한다.

② ~ ㉓을 참조하여 실험한 후, 측정한 값들과 계산한 값들을 표 13-3에 작성한다.

3) RLC 직렬 회로의 주파수에 따른 전류 변화와 공진주파수

(1) 시뮬레이션

① 2)의 (1)의 ① ~ ④를 참조하여(단, Agilent Function Generator 출력 전압은 '10.00 Vpp~, 1.0 kHz~'로 조정한다) 아래 그림과 같이 구성한 후, Agilent Function Generator 출력 전압 V_S를 측정하여 표 13-4에 작성한다.

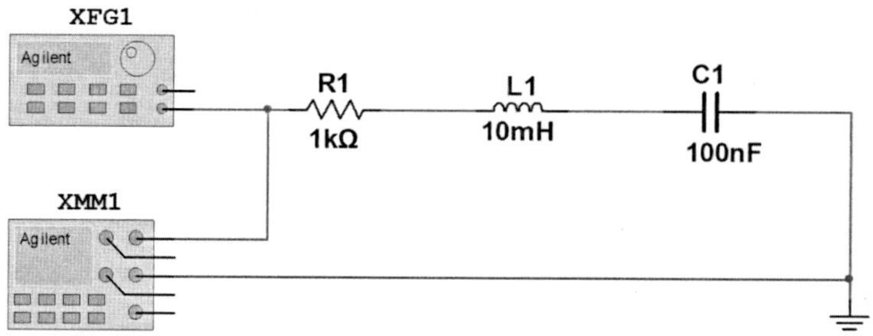

② 2)의 (1)의 ⑦ 회로를 다시 구성한다.

③ 2)의 (1)의 ②를 참조하여, Agilent Function Generator 출력 전압이 '10.00 Vpp~, 1.0 kHz~'가 되게 한다.

④ Agilent Multimeter( )를 더블 클릭한 후, 'Agilent Multimeter–XMM1' 창에서 'Power' 버튼을 클릭한다. 'Shift(Shift)' 버튼을 누른 후, 'AC V(AC V)' 버튼을 선택하면, LCD 화면에 'AAC'가 나타난다.

⑤ 멀티심 상단의 시뮬레이션 도구 모음에서 '▷'를 선택한다(상단 메뉴에서 'Simulate → ▷ Run'을 선택해도 된다). 측정된 RLC 직렬 회로의 전류 I를 표 13–4에 작성한다.

⑥ 임피던스 $Z(=\frac{V_S}{I})$를 계산해서 표 13–4에 작성한다.

⑦ 주파수를 '2.0 kHz ~ 10 kHz'까지 1 kHz 단위로 증가하면서, Agilent Function Generator 출력 전압 V_S와 측정한 RLC 직렬 회로의 전류 I 및 계산한 임피던스 $Z(=\frac{V_S}{I})$를 각각 표 13–4에 작성한다.

⑧ RLC 직렬 회로의 공진주파수를 계산하여 표 13–4에 작성한다.

공진주파수일 때, RLC 직렬 회로의 전류 I를 측정하여 표 13–4에 작성한다.

- RLC 직렬 회로의 공진주파수는 아래와 같이 구할 수 있다.

$$f_o = \frac{1}{2\times\pi\times\sqrt{LC}} = \frac{1}{2\times\pi\times\sqrt{10\times10^{-3}\times100\times10^{-9}}} \approx 5033\ \text{Hz}\text{가 된다.}$$

⑨ 멀티심 회로 설계 영역에 'Agilent Function Generator, Tektronix Oscilloscope, 저항 1 kΩ, 1 Ω, 인덕터 10 mH, 커패시터 100 nF, GROUND'를 이용하여 아래 그림과 같은 회로를 구성한다.

오실로스코프로는 직접적으로 전류를 구할 수 없으므로(전류 프로브를 이용하는 방법이 있음), 아래와 같이 RLC 직렬 회로에 저항 1 Ω을 연결하여(회로에 미치는 영향이 미흡하므로) 전류 I를 측정한다.

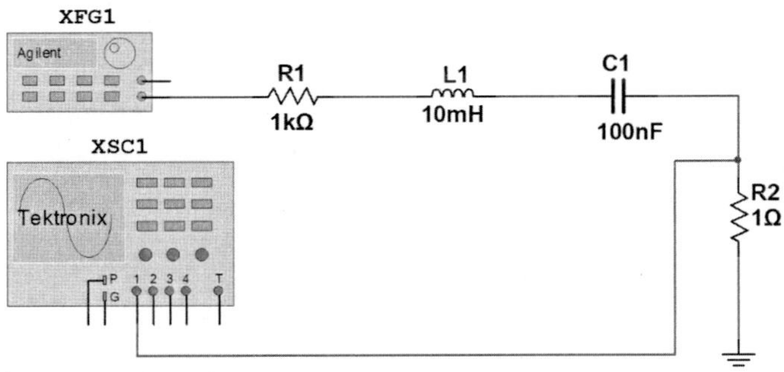

⑩ Tektronix Oscilloscope( )를 더블 클릭하면 'Tektronix Oscilloscope-XSC1' 창이 나타난다. 'Power' 버튼을 클릭하고 'CH 1 MENU( )' 버튼을 선택한다.

⑪ 2)의 (1)의 ②를 참조하여, Agilent Function Generator 출력 전압이 '10.00 Vpp', '1.0 kHz'가 되게 한다.

⑫ 멀티심 상단의 시뮬레이션 도구 모음에서 ' ▷ '를 선택한다(상단 메뉴에서 'Simulate → ▷ Run'을 선택해도 된다).

'CH1' 커넥터 위의 'VOLTS/DIV' 노브( )를 움직여서 신호의 전압(수직축) 한 눈금 간격을 'CH1 2mV'로 조정하고, 오실로스코프의 오른쪽 끝에 있는 'SEC/DIV' 노브( )를 움직여서, 오실로스코프 화면의 시간(수평축) 한 눈금 간격을 '200us'로 조정한다. 신호(= 전압 = 전류 × 1Ω)의 크기를 수직축 눈금을 읽어서 측정한 후 표 13-4에 작성한다.

- 주파수가 1 kHz일 때, 오실로스코프로 측정한 신호 파형은 아래와 같이 나타난다.

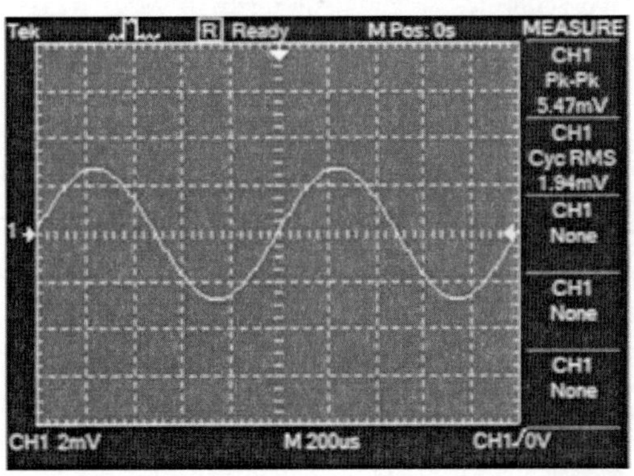

⑬ 주파수를 '2.0 kHz ~ 10 kHz'까지 1 kHz 단위로 증가하면서, RLC 직렬 회로의 전류 I를 표 13-4에 작성한다.

⑭ 공진주파수일 때, 수직축 눈금으로 RLC 직렬 회로의 전류 I 크기를 읽어서 표 13-4에 작성한다.

- 공진주파수일 때, 오실로스코프로 측정한 신호 파형은 아래와 같이 나타난다.

  수직축 한 눈금 간격은 'CH1 2mV'이고 수평축 한 눈금 간격은 '50us'이다.

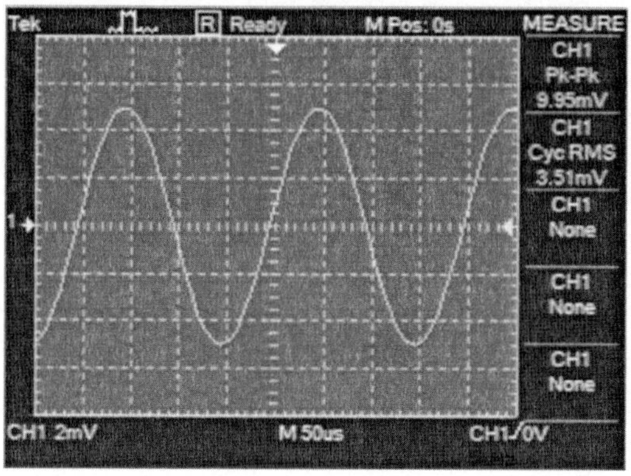

공진주파수 5.033 kHz

⑮ ①를 참조하여, 저항 1 kΩ, 인덕터 22 mH, 커패시터 100 nF이 직렬로 연결된 RLC 직렬 회로를 구성한다.

⑨을 참조하여 회로를 구성할 때, 회로와 동일하게 저항 1 Ω을 연결한다.

① ~ ⑭를 참조하여 시뮬레이션한 후, 측정한 값들과 계산한 값들을 표 13-5에 작성한다.

⑯ ①를 참조하여, 저항 1 kΩ, 인덕터 10 mH, 커패시터 47 nF이 직렬로 연결된 RLC 직렬 회로를 구성한다.

⑨을 참조하여 회로를 구성할 때, 회로와 동일하게 저항 1 Ω을 연결한다.

① ~ ⑭를 참조하여 시뮬레이션한 후, 측정한 값들과 계산한 값들을 표 13-6에 작성한다.

(2) 실험

① 2)의 (2)의 ① ~ ⑥을 참조하여(단, 함수발생기 교류 입력 신호는 '10.00 Vpp~, 1.0 kHz~'로 조정한다) 아래 그림과 같이 구성한 후, 함수발생기 교류 입력 신호의 전압 V_S를 측정하여 표 13-4에 작성한다.

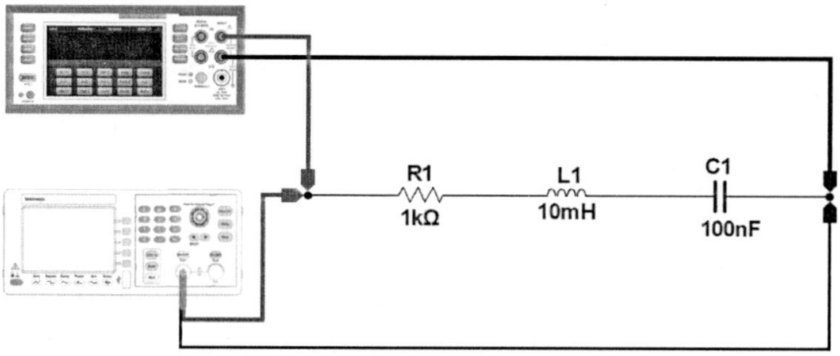

② 2)의 (2)의 ⑩ 회로를 다시 구성한다.

③ 2)의 (2)의 ②를 참조하여, 함수발생기 교류 입력 신호의 전압과 주파수를 '10.00 Vpp, 1.0 kHz'가 되게 한다(부하 임피던스는 'High Z'로 설정한다).

④ 디지털 멀티미터의 'POWER' 버튼을 누르면 LCD 화면이 켜진다. 'FUNCTIONS'에서 'ACI ACI'를, Range는 'Auto'를 선택한다.

⑤ 함수발생기의 채널 1인 'Out1'의 'On/Off' 버튼을 누르면 신호가 출력된다.

⑥ 디지털 멀티미터 LCD에 나타나는 RLC 직렬 회로의 전류 I를 표 13-4에 작성한다.

⑦ 임피던스 $Z(=\frac{V_S}{I})$를 계산해서 표 13-4에 작성한다.

⑧ 주파수를 '2.0 kHz ~ 10 kHz'까지 1 kHz 단위로 증가하면서, 함수발생기 교류 입력 신호의 전압 V_S와 측정한 RLC 직렬 회로의 전류 I 및 계산한 임피던스 $Z(=\frac{V_S}{I})$를 각각 표 13-4에 작성한다.

⑨ 공진주파수일 때, RLC 직렬 회로의 전류 I를 측정하여 표 13-4에 작성한다.

⑩ 함수발생기의 채널 1인 'Out1'의 'On/Off' 버튼을 눌러서 신호를 차단한다.

⑪ 디지털 멀티미터의 'POWER' 버튼을 눌러 전원을 차단한다.

⑫ 아래 그림과 같이 함수발생기와 오실로스코프를 연결한다. 함수발생기 채널 1의 출력 단자 'Out1'에 악어 클립 케이블의 BNC 커넥터를 연결하고, 오실로스코프 프로브의 BNC 커넥터는 '1'에 연결한다. 함수발생기의 신호선은 저항 1 kΩ(R1)에, 오실로스코프 프로브 '1'은 저항 1 Ω(R2)에, 함수발생기의 GND선과 오실로스코프 프로브 '1'의 GND선은 저항 1 Ω(R2) 반대쪽에 각각 연결한다. 저항 1 Ω에 흐르는 전류가 미약할 경우, 노이즈로 인하여 저항 1 Ω에 나타나는 신호 파형은 정확성이 떨어지게 된다.

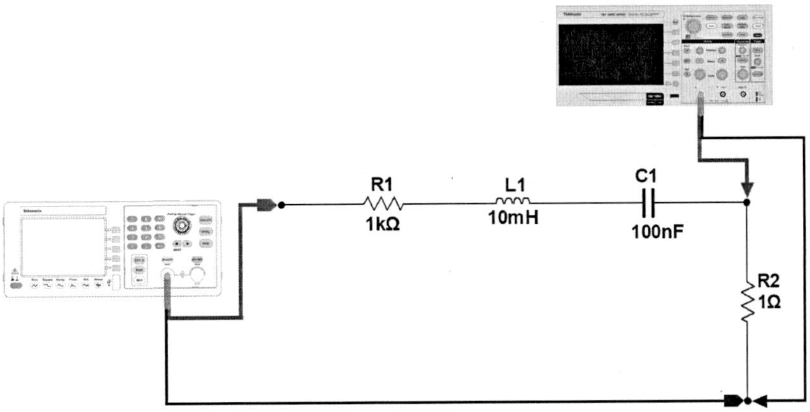

⑬ 2)의 (2)의 ②를 참조하여, 함수발생기 교류 입력 신호의 전압과 주파수를 '10.00 Vpp, 1.0 kHz'가 되게 설정(부하 임피던스는 'High Z'로 설정)한 후, 함수발생기의 채널 1인 'Out1'의 'On/Off' 버튼을 누르면 신호가 출력된다.

⑭ 오실로스코프 왼쪽 위 상단에 전원 On/Off용 버튼을 눌러 'I' 상태(on 상태)가 되게 한다.

2)의 (2)의 ⑳을 참조하여, 오실로스코프 화면의 수직축 한 눈금 간격은 'CH1 10.0mV', 수평축 한 눈금 간격은 '200μs'가 되게 한다. 신호의 전압 크기(전체 전류 I)를 수직축 눈금으로 읽어서 측정한 후 표 13-4에 작성한다.

⇒ 신호가 잘 나타나지 않으면 저항 R2를 '10Ω'으로 변경하여 실험한다(전체 전류 I는 $\mathrm{I} = \frac{\text{신호(전압) 크기}}{10}$가 된다. '1Ω'일 때 보다 약간의 차이가 발생한다).

⑮ 주파수를 '2.0 kHz ~ 10 kHz'까지 1 kHz 단위로 증가하면서, RLC 직렬 회로의 전류 I의 크기를 표 13-4에 작성한다.

⑯ 공진주파수일 때, RLC 직렬 회로의 전류 I를 수직축 눈금을 읽어서 측정한 후 표 13-4에 작성한다.

⑰ 함수발생기의 채널 1인 'Out1'의 'On/Off' 버튼을 눌러서 신호를 차단한다.

오실로스코프 왼쪽 위 상단에 전원 On/Off용 버튼을 눌러 'O 상태(off 상태)가 되게 한다.

⑱ ①를 참조하여, 저항 1 kΩ, 인덕터 22 mH, 커패시터 100 nF이 직렬로 연결된 RLC 직렬 회로를 구성한다.

⑫를 참조하여 회로를 구성할 때, 회로와 동일하게 저항 1 Ω을 연결한다.

① ~ ⑰을 참조하여 실험한 후, 측정한 값들과 계산한 값들을 표 13-5에 작성한다.

⑲ ①를 참조하여, 저항 1 kΩ, 인덕터 10 mH, 커패시터 47 nF이 직렬로 연결된 RLC 직렬 회로를 구성한다.

⑫를 참조하여 회로를 구성할 때, 회로와 동일하게 저항 1 Ω을 연결한다.

① ~ ⑰을 참조하여 실험한 후, 측정한 값들과 계산한 값들을 표 13-5에 작성한다.

4) 실험 결과 및 고찰

학과	학번	학년	이름

(1) RLC 직렬 회로의 임피던스

① 함수발생기 교류 전압이 10.00 Vpp, 5.0 kHz이고 저항 1 kΩ, 인덕터 10 mH, 커패시터 100 nF가 직렬로 연결되어 있을 때, 표 13-1에 시뮬레이션값과 실험 측정값을 입력하고, 전류 I와 X_L과 X_C 등의 계산과정과 결과값을 작성한다.

표 13-1

	V_{R1} 또는 V_S	V_{L1}	V_{C1}	$V_{L1}-V_{C1}$	전류 I
시뮬레이션값 (멀티미터)	V_{R1}: V_{rms}	V_{rms}	V_{rms}	V_{rms}	A_{rms}
실험 측정값 (멀티미터)	V_{R1}: V_{rms}	V_{rms}	V_{rms}	V_{rms}	A_{rms}
시뮬레이션값 (오실로스코프)	V_S: Vpp		Vpp	Vpp	
실험 측정값 (오실로스코프)	V_S: Vpp			Vpp	
옴의 법칙으로 전류 I 계산	시뮬레이션 :				
	실험 :				
유도성 리액턴스 X_L 계산	시뮬레이션 :				
	실험 :				
용량성 리액턴스 X_C 계산	시뮬레이션 :				
	실험 :				
리액턴스 계산 $X(=X_L-X_C)$	시뮬레이션 :				
	실험 :				
임피던스 Z 계산 $\sqrt{R^2+(X_L-X_C)^2}$	시뮬레이션 :				
	실험 :				
V_S 계산 $\sqrt{V_{R1}^2+(V_{L1}-V_{C1})^2}$	시뮬레이션 :				
	실험 :				
V_{R1} 계산 $\sqrt{V_S^2-(V_{L1}-V_{C1})^2}$	시뮬레이션 :				
	실험 :				

② 함수발생기 교류 전압이 10.00 Vpp, 5.0 kHz이고 저항 1 kΩ, 인덕터 22 mH, 커패시터 100 nF가 직렬로 연결되어 있을 때, 표 13-2에 시뮬레이션값과 실험 측정값을 입력하고, 전류 I와 X_L과 X_C 등의 계산과정과 결과값을 작성한다.

표 13-2

	V_{R1} 또는 V_S	V_{L1}	V_{C1}	$V_{L1}-V_{C1}$	전류 I
시뮬레이션값 (멀티미터)	V_{R1}: V_{rms}	V_{rms}	V_{rms}	V_{rms}	A_{rms}
실험 측정값 (멀티미터)	V_{R1}: V_{rms}	V_{rms}	V_{rms}	V_{rms}	A_{rms}
시뮬레이션값 (오실로스코프)	V_S: Vpp		Vpp	Vpp	
실험 측정값 (오실로스코프)	V_S: Vpp			Vpp	
옴의 법칙으로 전류 I 계산	시뮬레이션 :				
	실험 :				
유도성 리액턴스 X_L 계산	시뮬레이션 :				
	실험 :				
용량성 리액턴스 X_C 계산	시뮬레이션 :				
	실험 :				
리액턴스 계산 $X(=X_L-X_C)$	시뮬레이션 :				
	실험 :				
임피던스 계산 $Z(=V_S/I)$	시뮬레이션 :				
	실험 :				
임피던스 Z 계산 $\sqrt{R^2+(X_L-X_C)^2}$	시뮬레이션 :				
	실험 :				
V_S 계산 $\sqrt{V_{R1}^2+(V_{L1}-V_{C1})^2}$	시뮬레이션 :				
	실험 :				
V_{R1} 계산 $\sqrt{V_S^2-(V_{L1}-V_{C1})^2}$	시뮬레이션 :				
	실험 :				

③ 함수발생기 교류 전압이 10.00 Vpp, 5.0 kHz이고 저항 1 kΩ, 인덕터 10 mH, 커패시터 47 nF가 직렬로 연결되어 있을 때, 표 13-3에 시뮬레이션값과 실험 측정값을 입력하고, 전류 I와 X_L과 X_C 등의 계산과정과 결과값을 작성한다.

표 13-3

	V_{R1} 또는 V_S	V_{L1}	V_{C1}	$V_{L1} - V_{C1}$	전류 I
시뮬레이션값 (멀티미터)	V_{R1}: V_{rms}	V_{rms}	V_{rms}	V_{rms}	A_{rms}
실험 측정값 (멀티미터)	V_{R1}: V_{rms}	V_{rms}	V_{rms}	V_{rms}	A_{rms}
시뮬레이션값 (오실로스코프)	V_S: Vpp	╳	Vpp	Vpp	╳
실험 측정값 (오실로스코프)	V_S: Vpp	╳	╳	Vpp	╳
옴의 법칙으로 전류 I 계산	시뮬레이션 : 실험 :				
유도성 리액턴스 X_L 계산	시뮬레이션 : 실험 :				
용량성 리액턴스 X_C 계산	시뮬레이션 : 실험 :				
리액턴스 계산 $X(=X_L - X_C)$	시뮬레이션 : 실험 :				
임피던스 계산 $Z(=V_S/I)$	시뮬레이션 : 실험 :				
임피던스 Z 계산 $\sqrt{R^2+(X_L - X_C)^2}$	시뮬레이션 : 실험 :				
V_S 계산 $\sqrt{V_{R1}^2+(V_{L1}-V_{C1})^2}$	시뮬레이션 : 실험 :				
V_{R1} 계산 $\sqrt{V_S^2-(V_{L1}-V_{C1})^2}$	시뮬레이션 : 실험 :				

④ 표 13-1, 표 13-2, 표 13-3에서, 시뮬레이션과 실험을 통하여 각각 계산한 전류 I, X_L, X_C 등에서 차이점이 발생했다면 그 이유에 대하여 설명하시오.

⑤ 표 13-1, 표 13-2, 표 13-3에서, V_S와 $V_{L1} - V_{C1}$가 멀티미터로 측정한 실험값과 오실로스코프로 측정한 실험값에서 차이가 발생했다면 그 이유를 설명하시오.

⑥ 표 13-1과 표 13-2에서, 인덕터값의 변화에 따른 리액턴스 X, 임피던스 Z, 각 소자의 전압 및 전체 전류의 변화에 대하여 설명하시오.

⑦ 표 13-1와 표 13-3에서, 커패시터값의 변화에 따른 리액턴스 X, 임피던스 Z, 각 소자의 전압 및 전체 전류의 변화에 대하여 설명하시오.

(2) RLC 직렬 회로의 주파수에 따른 전류 변화와 공진주파수

① 저항 1 kΩ, 인덕터 10 mH, 커패시터 100 nF가 직렬로 연결되어 있는 RLC 직렬 회로에서 함수발생기 교류 전압이 10.00 Vpp, 1 kHz ~ 10 kHz일 때, 표 13-4에 시뮬레이션값과 실험 측정값을 작성한다.

표 13-4

		1kHz	2 kHz	3 kHz	4 kHz	5 kHz	6 kHz	7 kHz	8 kHz	9 kHz	10kHz
시뮬레이션값 (멀티미터) mA_{rms}											
실험 측정값 (멀티미터) mA_{rms}											
시뮬레이션값 (오실로스코프) mApp											
실험 측정값 (오실로스코프) mApp											
교류 입력 전압 V_S (V_{rms})	시뮬레이션값										
	실험 측정값										
임피던스 Z 계산 $\left(=\frac{V_S}{I}\right)$	시뮬레이션										
	실험										
공진주파수 계산	Hz										
공진주파수일 때 전류 I 측정 (멀티미터)	시뮬레이션: mA_{rms}					실험: mA_{rms}					
공진주파수일 때 전류 I 측정 (오실로스코프)	시뮬레이션: mApp					실험: mApp					

② 저항 1 kΩ, 인덕터 22 mH, 커패시터 100 nF가 직렬로 연결되어 있는 RLC 직렬 회로에서 함수발생기 교류 전압이 10.00 Vpp, 1 kHz ~ 10 kHz일 때, 표 13-5에 시뮬레이션값과 실험 측정값을 작성한다.

표 13-5

<table>
<tr><th colspan="2"></th><th>1kHz</th><th>2 kHz</th><th>3 kHz</th><th>4 kHz</th><th>5 kHz</th><th>6 kHz</th><th>7 kHz</th><th>8 kHz</th><th>9 kHz</th><th>10kHz</th></tr>
<tr><td colspan="2">시뮬레이션값
(멀티미터)
mA_{rms}</td><td></td><td></td><td></td><td></td><td></td><td></td><td></td><td></td><td></td><td></td></tr>
<tr><td colspan="2">실험 측정값
(멀티미터)
mA_{rms}</td><td></td><td></td><td></td><td></td><td></td><td></td><td></td><td></td><td></td><td></td></tr>
<tr><td colspan="2">시뮬레이션값
(오실로스코프)
mApp</td><td></td><td></td><td></td><td></td><td></td><td></td><td></td><td></td><td></td><td></td></tr>
<tr><td colspan="2">실험 측정값
(오실로스코프)
mApp</td><td></td><td></td><td></td><td></td><td></td><td></td><td></td><td></td><td></td><td></td></tr>
<tr><td rowspan="2">교류 입력
전압 V_S
(V_{rms})</td><td>시뮬레이션값</td><td></td><td></td><td></td><td></td><td></td><td></td><td></td><td></td><td></td><td></td></tr>
<tr><td>실험
측정값</td><td></td><td></td><td></td><td></td><td></td><td></td><td></td><td></td><td></td><td></td></tr>
<tr><td rowspan="2">임피던스
Z 계산
$\left(=\frac{V_S}{I}\right)$</td><td>시뮬레이션</td><td></td><td></td><td></td><td></td><td></td><td></td><td></td><td></td><td></td><td></td></tr>
<tr><td>실험</td><td></td><td></td><td></td><td></td><td></td><td></td><td></td><td></td><td></td><td></td></tr>
<tr><td colspan="2">공진주파수 계산</td><td colspan="10">Hz</td></tr>
<tr><td colspan="2">공진주파수일 때
전류 I 측정
(멀티미터)</td><td colspan="5">시뮬레이션: mA_{rms}</td><td colspan="5">실험: mA_{rms}</td></tr>
<tr><td colspan="2">공진주파수일 때
전류 I 측정
(오실로스코프)</td><td colspan="5">시뮬레이션: mApp</td><td colspan="5">실험: mApp</td></tr>
</table>

③ 저항 1 kΩ, 인덕터 10 mH, 커패시터 47 nF가 직렬로 연결되어 있는 RLC 직렬 회로에서 함수발생기 교류 전압이 10.00 Vpp, 1 kHz ~ 10 kHz일 때, 표 13-6에 시뮬레이션값과 실험 측정값을 작성한다.

표 13-6

<table>
<tr><th colspan="2"></th><th>1kHz</th><th>2 kHz</th><th>3 kHz</th><th>4 kHz</th><th>5 kHz</th><th>6 kHz</th><th>7 kHz</th><th>8 kHz</th><th>9 kHz</th><th>10kHz</th></tr>
<tr><td colspan="2">시뮬레이션값
(멀티미터)
mA_{rms}</td><td></td><td></td><td></td><td></td><td></td><td></td><td></td><td></td><td></td><td></td></tr>
<tr><td colspan="2">실험 측정값
(멀티미터)
mA_{rms}</td><td></td><td></td><td></td><td></td><td></td><td></td><td></td><td></td><td></td><td></td></tr>
<tr><td colspan="2">시뮬레이션값
(오실로스코프)
mApp</td><td></td><td></td><td></td><td></td><td></td><td></td><td></td><td></td><td></td><td></td></tr>
<tr><td colspan="2">실험 측정값
(오실로스코프)
mApp</td><td></td><td></td><td></td><td></td><td></td><td></td><td></td><td></td><td></td><td></td></tr>
<tr><td rowspan="2">교류 입력
전압 V_S
(V_{rms})</td><td>시뮬레이
션값</td><td></td><td></td><td></td><td></td><td></td><td></td><td></td><td></td><td></td><td></td></tr>
<tr><td>실험
측정값</td><td></td><td></td><td></td><td></td><td></td><td></td><td></td><td></td><td></td><td></td></tr>
<tr><td rowspan="2">임피던스
Z 계산
$\left(=\frac{V_S}{I}\right)$</td><td>시뮬레이션</td><td></td><td></td><td></td><td></td><td></td><td></td><td></td><td></td><td></td><td></td></tr>
<tr><td>실험</td><td></td><td></td><td></td><td></td><td></td><td></td><td></td><td></td><td></td><td></td></tr>
<tr><td colspan="2">공진주파수 계산</td><td colspan="10">Hz</td></tr>
<tr><td colspan="2">공진주파수일 때
전류 I 측정
(멀티미터)</td><td colspan="5">시뮬레이션: mA_{rms}</td><td colspan="5">실험: mA_{rms}</td></tr>
<tr><td colspan="2">공진주파수일 때
전류 I 측정
(오실로스코프)</td><td colspan="5">시뮬레이션: mApp</td><td colspan="5">실험: mApp</td></tr>
</table>

④ 표 13-4의 시뮬레이션과 실험 측정에서, 주파수 변화에 따른 임피던스 Z와 전류 I를 아래 그래프에 나타내시오.

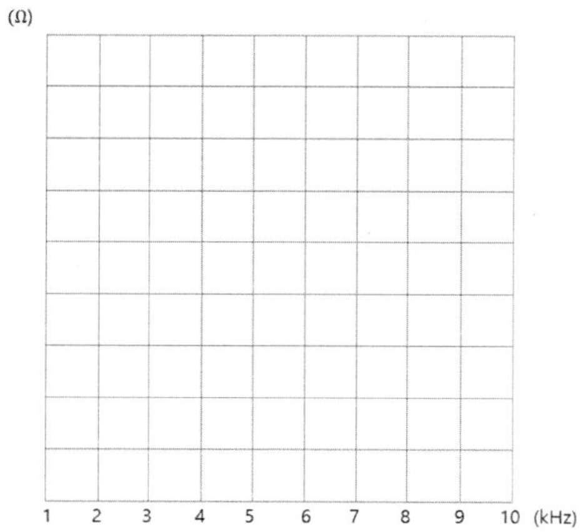

임피던스 Z

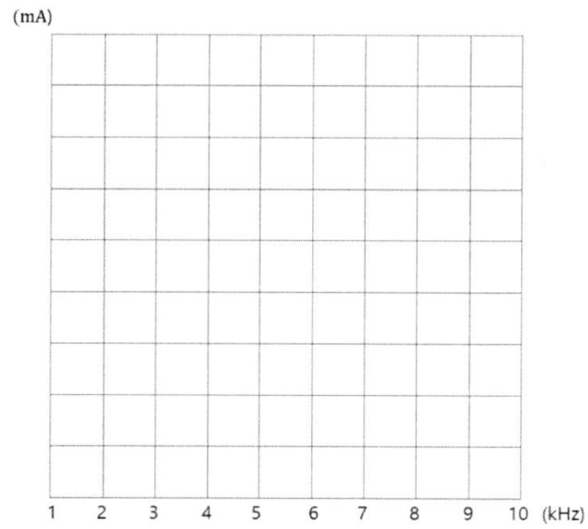

전류 I

⑤ RLC 직렬 회로에서, 주파수 변화에 따른 임피던스와 전류의 변화에 대하여 설명하시오.

⑥ 표 13-4, 표 13-5, 표 13-6에서, 공진주파수가 이론값과 차이가 발생한다면 그 이유가 무엇인지 설명하시오.

⑦ 표 13-4, 표 13-5, 표 13-6에서, 인덕터값과 커패시터값의 변화에 따른 공진주파수의 이동이 발생하는 이유에 대하여 설명하시오.

14

RLC 병렬 회로

14.1 실험 목적

저항과 인덕터와 커패시터가 병렬로 연결되어 있는 RLC 병렬 회로의 임피던스를 찾고 리액턴스 성분을 통하여 회로가 유도성인지 용량성인지 파악한다. 주파수 대역에 따른 임피던스와 전류의 변화 및 공진주파수에서의 RLC 병렬 회로의 특성을 시뮬레이션과 실험으로 이해한다.

14.2 실험에 적용된 이론

1) RLC 병렬 회로의 임피던스

그림 14-1은 저항과 인덕터와 커패시터가 병렬로 연결되어 있는 RLC 병렬 회로를 나타낸 것이다. 그림 14-1 (a)는 시간 영역에서의 RLC 병렬 회로이며, 그림 14-1 (b)는 그림 14-1 (a) 회로를 주파수 영역으로 변환한 RLC 병렬 회로이다.

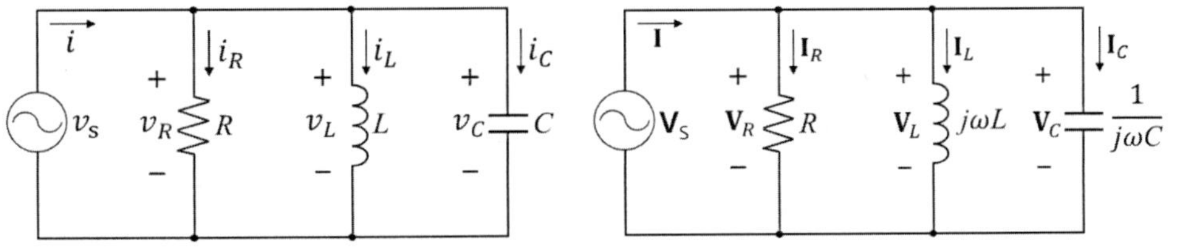

(a) 시간 영역 (b) 주파수 영역

그림 14-1 RLC 병렬 회로

그림 14-1 (b)의 RLC 병렬 회로에서 임피던스의 역수 $\frac{1}{\mathbf{Z}}$ (어드미턴스 **Y**)는 아래 수식처럼 저

항의 역수 $\frac{1}{R}$(컨덕턴스 G) 및 용량성 리액턴스의 역수와 유도성 리액턴스의 역수의 차(-) $\frac{1}{X_C}-\frac{1}{X_L}$(용량성 서셉턴스와 유도성 서셉턴스의 차(-), $B_C - B_L$)로 이루어져 있다.

$$\frac{1}{\mathbf{Z}} = \frac{1}{R} + \frac{1}{jX_L} + \frac{1}{-jX_C} = \frac{1}{R} + j\left(\frac{1}{X_C} - \frac{1}{X_L}\right) = G + j(B_C - B_L) = \mathbf{Y}$$

$$= \sqrt{G^2 + (B_C - B_L)^2} \angle \tan^{-1}\left(\frac{B_C - B_L}{G}\right)$$

임피던스 $\mathbf{Z}$는 $R \parallel X_L \parallel X_C$(저항과 유도성 리액턴스와 용량성 리액턴스의 병렬)이므로 아래 수식과 같이 극좌표계로 표현된다.

$$\mathbf{Z} = \frac{1}{\mathbf{Y}} = \frac{1}{\sqrt{G^2 + (B_C - B_L)^2} \angle \tan^{-1}\left(\frac{B_C - B_L}{G}\right)}$$

$$= \frac{1}{\sqrt{G^2 + (B_C - B_L)^2}} \angle -\tan^{-1}\left(\frac{B_C - B_L}{G}\right)$$

$$= \frac{1}{\sqrt{\left(\frac{1}{R}\right)^2 + \left(\omega C - \frac{1}{\omega L}\right)^2}} \angle -\tan^{-1}\left(\omega CR - \frac{R}{\omega L}\right)$$

위의 수식에서 $B_C = B_L$가 되면, 즉 용량성 서셉턴스 B_C와 유도성 서셉턴스 B_L이 서로 같으면, 전체 서셉턴스는 영(0)이 되어 RLC 병렬 회로의 임피던스 $\mathbf{Z}$는 $\mathbf{Z} = R$이 된다. 따라서 RLC 병렬 회로는 저항만의 회로처럼 동작한다. RLC 병렬 회로의 임피던스 $\mathbf{Z}$는 $B_C = B_L$일 때 가장 크게 된다.

그림 14-2는 용량성 서셉턴스 B_C과 유도성 서셉턴스 B_L의 상대적인 크기에 따른 어드미턴스 $\mathbf{Y}$의 위상을 나타낸 것이다. 그림 14-2 (a)는 B_C가 B_L보다 더 크므로 서셉턴스 부분이 양(+)의 값을 갖게 되어 어드미턴스 $\mathbf{Y}$의 위상은 컨덕턴스 G(위상이 없으므로 0°라 가정)을 기준으로 양(+)의 위상을 갖는다. 그림 14-2 (b)는 B_C가 B_L보다 더 작으므로 서셉턴스 부분이 음(-)의 값을 갖게 되어 어드미턴스 $\mathbf{Y}$의 위상은 컨덕턴스 G(위상이 없으므로 0°라 가정)을 기준으로 음(-)의 위상을 갖는다.

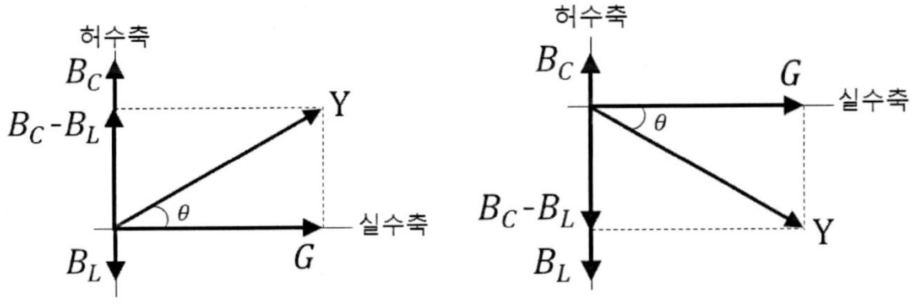

(a) $B_C > B_L$인 경우 (b) $B_C < B_L$인 경우

그림 14-2 직각 좌표계에서 **Y**, G, B_L, B_C

그림 14-1 (b) 회로에서 키르히호프의 전류 법칙(KCL)을 적용하면 아래 수식과 같다($\mathbf{V}_S$의 위상각을 0°로 가정).

$$\mathbf{I} = \mathbf{I}_R + \mathbf{I}_L + \mathbf{I}_C = \frac{\mathbf{V}_S}{R} + \frac{\mathbf{V}_S}{jX_L} + \frac{\mathbf{V}_S}{-jX_C} = G\mathbf{V}_S + j(B_C - B_L)\mathbf{V}_S$$

$$= \sqrt{(G\mathrm{V_S})^2 + ((B_C - B_L)\mathrm{V_S})^2} \angle \tan^{-1}\left(\frac{(B_C - B_L)\mathrm{V_S}}{G\mathrm{V_S}}\right)$$

$$= \sqrt{G^2 + (B_C - B_L)^2}\,\mathrm{V_S} \angle \tan^{-1}\left(\frac{B_C - B_L}{G}\right)$$

위의 수식에서 $B_C = B_L$가 되면, RLC 병렬 회로는 저항만의 회로로 동작하여 $\mathbf{I} = G\mathbf{V}_S = \frac{\mathbf{V}_S}{R}$ 가 된다. 그림 14-3은 용량성 서셉턴스 B_C와 유도성 서셉턴스 B_L의 상대적인 크기로 인하여 커패시터에 흐르는 전류 $\mathbf{I}_C$와 인덕터에 흐르는 전류 $\mathbf{I}_L$의 합이 양(+)인 경우와 음(-)인 경우를 나타낸 것이다. 커패시터에 흐르는 전류 $\mathbf{I}_C$는 교류 입력 전압 $\mathbf{V}_S$ (커패시터 양단 전압 $\mathbf{V}_C$ 와 인덕터 양단 전압 $\mathbf{V}_L$ 모두 같은 값이다)보다 항상 90° 선행하며, 인덕터에 흐르는 전류 $\mathbf{I}_L$은 교류 입력 전압 $\mathbf{V}_S$ 보다 항상 90° 지연되어 나타난다. 그림 14-3 (a)는 $B_C > B_L$로 인하여 $\mathrm{I}_C > \mathrm{I}_L$($\mathrm{I}_C$는 $\mathbf{I}_C$의 크기, I_L은 $\mathbf{I}_L$의 크기)이 되므로, 저항과 인덕터와 커패시터의 전체 전류($\mathbf{I}$, $\mathbf{I}_R + \mathbf{I}_L + \mathbf{I}_C$)가 RLC 병렬 회로의 교류 입력 전압 $\mathbf{V}_S$ 보다 선행되어 나타난다(위상이 앞선다). 그림 14-2 (b)는 $B_C < B_L$로 인하여 $\mathrm{I}_C < \mathrm{I}_L$이 되므로 저항과 인덕터와 커패시터의 전체 전류($\mathbf{I}$, $\mathbf{I}_R + \mathbf{I}_L + \mathbf{I}_C$)가 RLC 병렬 회로의 교류 입력 전압 $\mathbf{V}_S$ 보다 지연되어 나타난다(위상이 늦다).

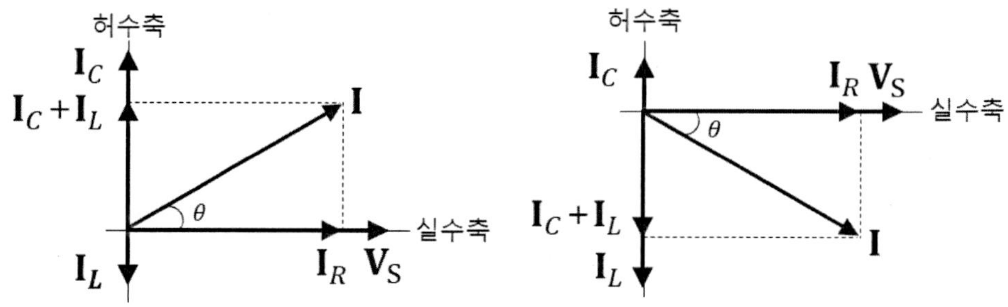

(a) $B_C > B_L$로 인하여 $\mathrm{I}_C > \mathrm{I}_L$인 경우　　(b) $B_C < B_L$로 인하여 $\mathrm{I}_C < \mathrm{I}_L$인 경우

그림 14-3 RLC 병렬 회로의 $\mathbf{I}_R$, $\mathbf{I}_L$, $\mathbf{I}_C$, $\mathbf{I}$

2) RLC 병렬 회로의 전류와 주파수

(1) RLC 병렬 회로 전류와 주파수 상관 관계

그림 14-1과 같은 RLC 병렬 회로에서 전체 전류 $\mathbf{I}$는 저항에 흐르는 전류 $\mathbf{I}_R$과 커패시터에 흐르는 전류 $\mathbf{I}_C$ 및 인덕터에 흐르는 전류 $\mathbf{I}_L$의 합으로 아래 수식과 같다.

$$\mathbf{I} = \mathbf{I}_R+\mathbf{I}_L+\mathbf{I}_C = \frac{\mathbf{V}_S}{R} + \frac{\mathbf{V}_S}{jX_L} + \frac{\mathbf{V}_S}{-jX_C} = \frac{\mathbf{V}_S}{R} + j\left(\frac{1}{X_C} - \frac{1}{X_L}\right)\mathbf{V}_S$$

$$= \frac{\mathbf{V}_S}{R} + j\left(\omega C - \frac{1}{\omega L}\right)\mathbf{V}_S = \frac{\mathbf{V}_S}{R} + j\left(2\pi fC - \frac{1}{2\pi fL}\right)\mathbf{V}_S$$

유도성 리액턴스 X_L과 용량성 리액턴스 X_C는 주파수 f에 따라 변화한다. $X_L = X_C$일 때의 주파수 f를 f_o라 하면, 주파수 f가 $f < f_o$일 때에는 $X_L < X_C$이 되므로 커패시터에 비해 인덕터에 더 많은 전류가 흐르게 되어 유도성 회로로 동작하고 $f > f_o$일 때에는 $X_L > X_C$이 되므로 인덕터에 비해 커패시터로 더 많은 전류가 흐르게 되어 용량성 회로로 동작한다.

전류 $\mathbf{I}$는 주파수 f가 $0 \sim f_o \sim \infty$로 변할 때, 많은 전류가 흐르다가 f_o에서 최소 전류 ($\frac{\mathbf{V}_S}{R}$)가 된 후 다시 증가한다. 그림 14-4는 RLC 병렬 회로에서, 주파수 변화에 따른 임피던스 크기 Z와 전류 크기 I의 변화를 나타낸 것으로, 임피던스의 크기(Z)가 최대일 때 전류의 크기(I)는 최소가 된다.

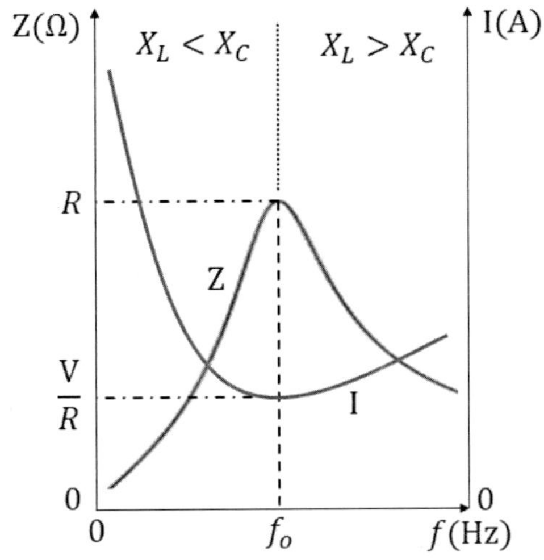

그림 14-4 주파수 변화에 따른 **Z**, **I** 특성

RLC 병렬 회로에서는 주파수가 증가하면서, 유도성 회로에서 용도성 회로로 변하고 위상은 전체 전류가 교류 입력 전압보다 지연되다가 주파수가 높아지면서 선행된다. 또한, 임피던스 크기는 저항값과 같아질 때까지 증가하다가 다시 감소하며, 전류의 크기는 임피던스 크기가 저항값과 같아질 때까지 감소하다가 증가한다.

(2) RLC 병렬 회로의 공진 주파수(resonant frequency)

그림 14-1의 RLC 병렬 회로에서 유도성 리액턴스 X_L과 용량성 리액턴스 X_C가 $X_L = X_C$일 때를 공진 상태라 하며, 이때 X_L과 X_C는 상쇄되어 회로의 임피던스 **Z**는 저항만 존재하는 회로처럼 동작한다. 공진 상태에서의 주파수를 공진 주파수 f_o라고 하면, 아래 수식과 같이 구할 수 있다.

$$X_L = X_C \;\Rightarrow\; 2\pi f_o L = \frac{1}{2\pi f_o C} \;\Rightarrow f_o = \frac{1}{2\pi\sqrt{LC}}$$

공진 상태에서 RLC 병렬 회로의 임피던스 **Z**는 최대인 저항 R이 되고 전류 **I**는 최소인 $\mathbf{I} = \frac{\mathbf{V_S}}{\mathrm{Z}} = \frac{\mathbf{V_S}}{R}$ 가 된다.

14.3 시뮬레이션 및 실험

1) 사용 장비 및 부품

멀티심(multisim) 시뮬레이터
함수발생기 : 1대
디지털 멀티미터 : 1대
오실로스코프 : 1대
브레드 보드 : 1대
저항 : 1 Ω(3개), 10 Ω, 1 kΩ
인덕터 : 22 mH, 10 mH
커패시터 : 47 nF, 100 nF

2) RLC 병렬 회로의 임피던스

아래 회로를 이용하여 시뮬레이션과 실험을 한다.

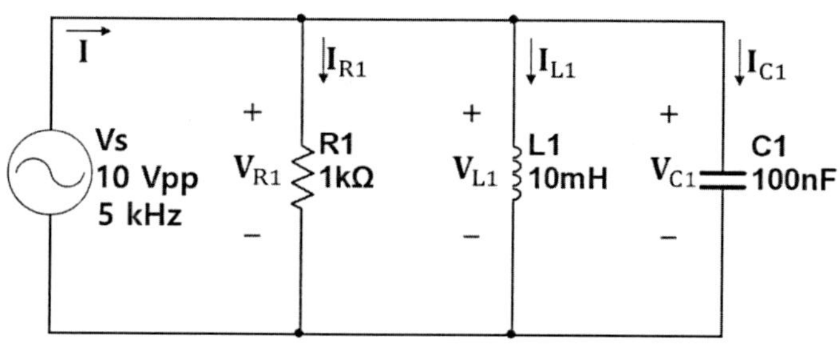

(1) 시뮬레이션

① 멀티심 회로 설계 영역에 'Agilent Function Generator, Agilent Multimeter, 저항 1 kΩ, 인덕터 10 mH, 커패시터 100 nF, GROUND'를 이용하여 아래 그림과 같은 회로를 구성한다.

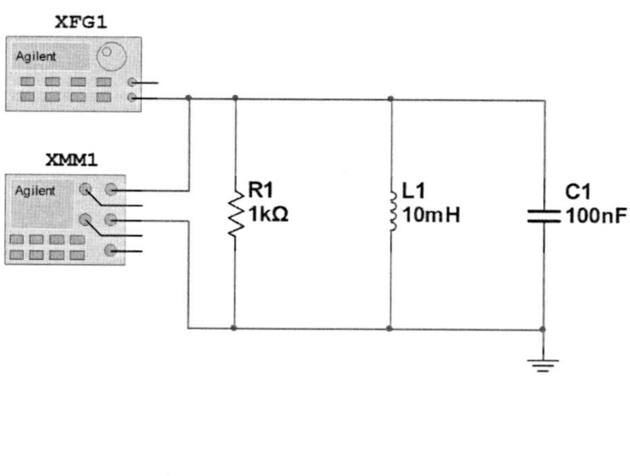

② Agilent Function Generator( )를 더블 클릭하면 'Agilent Function Generator– XFG1' 창이 나타난다.

'Power' 버튼을 클릭한 후, 정현파 신호인 ' ' 버튼을 선택하고 'Ampl '을 클릭한 후 노브( )를 돌려서 LCD 화면에 '10.00 Vpp~'가 나타나게 한다. 'Freq ' 버튼을 선택하고 노브를 돌려서 LCD 화면에 '5.0 kHz~'가 나타나게 한다.

③ Agilent Multimeter( )를 더블 클릭하면 'Agilent Multimeter–XMM1' 창이 나타난다. 'Power' 버튼을 클릭하고 'AC V(AC V)' 버튼을 선택하면, LCD 화면에 'VAC'가 나타난다.

④ 멀티심 상단의 시뮬레이션 도구 모음에서 ' ▷ '를 선택한다(상단 메뉴에서 'Simulate → ▷ Run'을 선택해도 된다). 측정된 Agilent Function Generator 출력 신호의 전압 V_S을 표 14–1에 작성한다.

⑤ RLC 병렬 회로에 흐르는 전류를 측정하기 위하여, 저항 1 kΩ(R1)과 인덕터 10 mH(L1)와 커패시터 100 nF(C1)이 서로 접속되어 있는 마디와 Agilent Function Generator 사이에 Agilent Multimeter를 아래 회로와 같이 연결한다.

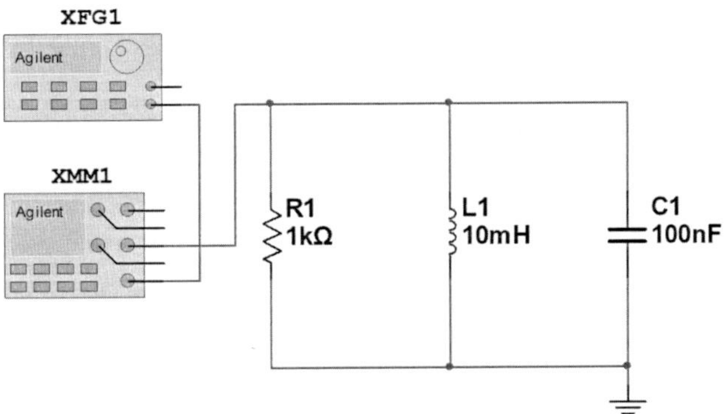

⑥ ②를 참조하여 교류 입력 신호의 전압과 주파수를 '10.00 Vpp~, 5.0 kHz~'가 되게 한다.

⑦ Agilent Multimeter( )를 더블 클릭한 후, 'Agilent Multimeter–XMM1' 창에서 'Power' 버튼을 클릭한다. 'Shift(Shift)' 버튼을 누른 후, 'AC V(AC V)' 버튼을 선택하면, LCD 화면에 'AAC'가 나타난다.

⑧ 멀티심 상단의 시뮬레이션 도구 모음에서 ' ▷ '를 선택한다(상단 메뉴에서 'Simulate → ▷ Run'을 선택해도 된다). 측정된 RLC 병렬 회로의 전체 전류 I를 표 14–1에 작성한다.

⑨ RLC 병렬 회로의 저항 1 kΩ(R1)에 흐르는 전류를 측정하기 위하여, Agilent Function Generator와 인덕터 10 mH(L1)와 커패시터 100 nF(C1)가 서로 접속되어 있는 마디와 저항

1 kΩ(R1) 사이에 Agilent Multimeter를 아래 회로와 같이 연결한다.

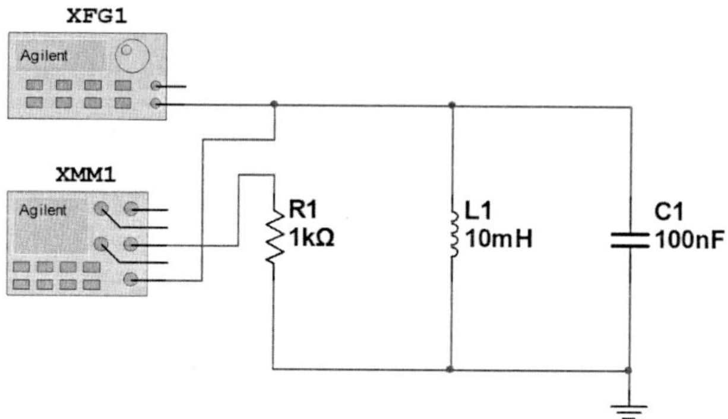

⑩ ⑥ ~ ⑧을 참조하여, 저항 1 kΩ(R1)에 흐르는 전류 I_{R1}을 측정하여 표 14-1에 작성한다.

⑪ ⑨와 ⑩을 참조하여, 인덕터 10 mH(L1)에 흐르는 전류 I_{L1}을 측정하여 표 14-1에 작성한다.

동일하게, 커패시터 100 nF(C1)에 흐르는 전류 I_{C1}을 측정하여 표 14-1에 작성한다.

⑫ ④에서 측정한 교류 입력 전압 V_S와 ⑪에서 측정한 인덕터 10 mH(L1)에 흐르는 전류 I_{L1}을 옴의 법칙 이용하여 유도성 서셉턴스 B_L를 계산해서 표 14-1에 작성한다.

④에서 측정한 교류 입력 전압 V_S와 ⑪에서 측정한 커패시터 100 nF(C1)에 흐르는 전류 I_{C1}을 옴의 법칙 이용하여 용량성 서셉턴스 B_C를 계산해서 표 14-1에 작성한다.

⑪에서 측정한 커패시터 100 nF(C1)에 흐르는 전류 I_{C1}과 인덕터 10 mH(L1)에 흐르는 전류 I_{L1}의 합성 전류 $I_{C1} - I_{L1}$과 ④에서 측정한 교류 입력 전압 V_S를 옴의 법칙 이용하여 서셉턴스 $B(= B_C - B_L)$를 계산해서 표 14-1에 작성한다.

- 인덕터 10 mH와 커패시터 100 nF에 의한 서셉턴스들은 아래와 같이 각각 구할 수 있다.

$B_L = \dfrac{1}{2\times\pi\times f\times L} = \dfrac{1}{2\times\pi\times 5000\times 0.01} \approx 3.18\ \mathrm{mS}$가 된다.

$B_C = 2\times\pi\times f\times C = 2\times\pi\times 5000\times 100\times 10^{-9} \approx 3.14\ \mathrm{mS}$가 된다.

⑬ ④에서 측정한 교류 입력 전압 V_S와 ⑩에서 측정한 저항 1 kΩ(R1)에 흐르는 전류 I_{R1}을 이용하여 컨덕턴스 $G(= \dfrac{I_{R1}}{V_S})$를 계산한 후 표 14-1에 작성한다.

컨덕컨스 G와 ⑫에서 구한 서셉턴스 B를 이용하여 RLC 병렬 회로의 어드미턴스 $Y(= \sqrt{G^2 + B^2})$를 계산한 후 표 14-1에 작성한다.

저항 1 kΩ(R1)에 흐르는 전류 I_{R1}과 인덕터 10 mH(L1)에 흐르는 전류 I_{L1} 및 커패시터 100 nF(C1)에 흐르는 전류 I_{C1}를 이용하여 전체 전류 $I\left(= \sqrt{I_{R1}^2 + (I_{C1} - I_{L1})^2}\right)$를 계산하여 표

14–1에 작성한다.

⑭ 멀티심 회로 설계 영역에 'Agilent Function Generator, Tektronix Oscilloscope, 저항 1 kΩ, 1 Ω(3개), 인덕터 10 mH, 커패시터 100 nF, GROUND'를 이용하여 아래 그림과 같은 회로를 구성한다.

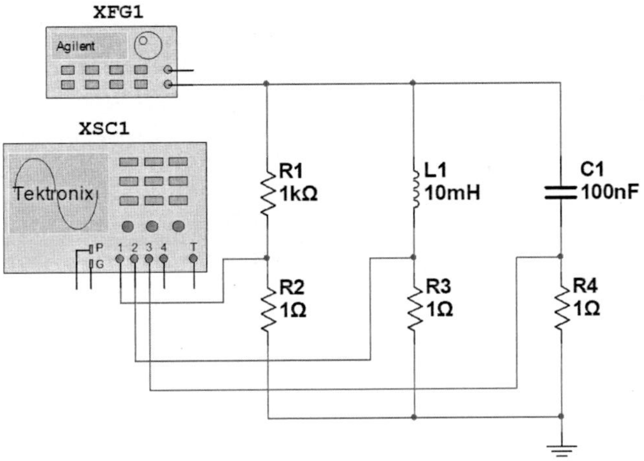

⑮ Tektronix Oscilloscope( )를 더블 클릭하면 'Tektronix Oscilloscope–XSC1' 창이 나타난다. 'Power' 버튼을 클릭하고 'CH 1 MENU( )' 버튼을 선택한다.

'CH 2 MENU( )' 버튼을 선택한 후, 'CH 3 MENU( )' 버튼을 선택한다.

'CH1', 'CH2', 'CH3' 각각의 커넥터 위의 'VOLTS/DIV' 노브( )를 움직여서 각각의 신호의 전압(수직축) 한 눈금 간격을 각각 'CH1 5mV', 'CH2 5mV', 'CH3 5mV'로 조정한다.

오실로스코프 화면의 시간(수평축) 한 눈금 간격은 오른쪽 끝에 있는 'SEC/DIV' 노브( )를 움직여서 '50us'로 조정한다.

⑯ ②를 참조하여, Agilent Function Generator 출력 전압이 '10.00 Vpp', '5.0 kHz'가 되게 한다.

⑰ 멀티심 상단의 시뮬레이션 도구 모음에서 ' ▶ '를 선택한다(상단 메뉴에서 'Simulate → ▶ Run'을 선택해도 된다). 측정된 신호들(I_{R1}, I_{L1}, I_{C1})의 크기를 표 14–1에 작성한다.

- 전압은 수직축 눈금을 읽어서 측정하거나, '10장 10.3 시뮬레이션 및 실험 3) 교류 전압 측정 (1) 시뮬레이션 ⑩'을 참조하여 'MEASURE' 기능을 이용해서 전압 'Pk–Pk'를 측정한다.

• 아래 그림과 같이 오실로스코프 화면에 신호 파형이 나타난다.

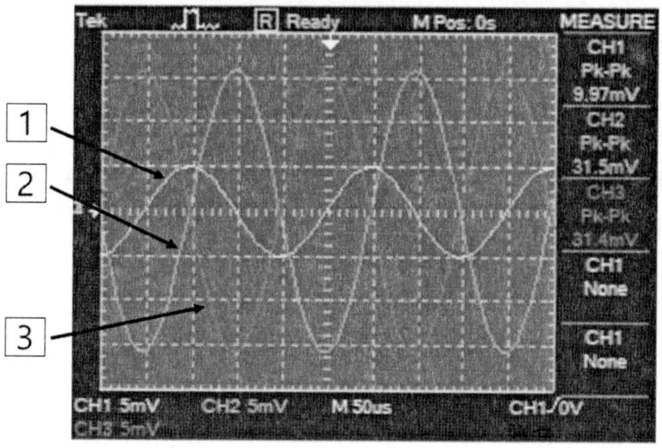

1은 'CH1' 신호(I_{R1}), 2는 'CH2' 신호(I_{L1}), 3은 'CH3' 신호(I_{C1})를 각각 나타낸다. 각각의 신호는 GROUND를 기준으로 한 전압(= 전류 × 1 Ω)이다.

⑱ 전류 I_{R1}과 I_{L1} 및 I_{C1}을 이용하여 전체 전류 $I\left(=\sqrt{I_{R1}^2+(I_{C1}-I_{L1})^2}\right)$를 계산하여 표 14-1에 작성한다.

⑲ ①를 참조하여, 저항 1 kΩ, 인덕터 22 mH, 커패시터 100 nF이 병렬로 연결된 RLC 병렬 회로를 구성한다.

⑭를 참조하여 회로를 구성할 때는 동일하게 저항 1 Ω을 각각 연결한다.

② ~ ⑱을 참조하여 시뮬레이션한 후, 측정한 값들과 계산한 값들을 표 14-2에 작성한다.

⑳ ①를 참조하여, 저항 1 kΩ, 인덕터 10 mH, 커패시터 47 nF이 병렬로 연결된 RLC 병렬 회로를 구성한다.

⑭를 참조하여 회로를 구성할 때는 동일하게 저항 1 Ω을 각각 연결한다.

② ~ ⑱을 참조하여 시뮬레이션한 후, 측정한 값들과 계산한 값들을 표 14-3에 작성한다.

(2) 실험

① 아래 그림과 같이 함수발생기와 디지털 멀티미터를 연결한다. 함수발생기 채널 1의 출력 단자 'Out1'에 악어 클립 케이블의 BNC 커넥터를 연결한다. 함수발생기의 신호선과 디지털 멀티미터의 'INPUT' 단자의 'HI'는 저항 1 kΩ(R1)과 인덕터 10 mH(L1)과 커패시터 100 nF(C1)이 접속되어 있는 한 쪽 마디에, 함수발생기의 GND선과 디지털 멀티미터의 'INPUT' 단자의 'LO'는 저항 1 kΩ(R1)과 인덕터 10 mH(L1)과 커패시터 100 nF(C1)이 접속되어 있는 반대 쪽 마디에 각각 연결한다.

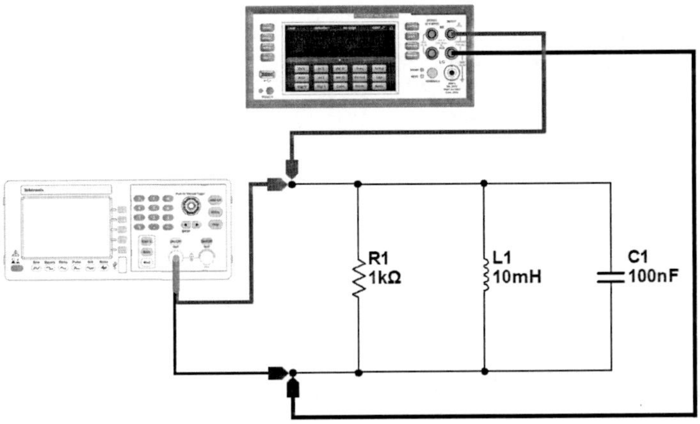

② 함수발생기 왼쪽 아래의 전원 버튼을 'I' 상태로 놓으면 전원이 켜져서 LCD 화면이 나타난다. 화면 아래의 'Sine (∿)' 버튼을 눌러 정현파 신호로 만든다.

Frequency(주파수)는 '5.0 kHz', Amplitude(신호의 크기)는 '10.0 Vpp'로 조정한다(Offset(오프셋)은 '0 mV'이고, 부하 임피던스는 'High Z'로 설정한다).

③ 디지털 멀티미터의 'POWER' 버튼을 누르면 LCD 화면이 켜진다. 'FUNCTIONS'에서 'ACV [ACV]'를, Range는 'Auto'를 선택한다.

④ 함수발생기의 채널 1인 'Out1'의 '[On/Off]' 버튼을 누르면 신호가 출력된다.

⑤ 디지털 멀티미터 LCD에 나타나는 전압값(함수발생기 교류 입력 신호 V_S)을 표 14-1에 작성한다.

⑥ 함수발생기의 채널 1인 'Out1'의 '[On/Off]' 버튼을 눌러서 신호를 차단한다.

⑦ 아래 그림과 같이 함수발생기와 디지털 멀티미터를 연결한다. 함수발생기 채널 1의 출력 단자 'Out1'에 악어 클립 케이블의 BNC 커넥터를 연결한다. 함수발생기의 신호선은 디지털 멀티미터의 'INPUT' 단자의 'AMPS'에, 디지털 멀티미터의 'INPUT' 단자의 'LO'는 저항 1 kΩ(R1)과 인덕터 10 mH(L1)과 커패시터 100 nF(C1)이 접속되어 있는 한 쪽 마디에, 함수발생기의 GND선은 저항 1 kΩ(R1)과 인덕터 10 mH(L1)과 커패시터 100 nF(C1)이 접속되어 있는 반대쪽 마디에 각각 연결한다.

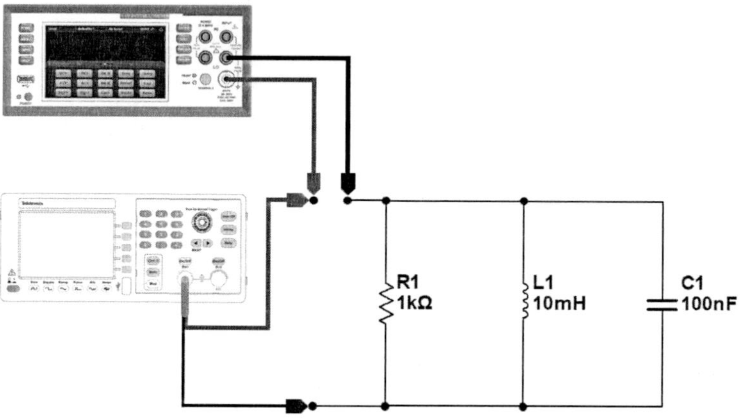

⑧ ②을 참조하여, 함수발생기의 교류 입력 신호의 전압과 주파수를 '10.00 Vpp, 5.0 kHz'가 되게 한다(부하 임피던스는 'High Z'로 설정한다).

⑨ 디지털 멀티미터의 'POWER' 버튼을 누른 후, 'FUNCTIONS'에서 'ACI ACI'를, Range는 'Auto'를 선택한다.

⑩ 함수발생기의 채널 1인 'Out1'의 'On/Off' 버튼을 누르면 신호가 출력된다.

⑪ 디지털 멀티미터 LCD에 나타나는 병렬 회로의 전체 전류 I를 표 14-1에 작성한다.

⑫ 함수발생기의 채널 1인 'Out1'의 'On/Off' 버튼을 눌러서 신호를 차단한다.

⑬ RLC 병렬 회로의 저항 1 kΩ(R1)에 흐르는 전류를 측정하기 위하여, ⑦을 참조하여 아래와 같이 회로를 구성한다.

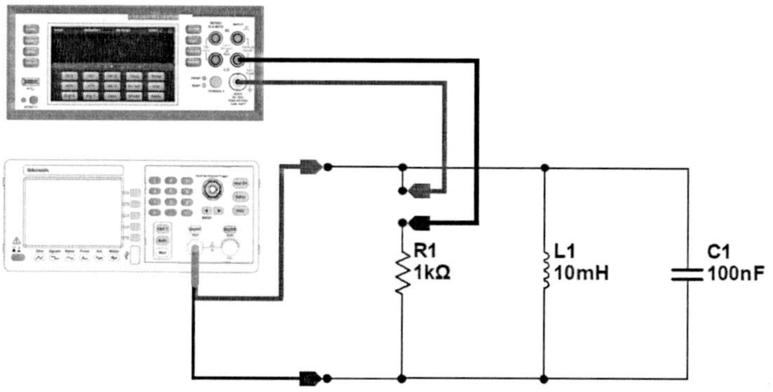

⑭ ⑧ ~ ⑫를 참조하여, 저항 1 kΩ(R1)에 흐르는 전류 I_{R1}을 측정하여 표 14-1에 작성한다.

⑮ ⑬과 ⑭를 참조하여, 인덕터 10 mH(L1)에 흐르는 전류 I_{L1}을 측정하여 표 14-1에 작성한다. 동일하게, 커패시터 100 nF(C1)에 흐르는 전류 I_{C1}을 측정하여 표 14-1에 작성한다.

⑯ ⑤에서 측정한 교류 입력 전압 V_{S}와 ⑮에서 측정한 인덕터 10 mH(L1)에 흐르는 전류 I_{L1}을

옴의 법칙 이용하여 유도성 서셉턴스 B_L을 계산해서 표 14-1에 작성한다.

⑤에서 측정한 교류 입력 전압 $\mathrm{V_S}$와 ⑮에서 측정한 커패시터 100 nF(C1)에 흐르는 전류 $\mathrm{I_{C1}}$을 옴의 법칙을 이용하여 용량성 서셉턴스 B_C를 계산해서 표 14-1에 작성한다.

⑮에서 측정한 커패시터 100 nF(C1)에 흐르는 전류 $\mathrm{I_{C1}}$과 인덕터 10 mH(L1)에 흐르는 전류 $\mathrm{I_{L1}}$를 이용한 합성 전류 $\mathrm{I_{C1}} - \mathrm{I_{L1}}$을 구한 후 이를 ⑤에서 측정한 교류 입력 전압 $\mathrm{V_S}$와 옴의 법칙을 이용하여 서셉턴스 $B(= B_C - B_L)$를 계산해서 표 14-1에 작성한다.

⑰ ⑤에서 측정한 교류 입력 전압 $\mathrm{V_S}$와 ⑭에서 저항 1 kΩ(R1)에 흐르는 전류 $\mathrm{I_{R1}}$을 이용하여 컨덕턴스 $G(= \frac{\mathrm{I_{R1}}}{\mathrm{V_S}})$를 계산한 후 표 14-1에 작성한다.

컨덕컨스 G와 ⑯에서 구한 서셉턴스 B를 이용하여 RLC 병렬 회로의 어드미턴스 $Y(= \sqrt{G^2 + B^2})$를 계산한 후 표 14-1에 작성한다.

저항 1 kΩ(R1)에 흐르는 전류 $\mathrm{I_{R1}}$과 인덕터 10 mH(L1)에 흐르는 전류 $\mathrm{I_{L1}}$ 및 커패시터 100 nF(C1)에 흐르는 전류 $\mathrm{I_{C1}}$을 이용하여 전체 전류 $\mathrm{I}\left(= \sqrt{\mathrm{I_{R1}^2} + (\mathrm{I_{C1}} - \mathrm{I_{L1}})^2}\right)$를 계산하여 표 14-1에 작성한다.

⑱ 아래 그림과 같이 함수발생기와 오실로스코프를 연결한다. 함수발생기 채널 1의 출력 단자 'Out1'에 악어 클립 케이블의 BNC 커넥터를 연결하고, 오실로스코프에 2개의 프로브의 BNC 커넥터들을 각각 '1'과 '2'에 연결한다. 함수발생기의 신호선은 저항 1 kΩ(R1)과 인덕터 10 mH(L1)와 커패시터 100 nF(C1)이 접속되어 있는 마디에, 오실로스코프 '1'의 프로브는 저항 1 kΩ(R1)과 1 Ω(R2)이 접속되어 있는 마디에, 오실로스코프 '2'의 프로브는 인덕터 10 mH(L1)과 1 Ω(R3)이 접속되어 있는 마디에, 함수발생기의 GND선과 오실로스코프 프로브 '1'과 '2'의 GND선은 저항 1 Ω(R2)과 1 Ω(R3)과 1 Ω(R4)이 접속되어 있는 마디에 각각 연결한다.

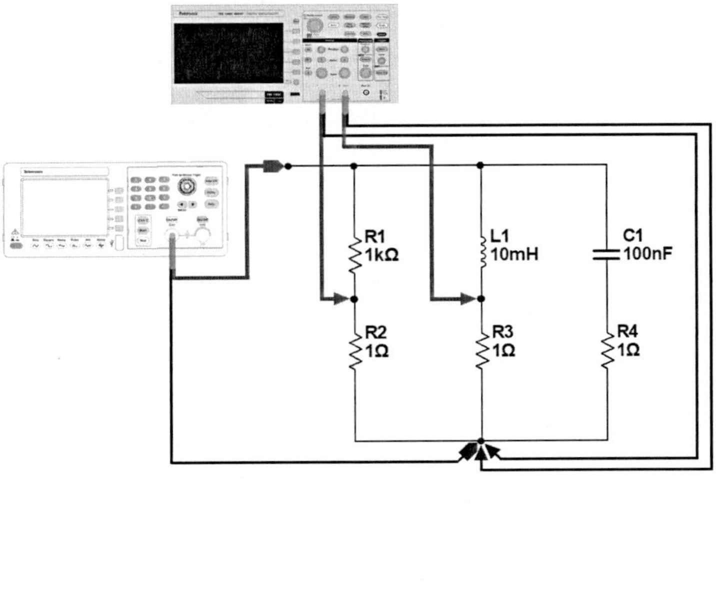

⑲ ②을 참조하여, 교류 입력 신호의 전압과 주파수를 '10.00 Vpp, 5.0 kHz'가 되게 설정(부하 임피던스는 'High Z'로 설정)한 후, 함수발생기의 채널 1인 'Out1'의 'On/Off' 버튼을 누르면 신호가 출력된다.

⑳ 오실로스코프 왼쪽 위 상단에 전원 On/Off용 버튼을 눌러 'I' 상태(on 상태)가 되게 한다.

오실로스코프 화면의 왼쪽 끝 가운데에 '1 ▶'( )이 나타난다('1 ▶'( )이 나타나지 않으면 오실로스코프 오른쪽 가운데 'Vertical' 아래의 'Menu' 옆 '1' 버튼을 누른다).

'Vertical' 아래쪽에 있는 'Scale' 옆 노브( )를 돌려서, 오실로스코프 화면 아래 왼쪽에 'CH1 10.0mV'가 되게 한다.

'Vertical' 옆에 'Horizontal'이 있다. 'Horizontal' 아래쪽에 있는 'Scale' 아래의 노브( )를 돌려서, 수평 스케일 간격(한 눈금 간격)을 '40.0μs'로 변경한다. 저항 1 kΩ(R1)에 흐르는 전류 I_{R1}의 크기를 수직축 눈금을 읽어서 측정한 후, 표 14-1에 작성한다.

⇒ 신호가 잘 나타나지 않으면 저항 R2, R3, R4를 '10Ω'으로 각각 변경하여 실험한다(각각의 전류 I_{R1}, I_{L1}, I_{C1}의 크기는 $\dfrac{\text{신호(전압) 크기}}{10}$가 된다. '1Ω'일 때 보다 약간의 차이가 발생한다).

- '10장 10.3 시뮬레이션 및 실험 3) 교류 전압 측정 (2) 실험 ⑭'를 참조하여, 'Measure' 기능으로 전압 'Pk-to-Pk'를 수치적으로 표현할 수 있다.

㉑ ⑳을 참조하여, 오실로스코프 프로브 '2'로 측정된 인덕터 10 mH(L1)에 흐르는 전류 I_{L1}의 크기를 수직축 눈금을 (조절하면서) 읽어서 측정한 후, 표 14-1에 작성한다.

㉒ 오실로스코프 프로브 '1'을 커패시터 100 nF(C1)과 1 Ω(R4)이 접속되어 있는 마디로 이동시켜 연결한다.

오실로스코프 프로브 '1'로 측정된 커패시터 100 nF(C1)에 흐르는 전류 I_{C1}의 크기를 수직축 눈금을 (조절하면서) 읽어서 측정한 후, 표 14-1에 작성한다.

㉓ 전류 I_{R1}과 I_{L1} 및 I_{C1}을 이용하여 전체 전류 $I\left(=\sqrt{I_{R1}^2+(I_{C1}-I_{L1})^2}\right)$를 계산하여 표 14-1에 작성한다.

㉔ 함수발생기의 채널 1인 'Out1'의 'On/Off' 버튼을 눌러서 신호를 차단한다.

오실로스코프 왼쪽 위 상단에 전원 On/Off용 버튼을 눌러 'O 상태(off 상태)가 되게 한다.

㉕ ①를 참조하여, 저항 1 kΩ, 인덕터 22 mH, 커패시터 100 nF이 병렬로 연결된 RLC 병렬 회로를 구성한다.

⑱을 참조하여 회로를 구성할 때, 회로와 동일하게 저항 1 Ω을 각각 연결한다.

② ~ ㉔를 참조하여 실험한 후, 측정한 값들과 계산한 값들을 표 14-2에 작성한다.

㉖ ①를 참조하여, 저항 1 kΩ, 인덕터 10 mH, 커패시터 47 nF이 병렬로 연결된 RLC 병렬 회로를 구성한다.

⑱을 참조하여 회로를 구성할 때, 회로와 동일하게 저항 1 Ω을 각각 연결한다.

② ~ ㉔를 참조하여 실험한 후, 측정한 값들과 계산한 값들을 표 14-3에 작성한다.

3) RLC 병렬 회로의 주파수에 따른 전류 변화와 공진주파수

(1) 시뮬레이션

① 2)의 (1)의 ① ~ ④를 참조하여(단, Agilent Function Generator 출력 전압은 '10.00 Vpp~, 1.0 kHz~'로 조정한다) 동일한 회로를 구성한 후, Agilent Function Generator 출력 전압 V_S를 측정하여 표 14-4에 작성한다.

② 2)의 (1)의 ⑤ 회로를 다시 구성한다.

③ 2)의 (1)의 ②를 참조하여, Agilent Function Generator 출력 전압이 '10.00 Vpp~, 1.0 kHz~'가 되게 한다.

④ Agilent Multimeter( )를 더블 클릭한 후, 'Agilent Multimeter-XMM1' 창에서 'Power' 버튼을 클릭한다. 'Shift( )' 버튼을 누른 후, 'AC V( )' 버튼을 선택하면, LCD 화면에 'AAC'가 나타난다.

⑤ 멀티심 상단의 시뮬레이션 도구 모음에서 ' '를 선택한다(상단 메뉴에서 'Simulate → Run'을 선택해도 된다). 측정된 RLC 병렬 회로의 전체 전류 I를 표 14-4에 작성한다.

⑥ 임피던스 $Z(=\frac{V_S}{I})$를 계산해서 표 14-4에 작성한다.

⑦ 주파수를 '2.0 kHz ~ 10 kHz'까지 1 kHz 단위로 증가하면서, Agilent Function Generator 출력 전압 V_S와 측정한 RLC 병렬 회로의 전류 I 및 임피던스 $Z(=\frac{V_S}{I})$를 각각 계산해서 표 14-4에 작성한다.

⑧ RLC 병렬 회로의 공진주파수를 계산하여 표 14-4에 작성한다.

공진주파수일 때, RLC 병렬 회로의 전체 전류 I를 측정하여 표 14-4에 작성한다.

- RLC 병렬 회로의 공진주파수는 아래와 같이 구할 수 있다.

$$f_o = \frac{1}{2\times\pi\times\sqrt{LC}} = \frac{1}{2\times\pi\times\sqrt{10\times10^{-3}\times100\times10^{-9}}} \approx 5033\ \mathrm{Hz}$$ 가 된다.

⑨ 멀티심 회로 설계 영역에 'Agilent Function Generator, Tektronix Oscilloscope, 저항 1 kΩ, 1 Ω, 인덕터 10 mH, 커패시터 100 nF, GROUND'를 이용하여 아래 그림과 같은 회로를 구성한다.

아래와 같이 RLC 병렬 회로에 저항 1 Ω을 연결하여(회로에 미치는 영향이 미흡하므로) 오실로스코프로 전체 전류 I를 측정한다.

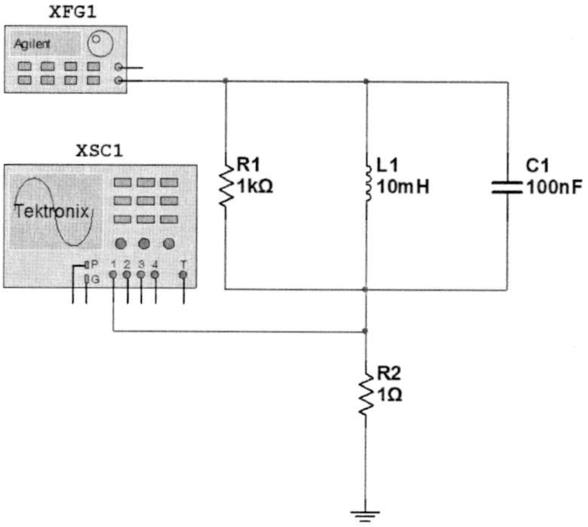

⑩ Tektronix Oscilloscope( )를 더블 클릭하면 'Tektronix Oscilloscope–XSC1' 창이 나타난다. 'Power' 버튼을 클릭하고 'CH 1 MENU( )' 버튼을 선택한다.

⑪ 2)의 (1)의 ②를 참조하여, Agilent Function Generator 출력 전압이 '10.00 Vpp', '1.0 kHz'가 되게 한다.

⑫ 멀티심 상단의 시뮬레이션 도구 모음에서 '▷'를 선택한다(상단 메뉴에서 'Simulate → ▷ Run'을 선택해도 된다).

'CH1' 커넥터 위의 'VOLTS/DIV' 노브( )를 움직여서 신호의 전압(수직축) 한 눈금 간격을 'CH1 20mV'로 조정하고, 오실로스코프의 오른쪽 끝에 있는 'SEC/DIV' 노브( )를 움직여서, 오실로스코프 화면의 시간(수평축) 한 눈금 간격을 '200us'로 조정한다. 신호(= 전압 = 전류 × 1Ω)의 크기를 수직축 눈금을 읽어서 측정한 후 표 14–4에 작성한다.

- 주파수가 1 kHz일 때, 오실로스코프로 측정한 신호 파형은 아래와 같이 나타난다.

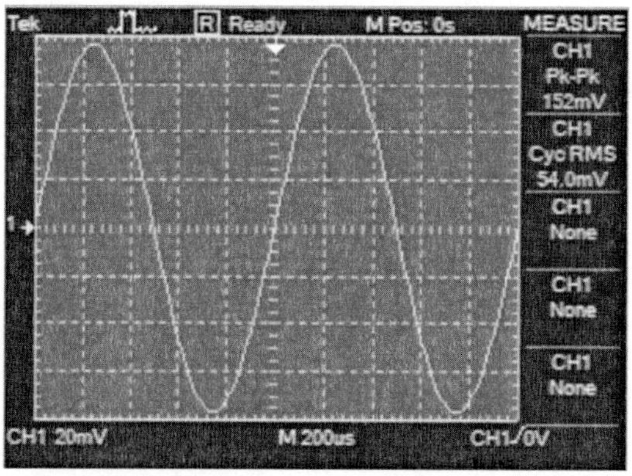

⑬ 주파수를 '2.0 kHz ~ 10 kHz'까지 1 kHz 단위로 증가하면서, RLC 병렬 회로의 전체 전류 I를 표 14-4에 작성한다.

⑭ 공진주파수일 때, RLC 병렬 회로의 전체 전류 I를 측정하여 표 14-4에 작성한다.

- 공진주파수일 때, 오실로스코프로 측정한 신호 파형은 아래와 같이 나타난다.

  수직축 한 눈금 간격은 'CH1 2mV'이고 수평축 한 눈금 간격은 '50us'이다.

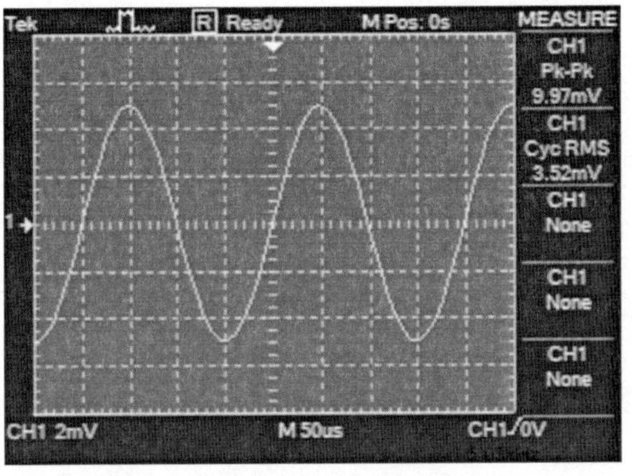

공진주파수 5.033 kHz

⑮ ①를 참조하여, 저항 1 kΩ, 인덕터 22 mH, 커패시터 100 nF이 병렬로 연결된 RLC 회로를 구성한다.

⑨을 참조하여 회로를 구성할 때, 회로와 동일하게 저항 1 Ω을 연결한다.

① ~ ⑭를 참조하여 시뮬레이션한 후, 측정한 값들과 계산한 값들을 표 14-5에 작성한다.

⑯ ①를 참조하여, 저항 1 kΩ, 인덕터 10 mH, 47 nF이 병렬로 연결된 RLC 회로를 구성한다.

⑨을 참조하여 회로를 구성할 때, 회로와 동일하게 저항 1 Ω을 연결한다.

① ~ ⑭를 참조하여 시뮬레이션한 후, 측정한 값들과 계산한 값들을 표 14-6에 작성한다.

(2) 실험

① 2)의 (2)의 ① ~ ⑥을 참조하여(단, 함수발생기 교류 입력 신호는 '10.00 Vpp~, 1.0 kHz~'로, 부하 임피던스는 'High Z'로 조정한다) 동일한 회로를 구성한 후, 함수발생기 교류 입력 신호의 전압 V_S를 측정하여 표 14-4에 작성한다.

② 2)의 (2)의 ⑦ 회로를 다시 구성한다.

③ 2)의 (2)의 ②를 참조하여, 함수발생기 교류 입력 신호의 전압과 주파수를 '10.00 Vpp, 1.0 kHz'가 되게 한다(부하 임피던스는 'High Z'로 설정한다).

④ 디지털 멀티미터의 'POWER' 버튼을 누르면 LCD 화면이 켜진다. 'FUNCTIONS'에서 'ACI ACI'를, Range는 'Auto'를 선택한다.

⑤ 함수발생기의 채널 1인 'Out1'의 'On/Off' 버튼을 누르면 신호가 출력된다.

⑥ 디지털 멀티미터 LCD에 나타나는 RLC 병렬 회로의 전체 전류 I를 표 14-4에 작성한다.

⑦ 임피던스 $Z(=\frac{V_S}{I})$를 계산해서 표 14-4에 작성한다.

⑧ 주파수를 '2.0 kHz ~ 10 kHz'까지 1 kHz 단위로 증가하면서, 함수발생기 교류 입력 신호의 전압 V_S와 RLC 병렬 회로의 전체 전류 I 및 임피던스 $Z(=\frac{V_S}{I})$를 각각 계산해서 표 14-4에 작성한다.

⑨ 공진주파수일 때, RLC 병렬 회로의 전체 전류 I를 측정하여 표 14-4에 작성한다.

⑩ 함수발생기의 채널 1인 'Out1'의 'On/Off' 버튼을 눌러서 신호를 차단한다.

⑪ 디지털 멀티미터의 'POWER' 버튼을 눌러 전원을 차단한다.

⑫ 아래 그림과 같이 함수발생기와 오실로스코프를 연결한다. 함수발생기 채널 1의 출력 단자 'Out1'에 악어 클립 케이블의 BNC 커넥터를 연결하고, 오실로스코프 프로브의 BNC 커넥터는 '1'에 연결한다. 함수발생기의 신호선은 저항 1 kΩ(R1)과 인덕터 10 mH(L1)와 커패시터 100 nF(C1)이 접속되어 있는 한 쪽 마디에, 오실로스코프 프로브 '1'은 저항 1 kΩ(R1)과 인덕터 10 mH(L1)와 커패시터 100 nF(C1)와 저항 1 Ω(R2)이 접속되어 있는 마디에, 함수발생기의 GND선과 오실로스코프 프로브 '1'의 GND선은 저항 1 Ω(R2) 반대쪽에 각각 연결한다.

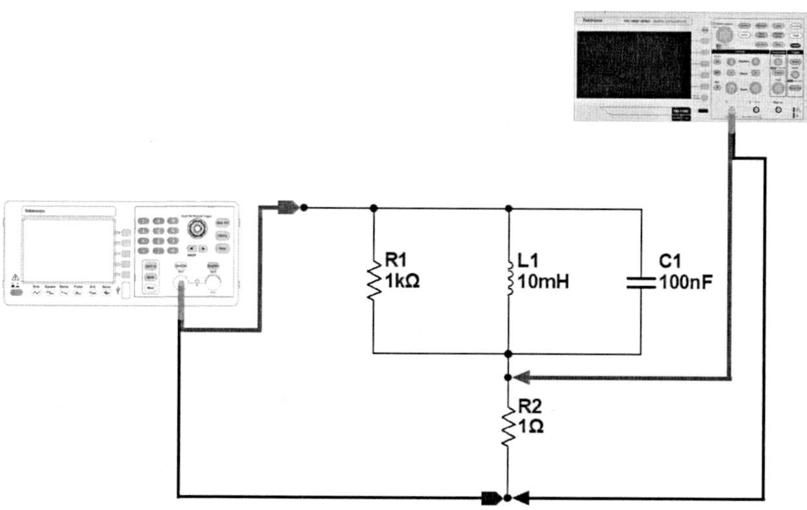

⑬ 2)의 (2)의 ②를 참조하여, 함수발생기 교류 입력 신호의 전압과 주파수를 '10.00 Vpp, 1.0

kHz'가 되게 설정(부하 임피던스는 'High Z'로 설정)한 후, 함수발생기의 채널 1인 'Out1'의 'On/Off' 버튼을 누르면 신호가 출력된다.

⑭ 오실로스코프 왼쪽 위 상단에 전원 On/Off용 버튼을 눌러 'I' 상태(on 상태)가 되게 한다.

2)의 (2)의 ⑳을 참조하여, 오실로스코프 화면의 수직축 한 눈금 간격은 'CH1 10.0mV', 수평축 한 눈금 간격은 '200μs'가 되게 한다. 수직축 눈금으로 신호의 크기(전체 전류 I)를 읽어서 표 14-4에 작성한다.

⑮ 주파수를 '2.0 kHz ~ 10 kHz'까지 1 kHz 단위로 증가하면서, RLC 병렬 회로의 전체 전류 I의 크기를 표 14-4에 작성한다.

⑯ 공진주파수일 때, RLC 병렬 회로의 전체 전류 I를 수직축 눈금을 읽어서 측정한 후 표 14-4에 작성한다.

⑰ 함수발생기의 채널 1인 'Out1'의 'On/Off' 버튼을 눌러서 신호를 차단한다.

오실로스코프 왼쪽 위 상단에 전원 On/Off용 버튼을 눌러 'O 상태(off 상태)가 되게 한다.

⑱ ①를 참조하여, 저항 1 kΩ, 인덕터 22 mH, 커패시터 100 nF이 병렬로 연결된 RLC 병렬 회로를 구성한다.

⑫를 참조하여 회로를 구성할 때, 회로와 동일하게 저항 1 Ω을 연결한다.

① ~ ⑰을 참조하여 실험한 후, 측정한 값들과 계산한 값들을 표 14-5에 작성한다.

⑲ ①를 참조하여, 저항 1 kΩ, 인덕터 10 mH, 커패시터 47 nF이 병렬로 연결된 RLC 병렬 회로를 구성한다.

⑫를 참조하여 회로를 구성할 때, 회로와 동일하게 저항 1 Ω을 연결한다.

① ~ ⑰을 참조하여 실험한 후, 측정한 값들과 계산한 값들을 표 14-6에 작성한다.

4) 실험 결과 및 고찰

학과	학번	학년	이름

(1) RLC 병렬 회로의 임피던스

① 함수발생기 교류 전압이 10.00 Vpp, 5.0 kHz이고 저항 1 kΩ, 인덕터 10 mH, 커패시터 100 nF가 병렬로 연결되어 있을 때, 표 14-1에 시뮬레이션값과 실험 측정값을 입력하고, G과 B_L과 B_C 등의 계산과정과 결과값을 작성한다.

표 14-1

	V_S	I_{R1}	I_{L1}	I_{C1}	전류 I
시뮬레이션값 (멀티미터)	V_{rms}	A_{rms}	A_{rms}	A_{rms}	A_{rms}
실험 측정값 (멀티미터)	V_{rms}	A_{rms}	A_{rms}	A_{rms}	A_{rms}
시뮬레이션값 (오실로스코프)		App	App	App	
실험 측정값 (오실로스코프)		App	App	App	
컨덕턴스 계산 $G\left(=\frac{I_{R1}}{V_S}\right)$	시뮬레이션 :				
	실험 :				
유도성 서셉턴스 B_L 계산	시뮬레이션 :				
	실험 :				
용량성 서셉턴스 B_C 계산	시뮬레이션 :				
	실험 :				
서셉턴스 계산 $B\left(=\frac{I_{C1}-I_{L1}}{V_S}\right)$	시뮬레이션 :				
	실험 :				
어드미턴스 계산 $Y\left(=\sqrt{G^2+B^2}\right)$	시뮬레이션 :				
	실험 :				
전류 I 계산 (멀티미터) $\sqrt{I_{R1}^2+(I_{C1}-I_{L1})^2}$	시뮬레이션 :				
	실험 :				
전류 I 계산 (오실로스코프) $\sqrt{I_{R1}^2+(I_{C1}-I_{L1})^2}$	시뮬레이션 :				
	실험 :				

② 함수발생기 교류 전압이 10.00 Vpp, 5.0 kHz이고 저항 1 kΩ, 인덕터 22 mH, 커패시터 100 nF가 병렬로 연결되어 있을 때, 표 13-2에 시뮬레이션값과 실험 측정값을 입력하고, G과 B_L과 B_C 등의 계산과정과 결과값을 작성한다.

표 14-2

	V_S	I_{R1}	I_{L1}	I_{C1}	전류 I
시뮬레이션값 (멀티미터)	V_{rms}	A_{rms}	A_{rms}	A_{rms}	A_{rms}
실험 측정값 (멀티미터)	V_{rms}	A_{rms}	A_{rms}	A_{rms}	A_{rms}
시뮬레이션값 (오실로스코프)		App	App	App	
실험 측정값 (오실로스코프)		App	App	App	
컨덕턴스 계산 $G\left(=\frac{I_{R1}}{V_S}\right)$	시뮬레이션 :				
	실험 :				
유도성 서셉턴스 B_L 계산	시뮬레이션 :				
	실험 :				
용량성 서셉턴스 B_C 계산	시뮬레이션 :				
	실험 :				
서셉턴스 계산 $B\left(=\frac{I_{C1}-I_{L1}}{V_S}\right)$	시뮬레이션 :				
	실험 :				
어드미턴스 계산 $Y\left(=\sqrt{G^2+B^2}\right)$	시뮬레이션 :				
	실험 :				
전류 I 계산 (멀티미터) $\sqrt{I_{R1}^2+(I_{C1}-I_{L1})^2}$	시뮬레이션 :				
	실험 :				
전류 I 계산 (오실로스코프) $\sqrt{I_{R1}^2+(I_{C1}-I_{L1})^2}$	시뮬레이션 :				
	실험 :				

③ 함수발생기 교류 전압이 10.00 Vpp, 5.0 kHz이고 저항 1 kΩ, 인덕터 10 mH, 커패시터 47 nF가 병렬로 연결되어 있을 때, 표 13-3에 시뮬레이션값과 실험 측정값을 입력하고, G과 B_L과 B_C 등의 계산과정과 결과값을 작성한다.

표 14-3

	V_S	I_{R1}	I_{L1}	I_{C1}	전류 I
시뮬레이션값 (멀티미터)	V_{rms}	A_{rms}	A_{rms}	A_{rms}	A_{rms}
실험 측정값 (멀티미터)	V_{rms}	A_{rms}	A_{rms}	A_{rms}	A_{rms}
시뮬레이션값 (오실로스코프)	╳	App	App	App	╳
실험 측정값 (오실로스코프)	╳	App	App	App	╳
컨덕턴스 계산 $G\left(=\frac{I_{R1}}{V_S}\right)$	시뮬레이션 :				
	실험 :				
유도성 서셉턴스 B_L 계산	시뮬레이션 :				
	실험 :				
용량성 서셉턴스 B_C 계산	시뮬레이션 :				
	실험 :				
서셉턴스 계산 $B\left(=\frac{I_{C1}-I_{L1}}{V_S}\right)$	시뮬레이션 :				
	실험 :				
어드미턴스 계산 $Y\left(=\sqrt{G^2+B^2}\right)$	시뮬레이션 :				
	실험 :				
전류 I 계산 (멀티미터) $\sqrt{I_{R1}^2+(I_{C1}-I_{L1})^2}$	시뮬레이션 :				
	실험 :				
전류 I 계산 (오실로스코프) $\sqrt{I_{R1}^2+(I_{C1}-I_{L1})^2}$	시뮬레이션 :				
	실험 :				

③ 표 14-1, 표 14-2, 표 14-3에서, 시뮬레이션과 실험을 통하여 계산한 G과 B_L과 B_C 등에서 차이점이 발생했다면 그 이유에 대하여 설명하시오.

④ 표 14-1, 표 14-2, 표 14-3에서, I_{R1}와 I_{L1}과 I_{C1}가 멀티미터로 측정한 실험값과 오실로스코프로 측정한 실험값에서 차이가 발생했다면 그 이유를 설명하시오.

⑤ '14.3 시뮬레이션 및 실험 2)의 (2) 실험 ⑱ 회로'에서 인덕터와 커패시터에 연결된 저항의 값(0Ω, 1Ω, 10Ω 등)에 따라 I_{L1}과 I_{C1}의 변화 및 전체 전류 I를 구하는 방법에 대하여 설명하시오.

⑥ 표 14-1와 표 14-3에서, 인덕터와 커패시터값의 변화에 따른 서셉턴스 B, 전체 임피던스 $Z\left(=\frac{1}{Y}\right)$ 및 각 소자 흐르는 전류의 변화에 대하여 설명하시오.

(2) RLC 병렬 회로의 주파수에 따른 전류 변화와 공진주파수

① 저항 1 kΩ, 인덕터 10 mH, 커패시터 100 nF가 병렬로 연결되어 있는 RLC 병렬 회로에서 함수발생기 교류 전압이 10.00 Vpp, 1 kHz ~ 10 kHz일 때, 표 14-4에 시뮬레이션값과 실험 측정값을 작성한다.

표 14-4

<table>
<tr><th colspan="2"></th><th>1kHz</th><th>2 kHz</th><th>3 kHz</th><th>4 kHz</th><th>5 kHz</th><th>6 kHz</th><th>7 kHz</th><th>8 kHz</th><th>9 kHz</th><th>10kHz</th></tr>
<tr><td colspan="2">시뮬레이션값
(멀티미터)
mA_{rms}</td><td></td><td></td><td></td><td></td><td></td><td></td><td></td><td></td><td></td><td></td></tr>
<tr><td colspan="2">실험 측정값
(멀티미터)
mA_{rms}</td><td></td><td></td><td></td><td></td><td></td><td></td><td></td><td></td><td></td><td></td></tr>
<tr><td colspan="2">시뮬레이션값
(오실로스코프)
mApp</td><td></td><td></td><td></td><td></td><td></td><td></td><td></td><td></td><td></td><td></td></tr>
<tr><td colspan="2">실험 측정값
(오실로스코프)
mApp</td><td></td><td></td><td></td><td></td><td></td><td></td><td></td><td></td><td></td><td></td></tr>
<tr><td rowspan="2">교류 입력
전압 V_S
(V_{rms})</td><td>시뮬레이
션값</td><td></td><td></td><td></td><td></td><td></td><td></td><td></td><td></td><td></td><td></td></tr>
<tr><td>실험
측정값</td><td></td><td></td><td></td><td></td><td></td><td></td><td></td><td></td><td></td><td></td></tr>
<tr><td rowspan="2">임피던스
Z 계산
$\left(=\frac{V_S}{I}\right)$</td><td>시뮬레이션</td><td></td><td></td><td></td><td></td><td></td><td></td><td></td><td></td><td></td><td></td></tr>
<tr><td>실험</td><td></td><td></td><td></td><td></td><td></td><td></td><td></td><td></td><td></td><td></td></tr>
<tr><td colspan="2">공진주파수 계산</td><td colspan="10">Hz</td></tr>
<tr><td colspan="2">공진주파수일 때
전류 I 측정
(멀티미터)</td><td colspan="5">시뮬레이션: mA_{rms}</td><td colspan="5">실험; mA_{rms}</td></tr>
<tr><td colspan="2">공진주파수일 때
전류 I 측정
(오실로스코프)</td><td colspan="5">시뮬레이션: mApp</td><td colspan="5">실험; mApp</td></tr>
</table>

② 저항 1 kΩ, 인덕터 22 mH, 커패시터 100 nF가 병렬로 연결되어 있는 RLC 병렬 회로에서 함수발생기 교류 전압이 10.00 Vpp, 1 kHz ~ 10 kHz일 때, 표 14-5에 시뮬레이션값과 실험 측정값을 작성한다.

표 14-5

<table>
<tr><th colspan="2"></th><th>1kHz</th><th>2 kHz</th><th>3 kHz</th><th>4 kHz</th><th>5 kHz</th><th>6 kHz</th><th>7 kHz</th><th>8 kHz</th><th>9 kHz</th><th>10kHz</th></tr>
<tr><td colspan="2">시뮬레이션값
(멀티미터)
mA_{rms}</td><td></td><td></td><td></td><td></td><td></td><td></td><td></td><td></td><td></td><td></td></tr>
<tr><td colspan="2">실험 측정값
(멀티미터)
mA_{rms}</td><td></td><td></td><td></td><td></td><td></td><td></td><td></td><td></td><td></td><td></td></tr>
<tr><td colspan="2">시뮬레이션값
(오실로스코프)
mApp</td><td></td><td></td><td></td><td></td><td></td><td></td><td></td><td></td><td></td><td></td></tr>
<tr><td colspan="2">실험 측정값
(오실로스코프)
mApp</td><td></td><td></td><td></td><td></td><td></td><td></td><td></td><td></td><td></td><td></td></tr>
<tr><td rowspan="2">교류 입력
전압 V_S
(V_{rms})</td><td>시뮬레이션값</td><td></td><td></td><td></td><td></td><td></td><td></td><td></td><td></td><td></td><td></td></tr>
<tr><td>실험 측정값</td><td></td><td></td><td></td><td></td><td></td><td></td><td></td><td></td><td></td><td></td></tr>
<tr><td rowspan="2">임피던스
Z 계산
$\left(=\frac{V_S}{I}\right)$</td><td>시뮬레이션</td><td></td><td></td><td></td><td></td><td></td><td></td><td></td><td></td><td></td><td></td></tr>
<tr><td>실험</td><td></td><td></td><td></td><td></td><td></td><td></td><td></td><td></td><td></td><td></td></tr>
<tr><td colspan="2">공진주파수 계산</td><td colspan="10">Hz</td></tr>
<tr><td colspan="2">공진주파수일 때
전류 I 측정
(멀티미터)</td><td colspan="5">시뮬레이션: mA_{rms}</td><td colspan="5">실험; mA_{rms}</td></tr>
<tr><td colspan="2">공진주파수일 때
전류 I 측정
(오실로스코프)</td><td colspan="5">시뮬레이션: mApp</td><td colspan="5">실험; mApp</td></tr>
</table>

③ 저항 1 kΩ, 인덕터 10 mH, 커패시터 47 nF가 병렬로 연결되어 있는 RLC 병렬 회로에서 함수발생기 교류 전압이 10.00 Vpp, 1 kHz ~ 10 kHz일 때, 표 14-6에 시뮬레이션값과 실험 측정값을 작성한다.

표 14-6

<table>
<tr><th colspan="2"></th><th>1kHz</th><th>2 kHz</th><th>3 kHz</th><th>4 kHz</th><th>5 kHz</th><th>6 kHz</th><th>7 kHz</th><th>8 kHz</th><th>9 kHz</th><th>10kHz</th></tr>
<tr><td colspan="2">시뮬레이션값
(멀티미터)
mA_{rms}</td><td></td><td></td><td></td><td></td><td></td><td></td><td></td><td></td><td></td><td></td></tr>
<tr><td colspan="2">실험 측정값
(멀티미터)
mA_{rms}</td><td></td><td></td><td></td><td></td><td></td><td></td><td></td><td></td><td></td><td></td></tr>
<tr><td colspan="2">시뮬레이션값
(오실로스코프)
mApp</td><td></td><td></td><td></td><td></td><td></td><td></td><td></td><td></td><td></td><td></td></tr>
<tr><td colspan="2">실험 측정값
(오실로스코프)
mApp</td><td></td><td></td><td></td><td></td><td></td><td></td><td></td><td></td><td></td><td></td></tr>
<tr><td rowspan="2">교류 입력
전압 V_S
(V_{rms})</td><td>시뮬레이
션값</td><td></td><td></td><td></td><td></td><td></td><td></td><td></td><td></td><td></td><td></td></tr>
<tr><td>실험
측정값</td><td></td><td></td><td></td><td></td><td></td><td></td><td></td><td></td><td></td><td></td></tr>
<tr><td rowspan="2">임피던스
Z 계산
$\left(=\frac{V_S}{I}\right)$</td><td>시뮬레이션</td><td></td><td></td><td></td><td></td><td></td><td></td><td></td><td></td><td></td><td></td></tr>
<tr><td>실험</td><td></td><td></td><td></td><td></td><td></td><td></td><td></td><td></td><td></td><td></td></tr>
<tr><td colspan="2">공진주파수 계산</td><td colspan="10">Hz</td></tr>
<tr><td colspan="2">공진주파수일 때
전류 I 측정
(멀티미터)</td><td colspan="5">시뮬레이션: mA_{rms}</td><td colspan="5">실험; mA_{rms}</td></tr>
<tr><td colspan="2">공진주파수일 때
전류 I 측정
(오실로스코프)</td><td colspan="5">시뮬레이션: mApp</td><td colspan="5">실험; mApp</td></tr>
</table>

④ 표 14-4의 시뮬레이션과 실험 측정에서, 주파수 변화에 따른 임피던스 $Z\left(=\frac{1}{Y}\right)$와 전류 I를 아래 그래프에 나타내시오.

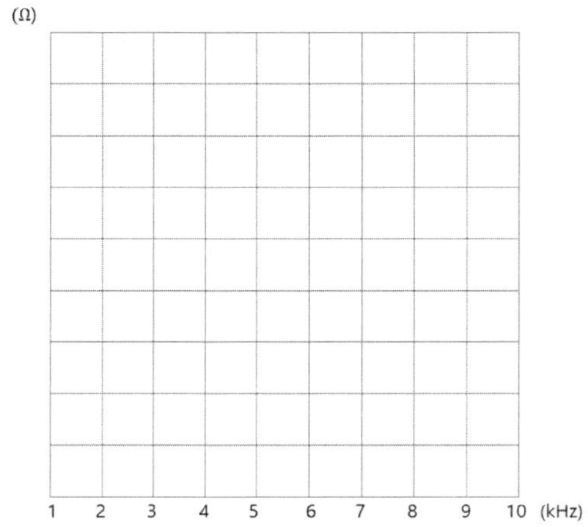

임피던스 Z

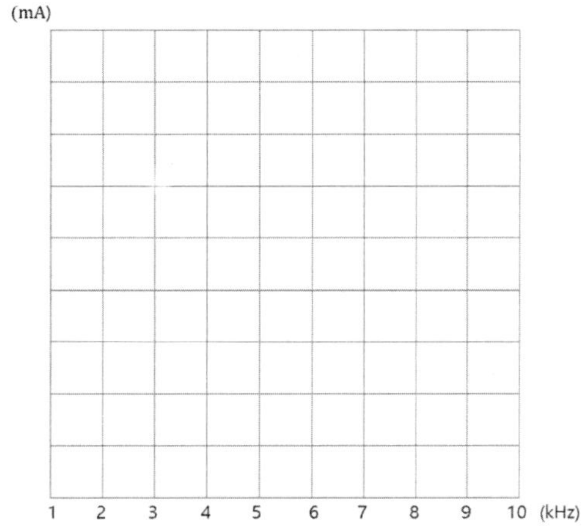

전류 I

⑤ RLC 병렬 회로에서, 주파수 변화에 따른 임피던스와 전류의 변화에 대하여 설명하시오.

⑥ 표 14-4, 표 14-5. 표 14-6에서, 공진주파수가 이론값과 차이가 발생한다면 그 이유가 무엇인지 설명하시오.

⑦ 표 14-4, 표 14-5. 표 14-6에서, 인덕터 값과 커패시터 값의 변화에 따른 전류 I의 변화에 대하여 설명하시오